21世纪应用型本科规划教材

电气控制与PLC应用技术

主　编　张乐平　徐猛华

北京航空航天大学出版社

内容简介

为培养对电气控制电路的阅读分析能力和电气控制装置的初步开发与设计能力，本书介绍了常用低压电器、电气图的基本知识、控制电路基本环节与典型环节、电路分析与设计的基本方法。为培养可编程控制器的应用能力，本书概略地介绍了PLC的基本组成、工作原理及编程语言等，并以西门子公司的S7-200小型PLC为例，深入介绍了S7-200 PLC的基础知识、基本指令与应用、顺序控制程序设计法、功能指令、通信与网络、控制系统综合设计与应用实例、编程软件与系统开发等内容，特别是系统地介绍了根据顺序功能图设计梯形图程序的方法。

本书可作为普通高等教育工科院校工业自动化、电气工程及自动化、机械工程及自动化、机电一体化及与控制相关专业的教材，也可供高职、高专相关专业及其他专业的研究生选用，并可作为电气技术人员的培训教材和参考书。

图书在版编目(CIP)数据

电气控制与PLC应用技术 / 张乐平，徐猛华主编. --
北京 ：北京航空航天大学出版社，2016.12
ISBN 978-7-5124-2321-3

Ⅰ. ① 电… Ⅱ. ①张… ②徐… Ⅲ. ①电气控制－高等学校－教材②PLC技术－高等学校－教材 Ⅳ.
①TM571.2②TM571.6

中国版本图书馆CIP数据核字(2016)第289314号

版权所有，侵权必究。

电气控制与PLC应用技术
主　编　张乐平　徐猛华
责任编辑　杨　昕
*
北京航空航天大学出版社出版发行
北京市海淀区学院路37号(邮编100191)　http://www.buaapress.com.cn
发行部电话:(010)82317024　传真:(010)82328026
读者信箱:bhpress@263.net　邮购电话:(010)82316936
涿州市新华印刷有限公司印装　各地书店经销
*
开本:710×1 000　1/16　印张:20　字数:426千字
2016年12月第1版　2016年12月第1次印刷
ISBN 978-7-5124-2321-3　定价:39.80元

若本书有倒页、脱页、缺页等印装质量问题，请与本社发行部联系调换。联系电话:(010)82317024

编　委　会

主　编　张乐平　徐猛华

副主编　涂绪坚　黄永忠

　　　　郭泉江　胡开明

序

人生在世，总想为周围的人或为社会做点实事，这样，生命才充实、人生才有意义。

感谢江西理工大学对本教材建设的重视与立项；感谢东华理工大学徐猛华老师的鼎力支持，辛勤完成了多章内容的组织和编写，并做了大量协调工作；感谢东华理工大学涂绪坚老师、黄永忠老师、胡开明老师和江西理工大学郭泉江老师，正是有了各位的荣誉加盟，才使得我们实现了多年愿望。

作者从事电气控制技术、可编程控制课程教学二十余年，人生可谓过半，却始终在参悟。本书的编写，特别注意以下几个方面。

(1) 电气控制部分的内容

电气控制部分的内容突出考虑三个方面：

① 规范。电路图与建筑制图、机械制图不同，其使用的是文字符号与图形符号，显然标准和规范是交流的基础，书中从第1章开始就有序地介绍了各电器的图形符号和文字符号，特别突出标准和规范的重要。

② 阅读分析能力。引导学习者逐步掌握阅读分析方法。能正确地分析和阅读电气图是电气技术人员最基本的必备能力，因此书中尽量突出对该方法的介绍与运用。

③ 初步设计能力。内容由浅入深，强化对初学者进行简单电路的设计训练，使其初步具备对较简单设备的电气系统的设计能力，是本书的另一主要目标。

(2) PLC部分的内容

PLC部分的内容主要是两个兼顾：

① 考虑到PLC的广泛性与多样性，在主要介绍西门子公司S7－200 PLC的基础上，兼顾介绍了各类PLC的共同特点及产品特色。

② PLC软、硬件两个方面的兼顾，硬件是软件开发的基础和边界。本书在详细地介绍了S7－200各相关硬件组成的同时，重点介绍了其程序的编辑与分析，突出介绍了时序波形分析、顺序控制设计法（根据顺序

功能图设计出梯形图是一种先进的设计方法，很容易被初学者接受，对于有经验的工程师，也会提高设计的效率，程序的调试、修改和阅读也很方便)、网络与通信等。所有这些既是我们一致的认知和想法，更是我们力求的特色，希望对广大读者有益。

此外，本书在编写过程中，始终不忘几个宗旨：一是务求知识的更新，电气控制技术在当下发展速度非常惊人，我们的知识描述应该有所反映；二是将“应用”与“系统”两点感悟寓于心中，落实在编写的内容上；三是对教学规律的遵循与敬畏，始终谋求学习者对知识和能力的高效而准确的把握。

全书共分10章。第1章由郭泉江老师编写，第2～4章及附录由张乐平老师编写，第5章和第7章由涂绪坚老师编写，第8章由徐猛华老师编写，第6和第9章由黄永忠老师编写，第10章由胡开明老师编写，全书由张乐平老师负责统稿。

本书的编写虽力求用心、严肃，但因编者水平有限，书中仍难免有不足与疏漏之处，敬请各位不吝赐教，批评指正。

张乐平

2016年10月于江西理工大学

目　录

第1章 常用低压元器件

本章要点

➢ 低压电器的基本知识；
➢ 常用低压电器的组成结构、工作原理；
➢ 常用低压电器的图形与文字符号及使用。

低压元器件是电力拖动控制系统、低压供配电系统的基本组成元件，其性能的优劣直接影响着系统的可靠性、先进性和经济性，是电气控制技术的基础。因此，必须熟练掌握低压电器的结构、工作原理并能正确使用。本章主要介绍低压元器件的作用、分类、结构、工作原理、技术参数、选用原则等内容。

1.1 低压电器的基本知识

1.1.1 低压电器的分类

电器是指能够根据外界的要求或所施加的信号，自动或手动地接通或断开电路，从而连续或断续地改变电路的参数或状态，以实现对电路或非电对象的切换、控制、保护、检测和调节的电气设备。简单地说，电器就是接通或断开电路，调节、控制、保护电路和设备的电工器具或装置。电器按工作电压高低可分为高压电器和低压电器两大类。

低压电器通常是指用于交流 50 Hz(60 Hz)、额定电压 1 200 V 及以下、直流额定电压 1 500 V 及以下的电路内，起通断、保护、控制或调节作用的电器。

目前，低压电器在工农业生产和人们的日常生活中有着非常广泛的应用，低压电器的特点是品种多、用量大、用途广。

低压电器的种类很多，按不同的分类方式有着不同的类型。低压电器按用途分类如表 1-1 所列。

1.1.2 低压电器的选用与安装

1. 低压电器的选用原则

由于低压电器具有不同的用途和使用条件，因而有着不同的选用方法。选用低压电器一般应遵循以下基本原则。

表1-1　低压电器按用途分类

电器名称		主要品种	用　途
配电电器	刀开关	刀开关、熔断器式刀开关、开启式负荷开关、封闭式负荷开关	主要用于电路隔离，也能接通和分断额定电流
配电电器	转换开关	组合开关、换向开关	用于两种以上电源或负载的转换和通断电路
配电电器	断路器	万能式断路器、塑料外壳式断路器、限流式断路器、漏电保护断路器	用于线路过载、短路或欠压保护，也可用作不频繁接通和分断电路
配电电器	熔断器	半封闭插入式熔断器、无填料熔断器、有填料熔断器、快速熔断器、自复熔断器	用于线路或电气设备的短路和过载保护
控制电器	接触器	交流接触器、直流接触器	主要用于远距离频繁启动或控制电动机，以及接通和分断正常工作的电路
控制电器	继电器	电流继电器、电压继电器、时间继电器、中间继电器、热继电器等	主要用于控制系统中，控制其他电器或作主电路的保护
控制电器	启动器	电磁启动器、减压启动器	主要用于电动机的启动和正反向控制
控制电器	控制器	凸轮控制器、平面控制器、鼓形控制器	主要用于电气控制设备中转换主回路或励磁回路的接法，以达到电动机启动、换向和调速的目的
控制电器	主令电器	控制按钮、行程开关、主令控制器、万能转换开关	主要用于接通和分断控制电路
控制电器	电磁铁	起重电磁铁、牵引电磁铁、制动电磁铁	用于起重、操纵或牵引机械装置

① 安全原则。选用的低压电器必须保证安全、准确、可靠地工作，必须达到规定的技术指标，以保证人身安全、系统及用电设备的可靠运行，这是对任何开关电器的基本要求。

② 经济原则。在考虑符合安全标准和达到技术要求的前提下，应尽可能选择性能比较高、价格相对较低的产品。

2. 低压电器的选用注意事项

① 应根据控制对象的类别(电机控制、机床控制等)、控制要求和使用环境来选用合适的低压电器。

② 应了解电器的正常工作条件，如环境空气温度和相对湿度、海拔高度、允许安装的方位角度、抗冲击振动能力、有害气体、导电尘埃、雨雪侵袭、室内还是室外工作等。

③ 根据被控对象的技术要求确定技术指标，如控制对象的额定电压、额定功率、电动机启动电流的倍数、负载性质、操作频率、工作制等。

④ 了解低压电器的主要技术性能(技术条件)，如用途、分类、额定电压、额定控

制功率、接通分断能力、允许操作频率、工作制、使用寿命、工艺要求等。

⑤ 被选用低压电器的容量一般应大于被控设备的容量。对于有特殊控制要求的设备,应选用特殊的低压电器(如速度和压力要求等)。

3. 低压电器的安装原则

① 低压电器应水平或垂直安装,特殊形式的低压电器应按产品使用说明书的要求进行安装。

② 低压电器应安装牢固、整齐,其位置应便于操作和检修。在振动场所安装低压电器时,应有防振措施。

③ 在有易燃、易爆、腐蚀性气体的场所,应采取防爆等特殊类型的低压电器。

④ 在多尘、潮湿、人易触碰和露天场所,应采用封闭型的低压电器;若采用开启式的,则应加保护箱。

⑤ 一般情况下,低压电器的静触头应接电源,动触头接负荷。

⑥ 落地安装的低压电器,其底部应高出地面100 mm。

⑦ 在安装低压电器的盘面上,一般应标明安装设备的名称及回路编号或路别。

4. 低压电器安装前的主要检查项目

① 检查低压电器的铭牌、型号、规格是否与要求相符。

② 检查低压电器的外壳、漆层、手柄是否有损伤或变形现象。

③ 检查低压电器的磁件、灭弧罩、内部仪表、胶木电器是否有裂纹或伤痕。

④ 所有螺钉等紧固件应拧紧。

⑤ 具有主触头的低压电器,触头的接触应紧密,两侧的接触压力应均匀。

⑥ 低压电器的附件应齐全、完好。

1.2　图形符号、文字符号及接线端子标记

1.2.1　图形符号

目前,我国已有一整套图形符号(graphical symbol)国家标准GB 4728.1～GB 4728.13《电气图用图形符号》,在绘制电气图时必须遵循。在该标准中,除分专业规定了各类图形符号外,还规定了符号要素、限定符号和常用的其他符号。有些符号规定了几种形式,有的符号分优选形和其他形,在绘图时可根据需要选用。对符号的大小、取向、引出线位置等可按照使用规则作某些变化,以达到图面清晰、减少图线交叉或突出某个电路的目的。对标准中没有规定的符号,可选取GB 4728中给定的符号要素、限定符号和一般符号,按其中规定的原则进行组合。

1.2.2 文字符号

文字符号(letter symbol)用于电气技术领域中技术文件的编制,也可标识在电气设备、装置和元器件上或近旁,以标明电气设备、装置和元器件的名称、功能、状态和特征。

文字符号分为基本文字符号和辅助文字符号。

1. 基本文字符号

基本文字符号包括单字母符号与双字母符号。单字母符号是按拉丁字母将各种电气设备、装置和元器件划分为23大类,每一大类用一个专用单字母符号表示。双字母符号由一个表示种类的单字母符号与另一个字母组成,其组合形式应以单字母符号在前,另一个字母在后的次序列出。只有当用单字母符号不能满足要求,需要将大类进一步划分时,才采用双字母符号,以便较详细和更具体地表述电气设备、装置和元器件。例如:变压器类用单字母"T"表示,进一步划分有电流互感器、控制电路电源用变压器、电力变压器、磁稳压器与电压互感器,它们分别用双字母符号TA、TC、TM、TS、TV来表示。

2. 辅助文字符号

辅助文字符号是用来表示电气设备、装置和元器件以及电路的功能、状态和特征,如"SYN"表示同步,"L"表示限制,"RD"表示红色等。辅助文字符号也可放在表示种类的单字母符号后面组成双字母符号,如"SP"表示压力传感器,"YB"表示电磁制动器。若辅助文字符号由两个以上字母组成时,则为简化文字符号起见,允许只采用第一位字母进行组合,如"MS"表示同步电动机等。辅助字母还可单独使用,如"ON"表示接通,"M"表示中间线,"PE"表示保护接地等。

3. 补充文字符号的原则

当国家标准中已规定的基本文字符号和辅助文字符号不敷使用时,可按GB 7159—87《电气技术中的文字符号制定通则》规定的文字符号组成和补充文字符号的原则进行补充。这些原则如下:

① 在不违背国家标准文字符号的编制原则下,可采用国际标准中规定的电气技术文字符号。

② 在优先采用标准中规定的单字母符号、双字母符号和辅助文字符号的前提下,可补充国家标准中未列出的双字母符号和辅助文字符号。

③ 文字符号应按有关电气名词术语国家标准或专业标准中规定的英文术语缩写而成。

④ 基本文字符号不得超过两位字母,辅助文字符号一般不能超过三位字母。文字符号的字母采用拉丁字母大写正体字,且拉丁字母中的"I"、"O"不允许单独作为文字符号使用。

1.3 接触器

1.3.1 接触器的用途与分类

1. 接触器的用途

接触器是指仅有一个起始位置,能接通、承载和分断正常电路条件(包括过载运行条件)下的电流的一种非手动操作的机械开关电器。它可用于远距离频繁地接通与分断交、直流主电路和大容量控制电路,具有动作快、控制容量大、使用安全方便、能频繁操作和远距离操作等优点,主要用于控制交直流电动机,也可用于控制小型发电机、电热装置、电焊机和电容器组等设备,是电力拖动自动控制电路中使用最广泛的一种低压电器元件。

接触器能接通和断开负载电流,但不能切断短路电流,因此接触器常与熔断器和热继电器等配合使用。

2. 接触器的分类

接触器的种类繁多,有多种不同的分类方法。

① 按操作方法分:有电磁接触器、气动接触器和液压接触器等。

② 按接触器主触头控制电流种类分:有交流接触器和直流接触器。

③ 按灭弧介质分:有空气式接触器、油浸式接触器和真空接触器。

④ 按主触头的极数分:有单极、双极、三极、四极和五极等。

3. 接触器的图形符号和文字符号

接触器在电路图中的图形符号如图1-1所示,文字符号为KM。

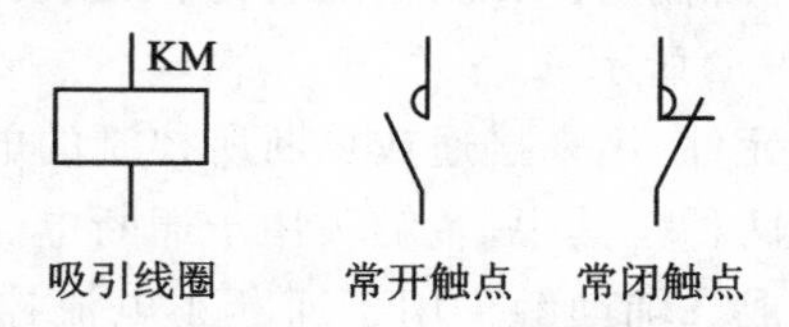

图1-1　接触器的图形和文字符号

4. 接触器的主要技术参数

(1) 额定电压

接触器铭牌上标注的额定电压是指主触点的额定电压。常用的额定电压等级如表1-2所列。

(2) 额定电流

接触器铭牌上标注的额定电流是指主触点的额定电流。常用额定电流等级如

表 1-2 所列。表中的电流值是接触器安装在敞开式控制屏上，触点工作不超过额定温升，负荷为间断-长期工作制式时的电流值。

表 1-2　接触器的额定电压和额定电流及线圈额定电压的等级表

名　称	直流接触器	交流接触器
额定电压/V	110,220,440,660	127,220,380,500,660
额定电流/A	5,10,20,40,60,100,150,250,400,600	5,10,20,40,60,100,150,250,400,600
线圈电压/V	24,48,110,220,440	36,110,127,220,380

(3) 线圈的额定电压

常用的额定电压等级如表 1-2 所列。对于交流负载，选用交流接触器；对于直流负载，选用直流接触器。但交流负载频繁动作时可采用直流线圈的交流接触器。

(4) 接通和分断能力

接通和分断能力是指主触点在规定条件下能可靠地接通和分断电流值。在此电流值下，接通时主触点不应发生熔焊，分断时主触点不应发生长时间燃弧。

接触器的使用类别不同对主触点的接通和分断能力的要求也不一样，而不同类别的接触器是根据其不同控制对象(负载)的控制方式所决定的。根据低压电器基本标准的规定，其使用类别比较多。

(5) 额定操作频率

额定操作频率是指每小时(h)的操作次数。交流接触器最高为 600 次/h，而直流接触器最高为 1 200 次/h。操作频率直接影响到接触器的寿命，对于交流接触器还影响到线圈的温升。

1.3.2　交流接触器

1. 交流接触器的基本结构

交流接触器的结构主要由触头系统、电磁机构、灭弧装置和其他部分等组成。交流接触器的结构如图 1-2(a)所示。

触头是接触器的执行元件，用来接通或分断所控制的电路。根据用途的不同，触头分为主触头和辅助触头两种。其中，主触头用于通断电流较大的主电路，且一般由接触面较大的常开触头组成。辅助触头用于通断小电流控制电路，它由常开触头和常闭触头成对组成。接触器未工作时，处于断开状态的触头称为常开(或动合)触头，处于接通状态的触头称为常闭(或动断)触头。

2. 工作原理

交流接触器的工作原理如图 1-2(b)所示。当线圈通电后，线圈中因有电流通过而产生磁场，静铁芯在电磁力的作用下，克服弹簧的反作用力，将动铁芯吸合，从而使动、静触头接触，主电路接通；而当线圈断电时，静铁芯的电磁吸力消失，动铁芯在弹簧的反作用力下复位，从而使动触头与静触头分离，切断主电路。

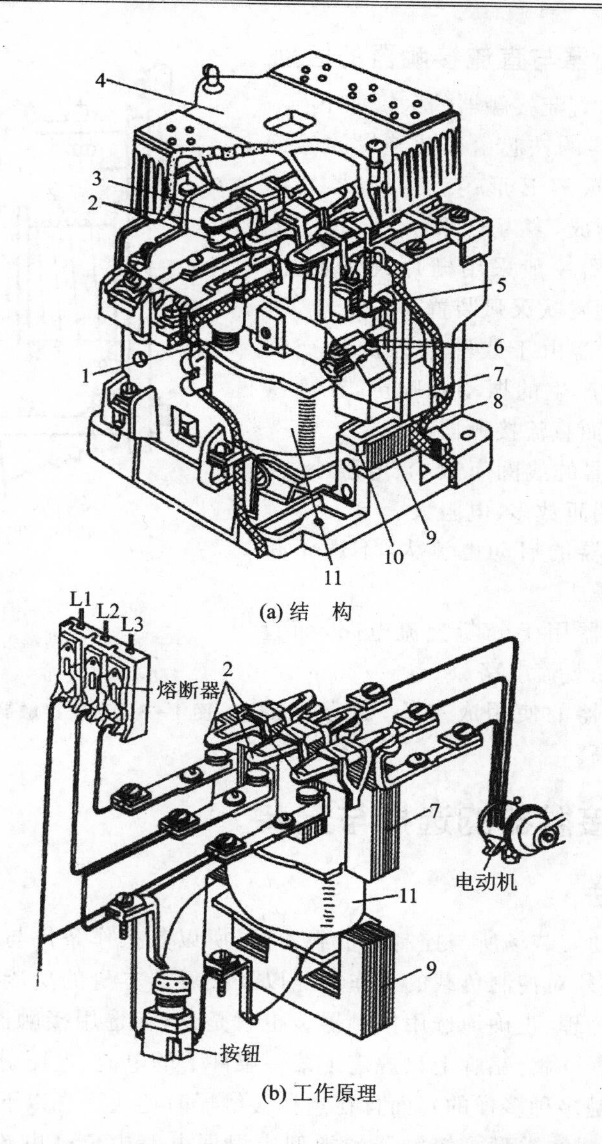

1—释放弹簧；2—主触头；3—触头压力弹簧；4—灭弧罩；5—常闭辅助触头；
6—常开辅助触头；7—动铁芯；8—缓冲弹簧；9—静铁芯；10—短路环；11—线圈

图 1-2　交流接触器的结构和工作原理

1.3.3　直流接触器

1. 直流接触器的基本结构

直流接触器的结构和工作原理与交流接触器基本相同，直流接触器主要由触头系统、电磁系统和灭弧装置三大部分组成，其结构原理如图 1-3 所示。

2. 交流接触器与直流接触器的区别

交流接触器与直流接触器的区别如下：

① 交流接触器的铁芯由彼此绝缘的硅钢片叠压而成，并做成双 E 形；直流接触器的铁芯多由整块软铁制成，多为 U 形。

② 交流接触器一般采用栅片灭弧装置，而直流接触器采用磁吹灭弧装置。

③ 交流接触器由于线圈通入的是交流电，为消除电磁铁产生的振动和噪声，在静铁芯上嵌有短路环，而直流接触器不需要。

④ 交流接触器的线圈匝数少、电阻小，而直流接触器的线圈匝数多、电阻大。

⑤ 交流接触器的启动电流大，不适于频繁启动和断开的场所。

⑥ 交流接触器用于分断交流电路，而直流接触器用于分断直流电路。

⑦ 交流接触器的使用成本低，而直流接触器的使用成本高。

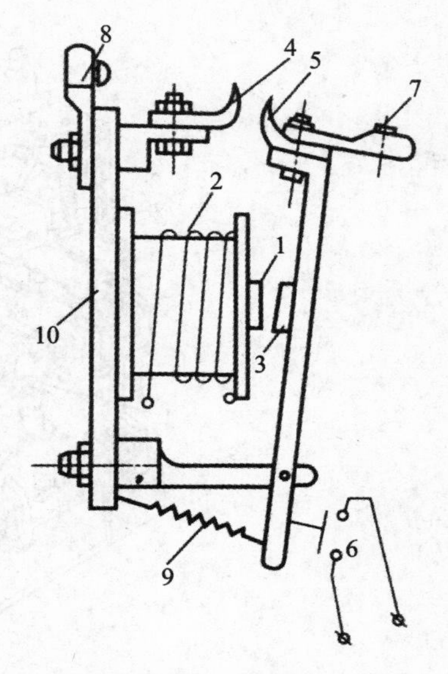

1—静铁芯；2—线圈；3—动铁芯；
4—静触头；5—动触头；6—辅助触头；
7、8—接线柱；9—弹簧；10—底板

图 1-3　直流接触器的结构原理图

1.3.4　接触器的选择与安装

1. 选择方法

由于接触器的安装场所与控制的负载不同，所以其操作条件与工作的繁重程度也不同。因此，必须对控制负载的工作情况以及接触器本身的功能有一个较全面的了解，力求经济、合理、正确地选用接触器。也就是说，在选用接触器时，不仅要考虑接触器的铭牌数据（因为铭牌上只规定了某一条件下的电流、电压、控制功率等参数，而具体的条件又是多种多样的），而且在选择接触器时还应注意以下几点：

① 选择接触器的类型。接触器的类型应根据电路中负载电流的种类来选择。也就是说，交流负载应使用交流接触器，直流负载应使用直流接触器。如果整个控制系统中主要是交流负载，且直流负载的容量较小，那么也可全部使用交流接触器，但触头的额定电流应适当大一些。

② 选择接触器主触头的额定电流。主触头的额定电流应大于或等于被控电路的额定电流。在频繁启动、制动和频繁正反转的场合，主触头的额定电流可稍微降低使用。

③ 选择接触器主触头的额定电压。接触器的额定工作电压应不小于被控电路的最大工作电压。

④ 接触器的额定通断能力应大于通断时电路中的实际电流值，耐受过载电流能力应大于电路中最大工作过载电流值。

⑤ 应根据系统控制要求确定主触头和辅助触头的数量和类型，同时要注意其通断能力和其他额定参数。

⑥ 如果接触器用来控制电动机的频繁启动、正反转或反接制动时，那么应将接触器的主触头额定电流降低使用，通常可降低一个电流等级。

2. 安装前的准备

① 接触器在安装前应认真检查其铭牌数据是否符合电路要求，线圈工作电压是否与电源工作电压相配合。

② 接触器外观应良好，无机械损伤。活动部件应灵活，无卡滞现象。

③ 检查灭弧罩有无破裂、损伤。

④ 检查各极主触头的动作是否同步。触头的开距、超程、初压力和终压力是否符合要求。

⑤ 用万用表检查接触器线圈有无断线、短路现象。

⑥ 用绝缘电阻表（兆欧表）检测主触头间的相间绝缘电阻，一般应大于 10 MΩ。

3. 安装方法与注意事项

① 安装时，接触器的底面应与地面垂直，倾斜度应小于 5°。

② 安装时，应注意留有适当的飞弧空间，以免烧损相邻电器。

③ 在确定安装位置时，还应考虑到日常检查和维修的方便性。

④ 安装应牢固，接线应可靠，螺钉应加装弹簧垫和平垫圈，以防松脱和振动。

⑤ 灭弧罩应安装良好，不得在灭弧罩破损或无灭弧罩的情况下将接触器投入使用。

⑥ 安装完毕后，应检查有无零件或杂物掉落在接触器上或内部，检查接触器的接线是否正确，还应在不带负载的情况下检测接触器的性能是否合格。

⑦ 接触器的触头表面应经常保持清洁，不允许涂油。

1.3.5　接触器的维护

1. 接触器的维护方法

接触器经过一段时间的使用后，应进行维护。维护时，应在断开主电路和控制电路电源的情况下进行。

① 应定期检查接触器的外观是否完好，绝缘部件有无破损、肮脏现象。

② 定期检查接触器的螺钉是否松动，可动部分是否灵活可靠。

③ 检查灭弧罩有无松动、破损现象，灭弧罩往往较脆，拆装时注意不要破坏。

④ 检查主触头、辅助触头及各连接头有无过热、烧蚀现象，发现问题应及时修复。当触头磨损到 1/3 时，应更换。

⑤ 检查铁芯极面有无变形、松开现象，交流接触器的短路环是否破裂，直流接触器的铁芯非磁性垫片是否完好。

2. 直流接触器的使用注意事项

因为交流接触器的线圈匝数较少，电阻较小，所以当线圈通入交流电时，将产生一个较大的感抗，此感抗值远大于线圈的电阻，线圈的励磁电流主要取决于感抗的大小。如果将直流电流通入，则线圈就成为纯电阻负载，此时流过线圈的电流会很大，使线圈发热，甚至烧坏。所以，在一般情况下，不能将交流接触器作为直流接触器使用。

3. 真空接触器的维护注意事项

① 真空接触器的真空管灭弧室的维护工作与真空断路器基本相同，可结合被控设备同时进行维护。

② 真空接触器应进行定期检查。

- 每半年检查一次真空管的开距和超距；
- 每年检查一次其动作性能；
- 每季度检查一次辅助触头有无损伤脱落；
- 1～2 年用耐压试验法检测真空灭弧管的真空度。

③ 真空接触器的维护工作除真空灭弧管外，其他项目均与电磁式接触器相同。

1.4 继电器

1.4.1 继电器的用途与分类

1. 继电器的用途

继电器是一种用于自动和远距离操纵的电器，广泛用于自动控制系统、遥控、遥测系统、电力保护系统以及通信系统中，起着控制、检测、保护和调节的作用，是现代电气装置中最基本的器件之一。

继电器定义为：当输入量（或激励量）满足某些规定的条件时，能在一个或多个电气输出电路中产生预定跃变的一种器件，即继电器是一种根据电气量（电压、电流等）或非电气量（热、时间、转速、压力等）的变化闭合或断开控制电路，以完成控制或保护的电器。电气继电器是指输入激励量为电量参数（如电压或电流）的一种继电器。

继电器的用途很多，一般可以归纳如下：

① 输入与输出电路之间的隔离；

② 信号转换（从断开到接通）；

③ 增加输出电路（即切换几个负载或切换不同电源负载）；

④ 重复信号；

⑤ 切换不同电压或电流负载；

⑥ 保留输出信号；

⑦ 闭锁电路；

⑧ 提供遥控。

2. 继电器的分类

继电器的用途与分类如表 1－3 所列。

表 1－3　继电器的用途与分类

项　目	特点与分类
按对被控电路的控制方式分类	① 有触头继电器，靠触头的机械运动接通与断开被控电路； ② 无触头继电器，靠继电器元件自身的物理特性实现被控电路的通断
按应用领域、环境分类	继电器按应用领域、环境可分为：电气系统继电保护用继电器、自动控制用继电器、通信用继电器、船舶用继电器、航空用继电器、航天用继电器、热带用继电器、高原用继电器等
按输入信号的性质分类	继电器按输入信号的性质可分为：直流继电器、交流继电器、电压继电器、电流继电器、中间继电器、时间继电器、热继电器、温度继电器、速度继电器、压力继电器等
按工作原理分类	继电器按工作原理可分为：电磁式继电器、感应式继电器、双金属继电器、电动式继电器、电子式继电器等

3. 继电器与接触器的区别

不论继电器的动作原理、结构形式如何千差万别，它们都是由感测机构（又称感应机构）、中间机构（又称比较机构）和执行机构三个基本部分组成的，感测机构把感测得到的电气量或非电气量传递给中间机构，将它与预定值（整定值）进行比较，当达到整定值（过量或欠量）时，中间机构便使执行机构动作，从而闭合或断开电路。

虽然继电器与接触器都是用来自动闭合或断开电路的，但是它们仍有许多不同之处，其主要区别如下：

① 继电器一般用于控制小电流电路，触头额定电流不大于 5 A，所以不加灭弧装置；而接触器一般用于控制大电流电路，主触头额定电流不小于 5 A，有的加有灭弧装置。

② 接触器一般只能对电压的变化做出反应，而继电器可以在相应的各种电量或非电量作用下动作。

1.4.2　电压继电器

触点动作与线圈电压大小有关的继电器称为电压继电器。它用于电力拖动系统的电压保护和控制。使用时电压继电器的线圈与负载并联。其线圈的匝数多而线径小。按线圈电流的种类可分为交流和直流电压继电器；按吸合电压大小又可分为过电压和欠电压继电器。

对于过电压继电器，当线圈为额定电压时，衔铁不产生吸合动作，只有当线圈电压高于其额定电压的某一值时衔铁才产生吸合动作，所以称为过电压继电器。因为直流电路不会产生波动较大的过电压现象，所以在产品中没有直流过电压继电器。交流过电压继电器在电路中起电压保护作用。

对于欠电压继电器，当线圈的承受电压低于其整定电压时，衔铁就产生释放动作。它的特点是释放电压很低，在电路中起低电压保护作用。电压继电器的图形符号如图 1－4(a)所示，文字符号为 KV。

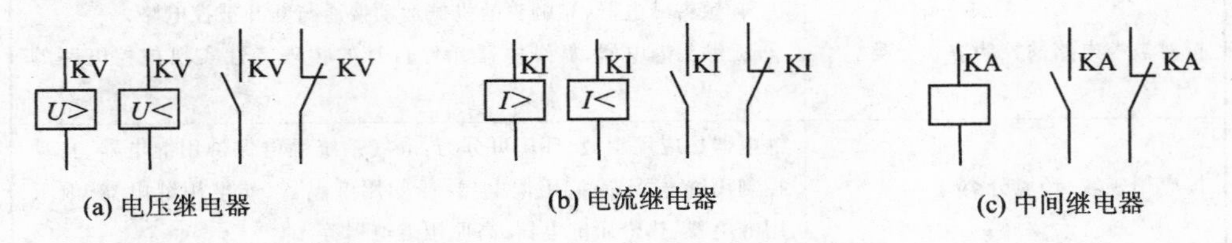

(a) 电压继电器　(b) 电流继电器　(c) 中间继电器

图 1－4　电磁式继电器的图形和文字符号

电压继电器选用时，首先，要注意线圈电流的种类和电压等级应与控制电路一致。其次，要根据在控制电路中的作用(是过电压还是欠电压)选型。最后，要按控制电路的要求选择触点类型(是常开还是常闭)和数量。

1.4.3　电流继电器

触点的动作与线圈电流大小有关的继电器叫做电流继电器。使用时，电流继电器的线圈与负载串联，其线圈的匝数少而线径粗。根据线圈的电流种类可分为交流电流继电器和直流电流继电器；按吸合电流大小可分为过电流继电器和低(欠)电流继电器。

对于过电流继电器，正常工作时，线圈中流过负载电流，但不产生吸合动作。当出现比负载工作电流大的吸合电流时，衔铁才产生吸合动作，从而带动触点动作。在电力拖动系统中，冲击性的过电流故障时有发生，常采用过电流继电器作电路的过电流保护。

对于低电流继电器，正常工作时，由于电路的负载电流大于吸合电流而使衔铁处于吸合状态。当电路的负载电流降低至释放电流时，衔铁释放。在直流电路中，由于某种原因而引起负载电流的降低或消失往往导致严重的后果(如直流电动机的励磁回路断线)，因此在产品上有直流低电流继电器，而没有交流低电流继电器。电流继电器图形符号如图 1－4(b)所示，文字符号为 KI。

选用电流继电器时，首先，要注意线圈电流的种类和等级应与负载电路一致。其次，要根据对负载的保护作用(是过电流还是低电流)来选择电流继电器的类型。最后，要根据控制电路的要求选触点的类型(是常开还是常闭)和数量。

1.4.4 中间继电器

在控制电路中起信号传递、放大、翻转和分路等中继作用的继电器称为中间继电器。它属于电压继电器的一种，主要用于扩展触点数量，实现逻辑控制。中间继电器也有交、直流之分，可分别用于交流控制电路和直流控制电路。中间继电器的图形符号如图 1－4(c)所示，文字符号为 KA。

中间继电器的主要技术参数有额定电压、额定电流、触点对数以及线圈电流种类和规格等。选用时要注意线圈的电流种类和电压等级应与控制电路一致。另外，要根据控制电路的需求来确定触点的形式和数量。当一个中间继电器的触点数量不够用时，也可以将两个中间继电器并联使用，以增加触点的数量。

1.4.5 时间继电器

1. 时间继电器的用途

时间继电器是一种自得到动作信号起至触头动作或输出电路产生跳跃式改变，有一定延时，该延时又符合其准确度要求的继电器，即从得到输入信号(线圈的通电或断电)开始，经过一定的延时后才输出信号(触头的闭合或断开)的继电器。

时间继电器被广泛应用于电动机的启动控制和各种自动控制系统。

2. 按动作原理分类

时间继电器按动作原理可分为电磁式、同步电动机式(电动式)、空气阻尼式、晶体管式(又称电子式)等。

① 电磁式时间继电器结构简单、价格低廉，但延时较短，且只能用于直流断电延时。电磁式时间继电器作为辅助元件用于保护及自动装置中，使被控元件达到所需要的延时，在保护装置中用以实现主保护与后备保护的选择性配合。

② 同步电动机式时间继电器(又称电动机式或电动式时间继电器)的延时精确度高、延时范围大(有的可达几十小时)，但价格较昂贵。

③ 空气阻尼式时间继电器又称气囊式时间继电器，其结构简单、价格低廉、延时范围较大，有通电延时和断电延时两种，但延时准确度较低。

④ 晶体管式时间继电器又称电子式时间继电器，其体积小、精确度高、可靠性好。晶体管式时间继电器的延时可达几分钟到几十分钟，比空气阻尼式长，比电动机式短；延时精确度比空气阻尼式高，比同步电动机式略低。随着电子技术的发展，其应用越来越广泛。

3. 按延时方式分类

时间继电器按延时方式可分为通电延时型和断电延时型。

① 通电延时型时间继电器接收输入信号后延迟一定的时间，输出信号才发生变

化；当输入信号消失后，输出瞬时复原。

② 断电延时型时间继电器接收输入信号时，瞬时产生响应的输出信号；当输入信号消失后，延迟一定时间，输出才复原。

4. 空气阻尼式时间继电器的基本结构与工作原理

① 基本结构。空气阻尼式时间继电器的结构主要由电磁系统、延迟机构和触头系统三部分组成。它是利用空气的阻尼作用进行延时的。其电磁系统为直动式双E型，触头系统采用微动开关，延时机构采用气囊式阻尼器。JS7－A 系列空气阻尼式时间继电器的结构如图 1－5 所示。

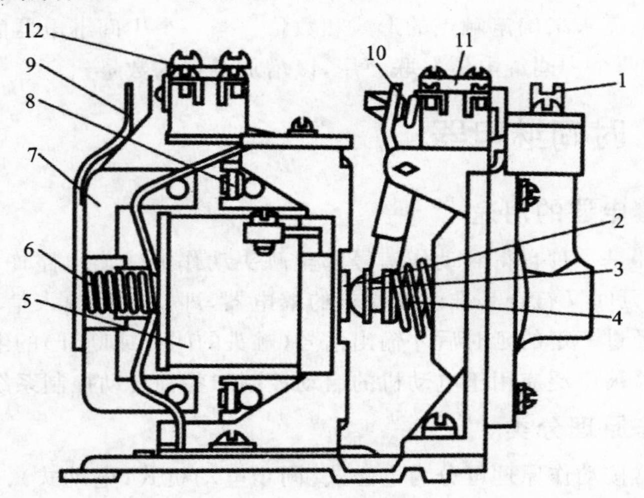

1—调节螺钉；2—推板；3—推杆；4—塔形弹簧；5—线圈；6—反力弹簧；
7—衔铁；8—铁芯；9—弹簧片；10—杠杆；11—延时触头；12—瞬时触头

图 1－5 JS7－A 系列空气阻尼式时间继电器的结构

② 类型与特点。空气阻尼式时间继电器的电磁机构有交流、直流两种。延时方式有通电延时型和断电延时型。当动铁芯（衔铁）位于静铁芯和延时机构之间的位置时，为通电延时型；当静铁芯位于动铁芯和延时机构之间的位置时，为断电延时型。

5. 时间继电器的选择方法

① 时间继电器的延时方式有通电延时型和断电延时型两种，因此选用时应确定采用哪种延时方式更能方便地组成控制线路。

② 凡对延时精度要求不高的场合，一般宜采用价格较低的电磁阻尼式（电磁式）或空气阻尼式（气囊式）时间继电器；若对延时精度要求较高，则宜采用电动机式或晶体管式时间继电器。

③ 延时触头的种类、数量和瞬动触头的种类、数量应满足控制要求。

6. 选用注意事项

① 应注意电源参数变化的影响。例如：在电源电压波动大的场合，采用空气阻

尼式或电动机式时间继电器比采用晶体管式时间继电器好;而在电源频率波动大的场合,则不宜采用电动机式时间继电器。

② 应注意环境温度变化的影响。通常在环境温度变化较大处,不宜采用空气阻尼式和晶体管式时间继电器。

③ 对操作频率也要加以注意。因为操作频率过高不仅会影响电气寿命,还可能导致延时误动作。

7. 图形符号与文字符号

时间继电器的图形符号如图 1-6 所示,文字符号为 KT。

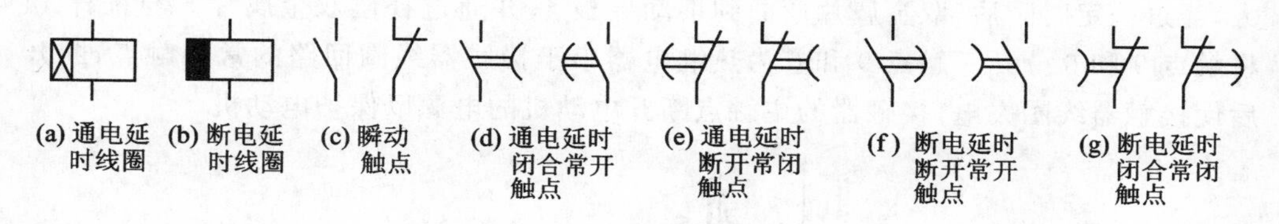

图 1-6　时间继电器的图形符号

1.4.6　热继电器

1. 热继电器的用途

热继电器是热过载继电器的简称,它是一种利用电流的热效应来切断电路的一种保护电器,常与接触器配合使用。热继电器具有结构简单、体积小、价格低和保护性能好等优点,主要用于电动机的过载保护、断相及电流不平衡运行的保护及其他电气设备发热状态的控制。

2. 热继电器的分类

① 按动作方式分,有双金属片式、热敏电阻式和易熔合金式三种。

- 双金属片式:利用双金属片(用两种膨胀系数不同的金属,通常为锰镍、铜板轧制而成)受热弯曲推动执行机构动作。这种继电器因结构简单、体积小、成本低,以及在同时选择合适的热元件的基础上能得到良好的反时限特性(电流越大越容易动作,经过较短的时间就开始动作)等优点被广泛应用。
- 热敏电阻式:利用电阻值随温度变化而变化的特性制成的热继电器。
- 易熔合金式:利用过载电流发热使易熔合金达到某一温度时,合金熔化而使继电器动作。

② 按加热方式分,有直接加热式、复合加热式、间接加热式和电流互感器加热式四种。

③ 按极数分,有单极、双极和三极三种,其中三极的又包括带有和不带有断相保护装置两类。

④ 按复位方式分,有自动复位和手动复位两种。

3. 热继电器的工作原理

热继电器主要由热元件、双金属片、触头系统等组成。双金属片是热继电器的感测元件,它由两种不同线膨胀系数的金属片用机械碾压而成。线膨胀系数大的称为主动层,线膨胀系数小的称为被动层。如图 1-7 所示是热继电器的结构原理图。热元件 3 串接在电动机的定子绕组电路中,电动机定子绕组电流即为流过热元件的电流。当电动机正常运行时,热元件产生的热量虽然能使双金属片 2 弯曲,但还不足以使继电器动作。当电动机过载时,热元件产生的热量增大,使双金属片弯曲位移增大,经过一定时间后,双金属片弯曲到推动导板 4,并通过补偿双金属片 5 与推杆 14 将触点 9 和 6 分开。触点 9 和 6 为热继电器串于接触器线圈回路的常闭触点,断开后使接触器线圈失电,接触器的主触点断开电动机的电源以保护电动机。

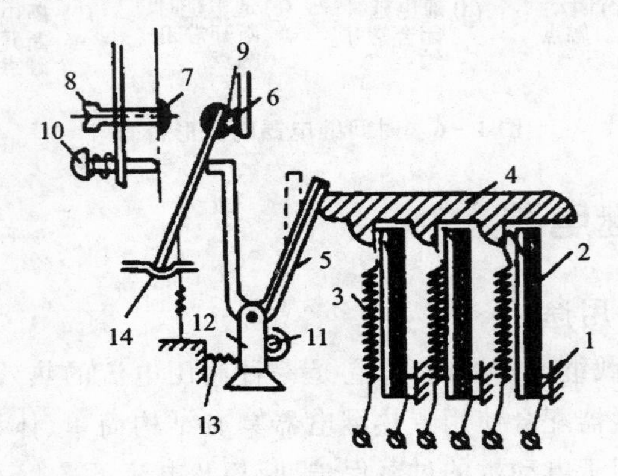

1—接线端子;2—双金属片;3—热元件;4—导板;5—补偿双金属片;
6、7—静触点;8—复位螺钉;9—动触点;10—按钮;11—调节旋钮;
12—支撑件;13—压簧转动偏心轮;14—推杆

图 1-7 热继电器的结构原理图

调节旋钮 11 是一个偏心轮,它与支撑件 12 构成一个杠杆,13 是一个压簧,转动偏心轮,改变它的半径即可改变补偿双金属片 5 与导板 4 的接触距离,因而达到调节整定热继电器动作电流的目的。此外,靠调节复位螺钉 8 来改变常开触点 7 的位置使热继电器能工作在手动复位和自动复位两种工作状态。调试手动复位时,在故障排除后要按下按钮 10 才能使动触点恢复与静触点 6 相接触的位置。

在电路图中,热继电器的热元件、触点的图形和文字符号如图 1-8 所示。

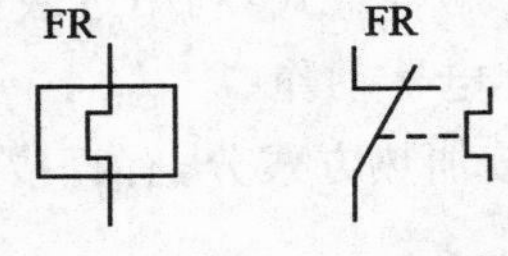

(a) 热元件　(b) 常闭触点

图 1-8 热继电器的图形和文字符号

4. 热继电器的选择

热继电器选用是否得当,直接影响对电动机进行过载保护的可靠性。通常选用时应按电动机型式、工作环境、启动情况及负载情况等几方面综合加以考虑。

① 原则上热继电器(热元件)的额定电流等级一般略大于电动机的额定电流。热继电器选定后,再根据电动机的额定电流调整热继电器的整定电流,使整定电流与电动机的额定电流相等。对于过载能力较差的电动机,所选的热继电器的额定电流应适当小一些,并且将整定电流调到电动机额定电流的 60%～80%。当电动机因带负载启动而启动时间较长或电动机的负载是冲击性的负载(如冲床等)时,热继电器的整定电流应稍大于电动机的额定电流。

② 一般情况下可选用两相结构的热继电器。对于电网电压均衡性较差、无人看管的电动机,或与大容量电动机共用一组熔断器的电动机,宜选用三相结构的热继电器。定子三相绕组为三角形连接的电动机,应采用有断相保护的三元件热继电器作过载和断相保护。

③ 热继电器的工作环境温度与被保护设备的环境温度的差别不应超出 15～25 ℃。

④ 对于工作时间较短、间歇时间较长的电动机(如,摇臂钻床的摇臂升降电动机等),以及虽然长期工作,但过载可能性很小的电动机(如,排风机电动机等),可以不设过载保护。

⑤ 双金属片式热继电器一般用于轻载、不频繁启动电动机的过载保护。对于重载、频繁启动的电动机,则可用过电流继电器(延时动作型的)作它的过载和短路保护。因为热元件受热变形需要时间,故热继电器不能作短路保护。

5. 热继电器的安装和使用

① 热继电器必须按产品使用说明书的规定进行安装。当它与其他电器装在一起时,应将其装在其他电器的下方,以免其动作特性受到其他电器发热的影响。

② 热继电器的连接导线应符合规定的要求。

③ 安装时,应清除触头表面等部位的尘垢,以免影响继电器的动作性能。

④ 运行前,应检查接线和螺钉是否牢固可靠,动作机构是否灵活、正常。

⑤ 运行前,还要检查其整定电流是否符合要求。

⑥ 若热继电器动作,则动作后必须对电动机和设备状况进行检查,为防止热继电器再次脱扣,一般采用手动复位;而对于易发生过载的场合,一般采用自动复位。

⑦ 对于点动、重载启动,连续正反转及反接制动运行的电动机,一般不宜使用热继电器。

⑧ 使用中,应定期清除污垢,双金属片上的锈斑,可用布蘸汽油轻轻擦拭。

⑨ 每年应通电检验一次。

1.4.7　速度继电器

按速度原则动作的继电器,称为速度继电器。它主要应用在三相笼型异步电动机的反接制动中,因此又称为反接制动控制器。

感应式速度继电器主要由定子、转子和触点三部分组成，转子是一个圆柱形永久磁铁，定子是一个笼型空心圆环，由硅钢片叠置而成，并装有笼型绕组。

图 1-9 为感应式速度继电器原理示意图。其转子的轴与被控电机的轴相连接，当电动机转动时，速度继电器的转子随之转动，到达一定转速时，定子在感应电流和力矩的作用下跟随转动；到达一定角度时，装在定子轴上的摆锤推动簧片（动触点）动作，使常闭触点打开、常开触点闭合；当电动机转速低于某一数值时，定子产生的转矩减小，触点在簧片作用下返回到原来位置，使对应的触点恢复到原来的状态。

速度继电器的图形和文字符号如图 1-10 所示。

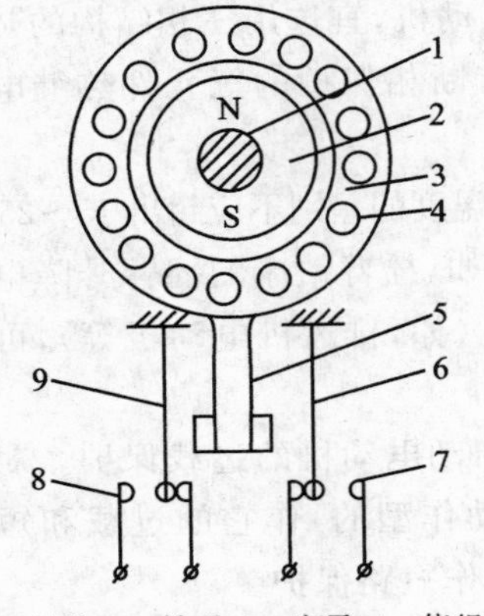

1—转轴；2—转子；3—定子；4—绕组；
5—摆锤；6、9—簧片；7、8—静触点

图 1-9　感应式速度继电器原理示意图

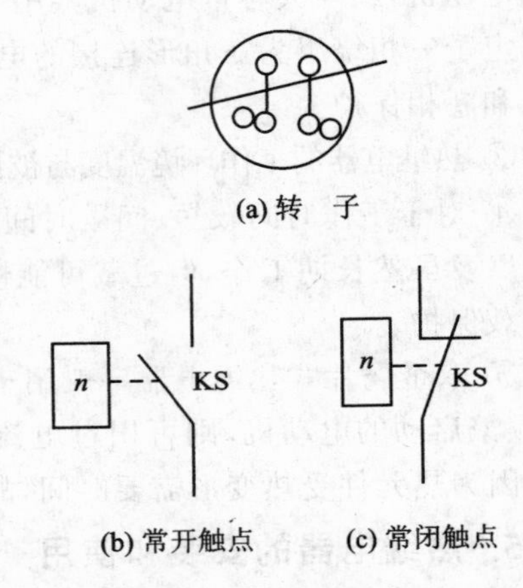

图 1-10　速度继电器的图形和文字符号

1.5　主令电器

主令电器是自动控制系统中用于发送和转换控制命令的电器。主令电器用于控制电路，不能直接分合主电路。主令电器应用十分广泛，种类很多，这一节介绍几种常用的主令电器。

1.5.1　控制按钮

控制按钮简称按钮，是一种结构简单、使用广泛的手动电器，在控制电路中用于手动发出控制信号以控制接触器、继电器等。

控制按钮一般由按钮帽、复位弹簧、触点和外壳等部件组成，其结构如图 1-11 所示，图形和文字符号如图 1-12 所示。按钮常做成复合式，即同时具有一对常开触点（动合触点）和常闭触点（动断触点）。接线时，也可以只接常开或常闭触点。当按下按钮时，先断开常闭触点，然后接通常开触点。按钮释放后，在复位弹簧作用下使触点复位。

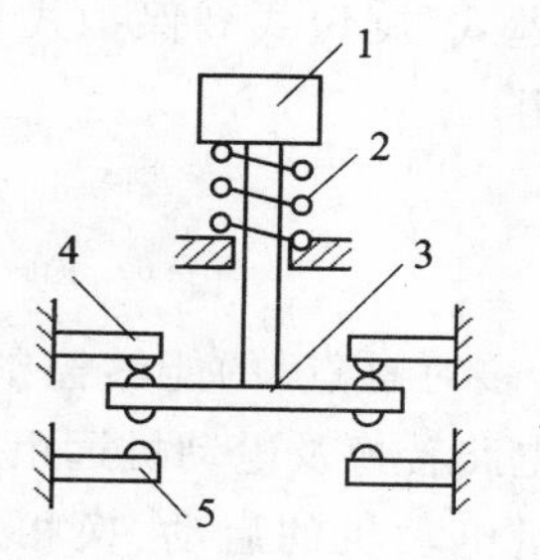

1—按钮帽；2—复位弹簧；3—动触点；
4—常闭触点；5—常开触点

图 1－11　控制按钮的结构示意图

SB　　SB　　SB

(a) 常开触点　(b) 常闭触点　(c) 常开、常闭触点

图 1－12　控制按钮的图形和文字符号

控制按钮可做成单式(1 个按钮)、复式(2 个按钮)和三联式(3 个按钮)的形式。为便于识别各个按钮的作用，避免误操作，通常将按钮帽做成不同颜色，以示区别，其颜色有红、绿、黄、蓝、白等；如红色表示停止按钮，绿色表示启动按钮等，如表 1－4 所列。另外还有形象化符号可供选用，如图 1－13 所示。

表 1－4　控制按钮颜色及其含义

颜　色	含　义	典型应用
红色	危险情况下的操作	紧急停止
	停止或分断	停止一台或多台电动机，停止一台机器的一部分，使电器元件失电
黄色	应急或干预	抑制不正常情况或中断不理想的工作周期
绿色	启动或接通	启动一台或多台电动机，启动一台机器的一部分，使电器元件得电
蓝色	以上几种颜色未包括的任意一种功能	—
黑色、灰色、白色	无专门指定功能	可用于停止和分断上述以外的任何情况

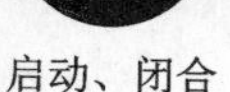
启动、闭合

停止、断开

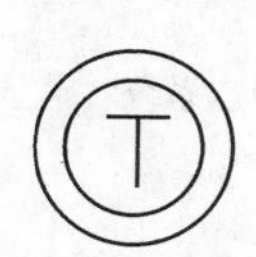
点动、仅在按下时动作

启动停止共用

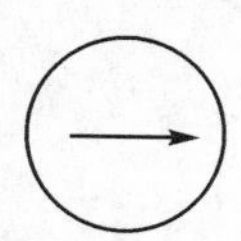
直线运动

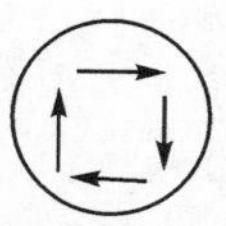
自动循环、自动

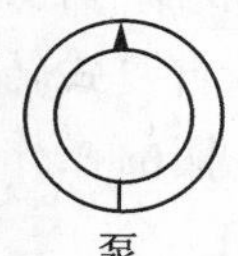
泵

冷却泵

液压泵

润滑泵

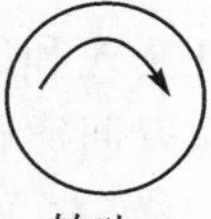
转动

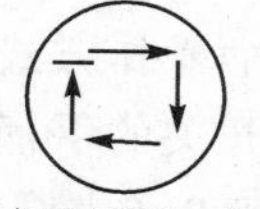
半自动循环、自动

图 1－13　控制按钮的形象化符号

控制按钮在结构上有按钮式、自锁式、紧急式、钥匙式、旋钮式和保护式等，有些按钮还带有指示灯，可根据使用场合和具体用途来选用。

1.5.2　万能转换开关

万能转换开关是一种具有多个档位、多段式（具有多对触点）的能够控制多回路的主令电器。其主要用作各种配电装置的电源隔离、电路转换及电动机远距离控制；用作电压表、电流表的换相测量开关；还可用作小容量电动机的启动、换相及调速。因其控制电路多，用途广泛，故称为万能转换开关。

万能转换开关由操作机构、定位装置和多组相同结构的触点组件等部分组成，用螺栓叠装成整体，如属于防护型产品，还设有金属外壳。LW5 系列万能转换开关的结构如图 1－14 所示。

触点系统采用双端口桥式结构，由各自的凸轮控制其通断；定位装置采用棘轮棘爪式结构，不同的棘轮和凸轮可组成不同的定位模式，从而得到不同的开关状态，即手柄在不同的转换角度时，触点的状态是不同的。

触点系统的分合由凸轮控制，操作手柄时，使转轴带动凸轮转动，当正对着凸轮上的凹口时触点闭合，否则断开。如图 1－14(b)所示仅为万能转换开关中的一层，实际的转换开关是由多层同样结构的触点组件叠装而成的，每层上的触点数根据型号的不同而不同，凸轮上的凹口数也不一定只有一个。

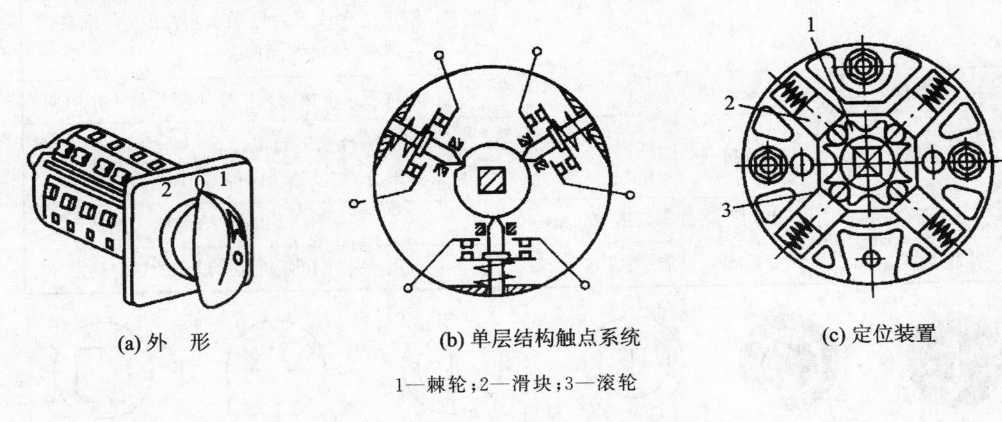

(a) 外　形　　(b) 单层结构触点系统　　(c) 定位装置

1—棘轮；2—滑块；3—滚轮

图 1－14　LW5 系列转换开关

万能转换开关的手柄有普通手柄型、旋钮型、钥匙型和带信号灯型等多种形式，手柄操作方式有自复式和定位式两种。操作手柄至某一位置，当手松开后，自复式转换开关的手柄自动返回原位；定位式转换开关的手柄保持在该位置上。手柄的操作位置以角度表示，一般有 30°、45°、60°、90°等角度，根据型号不同而有所不同。

万能转换开关的图形符号如图 1－15 所示，它的文字符号为 SC。

图形符号中“每一横线”代表一对触点，而用竖的虚线代表手柄的位置。哪一对接通，就在代表该位置的虚线上的触点下用黑点"•"表示。如果虚线上没有"•"，则表示当操作手柄处于该位置时，该对触点处于断开状态。为了更清楚地表示万能转换开关的触点分合状态与操作手柄的位置关系，在机电控制系统中，经常把万能转换开关的图形符号和触点通断表结合使用。如表1-5所列，表中"×"表示触点闭合，空白表示触点分断。例如，在图1-15中，当转换开关的手柄置于"Ⅰ"位置时，表示"1"、"3"触点接通，其他触点断开；置于"O"位置时，触点全部接通；置于"Ⅱ"位置时，触点"2"、"4"、"5"、"6"接通，其他触点断开。

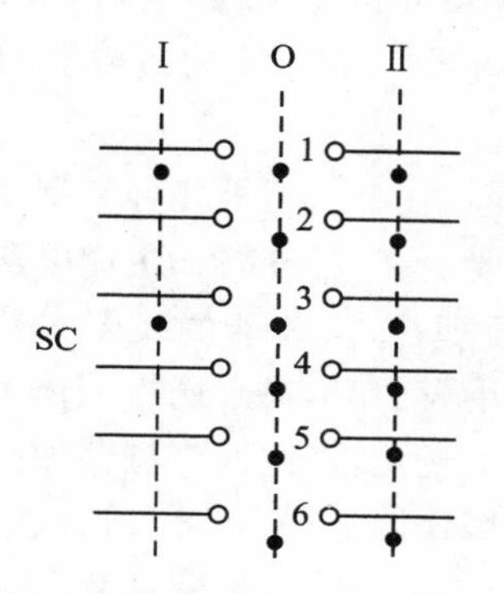

图1-15　万能转换开关的图形符号

表1-5　万能转换开关触点通断表

触点编号 \ 手柄定位	Ⅰ	O	Ⅱ
1	×	×	
2		×	×
3	×	×	
4		×	×
5		×	×
6		×	×

1.5.3　行程开关

行程开关又称为限位开关，是一种利用生产机械某些运动部件的撞击来发出控制信号的小电流(5 A以下)主令电器。它是用于控制生产机械的运动方向、速度、行程大小或位置的一种自动控制器件。

行程开关广泛应用于各类机床、起重机械以及轻工机械的行程控制。当生产机械运动到某一预定位置时，行程开关通过机械可动部分的动作，将机械信号转换为电信号，以实现对生产机械的控制，限制它们的动作和位置，借此对生产机械给以必要的保护。

行程开关按其结构可分为直动式、滚轮式和微动式三种。直动式行程开关的动作原理与按钮式相同。它的缺点是分合速度取决于生产机械的移动速度，当移动速度低于0.4 m/min时，触点分断太慢，易受电弧烧损。此时，应采用有盘形弹簧机构瞬时动作的滚轮式行程开关。当生产机械的行程比较小且作用力也很小时，可采用具有瞬时动作和微小行程的微动式行程开关。行程开关的图形和文字符号如图1-16所示。

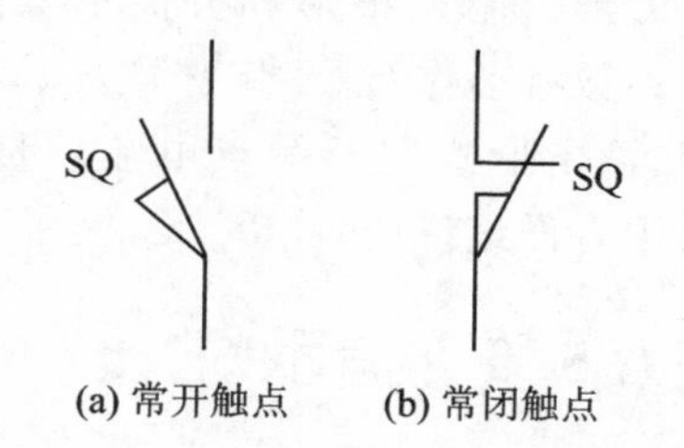

图1-16　行程开关的图形和文字符号

1.5.4　接近开关

随着电子技术的发展,出现了非接触式的行程开关,即接近开关。接近开关又称为无触点行程开关。当某种物体与之接近到一定距离时就发出动作信号,它不像机械行程开关那样需要施加机械力,而是通过其感辨头与被测物体间介质能量的变化来获取信号。接近开关的应用已远超出一般行程控制和限位保护的范畴,例如用于高速计数、测速、液面控制、检测金属体的存在、零件尺寸以及无触点按钮等,即使用于一般行程控制,其定位精度、操作频率、使用寿命和对恶劣环境的适应能力也优于一般机械式行程开关。

接近开关按工作原理可以分为高频振荡型、电容型、霍尔型等几种类型。

高频振荡型接近开关是以金属触发为原理,主要由高频振荡器、集成电路或晶体管放大电路和输出电路三部分组成。其基本工作原理是,振荡器的线圈在开关的作用表面产生一个交变磁场,当金属检测体接近此作用表面时,在金属检测体中将产生涡流,由于涡流的去磁作用使感辨头的等效参数发生变化,由此改变振荡回路的谐振阻抗和谐振频率,使振荡停止。振荡器的振荡和停振这两个信号,经整形放大后转换成开关信号输出。

电容型接近开关主要由电容式振荡器及电子电路组成。它的电容位于传感器表面,当物体接近时,因改变了其耦合电容值,从而产生振荡和停振使输出信号发生跳变。

霍尔型接近开关由霍尔元件组成,是将磁信号转换为电信号输出,内部的磁敏元件仅对垂直于传感器端面磁场敏感。当磁极 S 正对接近开关时,接近开关的输出产生正跳变,输出为高电平;若磁极 N 正对接近开关,则输出产生正跳变,输出为低电平。

接近开关的图形和文字符号如图 1-17 所示。接近开关的工作电压有交流和直流两种,输出形式有两线、三线和四线三种;有一对常开、常闭触点,晶体管输出类型有 NPN、PNP 两种;外形有方形、圆形、槽形和分离形等。接近开关的主要参数有动作行程、工作电压、动作频率、响应时间、输出形式以及触点电流容量等,在产品说明书中有详细说明。

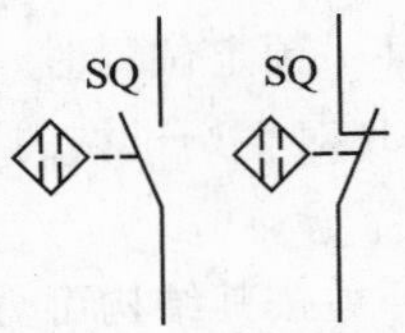

SQ　　SQ

(a) 常开触点　(b) 常闭触点

图 1-17　接近开关的图形和文字符号

1.5.5　指示灯

指示灯在各类电器设备及电气线路中用作电源指示、指挥信号、预告信号、运行信号、故障信号及其他信号的指示。

指示灯主要由壳体、发光体、灯罩等组成。其外形结构多种多样，发光体主要有白炽灯、氖灯和半导体型三种。发光颜色有黄、绿、红、白、蓝五种，使用时按国标规定的用途选用，如表 1－6 所列。指示灯的图形和文字符号如图 1－18 所示，主要参数有安装孔尺寸、工作电压及颜色等。

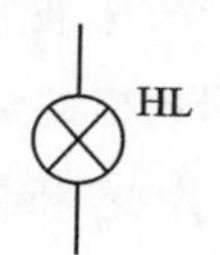

图 1－18　指示灯的图形和文字符号

表 1－6　指示灯的颜色及其含义

颜　色	含　义	解　释	典型应用
红色	异常或警报	对可能出现危险和需要立即处理的情况进行报警	温度超过规定限制，设备的重要部分已被保护电器切断
黄色	警告	状态改变或变量接近其极限值	温度偏离正常值
绿色	准备、安全	安全运行条件指示或机械准备启动	设备正常运转
蓝色	特殊指示	上述几种颜色未包括的任意一种功能	—
白色	一般信号	上述几种颜色未包括的各种功能	—

1.6　熔断器、低压刀开关及低压断路器

1.6.1　熔断器

熔断器基于电流热效应原理和发热元件热熔断原理设计，具有一定的瞬动特性，用于电路的短路保护和严重过载保护。它具有结构简单、体积小、使用维护方便、分断能力较强、限流性能良好等特点，应用十分广泛。

1. 熔断器的基本结构与工作原理

(1) 熔断器的基本结构

熔断器的基本结构主要由熔体、安装熔体的熔管（或盖、座）、触头和绝缘底板等组成。其中，熔体是指当电流大于规定值并超过规定时间后熔化的熔断体部件，它是熔断器的核心部件，它既是感测元件又是执行元件，一般用金属材料制成，熔体材料具有相对熔点低、特性稳定、易于熔断等特点；熔管是熔断器的外壳，主要作用是便于安装熔体且当熔体熔断时有利于电弧熄灭。

(2) 熔断器的工作原理

熔断器的工作原理实际上是一种利用热效应原理工作的保护电器，它通常串联在被保护的电路中，并应接在电源相线输入端。当电路为正常负载电流时，熔体的温度较低；而当电路中发生短路或过载故障时，通过熔体的电流随之增大，熔体温度将升高到熔点，便自行熔断，分断故障电路，从而达到保护电路和电气设备、防止故障扩大的目的。熔体的保护作用是一次性的，一旦熔断即失去作用，应在故障排除后，更换新的相同规格的熔体。

2. 常用熔断器

(1) 插入式熔断器

插入式熔断器又称瓷插式熔断器，是指熔断体靠导电插件插入底座的熔断器。它具有结构简单、价格低廉、更换熔体方便等优点，被广泛用于照明电路和小容量电动机的短路保护。插入式熔断器的结构如图 1－19 所示，它由瓷盖、瓷座、动触头、静触头和熔丝等组成。其中，瓷盖和瓷座由电工陶瓷制成，电源线和负载线分别接在瓷座两端的静触头上，瓷座中间有一空腔，它与瓷盖的凸起部分构成灭弧室。

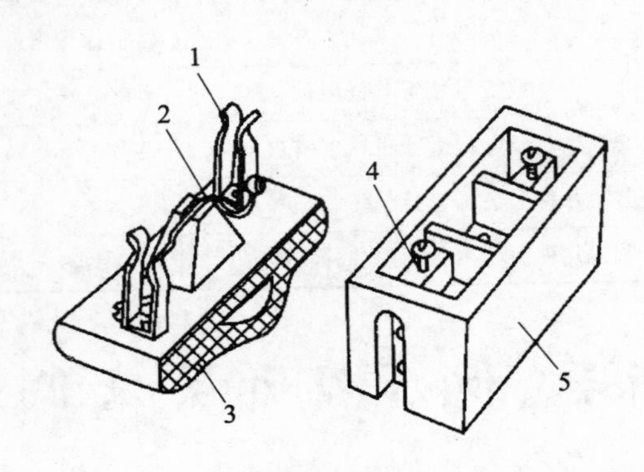

1—动触头；2—熔丝；3—瓷盖；4—静触头；5—瓷座

图 1－19 插入式熔断器

(2) 螺旋式熔断器

螺旋式熔断器主要由瓷帽、熔管、瓷套、上接线端、下接线端和底座等组成，其结构如图 1－20 所示。这种熔断器的熔管由电工陶瓷制成，熔管内装有熔体和石英砂填料，它对灭弧非常有利，可以提高熔断器的分断能力。熔断器的熔管上盖中还有一熔断指示器，当熔体熔断时指示器跳出，显示熔断器熔断，通过瓷帽可观察到。底座装有上下两个接线触头，分别与底座螺纹壳、底座触头相连。当熔断器熔断后，只需旋开瓷帽，取下已熔断的熔管，换上新熔管即可。其缺点是它的熔体无法更换，只能更换整个熔管，成本相对较高。

使用螺旋式熔断器时必须注意，用电设备的连接线应接到金属螺旋壳的上接线端，电源线应接到底座的下接线端。这样，更换熔管时金属螺旋壳上就不会带电，保证用电安全。螺旋式熔断器多用于机床电路中。

(3) 无填料封闭管式熔断器

无填料封闭管式熔断器（又称无填料密闭管式熔断器）是指熔体被密闭在不充填料的熔管内的熔断器。无填料封闭管式熔断器主要由熔管、熔体和夹座等部分组成，其结构如图 1－21 所示。其熔体由变截面锌片制成，中间有几处狭窄部分。当短路

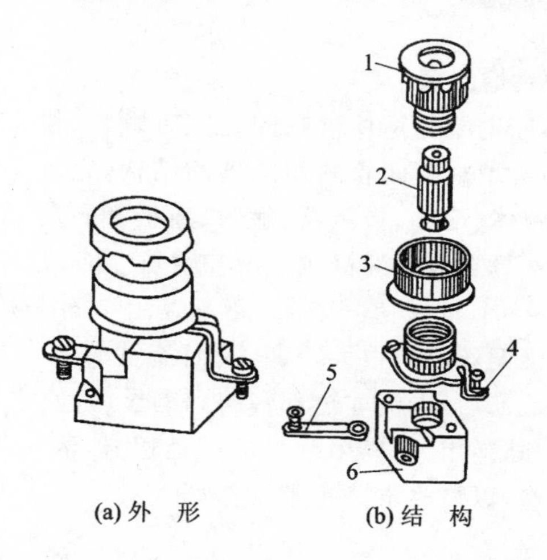

1—瓷帽；2—熔管；3—瓷套；4—上接线端；5—下接线端；6—底座

图1-20　螺旋式熔断器

电流通过熔片时，首先在狭窄处熔断，熔管内壁在电弧的高温作用下，分解出大量气体，使管内压力迅速增大，很快将电弧熄灭。

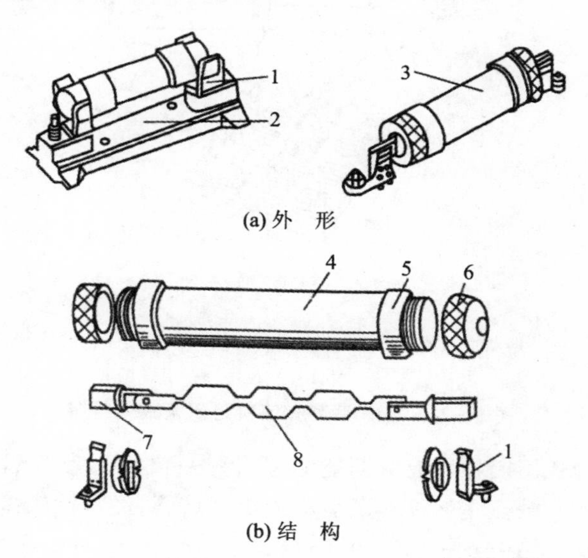

1—夹座；2—底座；3—熔管；4—钢纸管；

5—黄铜管；6—黄铜帽；7—触刀；8—熔体

图1-21　RM10系列无填料封闭管式熔断器

无填料封闭管式熔断器是一种可拆卸的熔断器，其特点是当熔体熔断时，管内产生高气压，能加速灭弧。另外，熔体熔断后，使用人员可自行拆开，装上新熔体后可尽快恢复供电。它还具有分断能力大、保护特性好和运行安全可靠等优点，常用于频繁发生过载和短路故障的场合。

(4) 有填料封闭管式熔断器

有填料封闭管式熔断器是指熔体被封闭在充有颗粒、粉末等灭弧填料的熔管内的熔断器。图 1-22 为有填料封闭管式熔断器的结构，它主要由熔管和底座两部分组成。其中，熔管包括管体、熔体、指示器、触刀、盖板和石英砂。管体一般采用滑石陶瓷或高频陶瓷制成，它具有较高的机械强度和耐热性能，管内装有工作熔体和指示器熔体。熔断指示器是一个机械信号装置，指示器上装有与熔体并联的细康铜丝。在正常情况下，由于细康铜丝电阻很大，从其上面流过的电流极小，只有当电路发生过载或短路，工作熔体熔断后，电流才全部转移到铜丝上，使它很快熔断；而指示器便在弹簧的作用下立即向外弹出，显露出醒目的红色信号，表示熔体已经熔断，从而可迅速发现故障，尽快检修，以恢复电路正常工作。

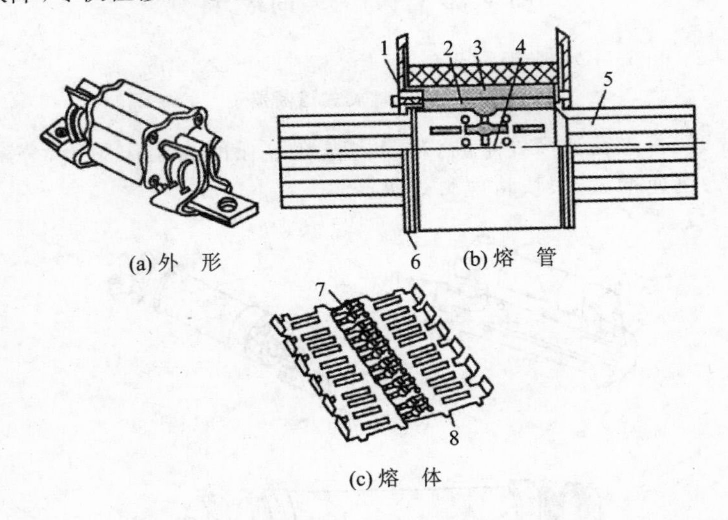

(a) 外　形　　(b) 熔　管

(c) 熔　体

1—熔断指示器；2—指示器熔体；3—石英砂；4—工作熔体；
5—触刀；6—盖板；7—锡桥；8—引燃栅

图 1-22　RT0 系列有填料封闭管式熔断器

有填料封闭管式熔断器具有分断能力强、保护特性好、带有醒目的熔断指示器、使用安全等优点。其缺点是熔体熔断后必须更换熔管，经济性较差。

3. 熔断器的技术参数

(1) 额定电压

它指熔断器长期工作时和分断后能够承受的电压，其值一般等于或大于电气设备的额定电压。

(2) 额定电流

它指熔断器长期工作时，温升不超过规定值时所能承受的电流。为了减少熔断管的规格，熔断管的额定电流等级比较少，而熔体的额定电流等级比较多，即在一个额定电流等级的熔断管内可以分几个额定电流等级的熔体,但熔体的额定电流最大不能超过熔断管的额定电流。

(3) 极限分断能力

熔断器在规定的额定电压和功率因数(或时间常数)条件下,能分断的最大电流值一般是指短路电流值。所以,极限分断能力也反映了熔断器分断短路电流的能力。熔断器的图形和文字符号如图 1-23 所示。

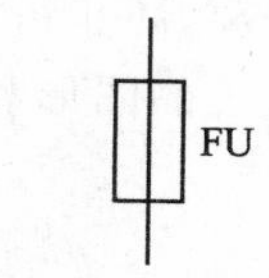

图 1-23　熔断器的图形和文字符号

4. 熔断器的选择

(1) 熔断器选择的一般原则

① 应根据使用条件确定熔断器的类型。

② 选择熔断器的规格时,应首先选定熔体的规格,然后再根据熔体去选择熔断器的规格。

③ 熔断器的保护特性应与被保护对象的过载特性有良好的配合。

④ 在配电系统中,各级熔断器应相互匹配,一般上一级熔体的额定电流要比下一级熔体的额定电流大 2~3 倍。

⑤ 对于保护电动机的熔断器,应注意电动机启动电流的影响。熔断器一般只作为电动机的短路保护,过载保护应采用热继电器。

(2) 熔体额定电流的选择

① 对于照明电路和电热设备等电阻性负载,因为其负载电流比较稳定,可用作过载保护和短路保护,所以熔体的额定电流(I_N)应等于或稍大于负载的额定电流(I_{fN}),即

$$I_N = 1.1I_{fN}$$

② 电动机的启动电流很大,因此对电动机只宜作短路保护。

(3) 熔断器额定电压的选择

熔断器的额定电压应等于或大于所在电路的额定电压。

1.6.2 低压刀开关

刀开关俗称闸刀开关,是一种结构最简单、应用最广泛的手动电器,主要用于接通和切断长期工作设备的电源及不经常启动及制动、容量小于 7.5 kW 的异步电动机。

刀开关主要由操作手柄、触刀、触点座和底座组成,依靠手动来实现触刀插入触点座与脱离触点座的控制;按刀数可分为单极、双极和三极。

刀开关在选择时,应使其额定电压等于或大于电路的额定电压,其电流应等于或大于电路的额定电流。当用刀开关控制电动机时,其额定电流要大于电动机额定电流的 3 倍。

刀开关在安装时,手柄要向上,不得倒装或平装,避免其由于重力自由下落,而引起误动作和合闸。接线时,应将电源线接在上端,负载线接在下端,这样拉闸后刀片与电源隔离,防止可能发生的意外事故。

刀开关的图形和文字符号如图 1-24 所示。

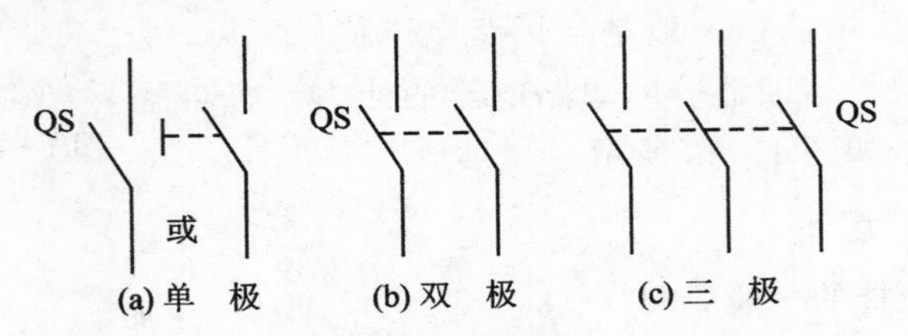

图 1-24 刀开关的图形和文字符号

1.6.3 低压断路器

1. 断路器的用途

低压断路器也称为自动空气开关,用于分配电能、不频繁地启动异步电动机以及对电源线路及电动机等的保护。当发生严重的过载、短路或欠电压等故障时能自动切断电路。它是低压配电线路应用非常广泛的一种保护电器。

断路器是一种可以自动切断故障线路的保护开关,它既可用来接通和分断正常的负载电流、电动机的工作电流和过载电流,也可用来接通和分断短路电流;在正常情况下,还可以用于不频繁地接通和断开电路以及控制电动机的启动和停止。

断路器具有动作值可调整、兼具过载和短路保护两种功能,安装方便,分断能力强,特别是在短路故障排除后一般不需要更换零部件,因此应用非常广泛。

2. 基本结构与工作原理

断路器的种类虽然很多,但它的结构基本相同。断路器的结构主要由触头系统、灭弧装置、各种脱扣器和操作机构等部分组成。

断路器的种类很多,结构比较复杂,但工作原理基本相同。其工作原理如图 1-25 所示。

断路器的 3 个触头串联在三相主电路中,电磁脱扣器(过电流脱扣器)的线圈及热脱扣器的热元件也与主电路串联,欠电压脱扣器的线圈与主电路并联。

当断路器闭合后,3 个主触头由锁键钩住钩子,克服弹簧的拉力,保持闭合状态。而当过电流脱扣器吸合、热脱扣器的双金属片受热弯曲或欠电压脱扣器释放,这三者中的任何一个动作发生时,就可将杠杆顶起,使钩子和锁键脱开,于是主触头分断电路。

当电路正常工作时,过电流脱扣器的线圈产生的电磁力不能将衔铁吸合;而当电路发生短路,出现很大过电流时,线圈产生的电磁力增大,足以将衔铁吸合,使主触

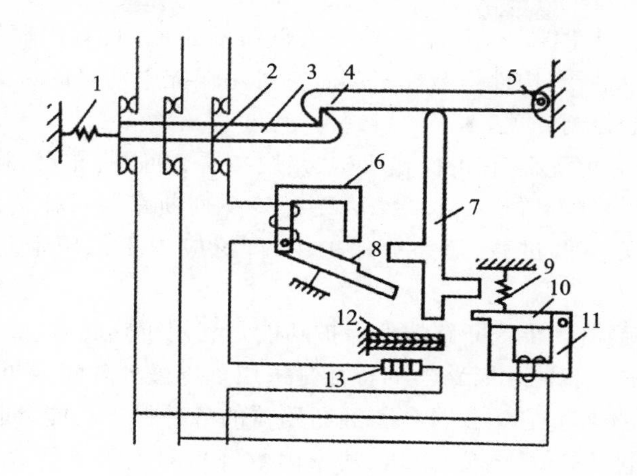

1、9—弹簧；2—主触头；3—锁键；4—钩子；5—轴；
6—电磁脱扣器；7—杠杆；8、10—衔铁；11—欠电压脱扣器；
12—热脱扣器双金属片；13—热脱扣器的热元件

图 1-25　断路器的工作原理图

头断开，切断主电路。若电路发生过载，但又达不到过电流脱扣器动作的电流时，则流过热脱扣器的发热元件的过载电流，会使双金属片受热弯曲，顶起杠杆，导致触头分开来断开电路，起到过载保护作用；若电源电压下降较多或失去电压时，则欠电压脱扣器的电磁力减小，使衔铁释放，同样导致触头断开而切断电路，从而起到欠压或失压保护作用。

3. 断路器的图形和文字符号

低压断路器的图形和文字符号如图 1-26 所示。

4. 低压断路器的主要参数和类型

(1) 低压断路器的主要参数

① 额定电压，是指断路器在长期工作时的允许电压。通常它等于或大于电路的额定电压。

② 额定电流，是指断路器在长期工作时的允许持续电流。

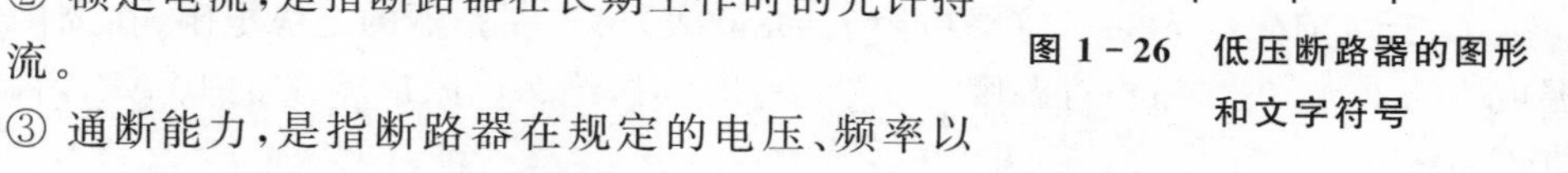

图 1-26　低压断路器的图形和文字符号

③ 通断能力，是指断路器在规定的电压、频率以及规定的线路参数（交流电路为功率因数，直流电路为时间常数）下，所能接通和分断的短路电流值。

④ 分断时间，是指断路器切断故障电流所需的时间。

(2) 低压断路器的主要类型

① 敞开式低压断路器，又称万能式低压断路器，具有绝缘衬底的框架结构底座，所有的构件组装在一起，用于配电网络的保护。

② 装置式低压断路器，又称塑料外壳式低压断路器，具有用模压绝缘材料制成的封闭型外壳，并将所有构件组装在一起。它可用作配电网络的保护和电动机、照明电路及电热器等的控制开关。

③ 模块化小型断路器，它由操作机构、热脱扣器、电磁脱扣器、触头系统、灭弧室等部件组成，所有部件都置于一个绝缘壳中。该系列断路器可作为线路和交流电动机等的电源控制开关及过载、短路等保护用，广泛应用于工矿企业、建筑及家庭等场所。

④ 智能化断路器。传统断路器的保护功能是利用了热磁效应原理，通过机械系统的动作来实现的。智能化断路器的特征是采用了以微处理器或单片机为核心的智能控制器（智能脱扣器），它不仅具备普通断路器的各种保护功能，同时还具备实时显示电路中的各种电气参数（电流、电压、功率因数等），对电路进行在线监视、测量、试验、自诊断、通信等功能；能够对各种保护功能的动作参数进行显示、设定和修改；将电路动作时的故障参数存储在非易失存储器中以便查询。

5. 断路器的使用

(1) 断路器的选择

应根据电路的额定电流、保护要求和断路器的结构特点来选择断路器，例如：

① 对于额定电流 600 A 以下，短路电流不大的场合，一般选用塑料外壳式断路器。

② 若额定电流比较大，则应选用万能式断路器；若短路电流相当大，则应选用限流式断路器。

③ 在有漏电保护要求时，还应选用漏电保护式断路器。

需要说明的是：近年来，塑料外壳式断路器的额定电流等级在不断地提高，现已出现了不少大容量塑料外壳式断路器；而对于万能式断路器则由于新技术、新材料的应用，体积、质量也在不断减小。从目前情况来看，如果选用时注重选择性，则应选用万能式断路器；而如果注重体积小、要求价格便宜，则应选用塑料外壳式断路器。

(2) 断路器的安装

① 安装前应先检查断路器的规格是否符合使用要求。

② 安装前先用 500 V 绝缘电阻表（兆欧表）检查断路器的绝缘电阻，在周围空气温度为 −20～20 ℃和相对湿度为 50%～70%时，绝缘电阻应不小于 10 MΩ，否则应烘干。

③ 安装时，电源进线应接于上母线，用户的负载侧出线应接于下母线。

④ 安装时，断路器底座应垂直于水平位置，并用螺钉固定紧，且断路器应安装平整，不应有附加机械应力。

⑤ 外部母线与断路器连接时，应在接近断路器母线处加以固定，以免各种机械应力传递到断路器上。

⑥ 安装时，应考虑断路器的飞弧距离，即在灭弧罩上部应留有飞弧空间，并保证

外装灭弧室至相邻电器的导电部分和接地部分的安全距离。

⑦ 在进行电气连接时，电路中应无电压。

⑧ 断路器应可靠接地。

⑨ 不应漏装断路器附带的隔弧板，装上后方可运行，以防止切断电路因产生电弧而引起相间短路。

⑩ 安装完毕后，应使用手柄或其他传动装置检查断路器工作的准确性和可靠性，如检查脱扣器能否在规定的动作值范围内动作，电磁操作机构是否可靠闭合，可动部件有无卡阻现象等。

1.7 其他常用执行器件

1.7.1 电磁铁

电磁铁主要由电磁线圈、铁芯和衔铁三部分组成。当电磁线圈通电后便产生磁场和电磁力，衔铁被吸合，把电磁能转换为机械能，带动机械装置完成一定的动作。

电磁铁按电磁电流的不同，可分为交流电磁铁和直流电磁铁。交流电磁铁启动力大、动作快，但换向冲击大，所以换向频率不能太高，且启动电流大，在阀芯被卡住时会使电磁铁线圈烧毁。直流电磁铁不论吸合与否，其电流基本不变，因此不会因阀芯被卡住而烧毁电磁铁线圈，工作可靠性好，换向冲击力也小，换向频率较高，但需要有直流电源。

电磁铁按用途不同，可分为牵引电磁铁、起重电磁铁和制动电磁铁等。牵引电磁铁主要用来牵引机械装置、开启或关闭各种阀门，以执行自动控制任务。起重电磁铁用作起重装置来吊运钢锭、钢材、铁砂等铁磁性材料。制动电磁铁主要用于对电动机进行制动以达到准确停车的目的。其他用途的电磁铁，有磨床的电磁吸盘以及电磁振动器等。

电磁铁的主要技术参数有额定行程、额定吸力、额定电压等，选用时应主要考虑这些参数，以满足机械装置的需求。

1.7.2 电磁阀

电磁阀是用来控制流体的自动化基础器件，用在工业控制系统中调整介质的流动方向、流量、速度和其他参数。电磁阀有很多种，一般用于液压系统关闭和开通油路。最常用的有单向阀、溢流阀、电磁换向阀、速度调节阀等。电磁换向阀有滑阀和球阀两种结构，通常所说的电磁换向阀为滑阀结构，球状或锥状阀芯的电磁换向阀称为电磁换向座阀，也称电磁球阀。电磁换向阀通过变换阀芯在阀体内的相对工作位置，使阀体各油口连通或断开，从而控制执行器件的换向或启停。

电磁换向阀的品种繁多,按电源种类可分为直流电磁阀、交流电磁阀、交直流电磁阀、自锁电磁阀等;按用途可分为控制一般介质(气体、流体)的电磁阀、制冷装置用电磁阀、蒸汽电磁阀、脉冲电磁阀等;按其复位和定位形式可分为弹簧复位式电磁阀、钢球定位式电磁阀、无复位弹簧式电磁阀;按其阀体与电磁铁的连接形式可分为法兰连接和螺纹连接等电磁阀。

电磁阀的结构性能常用它的位置数和通路数来表示,并有单电磁铁和双电磁铁两种,其图形符号如图 1-27 所示。图 1-27(f)为电磁阀的一般电气图形符号,文字符号为 YV。电磁阀接口是指阀上各种接油管的进、出口,进油口通常标为 P(左下),回油口则标为 O 或 T(右下),出油口则以 A、B 来表示。阀内阀芯可移动的位置数称为切换位置数,通常将接口称为"通",将阀芯的位置称为"位"。因此,按其工作位置数和通路数的多少可分为二位三通、二位四通、三位四通等。

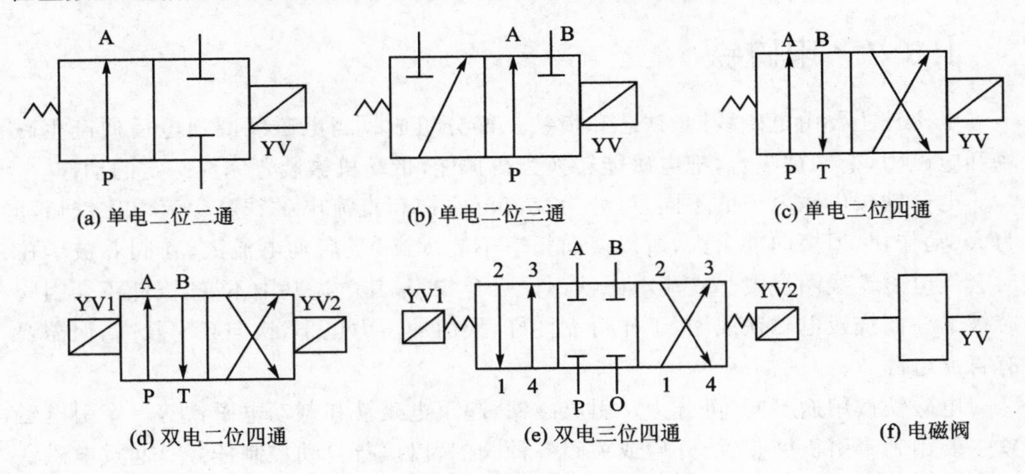

图 1-27 电磁阀的图形符号

图形符号中"位"用方格表示,几位即几个方格,"通"用"↑"表示,"不通"用"⊥"表示,箭头首尾和堵截符号与一个方格有几个交点即为几通。三位是指电磁阀的阀芯有三个位置,三位电磁阀有两个线圈。线圈 1、2 均不通电时,阀芯处于第一个位置;线圈 1 通电时,阀芯动作处于第二个位置;线圈 1 断电、线圈 2 通电时,阀芯处于第三个位置。在单电式电磁阀的图形符号中,与电磁铁邻接的方格中孔的通向表示的是电磁铁得电时的工作状态,与弹簧邻接的方格中表示的状态是电磁铁失电时的工作状态。在双电式电磁阀的图形符号中,与电磁铁邻接的方格中孔的通向表示的是该侧电磁铁得电时的工作状态。

1.7.3 电磁制动器

电磁制动器是现代工业中一种理想的自动化执行器件,在机械传动系统中主要起传递动力和控制运动等作用,使运行件停止或减速,也称电磁刹车或电磁抱闸。电磁制动器一般由制动架、电磁铁、摩擦片(制动件)或闸瓦等组成。所用摩擦材料(制动件)的性能直接影响制动过程。摩擦材料应具备高而稳定的摩擦系数和良好的耐磨性。摩擦材料分为金属和非金属两类。前者常用的有铸铁、钢、青铜和粉末冶金摩擦材料等,后者有皮革、橡胶、木材和石棉等。

利用电磁效应实现制动的制动器,分为电磁粉末制动器、电磁涡流制动器和电磁摩擦式制动器三种。

① 电磁粉末制动器。励磁线圈通电时形成磁场,磁粉在磁场作用下磁化,形成磁粉链,并在固定的导磁体与转子间聚合,靠磁粉的结合力和摩擦力实现制动。励磁电流消失时磁粉处于自由松散状态,制动作用解除。这种制动器体积小、质量轻、励磁功率小,而且制动转矩与转动件转速无关,可通过调节电流来调节制动转矩,但磁粉会引起零件磨损。它便于自动控制,适用于各种机器的驱动系统。

② 电磁涡流制动器。励磁线圈通电时形成磁场,制动轴上的电枢旋转切割磁力线而产生涡流,电枢内的涡流与磁场相互作用形成制动转矩。该制动器坚固耐用、维修方便、调速范围大,但低速时效率低、温升高,必须采取散热措施。这种制动器常用于有垂直载荷的机械中。

③ 电磁摩擦式制动器。励磁线圈通电时形成磁场,通过磁轭吸合衔铁,衔铁通过连接件实现制动。

1.7.4　漏电保护器

1. 漏电保护器的功能

漏电保护器是在规定的条件下,当漏电电流达到或超过给定值时,能自动断开电路的机械开关电器或组合电器。

漏电保护器的功能是:当电网发生人身触电或设备漏电时,能迅速地切断电源,可以使触电者脱离危险或使漏电设备停止运行,从而可以避免因触电、漏电引起的人身伤亡事故、设备损坏以及火灾的一种安全保护电器。漏电保护器通常安装在中性点直接接地的三相四线制低压电网中,提供间接接触保护。当其额定动作电流在 30 mA 及以下时,也可以作为直接接触保护的补充保护。

注意:装设漏电保护器仅是防止发生人身触电伤亡事故的一种有效的后备安全措施,而最根本的措施是防患于未然。不能过分夸大漏电保护器的作用,而忽视了根本安全措施,对此应有正确的认识。

2. 漏电保护器的分类

① 根据保护功能与结构特征分类:有漏电继电器、漏电开关、漏电断路器、漏电保护插座、漏电保护插头。

② 按工作原理分类:有电压动作型、电流动作型。

③ 按动作时间分类:有瞬时型漏电保护器、延时型漏电保护器、反时限漏电保

护器。

3. 漏电保护器的组成

漏电保护器的种类繁多、形式各异,下面以电流动作型漏电保护为例,介绍其基本结构。

漏电保护器主要由三个基本环节组成,即检测元件、中间环节和执行机构,其组成方框图如图 1-28 所示。

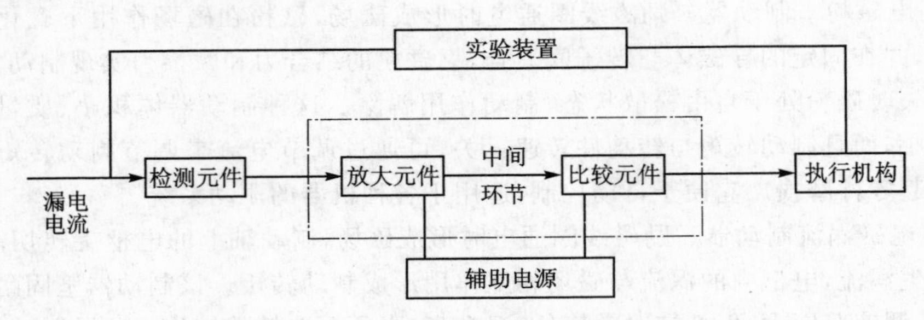

图 1-28　电流动作型漏电保护器组成方框图

1.7.5　启动器

1. 启动器的功能

启动器是一种控制电动机启动、停止、反转用的电器。除少数手动启动器外,一般由通用的接触器、热继电器、控制按钮等电器元件按一定方式组合而成,并具有过载、失压等保护功能。在各种启动器中,电磁启动器应用最广。

2. 启动器的分类

① 按启动方式可分为全压直接启动和减压启动两大类。其中,减压启动器又可再分为星-三角启动器、自耦减压启动器、电抗减压启动器、电阻减压启动器、延边三角形启动器等。

② 按用途可分为可逆电磁启动器和不可逆电磁启动器。

③ 按外壳防护形式可分为开启式和防护式两种。

④ 按操作方式可分为手动、自动和遥控三种。手动启动器是采用不同外缘形状的凸轮或按钮操作的锁扣机构来完成电路的分、合、转换,可带有热继电器、失压脱扣器、分励磁脱扣器。

3. 电磁启动器的结构

电磁启动器由交流接触器、热继电器及有关附件等组成,其结构如图 1-29 所示。其中可逆启动器除有电气联锁外,还有机械联锁装置。

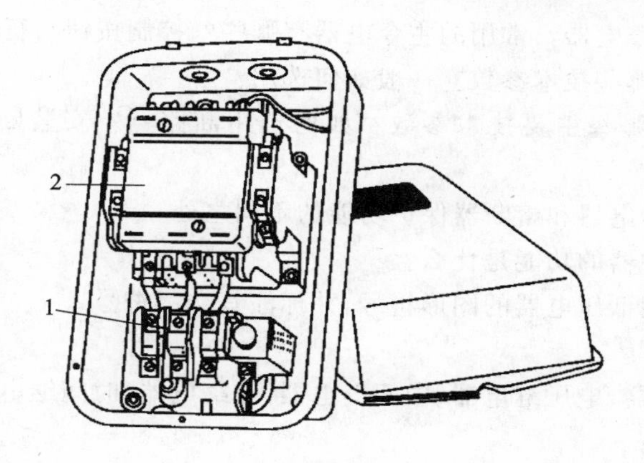

1—热继电器;2—接触器

图1-29 电磁启动器的结构

本章小结

低压电器的种类繁多,本章主要介绍了接触器、继电器、开关电器、熔断器、主令电器等常用低压电器的用途、基本结构、工作原理及其主要技术参数和图形符号,为正确使用它们奠定了基础。

每一种电器都有它一定的使用范围,要根据使用的具体条件正确选用。在选用电器时,其技术参数是最主要的依据,其详细内容可参阅电器产品的技术手册及产品说明。

保护电器(如热继电器、熔断器、断路器等)及某些控制电器(如时间继电器、温度继电器、液位继电器等)的使用,除了要根据保护要求、控制要求正确选用电器的类型外,还要根据被保护、被控制电路的具体条件,进行必要的调整整定动作值,同时还要考虑各保护电器之间的配合特性的要求。

随着电器技术的发展,各种新型及引进电器不断出现。为优化系统,提高系统可靠性,应尽量选用新型电器元件。

习 题

1. 什么是低压电器?低压电器的选用原则是什么?安装原则是什么?
2. 接触器的作用是什么?交流接触器与直流接触器的区别是什么?
3. 接触器的主要技术参数有哪些?选用接触器时应注意哪些问题?
4. 继电器与接触器的区别是什么?继电器有哪些用途?
5. 选用电流继电器与电压继电器时应该注意什么?
6. 在什么情况下使用热继电器?热继电器常与什么配合使用?

7. 什么是主令电器？常用的主令电器有哪些？控制按钮与行程开关有何异同？

8. 熔断器有哪些技术参数？一般如何选用？

9. 断路器有哪些主要技术参数？如何选用断路器？安装断路器有哪些注意事项？

10. 说明热继电器和熔断器保护功能的不同之处。

11. 漏电保护器的功能是什么？

12. 画出下列低压电器的图形符号,并标注其文字符号。

1）接触器；

2）电流继电器、电压继电器、中间继电器、热继电器、时间继电器、速度继电器；

3）控制按钮；

4）万能转换开关；

5）行程开关；

6）接近开关；

7）指示灯；

8）熔断器；

9）刀开关；

10）低压断路器；

11）电磁阀。

第2章 电气控制系统的典型电路及应用

本章要点

- 电气图的基本知识；
- 三相笼型感应电动机的基本控制电路；
- 三相异步电动机的典型应用控制电路。

本章主要阐述了电气图的基本知识、三相异步电动机的基本及典型应用控制电路，此外，还简单介绍了电气控制电路的分析、设计方法及典型设备的电气控制实例等内容。

电气图的基本知识主要介绍了常用电气图的类型及规范，这是专业技术人员必须熟悉和遵循的专业标准；基本及典型应用控制电路既是电气控制系统电路的基础，又是各个复杂控制系统的基本组成单元；分析和设计能力的培养与提高是学习电气控制技术的主要目的，电气控制电路的设计方法主要介绍了典型的经验设计法和逻辑设计法；而电气控制实例则是对前述内容的一个综合、一次真切的专业体验。

2.1 电气图的基本知识

电气控制系统是由许多电气元件按一定要求连接而成的。为了表示生产机械电气控制系统的组成及工作原理，便于电气控制元件的安装、调试和维修，故将电气控制系统中各电气元件的连接用一定的图表示出来。在图上用不同的图形符号来表示各种电气元件，并用文字符号来进一步说明各电气元件。

国家标准化委员会参照国际电工委员会(IEC)公布的有关文件，制定了我国电气设备的有关国家标准，采用新的图形、文字符号及回路标号，颁布了GB/T 4728—2008《电气简图用图形符号》、GB/T 6988.1—2008《电气技术用文件的编制第1部分:规则》和GB/T 7159—1987《电气技术中的文字符号制定通则》。各种电气图的绘制必须符合新的国家标准。

图形符号和文字符号已在第1章阐述，在此不再重复。

2.1.1 接线端子标记

电气线路采用字母、数字、符号及其组合标记。

三相交流电源引入线采用L1、L2、L3标记，中性线采用N标记。

电源开关之后的三相交流电源主电路分别按 U、V、W 顺序标记。分级三相交流电源主电路采用三相文字代号 U、V、W 的前面加上阿拉伯数字 1、2、3 等来标记，如 1U、1V、1W；2U、2V、2W 等。

各电动机分支电路各接点标记采用三相文字代号后面加数字来表示，数字中的个位数表示电动机代号，十位数表示该支路各接点的代号，从上到下按数值大小顺序标记，如 U11 表示 M1 电动机的第一相的第一个接点代号，U21 为第一相的第二个接点代号，依次类推。

电动机绕组首端分别用 U、V、W 标记，尾端分别用 U′、V′、W′标记。双绕组的中点则用 U″、V″、W″标记。

控制电路采用阿拉伯数字编号，一般由 3 位或 3 位以下的数字组成，标注方法按“等电位”原则进行，在垂直绘制的电路中，标号顺序一般由上而下编号。凡是被线圈、绕组、触点或电阻、电容等元件所间隔的线段，都应标以不同的电路标号。

2.1.2 电气图

常用的电气图有系统图、框图、电路图、位置图与接线图等。在保证图面布置紧凑、清晰和使用方便的前提下，图样幅面应按国家标准 GB 2988.2—86 推荐的两种尺寸系列，即基本幅面尺寸（优选幅面尺寸）系列和加长幅面尺寸系列选取，如表 2-1 所列。

表 2-1 电气图幅面尺寸系列

基本幅面尺寸系列		加长幅面尺寸系列	
代 号	尺寸/mm	代 号	尺寸/mm
A0	841×1 189	A3×3	420×891
A1	594×841	A3×4	420×1 189
A2	420×594	A4×3	297×630
A3	297×420	A4×4	297×841
A4	210×297	A4×5	297×1 051

当图是绘制在几张图样上时，为了便于装订，应尽量使用同一幅面的图样。

1. 系统图或框图

系统图或框图是用符号或带注释的框概略地表示系统或分系统的基本组成、相互关系及其主要特征的一种电气图。国家标准 GB 6988—2008《电气制图》具体规定了系统图和框图的绘制方法，并且阐述了它的用途。

系统图或框图是从总体上来描述系统或分系统的，它是系统或分系统设计初期的产物，它是依据系统或分系统按功能依次分解的层次来绘制的。有了系统图或框图，就为编制更为详细的电气图，如电路图、逻辑图等提供了基础。

2. 电路图

电路图又称为电气原理图，是用来详细表示实际的电路、设备或成套装置的全部基本组成和连接关系的一种电气图。它通常是在系统图或框图的基础上，采用图形符号并按功能布局绘制的，是电气技术中使用最广的电气图。

电路图的主要用途是：详细理解设备或组成部分的作用原理，为测试和寻找故障提供信息；为绘制接线图提供依据。由于电路图描述的连接关系仅仅是功能关系，而不是实际的连接导线，因此，电路图不能替代接线图。

国家标准 GB 6988.4—86《电气制图 电路图》规定了电路图的绘制规则，由于电路图结构简单、层次分明，适用于研究和分析电路工作原理，在设计部门和生产现场获得广泛应用，其绘制原则是：

① 电路图在布局上采用功能布局法，即把电路划分为若干功能组，按照因果关系从左到右或从上至下布置，并尽可能按工作顺序排列。

② 电路图中各电气元器件，一律采用国家标准规定的图形符号绘出，用国家标准文字符号标记。对于继电器、接触器、制动器和离合器等按处在非激励状态绘制；机械控制的行程开关应按未受机械压合的状态绘制。

③ 电路图应按主电路、控制电路、照明电路及信号电路分开绘制。主电路中三相电路导线按相序从上至下或从左至右排列，中性线应排在相线的下方或右方，并用 L1、L2、L3 及 N 标记。电路可采用水平布置或垂直布置。当电路水平布置时，相似元件宜纵向对齐；当电路垂直布置时，相似元件宜横向对齐。

本书电路图如无特别说明，考虑与 PLC 梯形图的某些相似，采用垂直布置。

图 2-1 为 CW6132 型车床电路图。

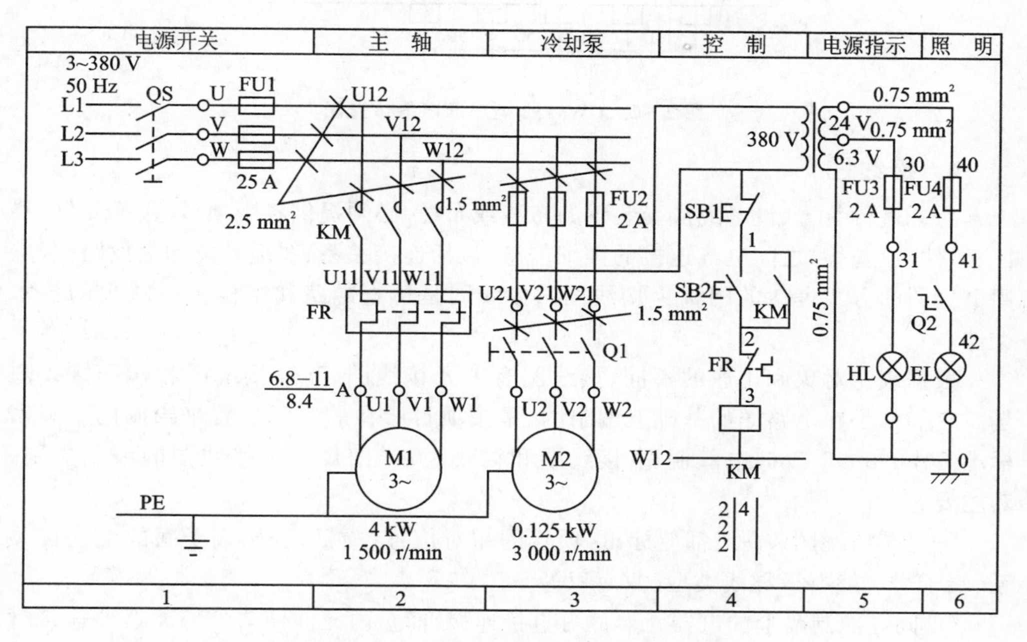

图 2-1　CW6132 型车床电路图(水平布置)

3. 位置图

位置图是表示成套装置、设备或装置中各个项目位置的一种图。如电器位置图详细绘出了电气设备中各电器的相对位置，图中各电器文字代号应与有关电路图中电器元器件代号相同。图 2-2 为 CW6132 型车床电器位置图。

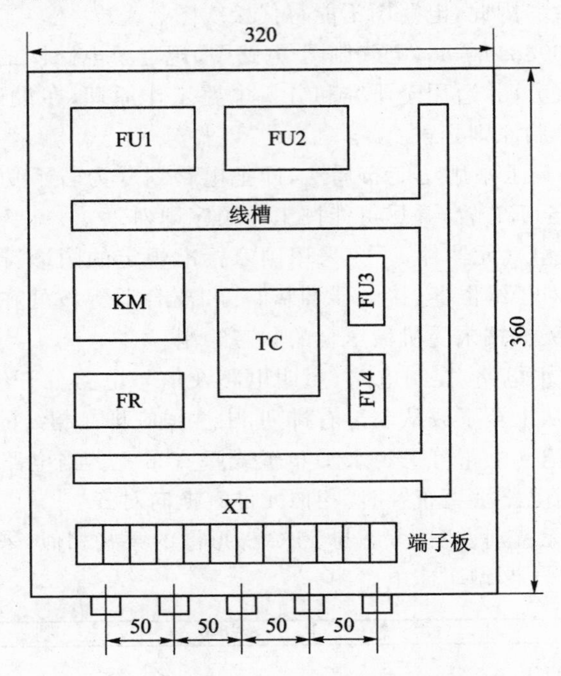

图 2-2　CW6132 型车床电器位置图

4. 接线图

为了进行装置、设备或成套装置的布线或布缆，必须提供各个项目(包括元件、器件、组件、设备等)之间电气连接的详细信息，包括连接关系、线缆种类和敷设路线等。用电气图的方式表达的图称为接线图。接线图是检查电路和维修不可缺少的技术文件。

根据表达对象和用途的不同，接线图有单元接线图、互连接线图和端子接线图等。它们都是在电路图的基础上编制的，是按项目所在的实际位置来绘制的。国家标准 GB 6988.5—86《电气制图 接线图和接线表》详细规定了接线图的编制规则。其主要有：

① 在接线图中，一般都应标出：项目的相对位置、项目代号；端子间的电连接关系、端子号、导线号；导线类型、截面积等。

② 同一控制盘上的电器元器件可直接连接，而盘内元器件与外部元器件连接时必须经接线端子板进行。

③ 接线图中各电器元器件图形符号与文字符号均应以电路图为准，并保持一致。

④ 互连接线图中的互连关系可用连续线、中断线或线束表示，连接导线应注明导线根数、导线截面积等。一般不表示导线实际走线路径，施工时由操作者根据实际情况选择最佳走线方式。图 2-3 为 CW6132 型车床电气互连接线图。

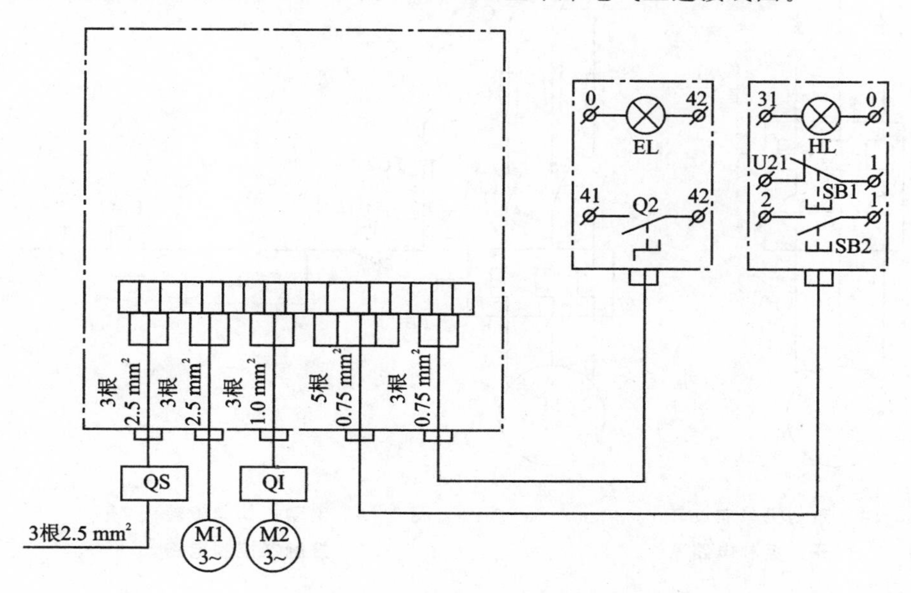

图 2-3　CW6132 型车床电气互连接线图

2.2　三相笼型感应电动机的基本控制电路

三相笼型感应电动机具有结构简单、价格便宜、坚固耐用、维修方便等优点，获得广泛应用。据统计，在一般工矿企业中，笼型感应电动机的数量占电力拖动设备总台数的 85%左右。

2.2.1　单向旋转控制电路

三相笼型电动机单向旋转可用开关或接触器控制，相应的为开关与接触器控制电路。

1. 开关控制电路

图 2-4 为电动机单向旋转开关控制电路（断路器控制），其适用于不频繁启动的小容量电动机，但不能实现远距离控制和自动控制。

2. 接触器控制电路

图 2-5 为电动机单向旋转接触器控制电路。图中 Q 为电源开关，FU1、FU2 为

主电路与控制电路的熔断器，KM 为接触器，FR 为热继电器，SB1、SB2 分别为停止按钮与启动按钮，M 为三相笼型感应电动机。

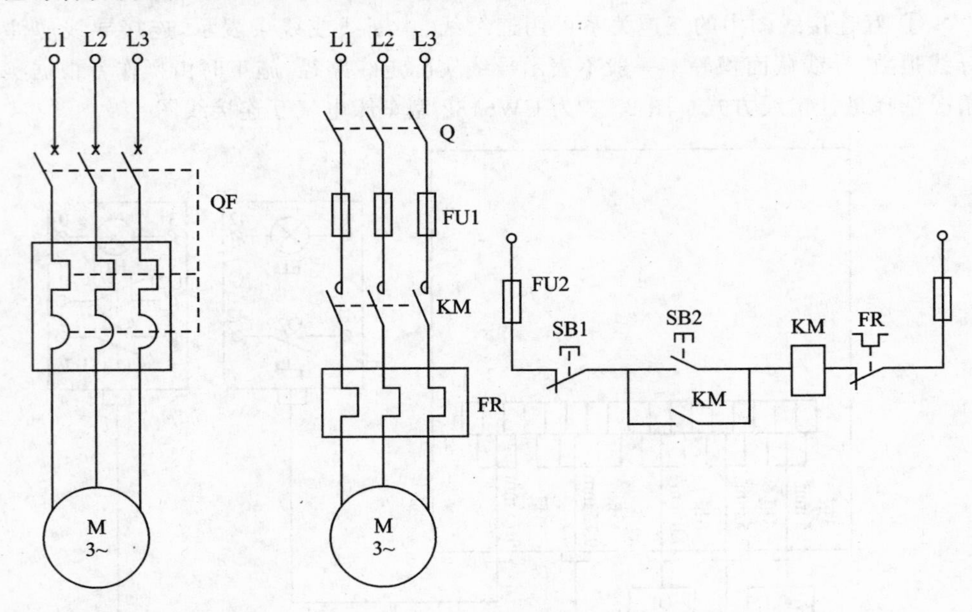

图 2－4　电动机单向旋转开关控制电路

图 2－5　电动机单向旋转接触器控制电路

电路工作情况：合上电源开关 Q；按下启动按钮 SB2，其常开触点闭合，接触器 KM 线圈通电吸合，其主触点闭合，电动机接通三相电源启动；同时，与启动按钮 SB2 并联的接触器常开辅助触点闭合，使 KM 线圈经 SB2 触点与 KM 自身常开辅助触点通电，当松开 SB2 时，KM 线圈仍能通过自身常开辅助触点继续保持通电，从而使电动机获得连续运转；电动机需停转时，可按下停止按钮 SB1，接触器 KM 线圈断电释放，KM 主触点与常开辅助触点均断开，切断电动机主电路及控制电路，电动机停止旋转。

这种依靠接触器自身辅助触点保持线圈通电的电路，称为自保（自锁）电路，而这对常开辅助触点则称为自保（自锁）触点。

（1）电路保护环节

① 短路保护，由熔断器 FU1、FU2 分别实现主电路与控制电路的短路保护。

② 过载保护，由热继电器 FR 实现电动机的长期过载保护。当电动机出现长期过载时，串接在电动机定子电路中的发热元件使双金属片受热弯曲，使串接在控制电路中的 FR 常闭触点断开，切断 KM 线圈电路，使电动机断开电源，实现保护目的。

③ 欠压和失压保护，当电源电压严重下降或电压消失时，接触器电磁吸力急剧下降或消失，衔铁释放，各触点复位，断开电动机电源，电动机停止旋转。一旦电源电

压恢复时，电动机也不会自行启动，从而避免事故发生。因此，具有自保电路的接触器控制具有欠压与失压保护作用。

控制电路中，常开触点也称动合触点，常闭触点也称动断触点；启动按钮一般用常开触点，停止按钮一般用常闭触点。

(2) 电路的工作过程(分析过程)

启动运行：Q^+（合电源）→$SB2^\pm$（按下启动按钮，电动机启动后松开）→KM^+（接触器通电吸合）→M^+→$n\nearrow n_2$（电动机自锁运行）。

停止运行：$SB1^\pm$→KM^-（接触器断电释放）→M^-→$n_2\searrow 0$（停止运行）。

n_2此处为假设电动机稳定运行转速。

2.2.2　点动控制电路

生产机械不仅需要连续运转，有时还需要做点动控制。

图 2-6 为电动机点动控制电路，其中图 2-6(a)为点动控制电路的基本型，按下 SB 按钮，KM 线圈通电吸合，主触点闭合，电动机启动旋转；松开 SB 时，KM 线圈断电释放，主触点断开，电动机停止旋转。

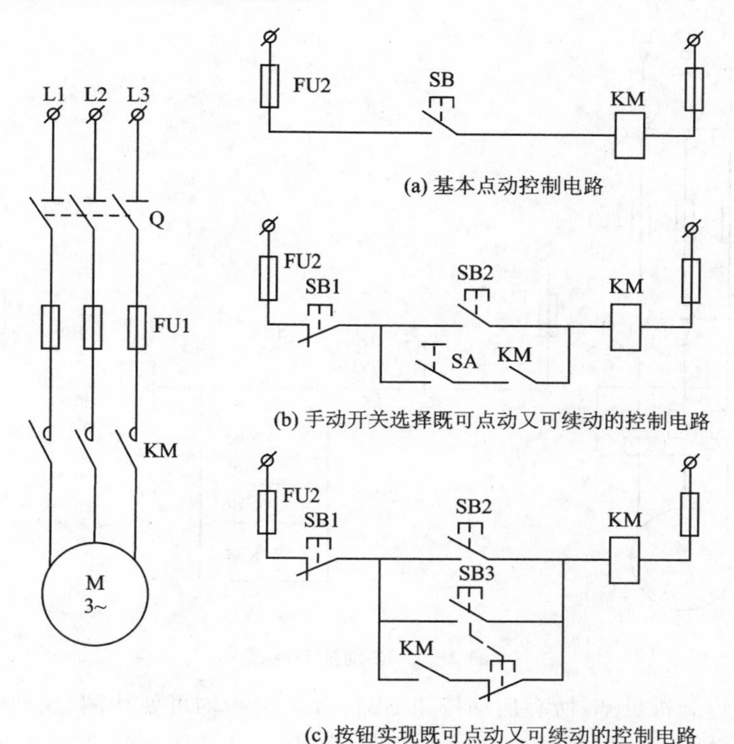

(a) 基本点动控制电路

(b) 手动开关选择既可点动又可续动的控制电路

(c) 按钮实现既可点动又可续动的控制电路

图 2-6　电动机点动控制电路

图 2-6(b)为既可实现电动机连续运转又可实现点动控制的电路，并由手动开关 SA 选择。当 SA 闭合时为连续控制，当 SA 断开时为点动控制。

图 2-6(c)为采用两个按钮，分别实现连续与点动的控制电路，其中 SB2 为连续运转启动按钮，SB3 为点动启动按钮，利用 SB3 的常闭触点来断开自保电路，实现点动控制。SB1 为连续运转的停止按钮。

其中，图 2-6(a)电路的工作过程如下：

启动：$Q^+ \rightarrow SB^+ \rightarrow KM^+ \rightarrow M^+$；

停止：$SB^- \rightarrow KM^- \rightarrow M^-$。

上述三种控制电路可结合其典型应用来理解。

2.2.3 多地控制电路

生产现场有时需要在两个或更多的地点同时安装启动与停止按钮，以便于对同一设备进行启、停控制，称为多地控制。其控制逻辑是：每一地点的启动按钮按下均可使设备启动，每一地点的停止按钮按下均可使运行中的设备停止。

三地控制电路如图 2-7 所示。

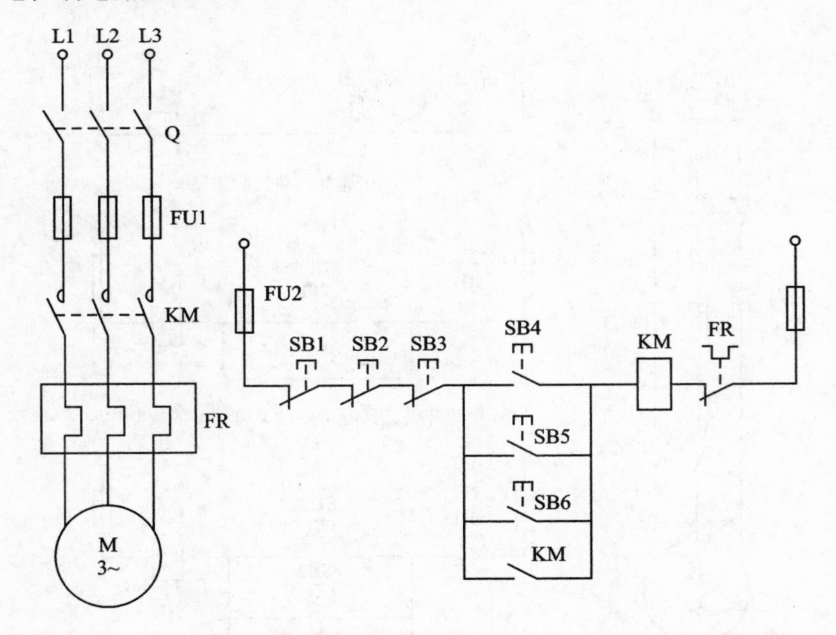

图 2-7 多地控制电路

经过逻辑分析可知，所有启动按钮 SB4、SB5、SB6 均可使线圈自锁，因此所有启动按钮常开触点需与接触器辅助触点并联；停止按钮 SB1、SB2、SB3 均可使线圈解锁，所以停止按钮常闭触点需与接触器线圈串联。

多地控制的特点是：启动按钮与常开触点相并联，停止按钮与常闭触点相串联。

2.2.4　顺序控制电路

在工业现场，有时需要实现设备顺序启、停的操作，例如龙门刨床工作台移动前，导轨润滑油泵要先启动；铣床的主轴旋转后，工作台方可移动等。假设两个电动机均为手动启动，接触器 KM1、KM2 分别控制电动机 M1、M2。为保证 M1 电动机启动后 M2 电动机才能启动，设计电路如图 2-8 所示。

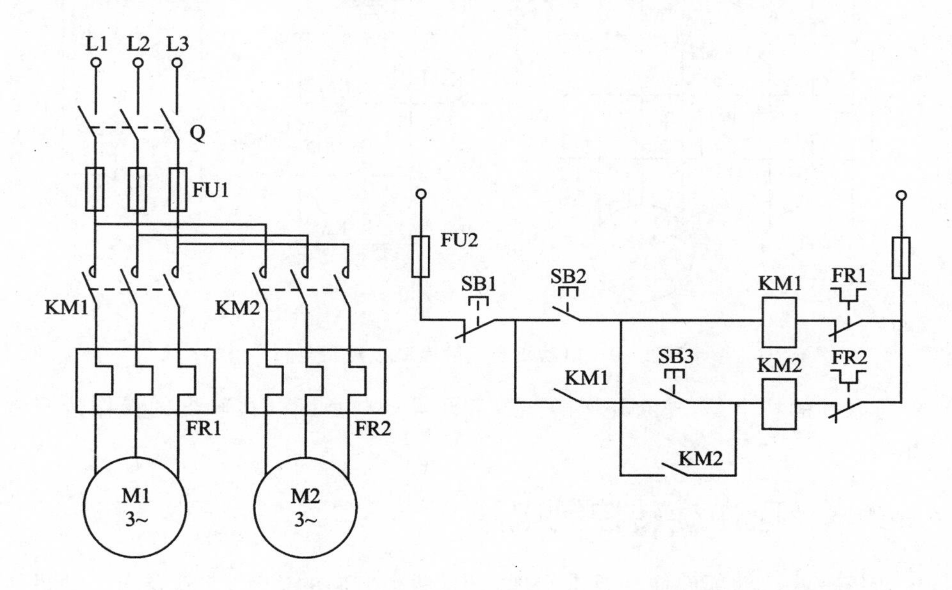

图 2-8　电动机启动顺序联锁电路

电路工作情况：合上电源开关 Q；当 SB2 按下时，KM1 线圈通电并自锁，M1 电动机启动；当 KM1 触点闭合后，SB3 按下才能使 M2 电动机启动；当 SB1 按下时，两电动机同时停止。

电路保护环节从略。

启动联锁的特点是：已接通的接触器触点（如本例中的 KM1）与其启动按钮并联后，再与时序延后的接触器触点（如本例中的 KM2）串联。

在此基础上，某些生产场合设备停止时需要先停止 M2 电动机、再停止 M1 电动机。假设两电动机均手动顺序启动与停止，其电路如图 2-9 所示。

该电路中，电动机启动逻辑与图 2-8 相同。电动机停止时，按下 SB4 使 KM2 线圈断电释放，KM2 主触点与常开辅助触点均断开，切断 M2 电动机主电路及控制电路，M2 电动机停止旋转；SB3 按下时，KM1 线圈断电释放，M1 电动机停止旋转；如果在 KM2 线圈未断电的条件下按下 SB3，由于 KM2 常开触点仍然接通，KM1 线圈始终通电，不能断电释放，从而实现了 KM2 未断开时 KM1 无法断开的功能。

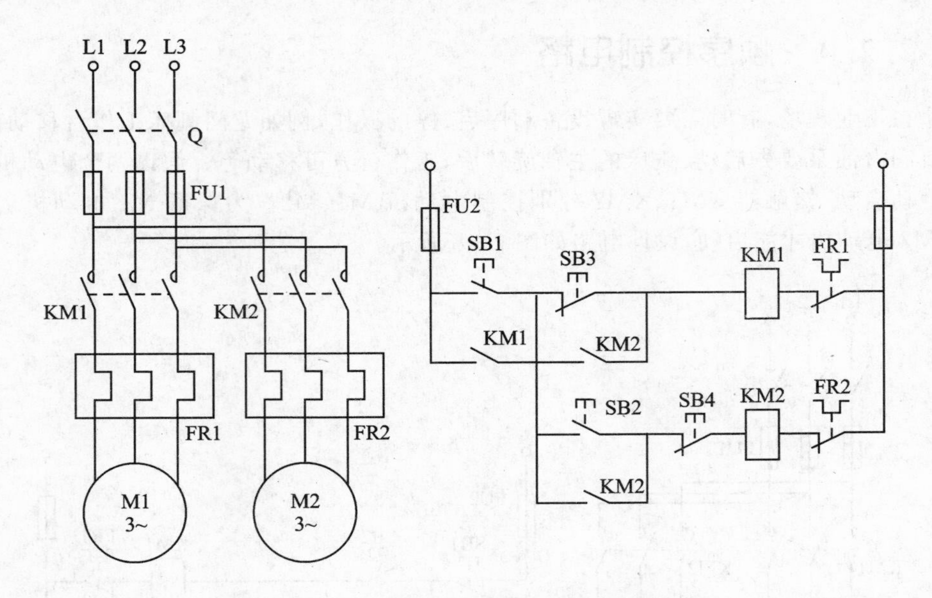

图 2-9　电动机启停顺序联锁控制电路

停止联锁的特点是:先断开接触器的常开触点与后断开接触器的操作按钮常闭触点并联。

2.2.5　可逆旋转控制电路

生产机械的运动部件往往要求实现正、反两个方向的运动,这就要求电动机能做正反向运转。从电动机原理可知,改变电动机三相电源相序即可改变电动机旋转方向。由此出发,常用的电动机可逆旋转控制电路如图 2-10 所示。

图 2-10 为按钮控制电动机正反转控制电路,其中图(a)由两组单向旋转控制电路组合而成。但图(a)若发生已按下正向启动按钮 SB2 后又按下反向启动按钮 SB3 的误操作时,将发生电源两相短路的故障。

为此,将 KM1、KM2 正反转接触器的常闭触点串接在对方线圈电路中,形成相互制约的控制,如图 2-10(b)所示。这种相互制约关系称为互锁控制。这种由接触器(或继电器)常闭触点构成的互锁称为电气互锁。但是这一电路在进行电动机由正转变反转或由反转变正转的操作控制中必须先按下停止按钮 SB1,然后再进行反向或正向启动的控制。这就构成正—停—反的操作顺序。

当要求电动机直接由正转变反转或反转直接变正转时,可采用图 2-10(c)的电路控制。它是在图 2-10(b)基础上增设了启动按钮的常闭触点作互锁,构成具有电气、按钮互锁的控制电路,该电路既可实现正—停—反操作,又可实现正—反—停的操作。

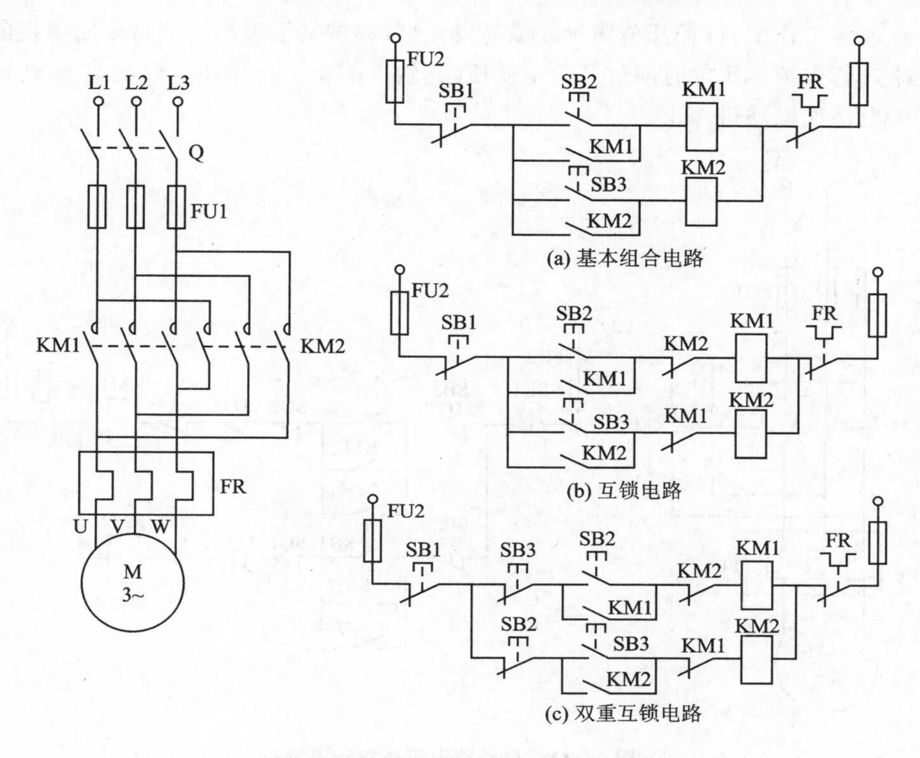

图 2－10　按钮控制电动机正反转电路

2.3　三相异步电动机的典型应用控制电路

三相异步电动机应用广泛，各类应用对应的控制电路较多，因篇幅所限，本节仅介绍几种常见的、典型的控制电路。这类电路既可以是某个特定场合的典型应用，也可以是各个复杂控制系统的基本组成单元，还是经验设计法的基本组件。

2.3.1　具有自动往返的可逆旋转电路

生产机械的运动部件往往有行程限制，为此常用行程开关作控制元件来控制电动机的正、反转。如图 2－11 所示为自动往返可逆旋转电路，SQ1 为反向转正向行程开关，SQ2 为正向转反向行程开关，SQ3、SQ4 分别为正向、反向极限保护用限位开关。当按下正向(或反向)启动按钮 SB2(或 SB3)时，电动机正向(反向)启动旋转，拖动运动部件前进(后退)，当运动部件上的撞块压下换向行程开关时，将使电动机改变转向，使运动部件反向。当反向撞块压下反向行程开关时，又使电动机再反向，如此循环往复，实现电动机可逆旋转控制，拖动运动部件实现自动往返运动。当按下停止按钮 SB1 时，电动机便停止运转。

在实际工作中，行程开关属于故障易发元件（移位甚至破损），故常采用串接限位开关来进行保护。正常时限位开关不受压，其触点不动作；故障时，触点受压，通过切断线圈电源使电动机停止。

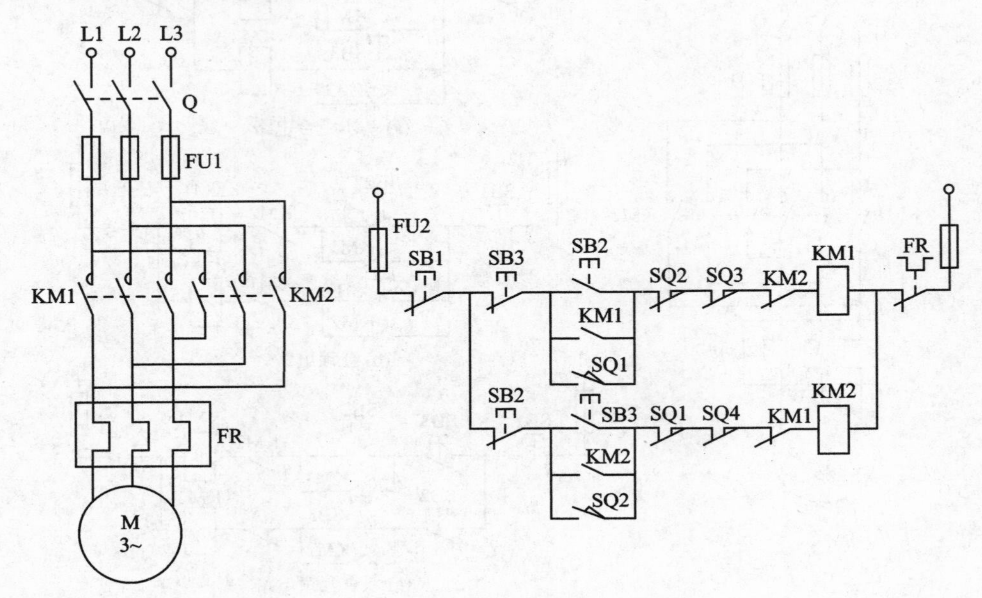

图 2-11　自动往返可逆旋转电路

2.3.2　定子绕组串接电阻的减压启动控制

三相笼型感应电动机容量较大，当不允许采用全压直接启动时，应采用减压启动。减压启动的方法有：定子串电阻或电抗器减压启动、自耦变压器减压启动、Y-D 减压启动、延边三角形减压启动等。

图 2-12 为定子串接电阻的减压启动控制电路。其中图(a)为自动短接电阻启动控制电路，图中 KM1 为启动接触器，KM2 为运行接触器，KT 为时间继电器。

电路工作情况：合上电源开关 Q；按下启动按钮 SB2，KM1、KT 线圈通电并自保，此时电动机定子串接电阻 *R* 减压启动；当电动机转速接近额定转速时，时间继电器 KT 动作，其延时闭合常开触点 KT 闭合，KM2 线圈通电并自保，常闭触点 KM2 断开，使 KM1、KT 线圈断电释放，KM2 主触点短接电阻，KM1 主触点则断开，于是电动机经 KM2 主触点在全压下进入正常运转；需要停止时，按下停止按钮 SB1，KM2 线圈断电，其常开触点释放，电动机停止运转。

电路保护环节从略。

电路启动工作过程如下：

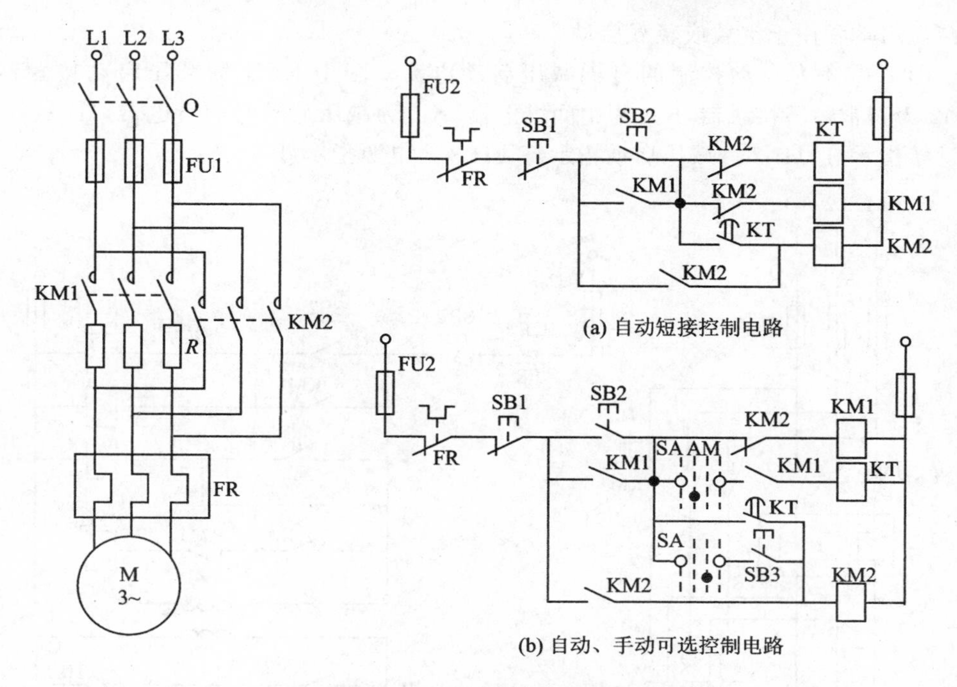

(a) 自动短接控制电路

(b) 自动、手动可选控制电路

图 2－12　定子串电阻的减压启动控制电路

$$Q^{+}\rightarrow SB2^{\pm}\rightarrow \begin{matrix} KM1^{+} \\ KT^{+} \end{matrix} \xrightarrow{\text{串电阻 } R \text{ 启动}} n\uparrow \xrightarrow[\text{KT 延时到}]{n\approx 0.75n_N} KM2^{+} \xrightarrow{\text{短接 } R} \begin{matrix} KM1^{-} \\ KT^{-} \\ n\nearrow n_2 \end{matrix}$$

图 2－12(b)为自动与手动短接电阻减压启动电路。图中 SA 为选择开关，当 SA 置于“A”位置时为自动控制(automatic control)，电路工作情况与(a)电路相同。当 SA 置于“M”位置时为手动控制(manual control)，将 KT 切除，此时按下启动按钮 SB2 后，电动机经 KM1 主触点串入电阻 R 减压启动。当电动机转速接近额定转速时，再按下加速按钮 SB3，使 KM2 线圈通电并自保，电阻 R 被短接，电动机在全压下运行。

由于串接电阻在启动过程中有能量损耗，往往将电阻改成电抗，其启动情况相同。这两种方法，电压降低后，因启动转矩与电压的平方成比例减小，故适用于空载或轻载启动的场合。

2.3.3　自耦变压器减压启动控制

电动机经自耦变压器减压启动时，定子绕组得到的电压是自耦变压器的二次侧电压 U_2，自耦变压器的电压变比为 $K=U_1/U_2>1$。由电机拖动基础可知，当利用自耦变压器减压启动时的电压为额定电压的 $1/K$ 时，电网供给的启动电流减小到 $1/K^2$，由于 $T\propto U^2$，此时的启动转矩 T_{st} 也降为直接启动时的 $1/K^2$。所以，自耦变压器减压启动常用于空载或轻载启动。

图 2－13 为自动控制的自耦减压启动电路。图中 KM1 为减压启动接触器，KM2 为正常运转接触器，KA 为中间继电器，KT 为减压启动时间继电器，HL1 为正常运转指示灯，HL2 为减压启动指示灯，HL3 为电源指示灯。

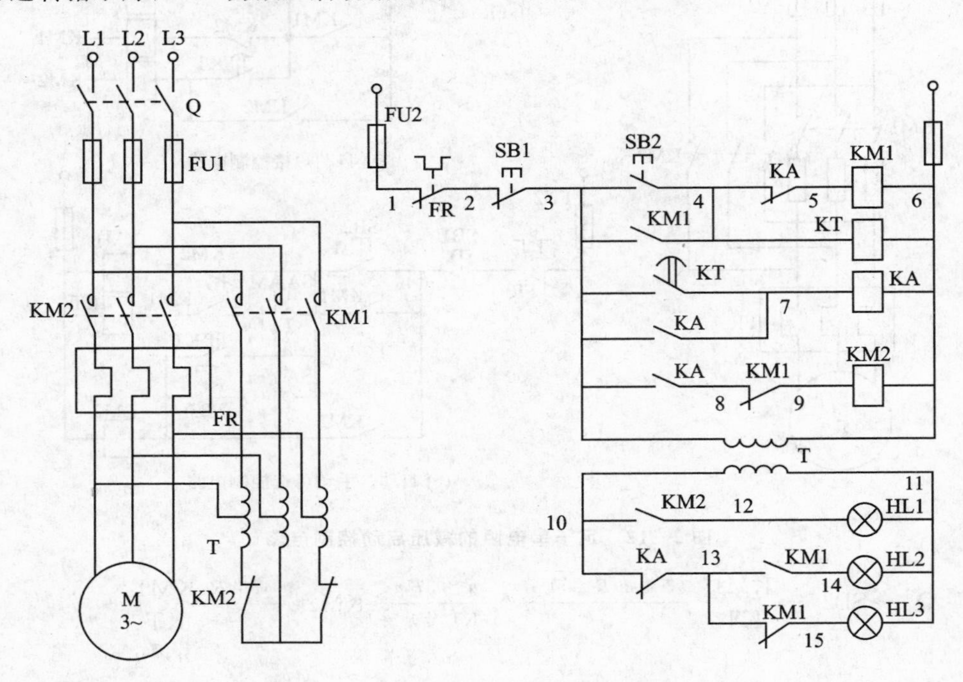

图 2－13　自动控制的自耦减压启动电路

电路工作情况：合上电源开关 Q，HL3 灯亮，表明电源电压正常；按下启动按钮 SB2，KM1、KT 线圈同时通电并自保，将自耦变压器接入，电动机定子绕组经自耦变压器供电作减压启动，同时指示灯 HL3 灭，HL2 亮，显示电动机做减压启动；当电动机转速接近额定转速时，时间继电器 KT 动作，其触点 KT(3～7)闭合，使 KA 线圈通电并自保，触点 KA(4～5)断开，使 KM1 线圈断电释放，触点 KA(10～13)断开，使 HL2 断电熄灭，而触点 KA(3～8)闭合，使 KM2 线圈通电吸合，将自耦变压器切除，电动机在额定电压下正常运转，同时 HL1 指示灯亮，表明电动机进入正常运转；需要停车时，操作停止按钮 SB1，KM2、KA 线圈断电释放，电动机停止运转，同时，HL3 灯恢复点亮，指示电源电压正常。

电路保护环节从略。

电路启动工作过程如下：

$$Q^+ \rightarrow SB2^{\pm} \rightarrow \begin{matrix}KM1^+\\KT^+\end{matrix} \xrightarrow[\text{启动}]{\text{接副边电压}} n\uparrow \xrightarrow[\text{KT 延时到}]{n\approx 0.75n_N} KA^+ \rightarrow \begin{matrix}KM1^-\\KT^-\end{matrix} \rightarrow KM2^+ \xrightarrow{\text{全压运行}} n \nearrow n_2$$

2.3.4 星-三角(Y－D)减压启动控制电路

凡是正常运行时三相定子绕组接成三角形运转的三相笼型异步电动机，都可以采用 Y－D 减压启动。启动时，定子绕组先接成 Y 联结，接入三相交流电源；电动机启动旋转，当转速接近额定转速时，将电动机定子绕组改接成 D 联结，电动机进入正常运行。这种减压启动方法简便、经济，可用于操作较频繁的场合，但在其启动电流下降到全压启动的 1/3 时，其启动转矩也只有全压启动时的 1/3。

图 2－14 为用于 13 kW 以上的电动机启动电路。

电路工作情况：合上电源开关 Q；按下启动按钮 SB2，KM1、KT、KM3 线圈同时通电并自保，电动机接成 Y 联结，接入三相电源进行减压启动；当电动机转速接近额定转速时，通电延时型时间继电器 KT 动作，触点 KT(8～9)断开，KT(4～6)闭合，前者使 KM3 线圈断电释放，后者使 KM2 线圈经触点 KM3(6～7)通电吸合，电动机由 Y 联结改为 D 联结，进入正常运行；而触点 KM2(4～8)使 KT 线圈断电释放，使 KT 在电动机 Y－D 启动完成后断电，并实现 KM2 与 KM3 的电气互锁。

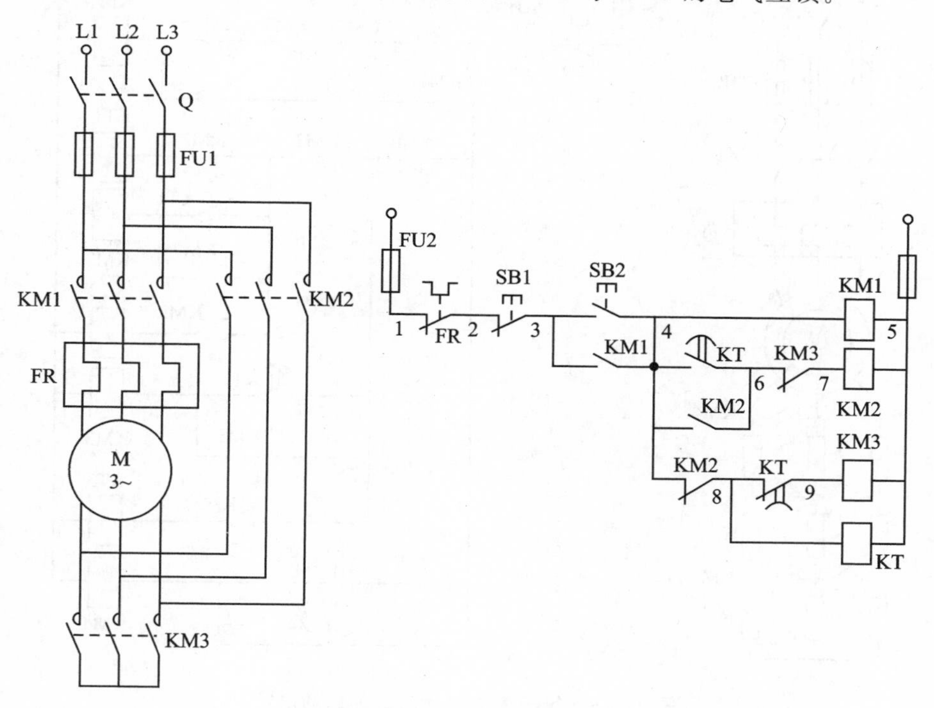

图 2－14　用于 13 kW 以上的电动机 Y－D 启动电路

需停止时操作停止按钮 SB1，KM1、KM2 线圈断电，其主触点释放，电动机停止运转。

电路保护环节从略。

电路启动工作过程如下：

$$Q^{+} \rightarrow SB2^{\pm} \rightarrow \begin{matrix} KM3^{+} \\ KM1^{+} \\ KT^{+} \end{matrix} \xrightarrow[\text{启动}]{\text{星形联结}} n\uparrow \xrightarrow[\text{KT 延时到}]{n\approx 0.75n_N} KM3^{-} \rightarrow KM2^{+} \xrightarrow[\text{全压运行}]{\text{三角形联结}} \begin{matrix} n \nearrow n_2 \\ KT^{-} \end{matrix}$$

2.3.5 转子绕组串电阻启动控制电路

三相绕线转子异步电动机转子绕组可通过滑环串接启动电阻启动，以达到减小启动电流，提高转子电路的功率因数和提高启动转矩的目的。在一般要求启动转矩较高的场合，绕线转子电动机得到了广泛的应用。

按照绕线转子异步电动机转子绕组在启动过程中串接装置的不同，一般分为串电阻启动与串频敏变阻器启动两种控制电路。

因篇幅限制，本节仅介绍转子串电阻启动控制电路，如图 2－15 所示。

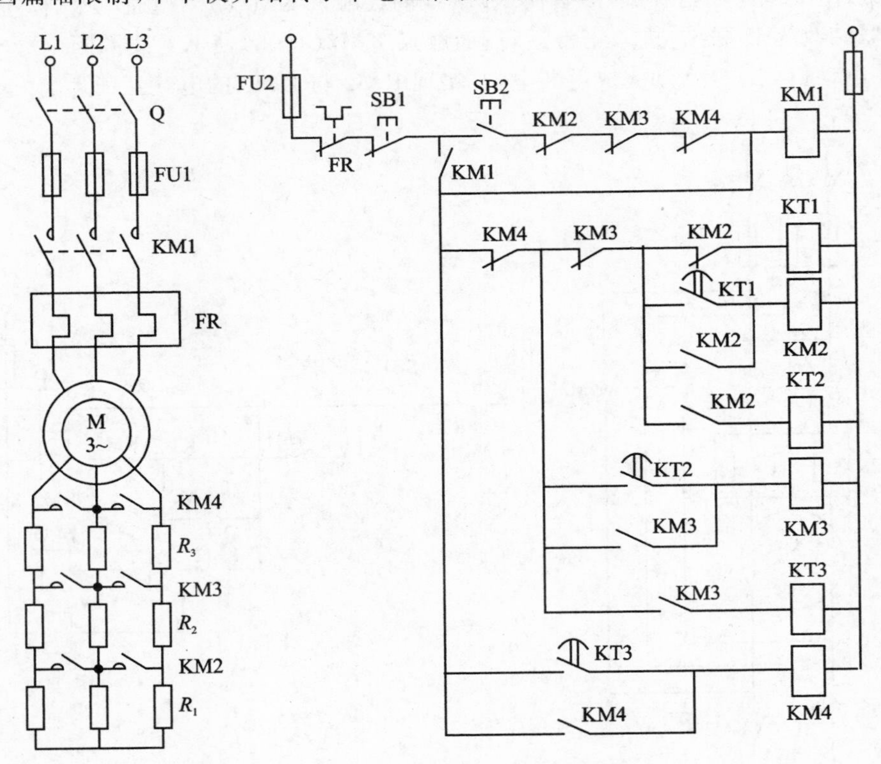

图 2－15　转子串电阻时间原则启动电路

串接在三相转子绕组中的启动电阻，一般都联结成星形。在启动前，启动电阻全部接入，随着启动过程的进行，启动电阻依次被短接；启动结束时，转子电阻全部被短接；短接电阻的方法有三相电阻不平衡短接法和三相电阻平衡短接法两种。所谓不平衡短接法是指每一相的各级启动电阻是轮流被短接的。而平衡短接法是指三相中的各级启动电阻同时被短接。本例为平衡电阻短接法启动控制电路。

图 2－15 所示为转子串入三级电阻按时间原则控制的启动电路。图中 KM1 为定子电路接触器，控制电源的通断，KM2、KM3、KM4 为短接各级启动电阻的接触器，KT1、KT2、KT3 为启动时间继电器。电路工作情况可自行分析。值得注意的是：电路中只有 KM1、KM4 线圈长期通电，而 KT1、KT2、KT3 与 KM2、KM3 线圈的通电时间，均压缩到最低限度。这一方面是没有必要都通电，另一方面是为了节省电能，延长电器寿命，更为重要的是可减少电路故障，保证电路安全可靠地工作。

电路启动工作过程如下：

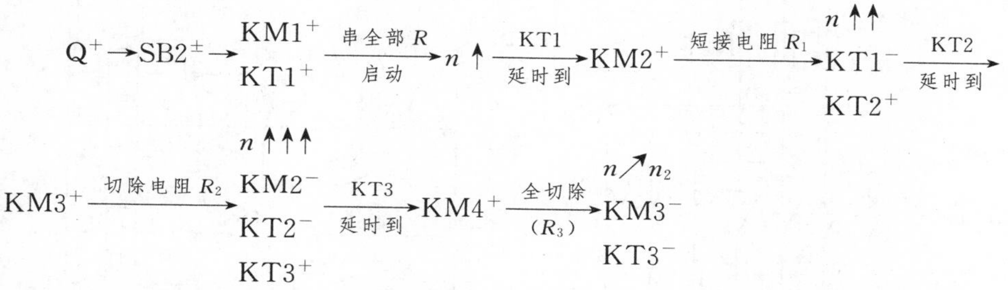

$$Q^{+} \rightarrow SB2^{\pm} \rightarrow \begin{matrix} KM1^{+} \\ KT1^{+} \end{matrix} \xrightarrow[\text{启动}]{\text{串全部 } R} n\uparrow \xrightarrow[\text{延时到}]{KT1} KM2^{+} \xrightarrow{\text{短接电阻 } R_1} \begin{matrix} n\uparrow\uparrow \\ KT1^{-} \\ KT2^{+} \end{matrix} \xrightarrow[\text{延时到}]{KT2}$$

$$KM3^{+} \xrightarrow{\text{切除电阻 } R_2} \begin{matrix} n\uparrow\uparrow\uparrow \\ KM2^{-} \\ KT2^{-} \\ KT3^{+} \end{matrix} \xrightarrow[\text{延时到}]{KT3} KM4^{+} \xrightarrow[(R_3)]{\text{全切除}} \begin{matrix} n\nearrow n_2 \\ KM3^{-} \\ KT3^{-} \end{matrix}$$

该电路中，根据时间的变化来控制电动机（设备）的运行状态叫做时间原则，常见的有行程原则、电流原则和速度原则等。电路设计中具体选用何种原则，需要根据实际工作情况来决定。

2.3.6　三相异步电动机的变极调速控制电路

由三相异步电动机的转速 $n=\frac{60f_1}{p}(1-s)$ 可知，异步电动机的调速方法有改变极对数 p、改变转差率 s 及变频 f_1 调速三种。其中改变转差率 s 的方法可通过调定子电压、转子电阻以及串级调速、电磁转差离合器调速等方式来实现。

改变磁极对数，可以改变电动机的同步转速，也就改变了电动机的转速。一般三相异步电动机，其磁极对数是不能随意改变的，为此，必须选用“双速”或“多速”电动机来进行。由于电动机的极对数是整数，所以使用这种调速是跳跃式的、有级的调速。

笼型感应电动机往往采用以下两种方法来变更定子绕组的极对数：一是改变定子绕组的联结，即改变定子绕组的半相绕组电流方向；二是在定子上设置具有不同极对数的两套相互独立的绕组。有时为了获得更多的转速等级，在同一台电动机中同时采用上述两种方法。

单绕组双速电动机的接线方法常用的有 Y－YY 与 D－YY 变换，它们都是通过改变各相的一半绕组的电流方向来实现变极的。这种变换具有近似恒功率调速的性质。

应当注意，变极绕组有“反转向方案”和“同转向方案”两种方法。使用前一种方案时，相序反，若电源相序不变，则变极后电动机反转；若要保持电动机变极后转向不变，则必须在变极的同时改变电源相序。

图 2 - 16 为 4/2 极双速电动机控制电路。当按下启动按钮 SB2 后，电动机按 D 形联结 4 极启动（低速启动），经一定时间延时后改接成 YY 形联结，进入 2 极启动运行（高速运行）。

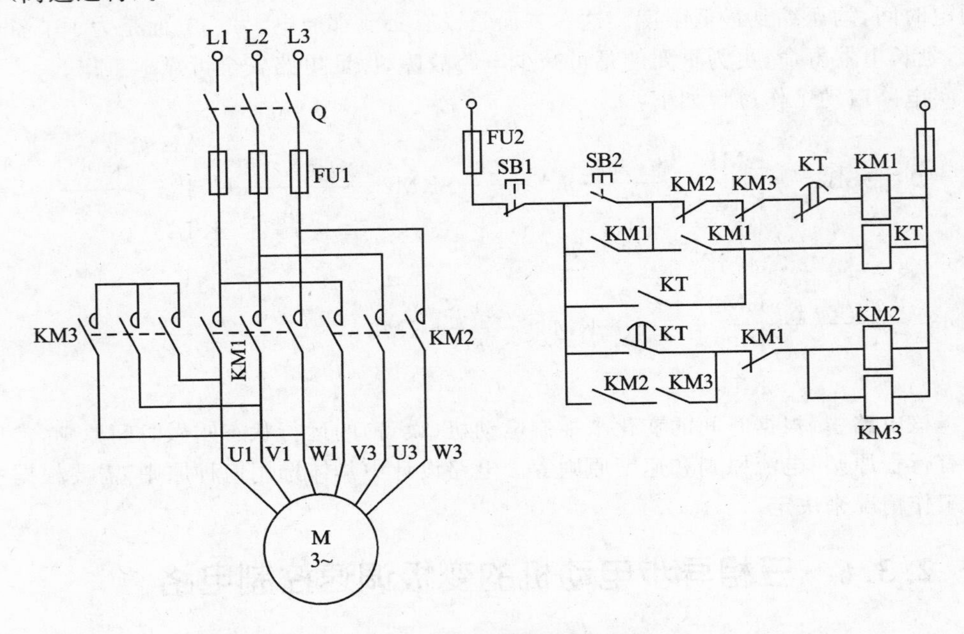

图 2 - 16　4/2 极双速电动机控制电路

2.3.7　三相异步电动机能耗制动控制电路

三相异步电动机的能耗制动，也称直流制动，是在三相异步电动机脱离三相交流电源后，迅速在定子绕组上加一直流电源，产生恒定磁场，利用转子感应电流与恒定磁场的作用达到制动的目的。按控制原则不同，常用的有时间继电器控制与速度继电器控制两种方式。

图 2 - 17 为按时间原则控制的电动机单向运行能耗制动电路。

图 2 - 17 中 KM1 为单向运行接触器，KM2 为制动接触器，T 为整流变压器，VC 为桥式整流器，KT 为时间继电器。

电路工作情况：合上电源开关 Q，按下启动按钮 SB2，KM1 线圈通电并自保，电动机全压启动并运行；停车时，按下停止按钮 SB1，其常闭触点断开使 KM1 线圈断电释放，其主触点断开电动机三相电源，与此同时，SB1 常开触点闭合，KT 线圈通电，使 KM2 线圈通电并自保，直流电源送入定子绕组，建立恒定磁场，转子因为惯性继续旋转，切割磁场，产生电磁转矩，该转矩为制动转矩，使转子转速迅速下降；当 KT

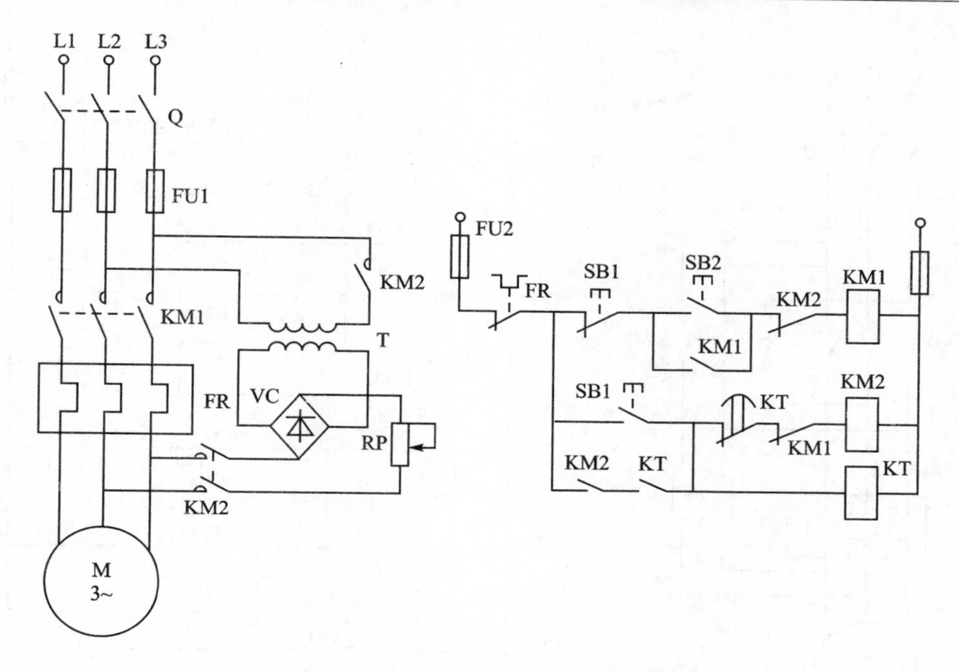

图 2-17　按时间原则控制的能耗制动电路

延时时间到，延时断开的 KT 常闭触点断开，使 KM2 线圈断电释放，断开直流电源，同时 KT 线圈断电，能耗制动结束，电动机自然停车。

2.3.8　三相异步电动机反接制动控制电路

三相异步电动机的反接制动分两种情况：转速反向的反接制动（也称倒拉反接制动）、电源反接制动。倒拉反接制动只适用于位能性恒转矩负载。电源反接制动改变电动机相序（任意对调两相），制动转矩大、制动效果明显，但其反接制动电流接近于全压启动时的 2 倍，一般应在电动机定子电路中串入反接制动电阻；当电动机转速接近零时应迅速切断三相电源，否则电动机将反向启动。

图 2-18 为电动机可逆运行反接制动控制电路。图中 KM1、KM2 为电动机正、反接电源接触器，KM3 为短接反接制动电阻接触器，KA1～KA3 为中间继电器，KS 为速度继电器，其中 KS-1 为正转触点，KS-2 为反转触点，R 为反接制动电阻。

当电动机需正向运转时，合上电源开关 Q，按下启动按钮 SB2，KM1 线圈通电并自保，电动机定子串入电阻，接入正相序电源减压启动；当电动机转速 $n>120$ r/min（速度继电器设定值）时，KS 动作，其正转触点 KS-1 闭合，使 KM3 线圈通电，短接电阻，电动机在全压下启动并进入正常运行。

当需停车时，按下停止按钮 SB1，KM1、KM3 线圈相继断电释放，电动机脱离正相序电源并接入电阻。当 SB1 按到底时，KA3 线圈通电，其触点 KA3(13—14)再次

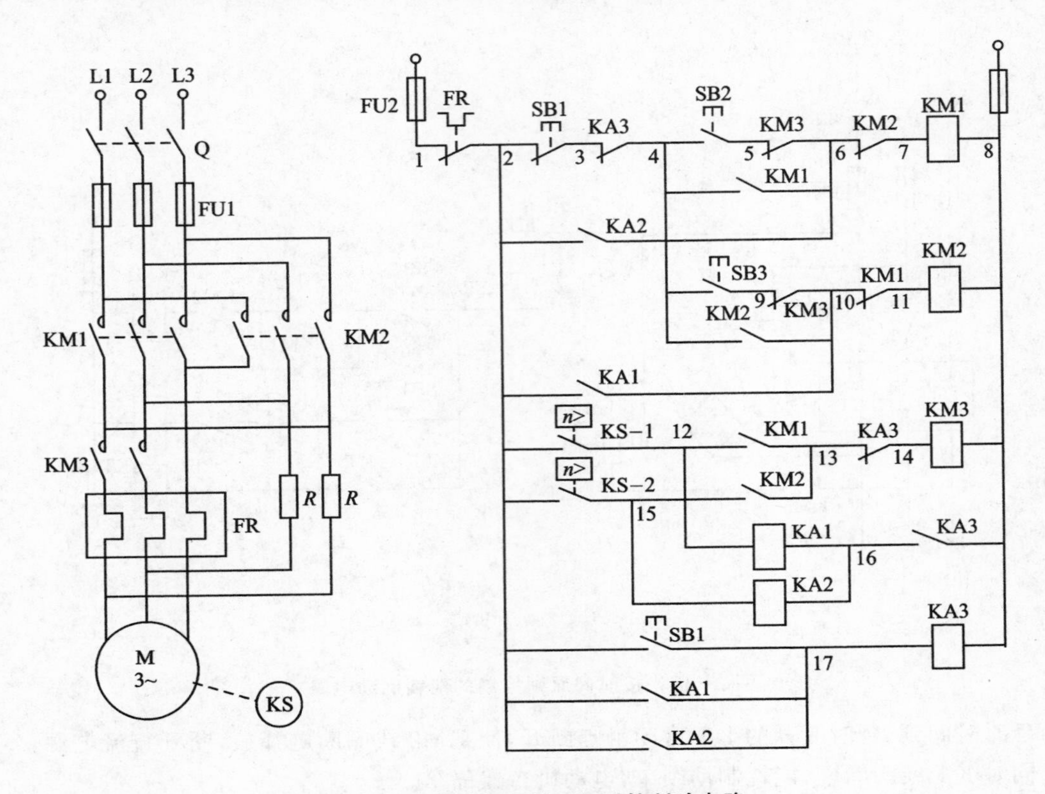

图 2-18　电动机可逆运行反接制动电路

切断 KM3 线圈电路，确保 KM3 线圈处于断电状态，保证反接制动电阻 R 的接入；而另一触点 KA3(16—8)闭合，由于此时电动机因惯性转速仍大于 KS 释放值，使触点 KS-1 仍处于闭合状态，从而使 KA1 线圈经 KS-1 触点通电，其触点 KA1(2—17)闭合，确保停止按钮 SB1 松开后 KA3 线圈仍保持通电状态，KA1 的另一触点 KA1(2—10)闭合，又使 KM2 线圈通电。于是，电动机定子串入反接制动电阻 R、接入反相序电源进行反接制动，使电动机转速迅速下降，当电动机转速低于 100 r/min(速度继电器设定值)时，速度继电器 KS 释放，触点 KS-1 断开，KA1、KM2、KA3 线圈相继断电，反接制动结束，电动机自然停车。

电动机反向启动和停车反接制动过程与上述情况相似，可自行分析。

电路正向工作过程如下：

① 正向启动运行：

$$Q^{+} \rightarrow \begin{array}{c}SB2^{\pm}\\(\text{正向})\end{array} \rightarrow \begin{array}{c}KM1^{+}\\KM3^{-}\end{array} \xrightarrow[\text{启动}]{\text{串 } R} n\uparrow \xrightarrow{n\geqslant 120\ \mathrm{r/min}} \begin{array}{c}KS-1^{+}\\(\text{正向})\end{array} \rightarrow KM3^{+} \xrightarrow{\text{切除 } R} n \nearrow n_2$$

② 正向停车制动：

$$\mathrm{SB1}^{\pm}\rightarrow\mathrm{KA3}^{+}\rightarrow\begin{matrix}\mathrm{KA1}^{+}\\ \mathrm{KM3}^{-}\\ \mathrm{KM1}^{-}\end{matrix}\xrightarrow[\text{串}R]{\text{断开正向电源}}\mathrm{KM2}^{+}\xrightarrow[\text{(反接制动)}]{\text{接反向电源}}n\downarrow\xrightarrow{n<100\ \mathrm{r/min}}\mathrm{KS}-1^{-}\rightarrow$$

$$\mathrm{KA1}^{-}\rightarrow\begin{matrix}\mathrm{KM2}^{-}\\ \mathrm{KA3}^{-}\end{matrix}\xrightarrow[\text{(自然停车)}]{\text{断开反向电源}}n\searrow 0$$

纵观该控制电路，其正向启动和停车，相对反向启动和停车具有一定的对称性，注意该类电路的分析特点。

2.3.9　电路图的阅读分析方法

电路图阅读分析的基本原则是：化整为零、节点明晰、顺藤摸瓜、先主后辅、执行转换、集零为整、安全保护、全面检查。

其中，所谓“化整为零”包括两个方面：一是根据电路图采用的功能布局法，一般从上至下（垂直布置）或从左到右（水平布置）反映操作顺序，将整个电路按功能来划分局部，逐个分析；二是就某一局部电路而言，以某一电动机或电器元件（如接触器或继电器线圈）为对象，从电源开始，自上而下，自左至右，逐一分析其接通断开关系（逻辑条件），并区分出主令信号、联锁条件、保护要求。

而“节点明晰”则是指按照操作顺序，准确把握每一时间节点，弄清楚该时刻电路的全面状态，必要时可以在分析过程中定义 t_1、t_2、t_3 等时间点，切忌时间节点模糊，前后不分，导致关系紊乱。

“执行转换”强调凡是电路分析中涉及接触器、电磁阀、离合器线圈等执行电器的通断电，务必结合主电路进行分析，控制电路的作用就是产生控制信号（逻辑），对主电路工作状态的切换才是其目的。

电路图的分析方法与步骤如下：

① 分析主电路。无论是电路设计还是电路分析都是先从主电路入手。主电路的作用是保证整机拖动要求的实现。从主电路的构成可分析出电动机或执行电器的类型、工作方式，启动、转向、调速、制动等控制要求与保护要求等内容。

② 分析控制电路。主电路各控制要求是由控制电路来实现的，运用“化整为零”、“节点明晰”、“顺藤摸瓜”、“执行转换”的原则，将控制电路按功能划分为若干局部控制电路，从电源和主令信号开始，经过逻辑判断，写出控制流程，以简便明了的方式表达出电路的自动工作过程。

③ 分析辅助电路。辅助电路包括执行元件的工作状态显示、电源显示、参数测定、照明和故障报警灯。这部分电路具有相对的独立性，起辅助作用但又不影响主要功能。辅助电路中有很多部分是受控制电路中的元件来控制的。

④ 分析联锁与保护环节。生产机械对于安全性、可靠性有很高的要求，实现这些要求，除了合理地选择拖动、控制方案外，在控制电路中还设置了一系列电气保护

和必要的电气联锁。在电路图的分析过程中,电气联锁与电气保护环节是一个重要内容,不能遗漏。

⑤ 分析特殊控制环节。在某些控制电路中,还设置了一些与主电路、控制电路关系不密切,且相对独立的某些特殊环节,如产品计数装置、自动检测系统、晶闸管触发电路、自动调温装置等。这些部分往往自成一个小系统,其阅读分析的方法可参照上述分析过程,并灵活运用所学过的电子技术、变流技术、自动控制原理、检测与转换等知识逐一分析。

⑥ 总体检查。经过“化整为零”,逐步分析了每一局部电路的工作原理以及各部分之间的控制关系后,还必须用“集零为整”的方法检查整个控制电路,看是否有遗漏。特别要从整体角度去进一步检查和理解各控制环节之间的联系,以达到正确理解电路图中每一个电器元器件的作用、工作过程及主要参数的目的。

2.4 三相异步电动机的变频调速

变频调速是三相异步电动机的主要调速方法之一,变频器具有调节范围宽、精度高、可靠性好、效率高、操作方便及便于与其他设备接口和通信等优点。近年来,随着大功率电力晶体管和计算机控制技术的不断进步,极大地促进了交流变频调速技术的发展,目前在工业自动化和节能领域已广泛使用变频器进行调速控制,其应用前景十分广阔。

2.4.1 变频调速

1. 变频调速实现的关键因素

变频调速实现的关键因素主要包括:① 大功率开关器件的应用;② 微处理器的发展加上变频控制方式的深入研究,使得变频控制技术实现了高性能、高可靠性。

2. 变频调速的两种基本控制方式

单从异步电动机转速公式来看,只要改变定子交流电的频率 f_1 就可以调节电动机的转速,但事实上,只改变 f_1 并不能实现正常的调速。实际应用中,通常不仅要求实现转速调节,同时还要求调速系统具有满足生产工艺要求的机械特性和调速指标。

由电机学知识,不难回忆异步电动机的两个结论:

$$U_1 \approx E_1 = 4.44 f_1 N_1 K_{N1} \phi_m$$

$$T_e = C_m \phi_m I'_2 \cos \varphi_2$$

式中,E_1 ——气隙磁通在定子每相绕组中感应电动势的有效值,单位为 V;

N_1 ——定子每相绕组串联匝数;

K_{N1} ——电动机基波绕组系数;

ϕ_m ——电动机气隙中每极合成主磁通,单位为 Wb;

T_e ——电磁转矩，单位为 N·m；

C_m ——电动机转矩常数；

I'_2 ——转子电流折算到定子一侧的电流有效值，单位为 A；

$\cos\varphi_2$ ——转子电路的各相功率因数。

从电磁转矩公式可看出，ϕ_m 的减小势必会导致电机允许的输出转矩 T_e 下降，使电动机的利用率降低，同时电动机的最大转矩也将降低，严重时会使电动机堵转。

从定子电压公式可看出，若维持定子端电压 U_1 不变，而减小 f_1，则 ϕ_m 增加，将造成磁路过饱和，励磁电流增加，铁芯过热，这是不允许的。为此，在调频的同时需改变定子电压 U_1，以维持气隙磁通 ϕ_m 不变。根据 U_1 和 f_1 的不同比例关系，有两种不同的变频调速控制方式。

第一种：基频以下恒转矩变频调速。

由于 E_1 难以直接检测和控制，当 E_1 和 f_1 较高时，可略去定子阻抗压降，近似得出 $\frac{U_1}{f_1}=4.44N_1K_{N1}\phi_m$，为保持电动机输出转矩 T_e 不变以保证电动机的负载能力，就要求气隙磁通 ϕ_m 不变，因此要求定子端电压与频率成正比地变化，即 U_1/f_1 为常数，这种控制称为近似的恒磁通变频调速，属于恒转矩调速方式。

但是，当 f_1 较低时定子阻抗压降就不能忽略了，所以为了在低频情况下仍维持 U_1/f_1 为常数，就必须解决定子阻抗压降的问题，在实际中应采取有针对性的电压补偿措施。定子交流电频率 f_1 越低，定子相电压有效值 U_1 就抬高得越多，以补偿定子阻抗压降；当电动机以额定基准频率运行，采用 U_1/f_1 为常数的控制方式时，定子绕组所加电压就是电动机的额定电压，不再进行补偿。

图 2-19 提供了一组 U/f 曲线，可以适应低频时不同负载对 U/f 曲线的不同要求。曲线 0 称为基本 U/f 曲线，它不含定子压降补偿；曲线 1～5 为低频段不同程度地提高定子电压的 U/f 曲线，称为“电压补偿”，也称为“转矩补偿”或“转矩提升”，适用于恒转矩负载；曲线 01、02 为低频段不同程度地减少定子电压的 U/f 曲线，称为“负补偿”，适用于风机和泵类负载。

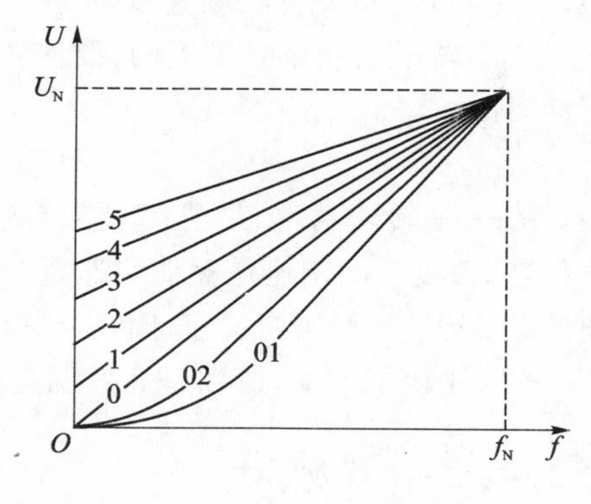

图 2-19　U/f 曲线

设定 U/f 曲线的原则是：以最低工作频率时能带动负载为前提，尽量减少补偿程度，以免“补偿过度”，导致磁路饱和而跳闸。

第二种：基频以上恒功率变频调速。

当电动机转速超过额定转速调速，即 $f_1>f_N$ 时，若维持 U_1/f_1 为常数，则加在定子上的电压势必会超过电动机的额定电压，这当然是不允许的。所以在 $f_1 > f_N$ 时，往往采用使定子电压不再升高，保持 $U_1 = U_N$，这样气隙磁通就会小于额定磁通，导致转矩的减小。频率越高，磁通越低，电磁转矩就越小。**注意：**这时的电磁转矩仍应比负载转矩大，否则会出现电动机的堵转。

在这种控制方式下，转速越高，转矩越低，但是转速与转矩的乘积，即功率 P_m 近似保持不变，$P_m = T_e \dfrac{2\pi n}{60} \approx C$，因此这种方式通常称为恒功率控制方式。

结论：如果将恒转矩调速和恒功率调速结合起来，可得到较宽的调速范围。所以，变频调速是将基频以下恒转矩控制方式和基频以上恒功率控制方式结合起来使用的。

3. 变频调速的特点

变频调速可使用标准电动机，可连续调速，可通过电子回路改变相序和转动方向。其优点是启动电流小，可调节加减速度，电动机可高速化和小型化，防爆容易，保护功能齐全等。变频调速的应用领域非常广泛，如应用于风机、泵、搅拌机、精纺机和压缩机等，节能效果显著；如应用于机床（车床、钻床、铣床、磨床等），能够提高生产率和质量。此外，它还可广泛应用于其他领域，如起重机械和各种传送带的多台电动机同步、调速等。

4. 变频调速的节能技术

在交流电动机中，要使电动机输出定转矩，做一定的功，需要从定子侧通过旋转磁场输出一定功率到转子侧，这个电磁功率为

$$P_m = \omega T$$

式中，P_m 与转矩和旋转磁场速度的乘积成正比。以一定转矩调速时，若 ω 不变，则从定子送到转子的功率是不变的；要使转速降低，通常增大转子回路的电阻，使之产生损耗，即

$$P_2 = \omega_r T = T\omega(1-s) = P_m - sP_m$$

式中，sP_m——转差功率，是消耗在转子电阻上的功率。

显然，改变 s 的调速是耗能调速，称为低效调速。改变 f 是一种改变旋转磁场同步速度的方法，是不耗能调速，因 s 未变，输出功率不增加，即 $P_2 = \omega_r T = T\omega(1-s) = P_m(1-s)$，损耗未增加，所以是高效调速，能起到节能的效果。

2.4.2　变频器

1. 变频器的概念

异步电动机的变频调速必须按照一定的规律同时改变其定子电压和频率，即必须通过变频装置获得电压频率的可调电源，实现前面介绍的 V/F 调速控制，这类能够实现变频调速功能的装置称为变频器。简单来说，变频器就是转换电能并能改变频率的电能转换装置。

交-交变频器可将工频交流电直接变换成频率、电压均可调节控制的交流电，又称为直接变频器；而交-直-交变频器是先把电网的工频交流电通过整流器变成直流电，经过中间滤波环节后，再把直流电逆变成频率、电压均可调节控制的交流电，又称为间接变频器。这两类变频器的主要特点比较见表 2-2。

表 2-2　交-交变频器与交-直-交变频器的主要特点比较

类　别	交-交变频器	交-直-交变频器
换能方式	一次换能	二次换能，效率略低
换流方式	电网电压换流	强迫换流或负载换流
装置元件数量	比较多	比较少
元件利用率	比较低	比较高
调频范围	输出最高频率为电网频率的 1/3～1/2	频率调节范围宽
电网功率因数	比较低	如果用可控整流，则低频低压时功率因数比较低；如果用不可控整流 PWM 方式调压，则功率因数高
使用场合	低速大功率	用于各种拖动装置、稳压稳频电源和不间断电源装置(UPS)

2. 变频器的分类及特点

变频器的大致分类如图 2-20 所示。

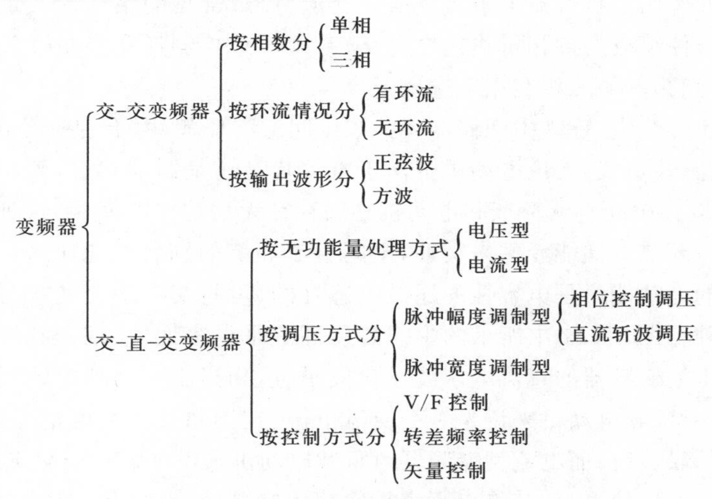

图 2-20　变频器的分类

目前应用较多的是间接变频器(即交-直-交变频器)，因此本节重点介绍这类变频器的内容。

3. 交-直-交变频器的结构

交-直-交变频器的结构如图2-21所示，一般由主电路、控制电路和保护电路三部分构成。主电路用来完成电能的转换(整流和逆变)；控制电路用以实现信息的采集、变换、传送和系统控制；保护电路除用于防止因变频器主电路的过电压、过电流引起的损坏外，还应保护异步电动机及传动系统等。

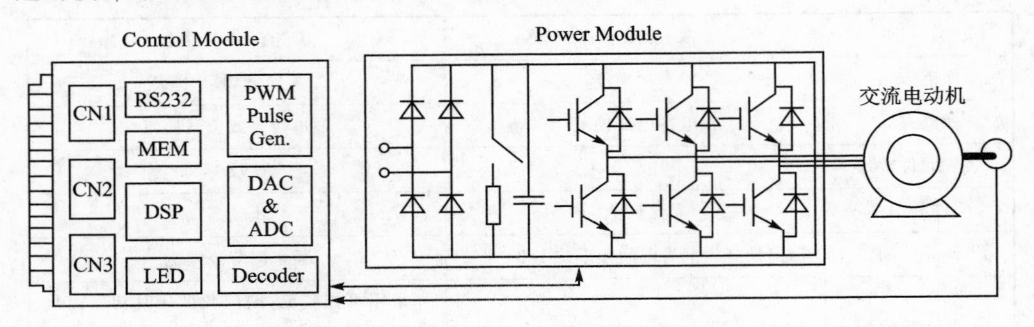

图2-21　交-直-交变频器的结构

图2-21中，Power Module部分即为变频器的主电路，它主要进行电力变换，为电动机提供调频调压电源。它由三部分组成，即整流器、中间直流环节和逆变器。

整流器的作用是把三相或单相交流电整流成直流电，根据电力电子技术知识可知整流电路又分为可控整流电路和不可控整流电路。其中，可控整流电路的功率因数比较低，而不可控整流电路的功率因数比较高。

逆变器的作用是将直流电重新变换为交流电，最常见的结构形式是利用6个半导体主开关器件组成的三相桥式逆变电路，有规律地控制逆变中主开关器件的通与断，以得到任意频率的三相交流电输出。

中间直流环节，也称为中间储能环节或中间滤波环节，由于逆变器的负载为异步电动机，属电感性负载，无论电动机工作于电动状态还是制动状态，其功率因数都不可能为1，所以在中间直流环节和电动机之间存在无功功率的变换，这种无功能量需要靠中间直流环节的储能元件来缓冲，中间直流环节的别名由此而来。按照中间直流环节处理的无功能量是电容性的还是电感性的，可将交-直-交变频器分为电压型和电流型两种。图2-21中所示的中间直流环节是电容性的，该变频器属于电压型变频器。电压型变频器的直流电压波形比较平直，相当于一个理想情况下内阻抗为零的恒压源，对负载电动机来说是一个交流电源，在不超过容量的情况下，可以驱动多台电动机并联运行；而电流型变频器对负载电动机来说也是一个交流电源，但是它的直流电流波形比较平直，其特点是容易实现回馈制动，调速系统动态响应快，适用于频繁急加减速的大容量电动机的传动系统。

图2-21中Control Module部分为变频器的控制电路，它通常由运算电路、检测电路、控制信号的输入/输出电路和驱动电路等构成，其作用是完成对逆变器的开

关控制和频率控制，实现对整流器的电压控制，并解决电压控制与频率控制的协调问题，同时完成各种保护功能等。它的控制方法可以采用模拟控制或数字控制，目前高性能的变频器采用微型计算机进行全数字控制，配之以简单实用的集成硬件电路，整个控制主要靠软件来完成；由于软件的灵活性和计算功能的强大，数字控制方式常可以完成模拟控制难以完成的功能，图2-21中就采用了DSP控制的数字控制方式。保护电路的作用是当变频器发生故障时，完成事先设定的各种保护。

变频调速时，需要同时调节逆变器的输出电压和频率，用以保证电动机主磁通的恒定。对输出电压的调节，主要有PAM型和PWM型两种方式。

PAM控制是脉冲幅度调制(Pulse Amplitude Modulation)控制的简称，它是通过改变直流电压的幅值进行调压的方式。此类变频器中，逆变器仅调节输出频率，而输出电压的调节则是由相控整流器或直流斩波器通过调节中间直流环节的直流电压来实现的。由于这种控制方式必须同时对整流电路和逆变电路进行控制，控制电路比较复杂，而且低速运行时转速波动较大，因而实际中应用较少。

PWM控制是脉冲宽度调制(Pulse Width Modulation)控制的简称，它是在逆变电路部分同时对输出电压(电流)的幅值和频率进行控制的控制方式。在这种控制方式中，以较高频率对逆变电路的半导体开关元器件进行开关操作，并通过改变输出脉冲的宽度来达到控制电压(电流)的目的。为了使异步电动机能够在进行调速运转时更加平滑，目前在变频器中多采用正弦波PWM控制方式，即通过改变PWM输出的脉冲宽度，使输出电压的平均值接近正弦波，这种方式也被称为SPWM控制。

4. 变频器的控制方式

变频器的控制方式是指针对电动机的自身特性、负载特性以及运转速度的要求，控制变频器的输出电压(电流)和频率的方式。一般分为V/F控制(电压/频率)、转差频率和矢量控制三种控制方式。而从控制论的观点出发，变频器的控制方式则可分为开环控制和闭环控制两种。

第一种：V/F控制变频器。

按V/F关系对变频器的频率和电压进行控制，称为V/F控制，又称为VVVF控制，其简化原理图如图2-22所示。主电路中逆变器采用双极结型晶体管(Bipolar Junction Transistor,BJT)，用PWM方式进行控制。变频器的输出频率与输出电压之间的关系由图2-19所示曲线确定；转速的改变是靠改变频率的设定值 f^* 来实现的；基频以下可以实现恒转矩调速，以上为恒功率调速。

V/F控制是一种转速开环控制，控制电路简单，负载为通用标准异步电动机，通用性强，经济性好。但是，电动机的实际转速要根据负载的大小(即转差率的大小)来决定，所以负载变化时，在频率设定值不变的条件下，转子速度将随负载转矩变化而变化，因而该控制方式常用于速度精度要求不高的场合。

第二种：转差频率控制变频器。

前面提到，V/F控制方式只能用于精度不高的场合，为了提高调速精度，就需要

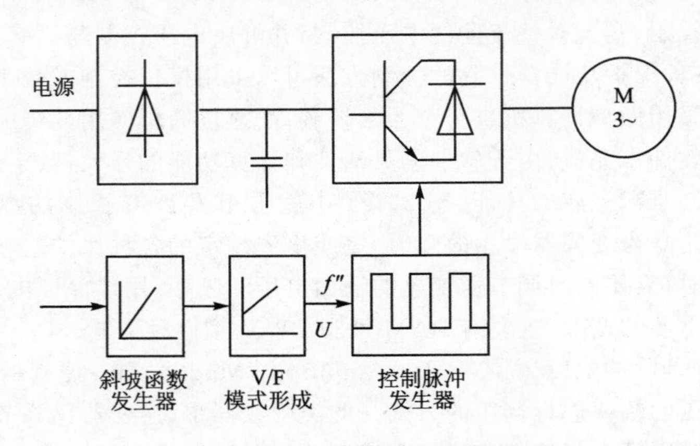

图 2-22　V/F 控制模式

控制转差率。通过速度传感器检测出速度，求出转差角频率，再将其与速度设定值叠加以得到新的逆变器的频率设定值，实现转差补偿，这种实现转差补偿的闭环控制方式称为转差频率控制，其简化原理图如图 2-23 所示。

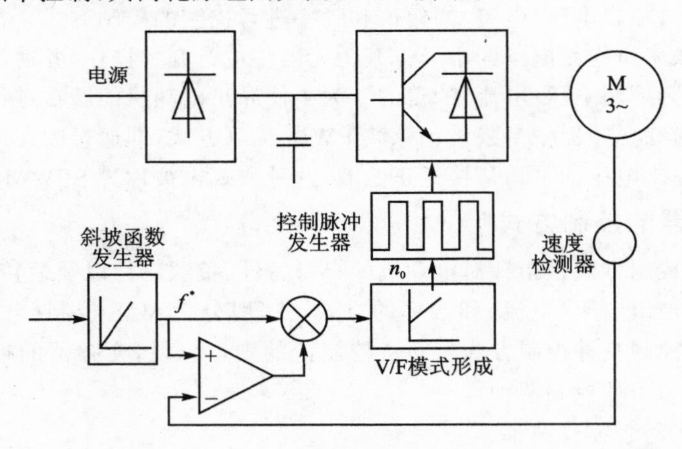

图 2-23　转差频率控制方式

由于转差补偿的作用，大大提高了调速精度。但是，使用转速传感器求取转差角频率，要针对电动机的机械特性调整控制参数，因而这种控制方式通用性较差。

第三种：矢量控制变频器。

从电机学可知，直流电动机的调速性能是十分优越的，所以人们就致力于分析直流电动机调速性能优越的原因，进而研究如何使交流电动机的变频调速也能够具有和直流电动机类似的特点，从而改善其调速性能，这就是矢量控制的基本指导思想。

采用矢量控制的目的，主要是为了提高变频调速的动态性能。根据交流电动机的动态数学模型，利用坐标变换的手段，将交流电动机的定子电流分解为磁场分量电流和转矩分量电流，并分别加以控制，即模仿直流电动机的控制方式，对电动机的磁场和转矩分别进行控制，以获得类似于直流调速系统的动态性能。

目前，在变频器中实际应用的矢量控制方式主要有两种：基于转差频率控制的矢量控制方式和无速度传感器的矢量控制方式。

无速度传感器矢量控制方式不需要速度传感器，其基本控制思想是分别对作为基本控制量的励磁电流和转矩电流进行检测，并通过控制电动机定子绕组上电压的频率使励磁电流、转矩电流的指令值和检测值一致，从而实现矢量控制。

基于转差频率控制的矢量控制变频器的性能优于无速度传感器的矢量控制变频器，但是由于采用这种控制方式时需要在异步电动机上安装速度传感器，影响了异步电动机本身具有的结构简单、坚固耐用等优点。因此，在对控制性能要求不是特别高的场合，往往采用无速度传感器矢量控制方式的变频器。

矢量控制是一种新的控制思想和控制技术，是交流异步电动机的一种理想调速方式。矢量控制属于闭环控制方式，是异步电动机调速的最新的实用化技术。矢量控制方式使交流异步电动机具有与直流电动机相同的控制性能，目前采用这种控制方式的变频器已广泛应用于生产实际中。

矢量控制变频器的特点是：需要使用电动机参数，一般用作专用变频器；调速范围在 1∶100 以上；速度响应性极高，适合于急加速、减速运转和连续四象限运转，能适用于任何场合。

5. 变频器的作用

变频调速能够应用在大部分的电机拖动场合，由于它能提供精确的速度控制，因此可以方便地控制机械传动的上升、下降和变速运行。变频应用可以大大提高工艺的高效性（变速不依赖于机械部分），同时可以比原来的定速运行电机更加节能。

变频器的作用如下：

① 控制电机的启动电流。当电机通过工频直接启动时，它将会产生 4～7 倍的电机额定电流。这个电流值将大大增加电机绕组的电应力并产生热量，从而降低电机的寿命。而变频调速则可以在零速零电压启动（当然可以适当加转矩提升）。一旦频率和电压的关系建立，变频器就可以按照 V/F 或矢量控制方式带动负载进行工作。使用变频调速能充分降低启动电流，提高绕组承受力，更主要的是电机的维护成本将进一步降低，电机的寿命则相应增加。

② 降低电力线路电压波动。在电机工频启动时，电流剧增的同时，电压也会大幅度波动，电压下降的幅度将取决于启动电机的功率大小和配电网的容量。电压下降将会导致同一供电网络中的电压敏感设备故障跳闸或工作异常，如 PC、传感器、接近开关和接触器等均会动作出错。而采用变频调速后，由于能在零频零压时逐步启动，故能最大程度上消除电压下降。

③ 启动时需要的功率更低。电机功率与电流和电压的乘积成正比，那么通过工频直接启动的电机消耗的功率将大大高于变频启动所需要的功率。在一些工况下其配电系统已经达到了最高极限，其直接工频启动电流所产生的电涌就会对同网上的其他用户产生严重的影响。若采用变频器进行电机启、停，就不会产生类似的问题。

④ 可控的加速功能。变频调速能零速启动并按照用户的需要进行平滑地加速，而且其加速曲线也可以选择(直线加速、S 形加速或者自动加速)。而通过工频启动时，对电机或相连的机械部分的轴或齿轮都会产生剧烈的振动。这种振动将进一步加剧机械磨损和损耗，降低机械部件和电机的寿命。另外，变频启动还能应用在类似灌装线上，以防止瓶子倒翻或损坏。

⑤ 可调的运行速度。运用变频调速能优化工艺过程，并能根据工艺过程迅速改变，还能通过远程 PLC 控制或其他控制器来实现速度变化。

⑥ 可调的转矩极限。通过变频调速后，能够设置相应的转矩极限来保护机械不致损坏，从而保证工艺过程的连续性和产品的可靠性。目前的变频技术不仅使转矩极限可调，而且转矩的控制精度能达到 3%～5%。在工频状态下，电机只能通过检测电流值或热保护来进行控制，而无法像变频控制那样设置精确的转矩值来动作。

⑦ 受控的停止方式。如同可控的加速一样，在变频调速中，停止方式可以受控，并且有不同的停止方式可以选择(减速停车、自由停车、减速停车＋直流制动)，同样它能减少对机械部件和电机的冲击，从而使整个系统更加可靠，寿命也会相应增加。

⑧ 节能。离心风机或水泵采用变频器后都能大幅度地降低能耗，这在十几年的工程经验中已经得到体现。由于最终的能耗与电机的转速成立方比，所以采用变频后投资回报就更快。

⑨ 可逆运行控制。在变频器控制中，要实现可逆运行控制无须额外的可逆控制装置，只需要改变输出电压的相序即可，这样就能降低维护成本和节省安装空间。

⑩ 减少机械传动部件。由于目前矢量控制变频器加上同步电机就能实现高效的转矩输出，节省了齿轮箱等机械传动部件，最终构成了直接变频传动系统，从而降低成本和空间，提高了稳定性。

6. 变频器的电路配线与注意事项

变频器的主电路配线如图 2－24 所示。

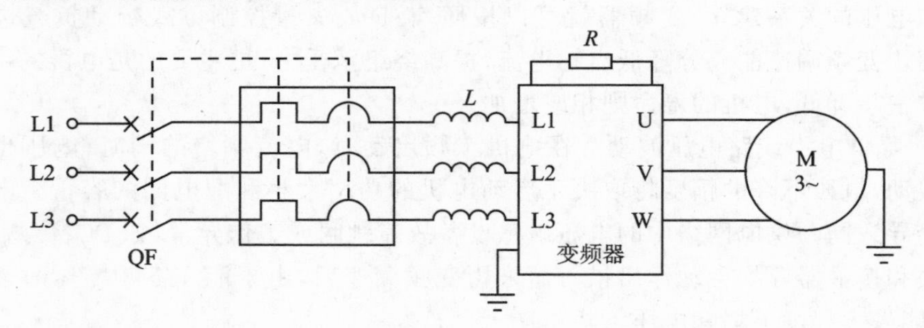

图 2－24　变频器的主电路配线

配线注意事项如下：

① 绝对禁止将电源线接到变频器的输出端 U、V、W 上，否则将损坏变频器。

② 在变频器不使用时，可将断路器断开，起电源隔离作用；当电路出现短路故障

时，断路器起保护作用，以免事故扩大。但在正常工作情况下，不要使用断路器启动和停止电动机，因为此时工作电压处于非稳定状态，逆变晶体管可能脱离开关状态进入放大状态，而负载感性电流维持导通，使逆变晶体管功耗剧增，容易烧毁逆变晶体管。

③ 在变频器的输入侧接交流电抗器可以削弱三相电源不平衡对变频器的影响，延长变频器的使用寿命，同时也降低变频器产生的谐波对电网的干扰。

④ 当电动机处于直流制动状态时，电动机绕组呈发电状态，会产生较高的直流电压，可以连接直流制动电阻进行耗能以降低高压。

⑤ 由于变频器输出的是高频脉冲波，所以禁止在变频器与电动机之间加装电力电容器件。

⑥ 变频器和电动机必须可靠接地。

⑦ 变频器的控制线应与主电路动力线分开布线，平行布线应相隔 10 cm 以上，交叉布线时应使其垂直。为防止干扰信号窜入，变频器模拟信号线的屏蔽层应妥善接地。

⑧ 通用变频器仅适用于一般的工业用三相交流异步电动机。

⑨ 变频器的安装环境应通风良好。

7. 变频器的主要技术参数

输入侧的主要额定数据：额定电压（国内中小容量的变频器额定电压为三相交流电 380 V，单相交流电 220 V）和额定频率（国内为 50 Hz）。

输出侧的主要额定数据：额定电压（一般情况下，它总是和输入侧的额定电压相等）、额定电流（允许长时间通过的最大电流，是用户在选择变频器容量时的主要依据）、额定容量（额定输出电压和额定输出电流的乘积）、配用电动机容量（在带动连续不变负载的情况下，能够配用的最大电动机容量）、输出频率范围（输出频率的最大调节范围，通常以最大输出频率和最小输出频率来表示）。

对变频器设置和调试时的主要参数：控制方式（选择 V/F 控制方式或矢量控制方式）、频率给定方式（对变频器获取频率信号的方法进行选择，即面板给定方式、外部端子给定方式、键盘给定方式等）、加减速时间（加速时间是指输出频率从零上升到最大频率所需时间，减速时间是指从最大频率下降到零所需时间）、频率上下限（变频器输出频率的上、下限幅值）。

8. 变频器的选择

变频器的选择主要包括种类选择和容量选择两大方面。在选择变频器的类型时，大致应该注意以下几个方面：

① 国产与进口的选择。一般来说，进口变频器的功能比较齐全，故障率也略低一些，但是一旦发生故障，需要配置元器件时，进口变频器的部件不但价格较昂贵，而且常常买不到，耽误生产，因此在没有特殊要求的情况下，建议尽量选用国产变频器。

② 高性能与普通型的选择。高性能变频器一般指的是具有矢量控制功能的变

频器，主要用于对转速精度和动态响应能力要求较高的场合，或对生产安全要求较高的场合。对于特殊的负载，以及一些在低频运行时负载变化不大、对转速精度要求不高的负载，应考虑选用比较便宜的普通型变频器。

③ 专用型与通用型的选择。由于专用变频器针对各种机械的特殊需要设置了一些专用功能，一般来说选用专用变频器是较好的。

变频器容量的选择其实是选择其额定电流，总的原则是变频器的额定电流一定要大于拖动系统在运行过程中的最大电流。在选择变频器的容量时，需要考虑以下情况：

① 变频器驱动的是单一电动机还是驱动多个电动机。

② 电动机是在额定电压、额定频率下直接启动还是软启动。

③ 驱动多个电动机时，是同时启动还是分别启动。

大多数情况为使用变频器驱动单一电动机并且是软启动，这时变频器额定电流选择为电动机额定电流的1.05～1.1倍即可；当一台变频器驱动多台电动机时，多数情况下也是分别单独进行软启动，这时变频器额定电流的选择为多个电动机中最大容量电动机额定电流的1.05～1.1倍即可。

2.5　电气控制电路的设计方法

电气控制电路的设计主要有两种方法：一是分析设计法，二是逻辑设计法。下面对这两种方法分别介绍。

2.5.1　分析设计法

分析设计法，又称为经验设计法、一般设计法。所谓分析设计法是根据生产工艺的要求选择适当的基本控制环节（单元电路）或将比较成熟的电路按其联锁条件组合起来，并经补充和修改，将其综合成满足控制要求的完整电路。当没有现成典型环节运用时，可根据控制要求边分析边设计。

分析设计法没有固定的设计程序，设计方法简单，它是在熟练掌握各种电气控制电路的基本环节和具有一定的阅读分析电气控制电路能力的基础上进行的。对于具备一定工作经验的电气技术人员来说，是能较快地完成设计任务的，因此在电气设计中被普遍采用。其缺点是设计出的方案不一定是最佳方案；当经验不足或考虑不周时会影响电路工作的可靠性。为此，应反复审核电路工作情况，有条件时还应进行模拟试验，发现问题及时修改，直至电路动作准确无误，满足生产工艺要求为止。

1. 设计的基本步骤

生产机械电气控制电路设计一般包括主电路设计、控制电路设计和辅助电路设计等。

① 主电路设计：主要考虑电动机的启动、正反转、制动和调速。

② 控制电路设计：包括基本控制电路和控制电路特殊部分的设计，以及选择控制参量和确定控制原则，主要考虑如何满足电动机的各种运转功能和生产工艺要求。

③ 联结各单元环节：构成满足整机生产工艺要求，实现生产过程自动或半自动及调整的控制电路。

④ 联锁保护环节设计：主要考虑如何完善整个控制电路的设计，包含各种联锁环节以及短路、过载、过流、失压等保护环节。

⑤ 辅助电路设计：包括照明，声、光指示，报警等电路的设计。

⑥ 电路的总体校核：反复审核所设计的电路是否满足设计原则和生产工艺要求。在条件允许的情况下，进行模拟实验，逐步完善整个电气控制电路的设计，直至满足生产工艺要求。

2. 设计举例

下面以龙门刨床横梁升降电气控制电路图的设计为例来说明分析设计法的方法步骤。

(1) 横梁升降机构的工艺要求

① 由于刨床工件加工位置高低不同，所以要求横梁沿立柱能做上升、下降的调整运动。

② 为确保切削加工的进行，正常情况下横梁应夹紧在立柱上，夹紧装置由夹紧电动机拖动，而横梁的上、下移动由另一台横梁升降电动机拖动。

③ 横梁上升控制动作过程：按上升按钮→横梁放松（夹紧电动机反转）→压下放松位置开关→停止放松→横梁自动上升（升/降电动机正转）→到位放开上升按钮→横梁停止上升→横梁自动夹紧（夹紧电动机正转）→已放松位置开关松开，达到一定夹紧紧度时过电流继电器 KI 发出夹紧信号→上升过程结束。

④ 横梁下降控制动作过程：按下降按钮→横梁放松→压下已放松位置开关→停止放松→横梁自动下降→到位放开下降按钮→横梁停止下降并自动短时回升（升/降电动机短时正转）→横梁自动夹紧→已放松位置开关松开，并夹紧至一定紧度 KI 发出信号→下降过程结束。

可见下降与上升控制的区别在于到位后多了一个自动的短时回升动作，其目的在于消除移动螺母上端面与丝杠的间隙，以防止加工过程中因横梁倾斜造成的误差，而上升过程中移动螺母上端面与丝杠之间不存在间隙。

⑤ 横梁升降动作应设置上、下极限位置保护，而夹紧电动机应设有夹紧力保护，它是用过电流继电器 KI 来实现的。

(2) 电气控制电路图的设计过程

① 根据拖动要求设计主电路。

由于升、降电动机 M1 与夹紧放松电动机 M2 都要求正反转，所以采用 KM1、KM2 及 KM3、KM4 接触器主触点变换相序控制。

考虑到横梁夹紧时有一定的紧度要求，故在 M2 反转即 KM4 动作时，其中一相串过电流继电器 KI 检测电流信号，当 M2 处于堵转状态，电流增长至动作值时，过电流继电器 KI 动作，使夹紧动作结束，以保证每次夹紧紧度相同。由于 M1、M2 均为短时工作，因而不设置过载保护，可设计出如图 2－25 所示的主电路。

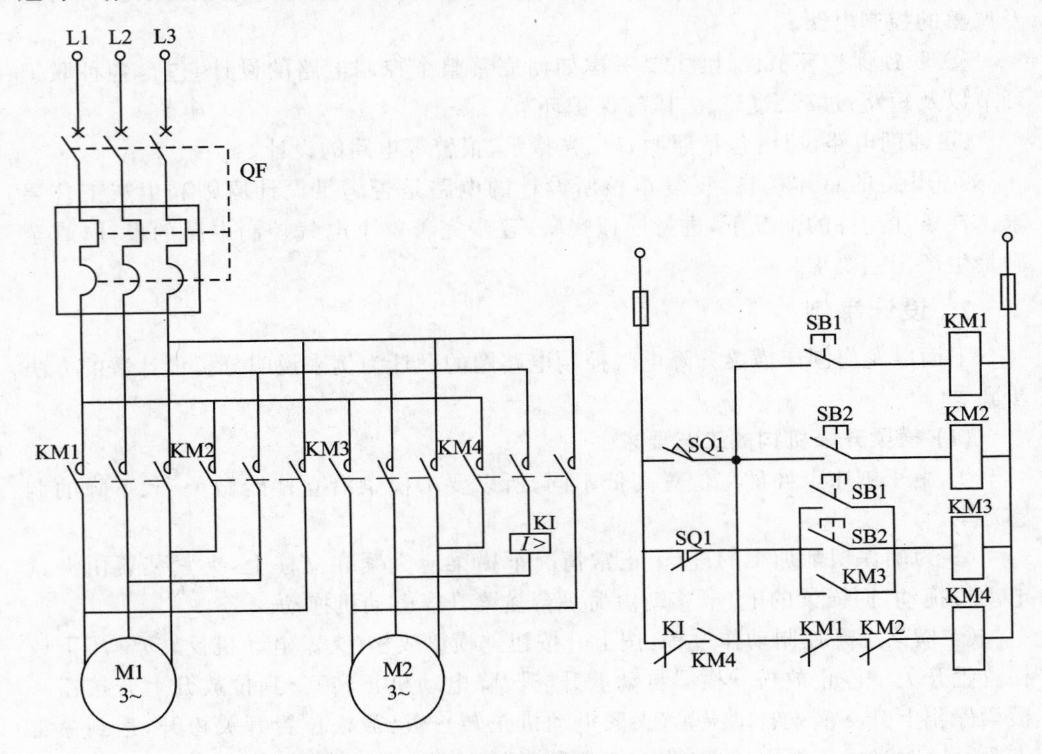

图 2－25　主电路与控制电路设计草图

② 设计控制电路草图。

根据横梁移动时的控制程序要求，M2 和 M1 之间有一定的顺序关系：当发出“上升”指令后，M2 电动机启动工作，将横梁松开，待横梁完全松开后，发出信号，使 M2 电动机停止工作，并使 M1 电动机启动，拖动横梁上升。这里横梁松开信号的发出由复合行程开关 SQ1 完成，当横梁处于夹紧状态，SQ1 不受压；当横梁完全松开时，夹紧机构经杠杆将 SQ1 压下，于是发出“松开”信号。

当横梁上升到位时，撤除“上升”指令，电动机 M1 立即停止工作，同时接通 M2，并使 M2 反向运转，拖动夹紧机构使横梁夹紧。在夹紧过程中开关 SQ1 复原，为下次发出放松信号作准备。当横梁夹紧到一定程度时，夹紧电动机 M2 主电路电流升高，借助于 M2 定子电路中的过电流继电器发出“夹紧”信号，切断 M2 电路，使夹紧过程结束。

横梁下降在不考虑回升动作时，其动作过程与上升时相同。

综上所述，设计出图 2－25 所示控制电路。

③ 在图 2－25 中，需用具有两对常开触点的按钮，而常用按钮为一对常开触点、一对常闭触点。为此引入一个中间继电器 KA，用按钮去控制 KA，再由 KA 来控制横梁的升、降和放松，并由按钮的常闭触点来实现升、降的互锁，如图 2－26(a)所示。

④ 进一步考虑横梁下降时的回升控制。由于延时短，故采用直流时间继电器 KT 来控制，将 KT 断电延时断开触点与夹紧接触器 KM4 常开触点串联后，再与 KA 常开触点并联，控制上升接触器 KM1，而 KT 则由下降接触器 KM2 触点控制，构成图 2－26(b)所示电路。

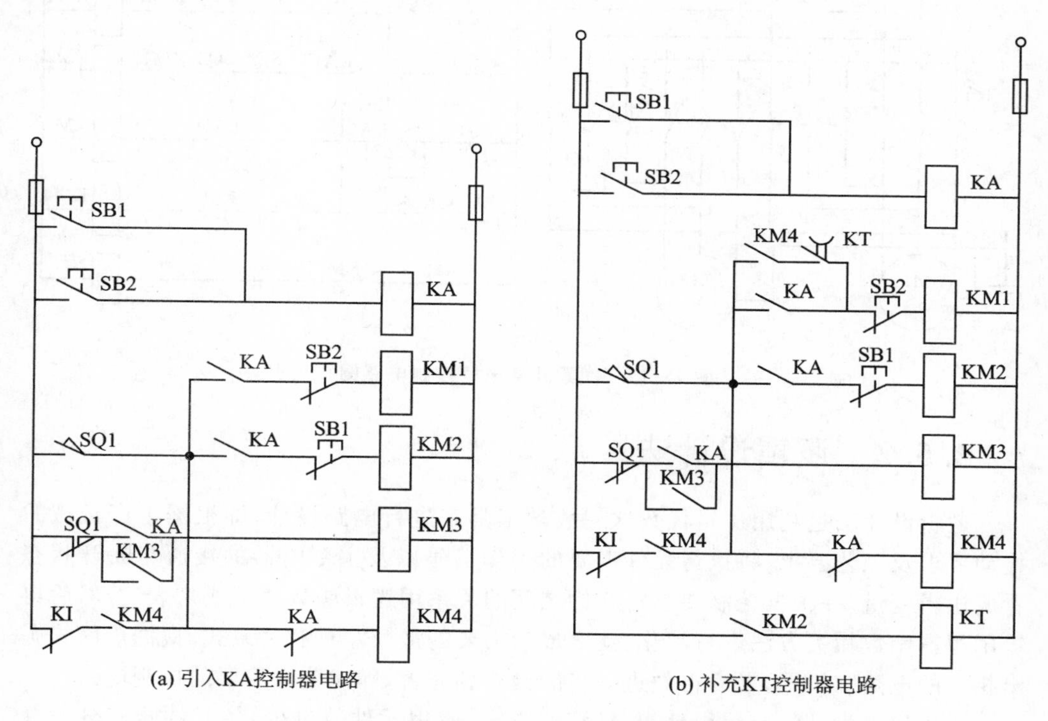

图 2－26　横梁升降电气控制电路设计草图

⑤ 考虑电路的各种保护与联锁，进一步完善电路。在图 2－27 中设置了：

➢ SQ2——横梁与侧刀架运动的限位保护；
➢ SQ3——横梁上升极限保护；
➢ SQ4——横梁下降极限保护；
➢ 横梁上升与下降的互锁；
➢ 横梁夹紧与放松的互锁；
➢ 电动机的保护接地线(PE 线)。

⑥ 对设计出的电气控制电路图进行校核。电气控制电路图设计完成后，必须认真进行校核，看其是否满足生产工艺要求，电路是否合理，有无进一步简化之处，是否存在寄生电路，电路工作是否安全可靠等。

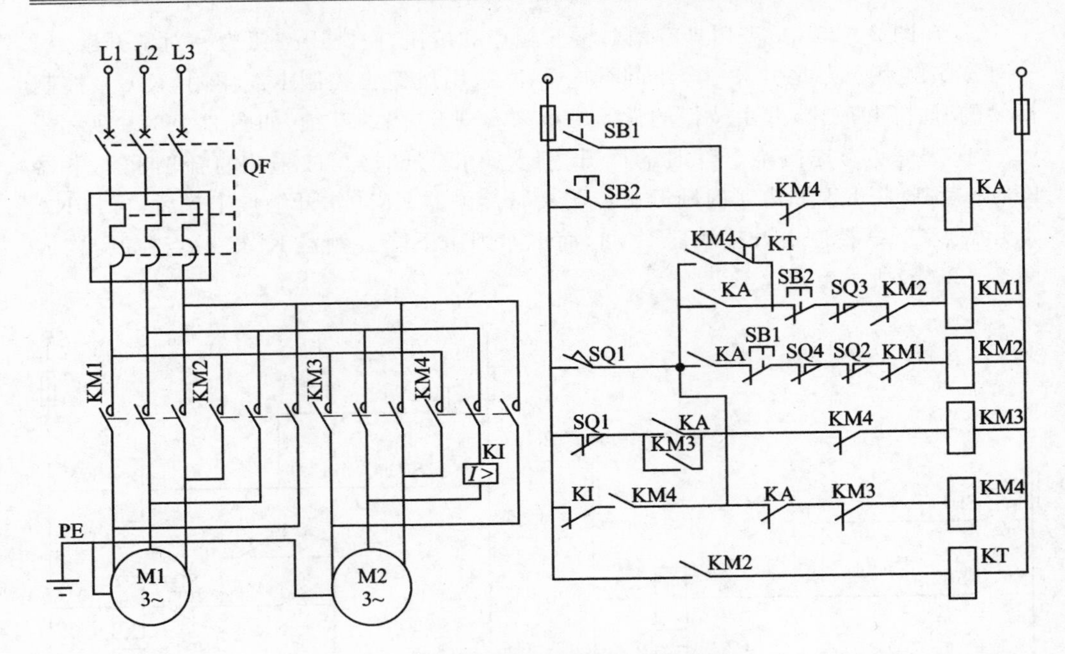

图 2－27　横梁升降电气控制电路图

2.5.2　逻辑设计法

逻辑设计法是利用逻辑代数这一数学工具来进行电路设计，即根据生产机械的拖动要求及工艺要求，将执行元件需要的工作信号以及主令电器的接通与断开状态看成逻辑变量，并根据控制要求将它们之间的关系用逻辑函数关系式来表达，然后再运用逻辑函数相关方法进行简化，使之成为需要的最简“与或”关系式，根据最简式画出相应的电路结构图，最后再做进一步的检查和完善，即能获得需要的控制电路。

采用逻辑设计法能获得理想、经济的方案，所用元件数量少，各元件能充分发挥作用，当给定条件变化时，能指出电路相应变化的内在规律，在设计复杂控制电路时，更能显示出它的优点。

任何控制电路，控制对象与控制条件之间都可以用逻辑函数式来表示，所以逻辑法不仅能用于电路设计，也可以用于电路简化和读图分析。逻辑代数读图法的优点是各控制元件的关系能一目了然，不会读错和遗漏。

例如，前述设计所得控制电路图 2－27 中，KA、KM4 线圈动作可以用下面的逻辑函数式来表示：

$$\begin{cases} KA = (SB1 + SB2) \cdot \overline{KM4} \\ KM4 = (SQ1 + \overline{KI} \cdot KM4) \cdot \overline{KA} \cdot \overline{KM3} \end{cases}$$

逻辑电路有两种基本类型，对应其设计方法也各不相同。

一种是执行元件的输出状态，只与同一时刻控制元件的状态相关。输入、输出呈单方向关系，即输出量对输入量无影响。这类电路称为组合逻辑电路，其设计方法比较简单，可以作为经验设计法的辅助和补充，用于简单控制电路的设计，或对某些局部电路进行简化，进一步节省并合理使用电器元件与触点。举例说明如下：

设计要求：某电动机只有在继电器 KA1、KA2、KA3 中任何一个或两个动作时才能运转，而在其他条件下都不运转，试设计其控制电路。

设计步骤如下：

① 列出控制元件与执行元件的动作状态表，如表 2-3 所列。

② 根据表 2-3 写出 KM 的逻辑代数式：

$$\mathrm{KM}=\overline{\mathrm{KA1}}\cdot\overline{\mathrm{KA2}}\cdot\mathrm{KA3}+\overline{\mathrm{KA1}}\cdot\mathrm{KA2}\cdot\mathrm{KA3}+\mathrm{KA1}\cdot\overline{\mathrm{KA2}}\cdot\mathrm{KA3}+\mathrm{KA1}\cdot\overline{\mathrm{KA2}}\cdot\overline{\mathrm{KA3}}+\mathrm{KA1}\cdot\mathrm{KA2}\cdot\overline{\mathrm{KA3}}+\overline{\mathrm{KA1}}\cdot\mathrm{KA2}\cdot\overline{\mathrm{KA3}}$$

③ 利用逻辑代数基本公式化简至最简“与或”式：

$$\mathrm{KM}=\overline{\mathrm{KA1}}\cdot(\mathrm{KA2}+\mathrm{KA3})+\mathrm{KA1}\cdot(\overline{\mathrm{KA2}}+\overline{\mathrm{KA3}})$$

④ 根据简化了的逻辑式绘制控制电路，控制电路如图 2-28 所示。

表 2-3　状态表

KA1	KA2	KA3	KM
0	0	0	0
0	0	1	1
0	1	0	1
0	1	1	1
1	0	0	1
1	0	1	1
1	1	0	1
1	1	1	1

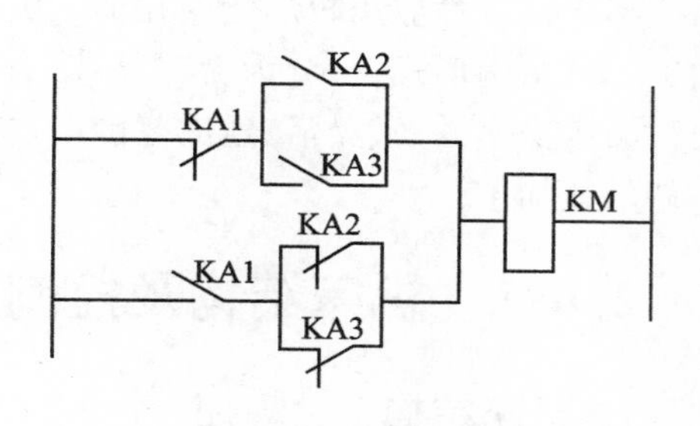

图 2-28　控制电路

另一种逻辑电路被称为时序逻辑电路。其特点是：输出状态不仅与同一时刻的输入状态有关，而且还与输出量的原有状态及其组合顺序有关，即输出量通过反馈作用，对输入状态产生影响。这种逻辑电路设计要设置中间记忆元件（如中间继电器等），记忆输入信号的变化，以达到各程序两两区分的目的。其设计过程比较复杂，基本步骤如下：

① 根据拖动要求，先设计主电路，明确各电动机及执行元件的控制要求，并选择产生控制信号（包括主令信号与检测信号）的主令元件（如按钮、控制开关、主令控制器等）和检测元件（如行程开关、压力继电器、速度继电器、过电流继电器等）。

② 根据工艺要求做出工作循环图，并列出主令元件、检测元件以及执行元件的状态表，写出各状态的特征码（一个以二进制表示一组状态的代码）。

③ 为区分所有状态（重复特征码）而增设必要的中间记忆元件（中间继电器）。

④ 根据已区分的各种状态的特征码，写出各执行元件（输出）与中间继电器、主

令元件及检测元件(逻辑变量)间的逻辑关系式。

⑤ 化简逻辑式,据此绘出相应的控制电路。

⑥ 检查并完善设计电路。

由于这种方法设计难度较大,整个设计过程较复杂,还要涉及一些新概念,因此,在一般常规设计中,很少单独采用。其具体设计过程可参阅专门论述资料,这里不再做进一步介绍。

2.6　典型生产机械的电气控制实例

在学习了常用低压电器和控制电路基本和典型环节的基础上,从典型生产机械的电气控制入手,以期熟悉阅读、分析生产机械电气控制电路的方法、步骤,加深对典型控制环节的理解和应用,了解生产机械上机械、液压、电气三者的紧密配合,从生产机械的加工工艺出发,掌握其电气控制,为生产机械电气控制的设计、安装、调试、运行等打下一定基础。本节以 Z3040 型摇臂钻床为例进行介绍。

钻床是一种应用较广泛的孔加工机床,可进行钻孔、扩孔、铰孔、镗孔和攻螺纹等加工。按结构形式,可分为台式钻床、摇臂钻床、深孔钻床、立式钻床、卧式钻床等。摇臂钻床操作方便、灵活、适应范围广,多用于单件或中、小批量生产中带有多孔大型工件的孔加工。

2.6.1　机床结构及控制特点

1. 机床结构

摇臂钻床的结构如图 2-29 所示,主要由底座、内外立柱、摇臂、主轴箱和工作台等组成。内立柱固定在底座的一端,在它外面套有外立柱,摇臂可连同外立柱绕内立柱回转。摇臂的一端为套筒,套装在外立柱上,借助丝杠的正反转可沿外立柱做上下移动。

主轴箱安装在摇臂的水平导轨上,可通过手轮操作使其在水平导轨上沿摇臂移动。加工时,根据工件高度的不同,借助于丝杠,摇臂可带着主轴箱沿外立柱上下升降。当达到所需位置时,摇臂自动夹紧在立柱上。

钻床的主运动是主轴带着钻头做旋转运动,进给运动是钻头的上下运动,辅助运动是主轴箱沿摇臂水平移动、摇臂沿外立柱上下移动和摇臂与外立柱一起绕内立柱的回转运动。

2. 控制特点

图 2-30 为 Z3040 型摇臂钻床电气控制电路图。Z3040 型摇臂钻床是经过系列更新的产品,采用 4 台电动机拖动:主电动机 M1、摇臂升降电动机 M2、液压泵电动机 M3 和冷却泵电动机 M4。其控制特点如下:

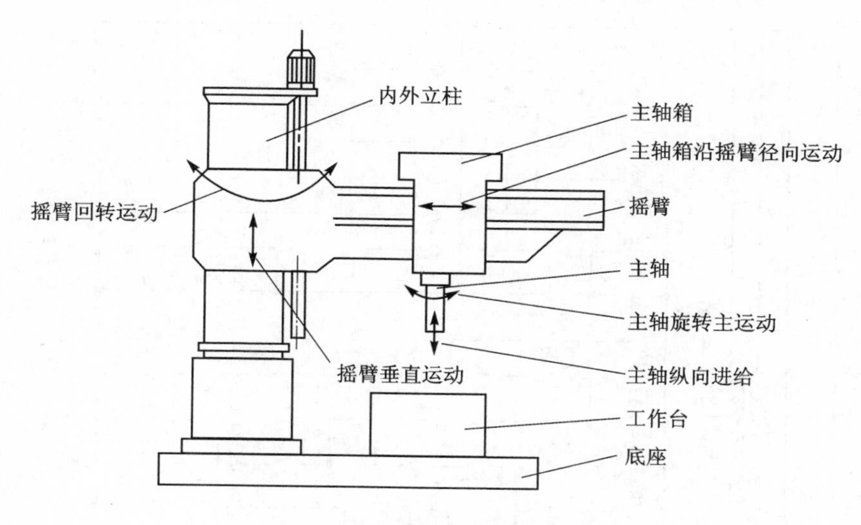

图 2-29　摇臂钻床结构示意图

① 主轴电动机 M1 担负主轴的旋转运动和进给运动，由接触器 KM1 控制，只能单方向旋转。主轴的正反转、制动停车、空挡、主轴变速和变速系统的润滑，都是通过操纵机构液压系统实现的。热继电器 FR1 作 M1 的过载保护。

② 摇臂升降电动机 M2 由接触器 KM2、KM3 实现正反转控制。摇臂的升降由 M2 拖动，摇臂的松开、夹紧则通过夹紧机构液压系统来实现(电气-液压配合实现摇臂升降与放松、夹紧的自动循环)。因 M2 为短时工作，故不设过载保护。

③ 液压泵电动机 M3 受接触器 KM4、KM5 控制，M3 的主要作用是供给夹紧装置压力油，实现摇臂的松开与夹紧，立柱和主轴箱的松开与夹紧。热继电器 FR2 为 M3 的过载保护电器。

④ 冷却泵电动机 M4 功率很小，由组合开关 QS1 直接控制其启、停，不设过载保护。

⑤ 主电路、控制电路、信号电路、照明电路的电源引入开关分别采用低压断路器 QF1～QF5，自动开关中的电磁脱扣器作为短路保护电器取代了熔断器，并具有零压保护和欠压保护功能。

⑥ 摇臂升降与夹紧机构动作之间插入时间继电器 KT1，使得摇臂升降完成，升降电动机电源切断后，需延时一段时间，才能使摇臂夹紧，避免了因升降机构惯性造成间隙，再次启动摇臂升降时产生的抖动。

⑦ 本机床立柱顶上没有汇流环装置，消除了因汇流环接触不良带来的故障。

⑧ 设置了明显的指示装置，如主轴箱、立柱松开指示、夹紧指示、主轴电动机旋转指示等。

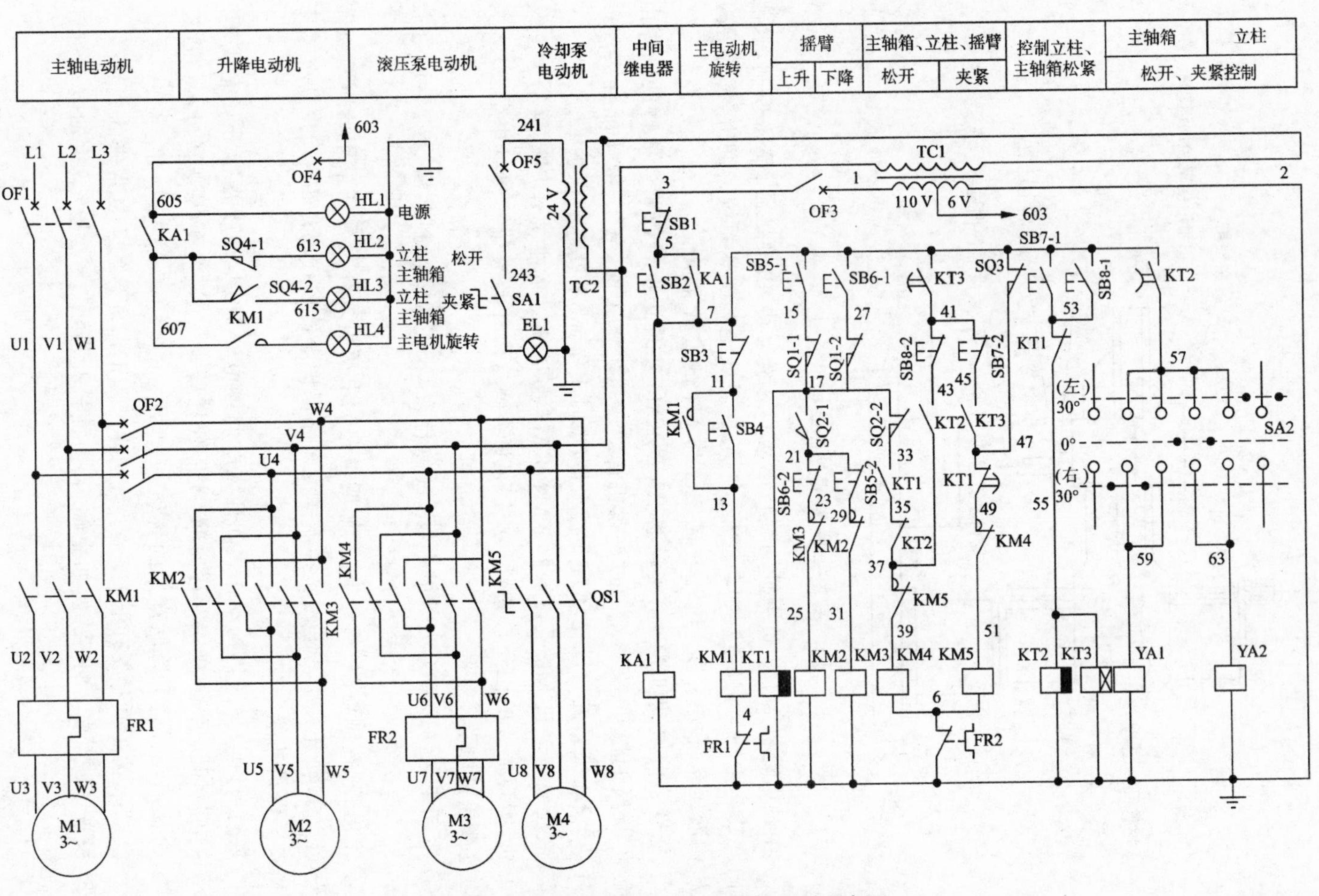

图2-30　Z3040型摇臂钻床电气控制电路图(水平布置)

2.6.2 电路工作情况

开车之前，先将低压断路器 QF2～QF5 接通，再将电源总开关 QF1 合上，引入三相交流电源。电源指示灯 HL1 点亮，表示机床电气线路已处于带电状态。按下总启动按钮 SB2，中间继电器 KA1 线圈通电并自锁，为主轴电动机以及其他电动机的启动做好准备。

1. 主轴旋转控制

主轴的旋转运动由主轴电动机 M1 拖动，M1 由主轴启动按钮 SB4、停止按钮 SB3、接触器 KM1 实现单方向启动、停止控制。指示灯 HL4 为主轴电动机旋转指示。

启动时：按下启动按钮 SB4→KM1 通电并自锁→主触头闭合→M1 转动。

停车时：按停止按钮 SB3→KM1 断电释放→M1 断电，由液压系统控制使主轴制动停车。

必须指出，主轴的正、反转运动是液压系统和正、反转摩擦离合器配合，共同实现的。

2. 摇臂升降控制

摇臂的上升、下降分别由按钮 SB5、SB6 点动控制。下面以摇臂上升为例：

按下摇臂上升按钮 SB5，时间继电器 KT1 线圈通电，KT1(33—35)常开触头闭合，接触器 KM4 线圈通电，液压泵电动机 M3 启动供给压力油。压力油经分配阀体进入摇臂松开油腔，推动活塞使摇臂松开。与此同时，活塞杆通过弹簧片压动限位开关 SQ2，其常闭触点 SQ2 - 2 断开，接触器 KM4 线圈断电释放，液压泵电动机 M3 停止运转。而 SQ2 的常开触点 SQ2 - 1 闭合，接触器 KM2 的线圈通电，其主触头接通摇臂升降电动机 M2 的电源，M2 启动正向旋转，带动摇臂上升。

当摇臂上升到所需位置时，松开按钮 SB5，接触器 KM2 和时间继电器 KT1 的线圈同时断电，摇臂升降电动机 M2 断电停止，摇臂停止上升。延时 1～3 s 后，KT1 延时闭合的常闭触点(47—49)闭合，接触器 KM5 的线圈经 1—3—5—7—47—49—51—6—2 线路通电，液压泵电动机 M3 反向启动旋转，压力油经分配阀进入摇臂的夹紧油腔，反方向推动活塞，使摇臂夹紧。同时，活塞杆通过弹簧片使限位开关 SQ3 的常闭触点(7—47)断开，接触器 KM5 断电释放，液压泵电动机 M3 停止旋转，完成了摇臂的松开—上升—夹紧动作。

摇臂的下降过程与上升基本相同，具有对称性，它们的夹紧与放松电路完全一样，所不同的是按下下降按钮 SB6 为接触器 KM3 线圈通电，摇臂升降电机 M2 反转，带动摇臂下降。具体电路读者可自行分析。

时间继电器 KT1 的作用是控制 KM5 的吸合时间，使 M2 停止运转后，再夹紧摇臂。KT1 的延时时间应视摇臂在 M2 断电至停转前的惯性大小调整，应保证摇臂停止上升(或下降)后再进行夹紧,一般调整在1～3 s。

行程开关SQ1担负摇臂上升或下降的极限位置保护。SQ1有两对常闭触点,触点SQ1-1(15—17)是摇臂上升时的极限位置保护,触点SQ1-2(27—17)是摇臂下降时的极限位置保护。

行程开关SQ3的常闭触点(7—47)在摇臂可靠夹紧后断开,如果液压夹紧机构出现故障,或SQ3调整不当,将使液压泵电动机M3过载。为此,采用热继电器FR2进行过载保护。

3. 立柱和主轴箱的松开、夹紧控制

立柱和主轴箱的松开及夹紧控制可单独进行,也可同时进行,由转换开关SA2和复合按钮SB7(或SB8)进行控制。SA2有三个位置:中间位(零位)为立柱和主轴箱的松开或夹紧同时进行;左边位为立柱的夹紧或放松;右边位为主轴箱的夹紧或放松。复合按钮SB7、SB8分别为松开、夹紧控制按钮。

以主轴箱的松开与夹紧为例:先将SA2扳至右侧,触点(57—59)接通,(57—63)断开。当需要主轴箱松开时,按下松开按钮SB7,时间继电器KT2、KT3的线圈同时通电,KT2是断电延时型时间继电器,它的断电延时断开常开触点(7—57)在通电瞬间闭合,电磁铁YA1通电吸合。经过1～3 s延时后,KT3的延时闭合常开触点(7—41)闭合,接触器KM4线圈经1—3—5—7—41—43—37—39—6—2电路通电,液压泵电动机M3正转,压力油经分配阀进入主轴箱油缸,推动活塞使主轴箱放松。活塞杆使行程开关SQ4复位,触点SQ4-1闭合,SQ4-2断开,指示灯HL2亮,表示主轴箱已松开。主轴箱的夹紧控制与松开相似。

当把转换开关SA2扳至左侧时,触点(57—63)接通,(57—59)断开。按下松开按钮SB7或夹紧按钮SB8时,电磁铁YA2通电,此时,立柱松开或夹紧;当SA2在中间位时,触点(57—59)、(57—63)均接通。按下SB7或SB8,电磁铁YA1、YA2均通电,主轴箱和立柱同时进行松开或夹紧。其他动作过程与主轴箱松开和夹紧时完全相同,不再赘述。

由于立柱和主轴箱的松开与夹紧是短时间的调整工作,故采用点动控制方式。

本章小结

本章主要介绍电气图的基本知识、三相异步电机的基本及典型控制电路环节、电气控制电路的分析与设计方法等。这些内容是电气控制电路阅读、分析与电路设计必备的基本知识,要求熟练掌握并能较好地运用。

掌握电气控制系统的分析方法,具备对一般电气控制设备控制电路的阅读分析能力是本课程的基本任务之一,也是一个电气工程师必备的基本能力。为此我们强调三个方面的内容,其一是掌握电气系统图的最新标准和有关规定,熟悉相关专业规范;其二是要掌握电气控制系统分析的基本内容、基本分析方法与步骤;其三是要熟

练掌握电气控制基本电路的组成、工作原理和分析方法，并做到不断地总结与积累，进而为电气控制系统设计打下扎实的基础。

电路设计能力的培养是本章的另一个重点，从最基本、最简单的入手，就像学习书法一样，从点、横、撇、捺开始，逐步掌握分析设计法和逻辑设计法的实质，把握电路设计的内容、专业习惯与规范，要求具备对电路的初步设计能力。

分析和设计能力的培养与提高，非一朝一夕之功，标准和规范的运用也只有反复练习才能熟能生巧。本章内容有很多知识，但更多的要求应该是一种能力的培养与训练，单靠记忆之类的方法是很难把握问题的实质的，练习为第一要务。

能力的培养犹如泥工之糊墙，乍一看，就左右来回几个极其简单的动作，但站在一边的你，如果只是看，那么看上几十上百遍，也必然一点不会，但只要亲自动手，或许用不了多久，就能糊个马马虎虎了。古人云："为之，则难者亦易矣；不为，则易者亦难矣。"用在这里，可谓入木三分。在练习中去理解和总结，在练习中去熟悉规范与标准，在练习中去体会什么才是分析与设计能力。

习　题

1. 试用 1 个控制按钮 SB 与 2 个中间继电器 KA1、KA2，绘制电路图分别完成如下功能：

1）当控制按钮 SB 按下时，使 2 个继电器同时接通；按钮松开时，2 个继电器同时断开。

2）当控制按钮 SB 未按下时，继电器 KA1 接通，继电器 KA2 断开；当按钮 SB 按下时，继电器 KA1 断开，继电器 KA2 接通。

3）当按钮 SB 按下时，使继电器 KA1 先接通，继电器 KA1 接通后使继电器 KA2 随之接通；当按钮 SB 松开时，继电器 KA1 断开后，使继电器 KA2 断开。

2. 分析如图 2－31 所示电路的作用。

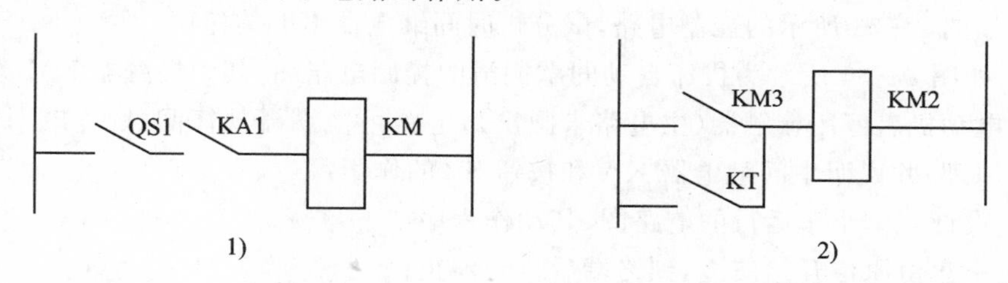

图 2－31　题 2 电路

3. 试用 2 个按钮与 2 个继电器，绘制电路图分别完成如下功能：

1）当按钮 SB1 按下时，继电器 KA1 接通；当按钮 SB2 按下时，继电器 KA2 接通。

2）当按钮 SB1 按下且按钮 SB2 也按下时，继电器 KA1 接通；当按钮 SB1 按下或按钮 SB2 按下时，继电器 KA2 接通。

3）当按钮 SB1 按下时，继电器 KA1 接通；当按钮 SB2 按下且继电器 KA1 接通时，继电器 KA2 接通。

4）当按钮 SB1 按下时，继电器 KA1 接通；当按钮 SB2 按下且继电器 KA1 未接通时，继电器 KA2 接通。

5）当按钮 SB1 按下且继电器 KA2 未接通时，继电器 KA1 接通；当按钮 SB2 按下且继电器 KA1 未接通时，继电器 KA2 接通。

6）当按钮 SB1 按下时继电器 KA1 接通，继电器 KA2 断开；当按钮 SB2 按下时，继电器 KA2 接通，继电器 KA1 断开。

4. 电动机点动控制与连续运转控制电路的关键环节是什么？试画出几种既可点动控制又可连续运转控制的电路图。

5. 试设计一个采取两地操作的既可点动又可连续运转的电路图。

6. 如图 2-32 所示各控制电路有什么错误？应如何改正？

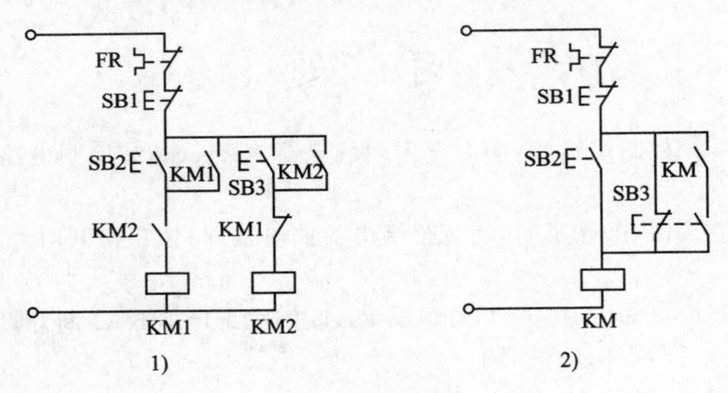

图 2-32 题 6 控制电路

7. 用电流表测量电动机的电流，为防止电动机启动时电流表被启动电流冲击，设计出如图 2-33 所示的控制电路，试分析时间继电器 KT 的作用。

8. 如图 2-34 所示为机床自动间歇润滑的控制电路图，其中接触器 KM 为润滑液压泵电动机启停用接触器（主电路未画出），电路可使润滑规律间歇工作。试分析其工作原理，并说明中间继电器 KA 和按钮 SB 的作用。

9. 设计一个小车运行的电路图，其动作程序如下：

1）小车由原位开始前进，到终端后自动停止；

2）在终端停留 1 min 后自动返回原位停止；

3）要求能在前进或后退途中任意位置都能停止或再次启动。

10. 试设计两台电动机 M1、M2 的电路，要求能同时实现如下功能：

1）M1、M2 能顺序启动（即 M1 启动 5 s 后自动启动 M2）；

2）M1 点动，M2 可单独停止；

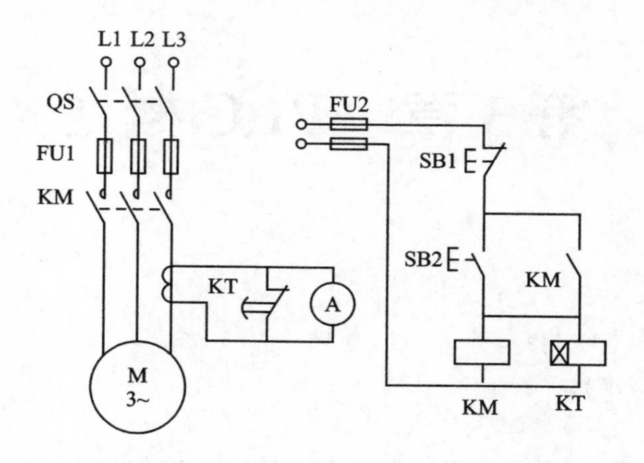

图 2－33　题 7 电路图

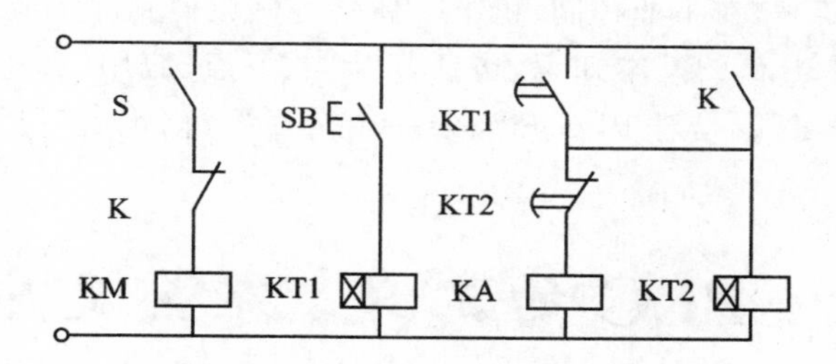

图 2－34　题 8 控制电路

3）M1 与 M2 可同时停止。

11. 设计一个控制电路，三台笼型感应电动机启动时，M1 先启动，经 10 s 后 M2 自行启动，运行 5 s 后 M1 停止并同时使 M3 自行启动，再运行 20 s 后电动机全部停止。

第3章 PLC概述

本章要点

- PLC 的定义与特点；
- PLC 的基本结构，尤其是 I/O 模块；
- PLC 的工作原理。

可编程控制器(PLC)是基于工业现场与计算机控制技术发展起来的一种工业自动化控制设备，近年来，在工业控制、机电一体化等领域得到广泛应用。

本章主要介绍 PLC 的基本知识，包括其结构、特点、应用、工作原理及典型产品等。通过本章的学习，既是对 PLC 知识的一个全面了解，也是对后续学习的一个重要准备。

3.1 PLC 的定义、特点及应用

现代社会要求制造业对市场需求做出迅速的反应，生产出小批量、多品种、多规格、低成本和高质量的产品。为了满足这一要求，生产设备和自动生产线的控制系统必须具有极高的可靠性和灵活性，可编程控制器正是顺应这一要求出现的，它是以微处理器为基础的通用工业控制装置。

3.1.1 PLC 的产生、发展及其定义

20 世纪 60 年代，计算机技术的快速发展为工业自动化提供了实现的前提条件。但是由于当时计算机的集成度低、价格昂贵以及环境耐受力差等原因，无法在工业现场中广泛应用。1968 年，美国通用汽车制造公司为解决由于汽车型号频繁变化导致的系统设计与硬件更换问题，提出了设计一类适用于工业环境的通用控制设备的设想，该类设备不仅需要具有硬件接线简单方便、可靠性高、维护方便等特点，而且还可以采用计算机中的存储单元(软元件)模拟现场的实际元件，从而确保减少中间继电器的数量；此外，它还需要具有计算机程序设计的针对性强、易于掌握等特点。

1969 年，美国数字设备公司(DEC)成功研制了第一台可编程逻辑控制器，并在通用公司的汽车装配线上使用，随后日本、欧洲与我国也相继开始了可编程逻辑控制器的研制与应用。随着微电子技术的飞速发展，可编程逻辑控制器开始采用通用微处理器，其中以美国 Intel 公司生产的 MCS－51 系列单片机为代表。由于微处理器

强大的数字计算功能，使PLC不再局限于进行逻辑运算以及简单的存储，还具备了数据运算、定时、计数等功能，因此被称为可编程控制器（Programmable Controller，PC），但为了与个人计算机（Personal Computer）相区别，一般仍沿用仅可用于逻辑运算时的简称，即PLC。

1987年，国际电工委员会（IEC）对可编程控制器的定义为："可编程控制器是一种集数字运算与控制操作于一体的电子控制系统，为工业环境下应用而设计，采用PLC存储器用于完成程序存储，执行逻辑控制、顺序控制、定时、计数和算术运算等操作指令，并通过数字式输入/输出控制各种类型的机械或生产过程。可编程控制器及其有关的外部设备，都按易于与工业控制系统连成一个整体，并易于扩充功能的原则设计。"

PLC经过多年的发展，已经在各方面得到了广泛的突破，成为面向过程系统的主要设备，在工业自动化三大支柱（PLC、计算机辅助设计CAD与计算机辅助制造CAM、机器人）中居于首位，其自身规模不断扩展，产品也日趋多样化。

3.1.2　PLC的主要特点

PLC的主要特点如下：

① 抗干扰能力强，可靠性高。工业现场的环境非常复杂，除电磁干扰、电压波动大等常见问题外，还可能有高粉尘、温度高或温差大、湿度过大或过小等现象。为适应大部分恶劣的工业环境，PLC在设计时采用了信号隔离和电磁屏蔽、选取高性能元器件等多种抗干扰措施；此外，集成电路的设计使设备具备了工作寿命长、平均无故障时间长等特点。目前PLC硬件的理论寿命在10年以上，实际使用寿命最少可达5年。

② 通用性强，可适应大部分工业设计。PLC的集成化设计使用户只需在考虑PLC输入/输出信号的基础上，增加少量继电器、接触器等外部元器件完成控制系统的硬件连接，再编制相应程序即可实现控制。PLC中包含与大多数外部电气设备的接口，因此连接非常方便。当设备硬件连接不变而功能发生改变时，仅需修改程序即可完成功能修改，使用非常方便。由于软、硬件设计相对独立，设计周期也大大缩短。

③ 运行与维护简便。由于PLC的硬件故障率极低且具有自诊断能力，因此当设备发生故障时，可优先检查外部电路的问题，从而使故障检测效率得到提高。当PLC设备发生故障时，仅需更换相应的整体式设备或模块，故障恢复时间短。

④ 编程方法简单易学。PLC的编程以梯形图为主，由于该语言基于继电器控制电路为模型进行设计，具有直观、易学等特点，因此初学者只要具备基本的电气常识，了解PLC的工作原理，即可在短时间内初步掌握。

⑤ 功能强，性价比高。一台小型PLC内有成百上千个可供用户使用的编程元件，有很强的功能，可以实现非常复杂的控制功能。与相同功能的继电器控制系统相比，具有很高的性价比。PLC可以通过通信联网，实现分散控制、集中管理。

⑥ 体积小、能耗低。复杂的控制系统使用 PLC 后，可以减少大量的中间继电器和时间继电器，小型 PLC 的体积仅相当于几个继电器的大小。

正是由于 PLC 具有以上特点，使其在工业领域具有其他类型微处理器产品无法比拟的优势，从而在各类工业领域得到了广泛的应用。目前生产制造 PLC 的厂家很多，比较知名的有德国西门子公司的 S7 系列、日本三菱公司的 F 和 FX 系列、欧姆龙公司的 CX 系列等，不同厂家生产的 PLC 在硬件性能与软件功能上基本相同，仅在产品应用与编程环境等方面略有差别。

3.1.3　PLC 的应用

目前，PLC 在国内外已广泛应用于钢铁、石油、化工、电力、建材、机械制造、汽车、轻纺、交通运输、环保以及文化娱乐等行业。随着 PLC 性价比的不断提高，其应用范围不断扩大，主要表现在以下几方面：

1. 数字量逻辑控制

数字量逻辑控制是 PLC 最基本、最广泛的应用领域，它取代传统的继电接触器控制系统，实现逻辑控制、顺序控制，可用于单机控制、多机群控制、自动化生产线控制等，如注塑机、印刷机械、订书机械、切纸机械、组合机床、磨床，包括生产线、电镀流水线等。

2. 运动控制

大多数的 PLC 制造商，目前都提供拖动步进电机或伺服电机的单轴或多轴定位控制模块。这一功能可广泛用于各种机械，如金属切削机床、金属成型机床、装配机械、包装机械、分拣机、贴片机以及机器人等。

3. 过程控制

过程控制是指对温度、压力、流量、液位等连续变化的模拟量进行闭环控制。PLC 通过模拟量 I/O 模块，实现模拟量与数字量以及数字量与模拟量之间的转换，即 A/D、D/A 转换，并对模拟量进行闭环 PID 控制。现代的大、中型 PLC 一般都有闭环 PID 控制模块或模糊控制模块。这一功能也可通过 PID 子程序来实现。

4. 数据处理

现代的 PLC 具有数学运算（包括矩阵运算、函数运算、逻辑运算）、数据传递、数据转换、排序和查表、位操作等功能，也能完成数据的采集、分析和处理。这些数据可通过通信接口传送到其他智能装置，如计算机数值控制（CNC）设备，进行处理。

5. 通信联网

PLC 的通信包括 PLC 与 PLC、PLC 与上位机、PLC 与其他智能设备之间的通信。现代的 PLC 所提供的通信功能十分强大，可实现串行通信、现场总线通信、以太网通信、无线通信等多种方式，以满足不同类型用户的需求。PLC 系统与通用计算机可以直接通过通信处理单元、通信转接器相连构成网络，以实现信息的交换，并可构成"集中管理、分散控制"的分布式控制系统，满足工厂自动化(FA)系统发展的需要。

3.2 PLC 的结构与工作原理

3.2.1 PLC 的基本结构

PLC 主要由 CPU 模块、输入模块、输出模块和编程软件组成(见图 3－1)。PLC 的特殊功能模块用来完成某些特殊的任务。

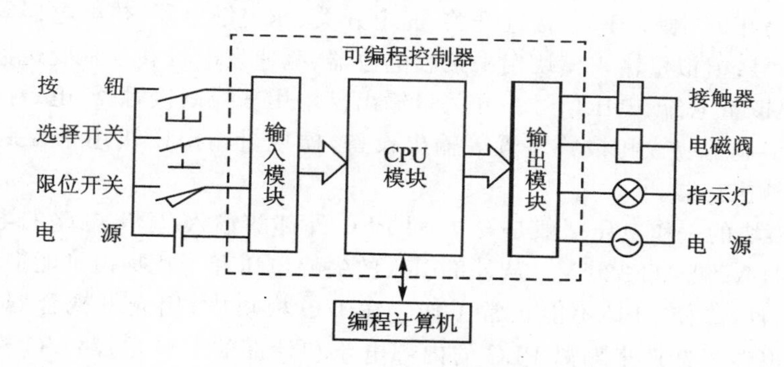

图 3－1　PLC 控制系统示意图

1. CPU 模块

CPU 模块主要由微处理器(CPU 芯片)和存储器组成。在 PLC 控制系统中，CPU 模块相当于人的大脑和心脏，它不断地采集输入信号，执行用户程序，刷新系统的输出；存储器用来存储程序和数据。

PLC 的程序分为操作系统和用户程序。操作系统使 PLC 具有基本的智能，能够完成 PLC 设计者规定的各种工作。操作系统由 PLC 生产厂家设计并固化在 ROM(只读存储器)中，用户不能直接读取。用户程序由用户设计，它使 PLC 能完成用户要求的特定功能。

PLC 使用以下几种物理存储器：

① 随机存取存储器(RAM)。用户程序和编程软件可以读出 RAM 中的内容，也可以改写 RAM 中的数据。它是易失性的存储器，RAM 芯片电源中断后，存储的信息将会丢失。

RAM 的工作速度高、价格便宜、改写方便。在关断 PLC 的外部电源后，可以用锂电池保存 RAM 中的用户程序和某些数据。锂电池可以用 1～3 年，需要更换锂电池时，由 PLC 发出信号，通知用户。现在部分 PLC 仍然用 RAM 来储存用户程序。

② 只读存储器(ROM)。ROM 的内容只能读出,不能写入。它是非易失性的,它的电源消失后,仍能保存存储的内容。ROM 用来存放 PLC 的操作系统。

③ 可以电擦除的可编程只读存储器(EEPROM)。EEPROM 是非易失性的,掉电后它保存的数据不会丢失。PLC 运行时可以读/写它,它兼有 ROM 的非易失性和 RAM 的随机存取的优点,但是写入数据所需的时间比 RAM 长得多,改写的次数有限制,一般用来存储用户程序和需要长期保存的重要数据。

2. I/O 模块

输入(Input)模块和输出(Output)模块简称为 I/O 模块,它们是系统的眼、耳、手、脚,是联系外部现场设备和 CPU 模块的桥梁。

输入模块用来接收和采集输入信号,开关量输入模块用来接收从按钮、选择开关、数字拨码开关、限位开关、接近开关、光电开关、压力继电器、热继电器等提供的开关量输入信号;模拟量输入模块用来接收电位器、测速发电机和各种变送器提供的连续变化的模拟量电流、电压信号。开关量输出模块用来控制接触器、电磁阀、电磁铁、指示灯、数字显示装置和报警装置等输出设备,模拟量输出模块用来控制电动调节阀、变频器等执行器。

CPU 模块的工作电压一般是 5 V,而 PLC 外部的输入/输出电路的电源电压较高,如 DC 24 V 和 AC 220 V。从外部引入的尖峰电压和干扰噪声可能损坏 CPU 模块中的元器件,或使 PLC 不能正常工作。在 I/O 模块中,用光电耦合器、光敏晶闸管、小型继电器等器件来隔离 PLC 的内部电路和外部的 I/O 电路;I/O 模块除了传递信号外,还有电平转换与隔离的作用。

PLC 提供了多种操作电平和驱动能力的 I/O 单元,供用户选用。I/O 单元的主要类型有:数字量(开关量)输入、数字量(开关量)输出、模拟量输入以及模拟量输出等。

① 开关量输入单元。常用的开关量输入单元按其使用的电源不同分为直流输入单元、交流输入单元和交/直流输入单元三种类型。开关量输入接口电路(含内部接口及外部输入开关信号接线)如图 3-2 所示。

如图 3-2 所示,开关量输入单元均设有 RC 滤波电路,以防止输入开关触点的抖动或干扰脉冲引起的误动作。直流输入、交流输入及交/直流输入接口电路都是通过光电耦合器把输入开关信号传递给 PLC 内部输入单元,从而实现输入电路与 PLC 内部电路之间的隔离。图中 COM 端为各输入点的内部输入电路的公共端,在 S7-200 中用符号 1M 或 2M 表示。

② 开关量输出单元。常用的开关量输出单元按输出开关器件不同有三种类型:继电器输出单元、晶体管输出单元和双向晶闸管输出单元。开关量输出接口电路(含内部接口电路及外部输出负载开关信号接线)如图 3-3 所示。继电器输出单元可驱动交流或直流负载,但其响应速度较慢,适用于动作频率低的负载;而晶体管输出单元和双向晶闸管输出单元的响应速度快,工作频率高,前者仅用于驱动直流负载,后

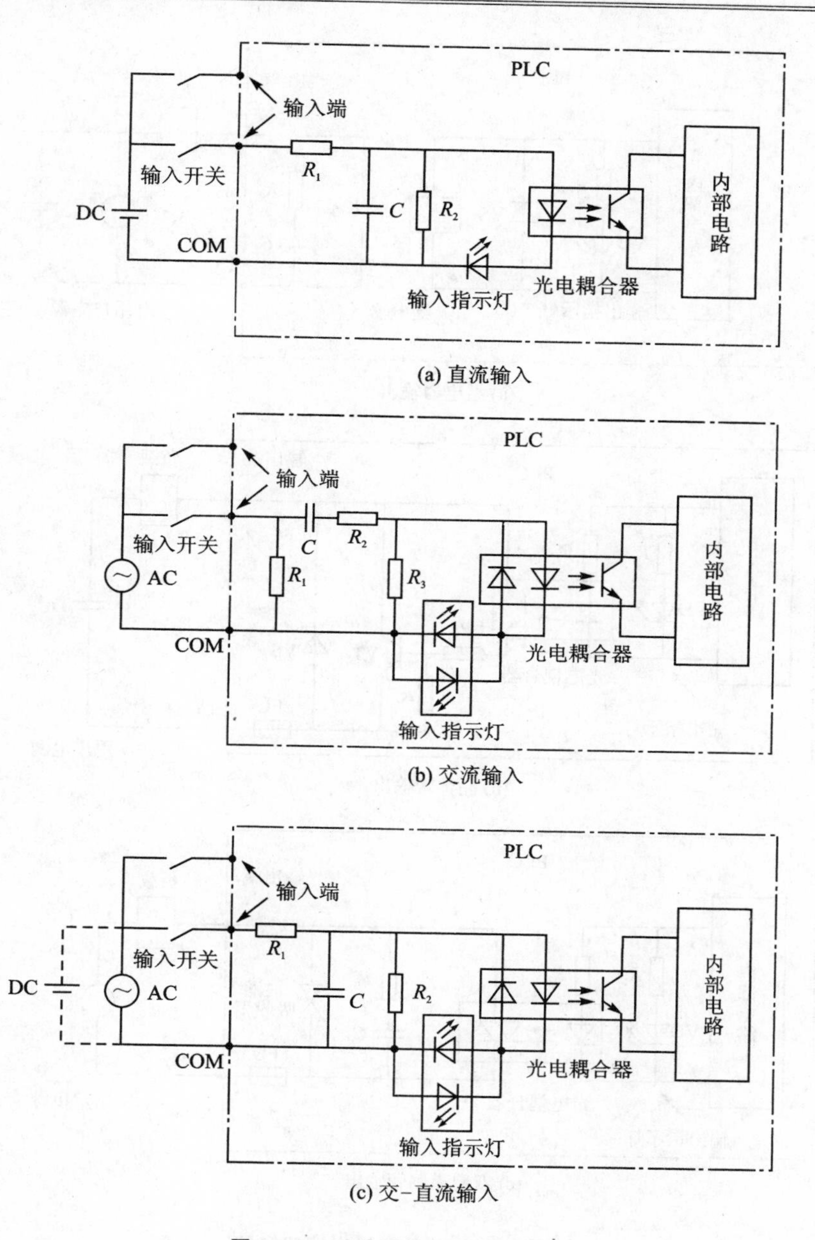

(a) 直流输入

(b) 交流输入

(c) 交-直流输入

图 3-2 开关量输入接口电路

者多用于驱动交流负载。图中 COM 端为各输入点的内部输入电路的公共端,在 S7-200 中用符号 1L、2L 等表示。

PLC 的 I/O 单元所能接收的输入信号个数和输出信号个数称为 PLC 输入/输出(I/O)点数。I/O 点数是选择 PLC 的重要依据之一,当系统的 I/O 点数不够时,可通过 PLC 的 I/O 扩展接口对系统进行扩展。

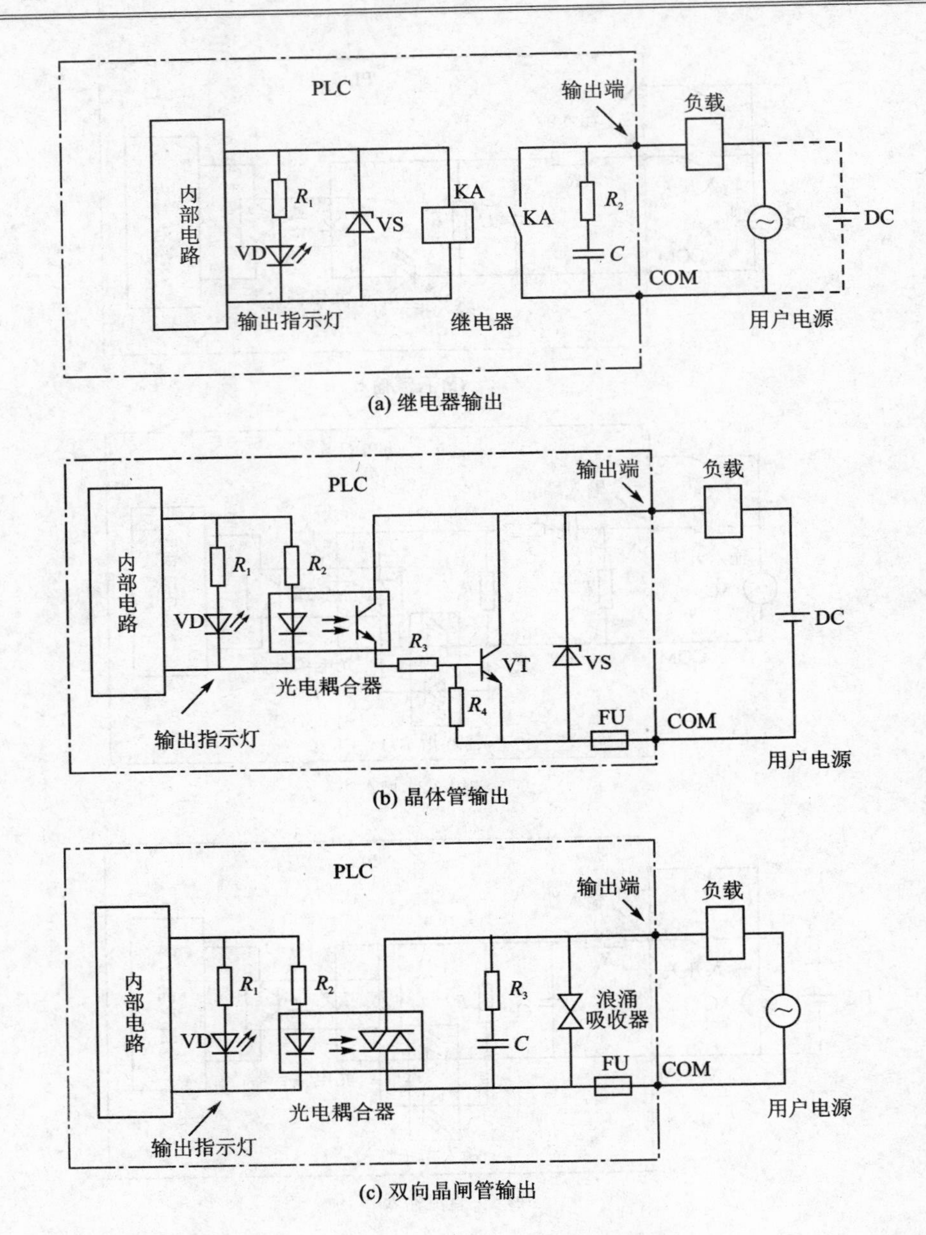

(a) 继电器输出

(b) 晶体管输出

(c) 双向晶闸管输出

图 3－3　开关量输出接口电路

3. 编程软件

使用编程软件可以在计算机屏幕上直接生成和编辑梯形图或指令表程序，程序被编译后下载到 PLC 中。可以将 PLC 中的程序上传到计算机，还可以用来监控 PLC。一般用 USB/PPI 编程电缆来实现编程计算机与 PLC 的通信。

4. 电　源

PLC 一般使用 AC 220 V 或 DC 24 V 电源。内部的开关电源为各模块提供不同电压等级的直流电源。小型 PLC 可以为输入电路和外部的电子传感器(例如接近开关)提供 DC 24 V 电源,驱动 PLC 负载的直流电源一般由用户提供。

3.2.2 PLC 的工作原理

PLC 是一种工业控制计算机,通过执行反映控制要求的用户程序来实现控制。PLC 是按集中输入、集中输出以及周期性循环扫描的方式进行工作的。

1. PLC 扫描工作方式

PLC 的 CPU 是以分时操作系统方式来处理各项任务的,每一瞬间只能做一件事情,按顺序逐个执行,这种串行工作过程称为 PLC 的扫描工作方式。由于 CPU 的运算处理速度很快,所以从宏观上来看,PLC 的输出结果似乎是同时完成的。

用扫描工作方式执行用户程序时,扫描是从程序的第一条指令开始的,在无中断或跳转控制的情况下,按程序存储顺序的先后,逐条执行用户程序,直到程序结束,然后再从头开始扫描执行,周而复始地重复运行。值得注意的是,由于扫描是从上至下进行的,前面的运行结果会影响后面相关程序的运行结果,而后面程序的运行结果却不能改变前面相关程序的运行结果,只有到下一个扫描周期再次扫描之前的程序时才可能起作用。

2. PLC 工作流程

PLC 上电初始化,主要包括硬件初始化、I/O 模块配置检查、断电保持范围设定及其他初始化处理。PLC 的扫描工作过程中除了执行用户程序外,还要完成内部处理和通信服务等工作。如图 3-4 所示,整个扫描工作过程包括内部处理、输入采样、通信服务、程序执行和输出处理五个阶段。整个过程扫描执行一遍所需的时间称为扫描周期。扫描周期与 CPU 运行速度、PLC 硬件配置及用户程序长短有关,典型值为 1～100 ms。

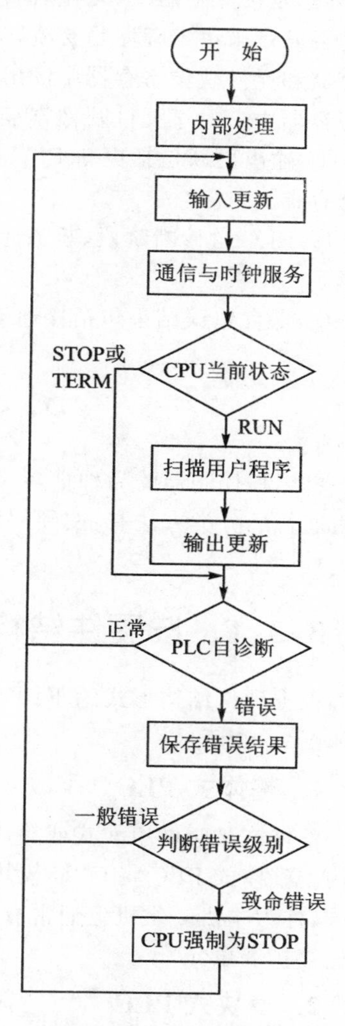

图 3-4　PLC 扫描方式

其中：

① 内部处理是指系统初始化，包括硬件驱动加载、模块I/O配置检查、存储区掉电保持等。

② 输入更新是指扫描PLC输入端开关量的状态和模拟量A/D转换后的值，并送入输入继电器（输入映像寄存器）。

③ 通信与时钟服务是指与外设的通信处理、更新系统的实时时钟与特殊寄存器。

④ 在程序执行阶段，PLC对程序按顺序进行扫描执行。若程序用梯形图来表示，则总是按先上后下、先左后右的顺序执行；当遇到程序跳转指令时，则根据跳转条件是否满足来决定程序是否跳转；当指令中涉及输入、输出状态时，PLC从输入映像寄存器和元件映像寄存器中读出，根据用户程序进行运算，运算的结果再存入元件映像寄存器中。对于元件映像寄存器来说，其内容会随程序执行的过程而变化。

⑤ 输出更新包括更新PLC的开关量与模拟量输出，并送入输出继电器（输出映像寄存器）。

⑥ PLC自诊断阶段，检查CPU、电池电压、程序存储器、I/O以及通信等是否正常。

⑦ 保存错误结果包括接通LED与特殊继电器，将错误代码存入特殊寄存器。

3.3 PLC分类

可编程控制器的品种很多，发展也很快，在分类上并没有严格统一的标准，目前较为通行的分类方法有：按硬件结构形式分类、按功能分类和按控制规模（I/O点数）分类。

3.3.1 按硬件结构形式分类

根据硬件结构形式的不同，可以将PLC分为整体式和模块式。PLC的结构形式如图3-5所示。

1. 整体式PLC

整体式又叫做单元式或箱体式，它的体积小、价格低，小型PLC一般采用整体式结构。整体式PLC将CPU模块、I/O模块和电源装在一个箱型塑料机壳内，是不可分的，称为主机。主机上通常有编程接口和扩展接口，前者用于连接编程器，后者用于连接扩展单元。

2. 模块式PLC

大、中型PLC一般采用模块式结构，它由机架和模块组成。其将各个功能单元制作成独立的模块，如CPU模块、数字量输入/输出模块、模拟量输入/输出模块、电

(a) 整体式PLC　　(b) 模块式PLC

图 3－5　PLC 的结构形式

源模块及其他特殊功能模块和智能模块，用户根据控制需要选择相应的模块，将其组装在一起构成完整的 PLC。一般有不同槽数的机架供用户选用，如果一个机架容纳不下选用的模块，则可以增设一个或数个扩展机架，各机架之间用接口模块和电缆相连。

模块式 PLC 的硬件组态方便灵活，I/O 点数的多少、输入点数与输出点数的比例、I/O 模块的种类和块数、特殊 I/O 模块的使用等方面的选择余地都比整体式 PLC 大得多，维修时更换模块、判断故障范围也很方便，因此较复杂的、要求较高的系统一般选用模块式 PLC。

3.3.2　按功能分类

根据 PLC 的功能强弱不同，可以将 PLC 分为低档、中档和高档三类。

1. 低档 PLC

低档 PLC 具有逻辑运算、定时、计数、移位、自诊断、监控等基本功能，此外，还具有算术运算、数据传送、比较、通信以及进行少量模拟量输入/输出等功能。其主要用于逻辑控制、顺序控制或少量模拟量控制的单机控制系统。

2. 中档 PLC

中档 PLC 除具有低档 PLC 的功能外，还具有较强的模拟量输入/输出、算术运算、数据传送和比较、数制转换、远程 I/O、子程序及通信联网等功能。有些中档 PLC 还可增设中断控制和 PID(Proportional Integral Derivative)控制等功能，适用于复杂控制系统。

3. 高档 PLC

除具有中档机的功能外，还增加了带符号运算、矩阵运算、位逻辑运算、平方根运算以及其他特殊功能函数的运算、制表及表格传送等功能。高档 PLC 具有更强的通信联网功能，可用于大规模过程控制或构成分布式网络控制系统，更利于实现工厂自动化。

3.3.3 按控制规模(I/O点数)分类

控制规模是PLC性能指标之一,习惯上总是用数字量I/O点数的多少来衡量PLC系统规模的大小。目前关于控制规模的划分方式并不统一,较为细致的划分可以将PLC分为微型机(数十点)、小型机(500点以下)、中型机(500点至上千点)、大型机(数千点)、超大型机(上万点)等多种级别,也有粗略地划分为小型机(256点以下)、中型机(256～2 048点)、大型机(2 048点以上)等级别的。

上述标准主要是基于习惯,但PLC的发展趋势总是在不断地突破人们的习惯,所以上述的划分并不严格,其目的是便于用户在选型时有一个数量级别的概念,从而便于选择,尽量使控制系统的性价比达到最优。

3.4 PLC的编程语言

用户程序是由用户编写的,能够完成系统控制任务的指令序列。不同厂家的PLC,会提供不同的指令集,但基本的编程元件和编程形式有许多共同之处。

与个人计算机相比,PLC的硬件、软件体系结构都是封闭的而不是开放的。各厂家的PLC编程语言、指令的设置和指令的表达方式也不一致,互不兼容。IEC(国际电工委员会)是为电子技术的所有领域制定全球标准的世界性组织。IEC于1994年5月公布了PLC标准(IEC 61131),其中第三部分(IEC 61131－3)是PLC的编程语言标准。IEC 61131－3是世界上第一个,也是至今为止唯一的工业控制系统的编程语言标准。

目前已有越来越多的生产PLC的厂家提供符合IEC 61131－3标准的产品,而且IEC 61131－3已经成为各种工控产品事实上的软件标准。

IEC 61131－3中详细说明了句法、语义和下述5种编程语言。

① 顺序功能图(Sequential Function Chart,SFC)。

② 梯形图(Ladder Diagram,LD)。

③ 功能块图(Function Block Diagram,FBD)。

④ 指令表(Instruction List,IL)。

⑤ 结构文本(Structured Text,ST)。

顺序功能图、梯形图和功能块图是图形编程语言,指令表和结构文本是文字语言。

1. 顺序功能图

这是一种位于其他编程语言之上的图形语言,用来编制顺序控制程序。顺序功能图提供了一种组织程序的图形方法,第6章将详细介绍顺序功能图的使用方法。

2. 梯形图

梯形图是使用最多的 PLC 图形编程语言。梯形图与继电器控制系统的电路图很相似,具有直观易懂的优点,很容易被工厂熟悉继电器控制的电气技术人员掌握,特别适用于数字量逻辑控制。

梯形图由触点、线圈和用方框表示的指令组成。触点代表逻辑输入条件,例如外部的开关、按钮和内部条件等。线圈通常代表逻辑输出结果,用来控制外部的指示灯、交流接触器和内部的标志位等。方框用来表示定时器、计数器或者数学运算等指令。

在分析梯形图的逻辑关系时,为了借用继电器电路图的分析方法,可以想象左右两侧垂直的母线("电源线")之间有一个左正右负的直流电源电压,如三菱公司 FX2N 系列 PLC 的梯形图(如图 3-6(a))。其第一逻辑行,当 X000 或者 Y000 的触点接通,并且 X001 的触点接通时,有一个假想的"能流"(虚拟电流)流过 Y000 的线圈。利用能流这一概念,可以帮助我们更好地理解和分析梯形图。**注意:** *能流只能从左向右流动。*

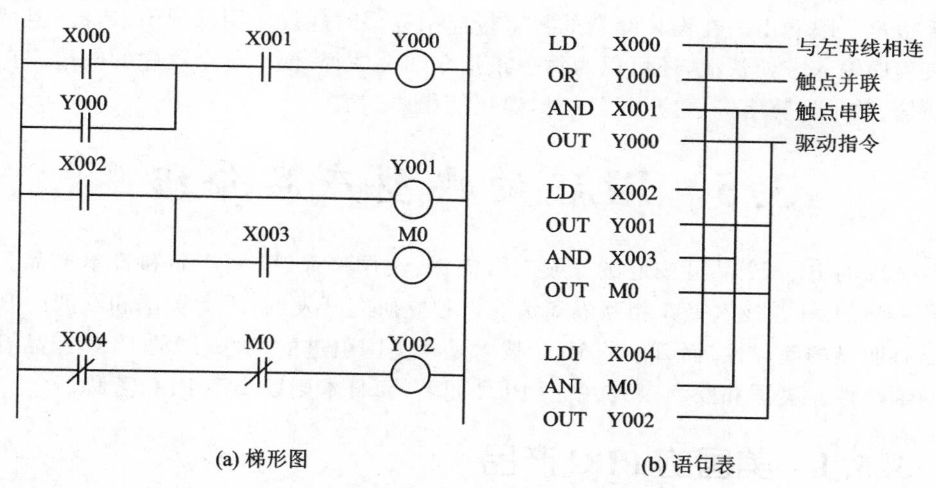

(a) 梯形图　　(b) 语句表

图 3-6　FX2N 系列 PLC 梯形图与语句表

3. 语句表

指令表也称为语句表,简称为 STL。PLC 的指令是一种与微机汇编语言中的指令相似的助记符表达式。语句表程序由指令组成,图 3-6(b)是图 3-6(a)对应的语句表。语句表比较适合熟悉 PLC 和程序设计经验丰富的程序员使用。

4. 功能块图

这是一种类似于数字逻辑电路的编程语言,有数字电路基础的人很容易掌握。功能块图用类似与门、或门的方框来表示逻辑运算关系,方框的左侧为逻辑运算的输入变量,右侧为输出变量,输入、输出端的小圆圈表示"非"运算,方框被"导线"连接在一起，信号从左向右流动。图 3－7 为西门子 S7－200 PLC 的功能块图示例。

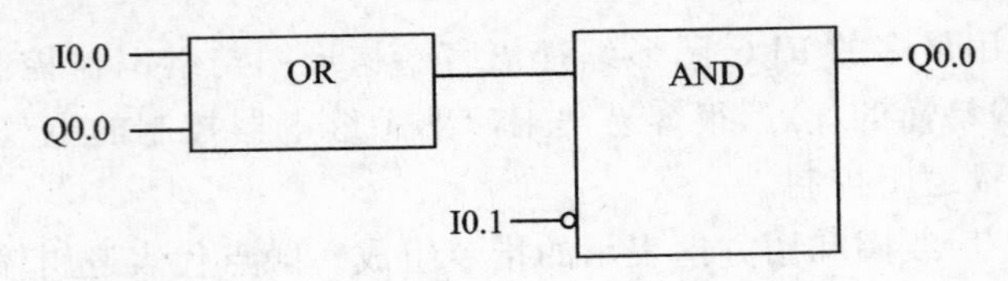

图 3－7　功能块图

5. 结构文本

结构文本是 IEC 61131－3 标准创建的一种专用的高级编程语言。与梯形图相比，它能实现复杂的数学运算，编写的程序非常简洁和紧凑。

一般在安装的编程软件中，用户可以切换编程语言，选用梯形图、语句表等形式来编程。国内很少有人使用功能块图语言。

梯形图与继电器电路图的表达方式极为相似，梯形图中输入信号（触点）与输出信号（线圈）之间的逻辑关系一目了然，易于理解。语句表程序较难阅读，其中的逻辑关系很难一眼看出。在设计复杂的数字量控制程序时建议使用梯形图语言。但是语句表程序输入方便快捷，还可以为每一条指令加上注释，便于复杂程序的阅读。在设计通信、数学运算等高级应用程序时，建议使用语句表。

3.5　PLC 的典型产品介绍

全球的 PLC 产品可按地域分成三大流派：美国产品、欧洲产品和日本产品。美国和欧洲的 PLC 技术是在相互隔离情况下独立研究开发的，因此美国和欧洲的 PLC 产品有明显的差异性；而日本的 PLC 技术是从美国引进的，对美国的 PLC 产品有一定的继承性。美国和欧洲以大、中型 PLC 闻名，而日本则以小型 PLC 著称。

3.5.1　美国的 PLC 产品

美国是 PLC 生产大国，有 100 多家 PLC 厂商，著名的有罗克韦尔（Rockwell）公司、通用电气（GE）公司、莫迪康（MODICON）公司、德州仪器（TI）公司、西屋公司等。其中罗克韦尔公司是美国最大的 PLC 制造商，其产品约占美国市场的一半。本小节重点介绍罗克韦尔公司生产的 AB PLC 和通用电气公司生产的 GE PLC 产品系列。

1. AB 品牌的 PLC

艾伦-布拉德利（Allen－Bradley，AB）是罗克韦尔自动化公司的知名品牌，产品规格齐全、种类丰富，如图 3－8 所示。

AB 品牌的 PLC 产品目前主要分 5 类：

① 低端机型为 MicroLogix，整体式结构，主要提供三种不同级别的可编程控制

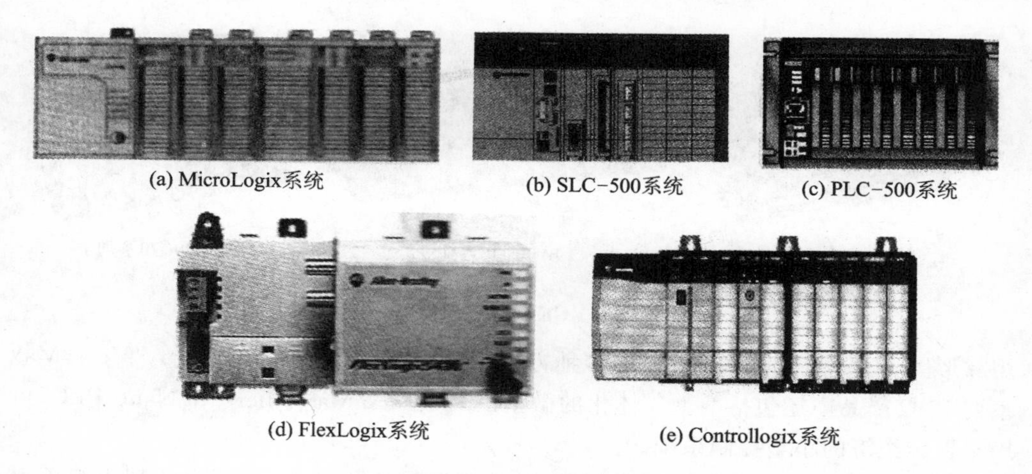

(a) MicroLogix系统　(b) SLC-500系统　(c) PLC-500系统

(d) FlexLogix系统　(e) Controllogix系统

图 3-8　AB 品牌的 PLC 产品

器，分别是：MicroLogix1000、MicroLogix1200、MicroLogix1500，型号以 1761、1762、1764 开头，面向小型控制系统。编程软件为 RS Logix500，最大支持 16 个 I/O 扩展模块。

② 中端老机型为 SLC500，型号多以 1746、1747 开头，由控制器、离散量模块、模拟量模块、特殊输入/输出模块以及外围设备组成，应用非常广泛。编程软件为 RS Logix500，可以支持多种网络，最多支持 4 096 点 I/O。

③ 中端新机型为 CompactLogix，型号多以 1769 开头，面向小型到中型应用的控制系统，编程软件为 RS Logix5000。

④ 高端主流机型为 ControlLogix5000，型号多以 1756 开头。ControlLogix 系统是适合顺序、过程、传动、运动控制的模块化高性能控制平台，提供众多的通信选择，更多的模拟量、数字量和特殊输入/输出模块。编程软件为 RS Logix5000，最大支持 128K 点 I/O。

⑤ 高端老机型为 PLC-5，编程软件为 RS Logix5。PLC-5 目前已经停止生产，其地位将完全被 ControlLogix5000 取代。

2. GE 公司的 PLC

GE 公司的 PLC 主要有三个系列：VersaMax 系列小型 PLC、90-30 系列中型 PLC、90-70 系列大型 PLC，如图 3-9 所示。

① VersaMax 系列小型 PLC 是 GE Fanuc 最新推出的新一代控制系统，其结构紧凑、经济实用，是目前唯一的一种既可以作为其他主控设备的 I/O 模块，又可以单独构成 PLC 系统，还可以作为分布式控制系统(最大 I/O 点数为 256)的产品。VersaMax 产品为模块化结构，构成的系统可大可小，使用简单。VersaMax 的最大 I/O 点数可达 2 048 点，可扩展至 64 个模块，它兼备强大的 CPU 和一系列广泛的可选组件(如 I/O 模块、端子和电源模块)；此外还配备通信模块，可以连接到各种网络。可采

图 3-9　GE 公司的 PLC 产品

用梯形图、指令表及顺序功能图等多种方式编程，编程软件为 VersaPro。VersaMax 系列 PLC 产品中还包括两款一体化的微型 PLC：VersaMax Micro 和 Nano PLC，可用于更为经济的小型控制系统。

② 90-30 系列中型 PLC 采用高性能处理器模块式结构，可用来实现由简单继电器到复杂中档自动化控制的替换。90-30 系列 PLC 从低端到高端有十几种 CPU 可选，最大支持 4 096 点 I/O，具有超过 38 种不同的数字量 I/O 类型和 17 种模拟量 I/O 类型，还包括高速计数器、温度控制、伺服运动控制等功能模块及以太网、ModBus、PROFIBUS 等通信模块。可采用梯形图、指令表及 C 语言等多种标准语言编程，编程软件为 Proficy Machine Edition 及 Logicmaster 90。

③ 90-70 系列大型 PLC 采用高性能处理器模块式结构，可实现高级批次处理、三重冗余和高速处理等控制功能；背板为标准 VME 总线，可支持大量第三方 VME 总线模块，如 I/O 模块、通信模块等，支持以太网编程及多种现场总线，适用于制造过程复杂、控制要求高的生产需要；可采用梯形图、指令表及 C 语言等多种编程方式，编程软件同 90-30。

3.5.2　欧洲的 PLC 产品

德国的西门子(SIEMENS)公司、AEG 公司及法国的 TE 公司是欧洲著名的 PLC 制造商。德国西门子公司的电子产品以性能精良而久负盛名，在中、大型 PLC 产品领域与美国的 AB PLC 齐名。这里主要介绍西门子公司的 PLC 产品。

西门子公司的 PLC 产品包括 S7-200、S7-300、S7-400、S7-1200、S7-1500 等，如图 3-10 所示。西门子 S7 系列 PLC 体积小、速度快、标准化，具有网络通信能力，且功能强，可靠性高。S7 系列 PLC 产品可分为微型 PLC(如 S7-200)，小规模性能要求的 PLC(如 S7-300)和中、高性能要求的 PLC(如 S7-400)等。

1. S7-200 PLC

S7-200 小型 PLC 采用整体式结构，最大数字量 I/O 达 256 点，最大模拟量 I/O 达 45 路，适合于单机控制或小型系统的控制。S7-200 PLC 可提供 4 个不同的基本型号与 8 种 CPU 可供选择使用；可采用梯形图、语句表及功能块图进行编程，编程软

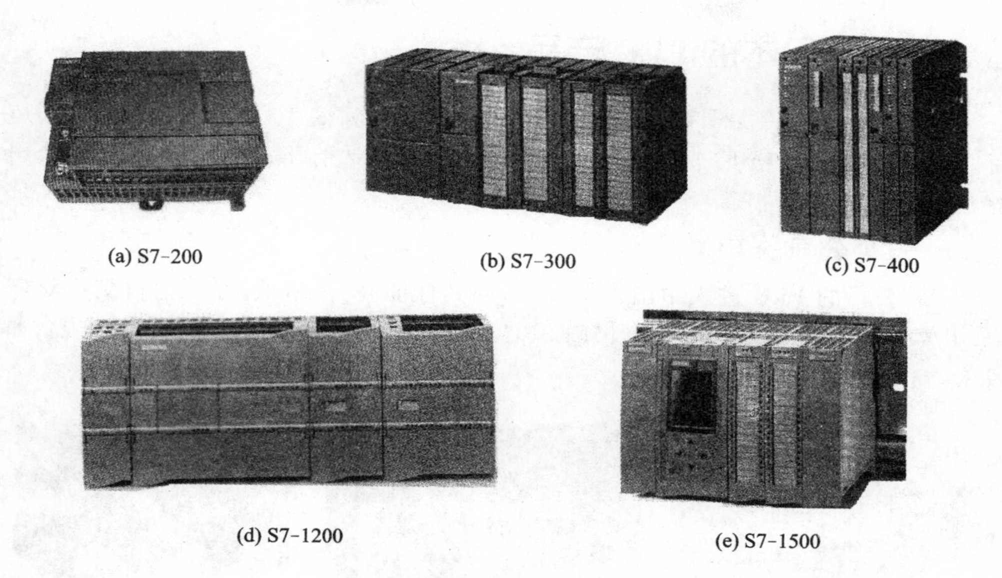

(a) S7-200　(b) S7-300　(c) S7-400

(d) S7-1200　(e) S7-1500

图 3－10　西门子的 PLC 产品

件为 STEP 7－Micro/WIN。

2. S7－300 PLC

S7－300 中型 PLC 采用模块式结构，最大数字量 I/O 达 1 024 点，最大模拟量 I/O 达 128 路。其具有较强的控制功能和较强的运算能力，不仅能完成一般的逻辑运算，还能完成比较复杂的三角函数、指数和 PID 运算；工作速度比较快，能带的输入/输出模块的数量比较多，输入/输出模块的种类也比较多；具有多种不同的通信接口或模块，通信功能强大；可采用梯形图、语句表及功能块图等基本编程语言进行编程，还可选用 GRAPH、CFC 等其他编程语言进行编程，编程软件为 STEP 7。

3. S7－400 PLC

S7－400 大型 PLC 采用模块式结构，具有强大的控制功能和强大的运算能力。它不仅能完成逻辑运算、三角函数运算、指数运算和 PID 运算，还能进行复杂的矩阵运算。它工作速度很快，能带的输入/输出模块的数量很多，输入/输出模块的种类也很全面，其最大 I/O 点数可达上万点。它不仅可对设备进行直接控制，还可对多个下一级可编程控制器进行监控。这类可编程控制器可以完成规模很大的控制任务，在联网中一般当作主站使用。S7－400 的编程方式和编程软件均与 S7－300 相同。

4. S7－1200、S7－1500 PLC

S7－1200、S7－1500 是西门子公司推出的新一代 PLC。S7－1200 PLC 的介绍见 4.7 节。S7－1500 是专门为中高端设备和工厂自动化设计的新一代 PLC。该控制器集成了运动控制、工业信息安全和故障安全功能，主要用于替代 S7－300 及 S7－400 PLC，使用 TIA Portal(博途)编程。

3.5.3　日本的 PLC 产品

日本的小型 PLC 最具特色，在小型机领域中颇具盛名。日本有很多 PLC 制造商，如三菱、欧姆龙、松下、富士、日立、东芝等。这里主要介绍三菱公司和欧姆龙公司的 PLC 产品。

1. 三菱公司的 PLC

三菱公司的 PLC 进入中国市场较早，因其性能高、价格低，在国内得到广泛应用，主要包括 MELSEC－F 系列、MELSEC－Q 系列、MELSEC－L 系列三类产品，如图 3－11 所示。

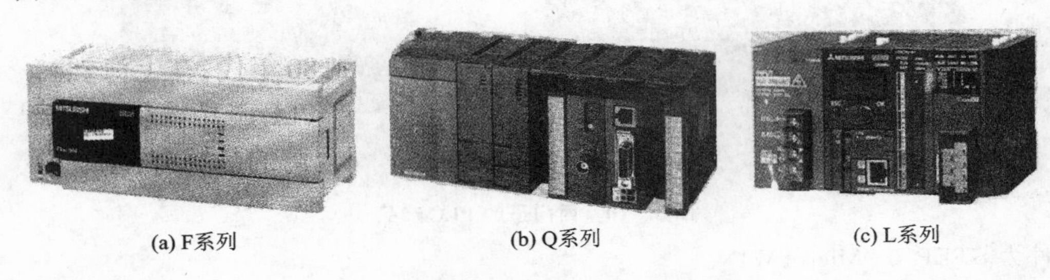

(a) F系列　(b) Q系列　(c) L系列

图 3－11　三菱公司的 PLC 产品

① MELSEC－F 系列是三菱公司 PLC 中的小型产品，采用整体式结构，主要分 FX1S、FX1N、FX2N、FX3U、FX3G 等子系列。其中 FX3U 系列是三菱公司新推出的新型第三代 PLC，为 FX2N 的替代产品，其性能大幅提升，内置 3 轴定位功能，编程软件为 GX Developer。

② MELSEC－Q 系列是三菱公司从原 A 系列 PLC 基础上发展过来的中、大型 PLC 系列产品，采用模块化的结构，最大 I/O 可达 4 096 点，适合各种中等复杂机械、自动生产线的控制场合，编程软件为 GX Developer。

③ MELSEC－L 系列是三菱公司新推出的一代 PLC 产品，它机身小巧，内置定位、高速计数器、脉冲捕捉、中断输入、通用 I/O 等功能于一体。硬件方面，内置以太网及 USB 接口，便于编程及通信；配置了 SD 存储卡，可存放最大 4 GB 的数据；无需基板，可任意增加不同功能的模块。编程软件采用三菱公司最先进的 GX Works2 和 iQ Works。

2. 欧姆龙公司的 PLC

欧姆龙(OMRON)公司的 PLC 产品，主要是中、小型 PLC。小型机中的 P 型、H 型、CPM1A 系列、CPM2A 系列等为整体式结构的 PLC。P 型机现已被性价比更高的 CPM1A 系列所取代。

小型机中的 CJ1、CJ2 系列，采用模块式结构，最大 I/O 点数为 2 560 点。CJ2 是 CJ1 的升级产品，具有更快的速度、更大的容量及各种通信接口，且支持多轴同步控制。

中型机主要有 C200H、C200HS、C200HX、C200HG、C200HE、CS1 系列。C200H 是前些年畅销的高性能中型机，配置齐全的 I/O 模块和高功能模块，具有较强的通信和网络功能。C200HS 是 C200H 的升级产品，指令系统更丰富、网络功能更强。C200HX/HG/HE 是 C200HS 的升级产品，有 1 148 个 I/O 点，其容量是 C200HS 的 2 倍，速度是 C200HS 的 3.75 倍，有品种齐全的通信模块，是适应信息化的 PLC 产品。CS1 系列具有中型机的规模、大型机的功能，是一种极具推广价值的新机型。编程软件为 CX - Programmer 和 CX - One。欧姆龙公司的 PLC 产品如图 3 - 12 所示。

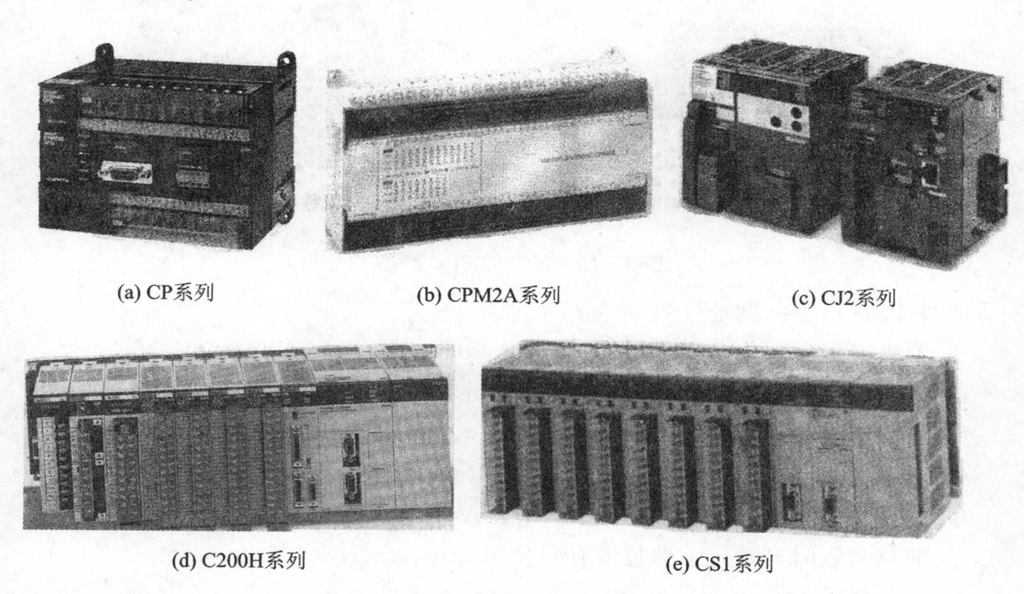
(a) CP系列　(b) CPM2A系列　(c) CJ2系列　(d) C200H系列　(e) CS1系列

图 3 - 12　欧姆龙公司的 PLC 产品

3.5.4　我国的 PLC 产品

PLC 在我国的应用已有 40 余年的历史，在引进国外 PLC 产品的过程中，我国也曾组织相关单位消化、吸收 PLC 的关键技术，试图对 PLC 进行国产化。到 20 世纪 80 年代，开始在上海、北京、西安、广州、长春等 20 多家科研单位、大专院校和工厂研制和生产 PLC 产品。目前国产 PLC 厂商众多，主要集中于中国台湾、北京、浙江、江苏和深圳，中国台湾的品牌有：永宏、台达、盟立、士林、丰炜、智国、台安。国产 PLC 在技术特点上与西门子和三菱类似或与其兼容，技术特点与三菱类似的国产 PLC 主要有深圳三凌、洛阳兰飞、厦门海为等，技术特点与西门子类似或与其兼容的国产 PLC 有合信自动化、深圳亿维、欧辰电子、上海正航等。

国产 PLC 无论是从规模还是产品系列上都无法与国际大厂商抗衡，而且国产

PLC 生产厂商生产的 PLC 主要集中在中小型 PLC(大部分为小型),如无锡信捷。生产中型 PLC 的厂商主要有盟立、南大傲拓等,深圳欧辰和亿维都是做西门子 PLC 的配套 I/O 模块,黄石科威生产嵌入式 PLC。因此国产 PLC 面向的大多是 OEM 行业,真正自主研发生产的企业只占其中的一部分。生产大型 PLC 的厂家仅北京和利时(其 PLC 生产基地在浙江杭州)一家,北京和利时是在 DCS 系统具有优势之后,再渗透 PLC 市场。和利时已于 2000 年开始推广 PLC,目前在国内已经有一定的知名度。国产的 PLC 产品如图 3-13 所示。

(a) 和利时LK系列

(b) 无锡信捷XC3系列

图 3-13 国产的 PLC 产品

主要 PLC 厂家的网址:

① 罗克韦尔自动化有限公司 http://cn.rockwellautomation.com。

② 通用电气公司 http://www.ge-ip.com。

③ 西门子自动化与驱动集团 http://www.ad.siemens.com.cn。

④ 三菱电机自动化中国有限公司 http://cn.mitsubishielectric.com。

⑤ 欧姆龙自动化中国有限公司 http://www.fa.omron.com.cn。

⑥ 北京和利时自动化驱动技术有限公司 http://www.hollysys.com。

⑦ 台达集团 http://www.delta-china.com.cn。

本章小结

本章主要介绍了 PLC 的定义与特点、应用和结构、工作原理及编程语言等内容。与第 2 章不同,前者主要要求的是一种能力,而本章更多的是对知识的掌握,主要是对 PLC 的一个概述。能力靠培养,知识主要靠理解和记忆。尤其是扫描工作方式执行用户程序的过程与特点、开关量输入/输出单元电路的理解与应用等内容与 PLC 的应用和程序分析等密切相关。

一个基于 PLC 的控制系统,包括硬件和软件(程序)两个主要部分。而在硬件的选择中,开关量输入/输出模块的确定至关重要。为此,我们必须对目前 PLC 的开关量输入/输出单元电路有一个清晰的认识,熟悉其特点,把握其应用场合,为 PLC 硬件选择和外部接线图的设计打下基础。

软件(程序)的把握主要包括分析已有程序和设计满足控制要求的新程序两个方面。要学会分析既有的PLC程序,深入理解扫描工作方式执行用户程序的过程与特点。在此基础上才能搞清楚条件与结论、时序逻辑,准确判断程序执行的逻辑结果。

至于PLC的定义与应用、编程语言等的了解,有助于对PLC的整体认识,使大家认识到一个全面的、形象而直观的PLC。

习 题

1. 什么是可编程控制器?其具有哪些特点?
2. 目前,PLC主要应用在哪些方面?
3. PLC基本单元(主机)由哪几部分组成?各部分的作用是什么?
4. PLC的开关量输入、输出单元各分为哪几种类型?分别适用于什么场合?
5. PLC是如何用扫描工作方式执行用户程序的?
6. PLC目前较为通行的分类方法有哪些,是如何分类的?
7. IEC 61131-3详细地说明了哪5种编程语言,各有何特点?

第4章　西门子S7-200 PLC的基础知识

本章要点

➤ CPU 模块、数字量输入与数字量输出；

➤ S7－200 PLC 的内部资源；

➤ I/O 地址分配与外部接线；

➤ S7－200 PLC 寻址方式与程序结构。

S7－200 系列 PLC 是德国西门子公司生产的小型可编程控制器。S7－200 PLC 设计紧凑、使用方便、应用灵活、性价比高，具有良好的可扩展性及强大的指令集，能够比较好地满足多种场合中的检测、监测及小规模控制系统的需求。S7－200 PLC 还可以作为独立的模块广泛应用在集散化控制系统中，覆盖所有与自动检测和自动控制有关的工业及民用领域，如机床、机械、电力设施、民用设施及环境保护设备等。本章从应用角度出发，主要介绍了 S7－200 PLC 的技术指标、硬件配置、编程单元及其寻址方式等。

4.1　S7－200 PLC 概述

S7－200 PLC 适应于各种场合中的监测及系统自动控制，具有极高的可靠性、极其丰富的指令集、强大的通信能力和丰富的扩展模块，以及便捷的操作特性，使用户易于掌握。随着技术的进步，S7－200 PLC 的功能还在不断地提高和改进。其特点主要表现如下：

1. 功能强

① S7－200 有 6 种 CPU 模块，最多可以扩展 7 个扩展模块，扩展到 256 点数字量 I/O 或 45 路模拟量 I/O，最多有 24 KB 程序存储空间和 10 KB 用户数据存储空间。

② 集成了 6 个有 13 种工作模式的高速计数器和两点高速脉冲发生器/脉冲宽度调制器。CPU224XP 的高速计数器的最高计数频率为 200 kHz。高速输出的最高频率为 100 kHz。

③ 直接读、写模拟量 I/O 模块，不需要复杂的编程。CPU 224XP 集成有 2 路模拟量输入和 1 路模拟量输出。

④ 使用 PID 调节控制面板，可以实现 PID 参数自整定。

⑤ S7-200 的 CPU 模块集成了很强的位置控制功能，此外还有位置控制模块 EM253。使用位置控制向导可以方便地实现位置控制的编程。

⑥ 有配方和数据记录功能，以及相应的编程向导，配方数据和数据记录用存储卡保存。

⑦ 称重模块 SIWAREX MS 可以用来作电子秤、料斗秤、台秤、吊车秤，或监测输送带张力、测量工业货梯或轧制生产线的负荷。

⑧ 普通 PLC 的温度适应范围为 0～55 ℃，宽温型 S7-200 SIPLUS 的温度适用范围为－25～＋70 ℃，可用于腐蚀性凝露环境。

2. 先进的程序结构

S7-200 的程序结构简单清晰，在编程软件中，主程序、子程序和中断程序分页存放。使用各程序块中的局部变量，易于将程序块移植到别的项目。子程序输入、输出参数作软件接口，便于实现结构化编程。S7-200 的指令功能强，易于掌握。

3. 灵活方便的存储器结构

S7-200 的输入(I)、输出(Q)、位存储器(M)、顺序控制继电器(S)、变量存储器(V)和局部变量(L)均可以按位、字节、字和双字读/写。

4. 功能强大、使用方便的编程软件

编程软件 STEP 7-Micro/WIN 可以使用包括中文在内的多种语言，有梯形图、语句表和功能块图编程语言，以及 SIMATIC、IEC 61131-3 两种编程模式。

STEP 7-Micro/WIN 的监控功能形象直观、使用方便；可以用 3 种编程语言监控程序的执行情况，用状态表监视、修改和强制变量，用趋势图监视变量的波形；用系统块设置参数方便直观。STEP 7-Micro/WIN 具有强大的中文帮助功能，在线帮助、右键快捷菜单、指令和子程序的拖放功能使编程软件的使用更方便。

S7-200 有 4 种加密级别，此外还可以对单独的程序块和项目文件加密。

STEP 7-Micro/WIN 提供包含时间标记和事件标志的事件记录，以“后进先出”的原则存储在缓冲区中。

5. 简化复杂编程任务的向导功能

PID 控制、网络通信、高速输入、高速输出、位置控制、数据记录、配方和文本显示器等编程和应用是 PLC 程序设计中的难点，用普通的方法对它们编程既烦琐又容易出错。STEP 7-Micro/WIN 为此提供了大量的编程向导，只需要在向导的对话框中输入一些参数，就可以自动生成包括中断程序在内的用户程序。

6. 强大的通信功能

S7-200 的 CPU 模块有 1 个或 2 个标准的 RS-485 端口，可用于编程或通信，不需增加硬件就可以与其他 S7-200、S7-300/400、变频器和计算机通信。S7-200 可以使用 PPI、MPI、ModBus RTU 从站、ModBus RTU 主站和 USS 等通信协议，以

及自由端口通信模式。

通过不同的通信模块，S7－200可以连接到以太网、互联网，以及现场总线PROFIBUS－DP、AS－i，可以使用S7协议、USS协议和TCP/IP。通过Modem模块EM241，可以用模拟电话线实现与远程设备的通信。STEP 7－Micro/WIN提供多种与通信有关的向导。

PC Access V1.0是专门为S7－200设计的OPC服务器，支持所有的S7－200数据形式和所有的S7－200协议，支持多PLC连接及标准的OPC客户机，并具有内置的客户机测试功能。

7. 品种丰富的人机界面

S7－200有品种丰富的人机界面，KP 300 Basic mono PN可用于替换文本显示器TD 400C和面板OP 73 micro。S7－200可以使用Smart 700IE、Smart 1000IE、K－TP 178 micro和TP 177 micro等触摸屏。

8. 有竞争力的价格

为了更好地贴近并服务于中国用户，S7－200 CN系列在国内生产，其售价比国外生产的产品显著降低。S7－200 CN只限于在中国销售和使用，与STEP 7－Micro/WIN 4.0 SP3及以上版本配合使用，语言应设置为“中文”。

9. 完善的网上技术支持

在西门子公司的网站可以下载S7－200的软件和手册，S7－200有专门的子网站；可以通过技术论坛与网友切磋技艺、交流经验，在网上向西门子的工程师提交问题或咨询硬件方案；在“找答案”网页可以提出问题，或回答他人问题。

4.2 S7－200 PLC的硬件组成与功能

S7－200 PLC硬件系统主要包括CPU主机模块、扩展模块、功能模块、相关设备以及编程工具。本节主要介绍其主机模块。

4.2.1 CPU模块

1. S7－200 CN CPU技术规范

S7－200 CN系列在国内生产、应用较广，其有6种CPU模块，各CPU模块的技术指标见表4－1。

2. CPU的几点补充

CPU的用户存储器使用EEPROM，后备电池（选件）可使用200天，布尔量运算指令执行时间为0.22 μs/指令，存储器位（M）、顺序控制继电器各有256点，计数器和定时器各有256个；有两点定时中断，最大时间间隔为255 ms；有4点外部硬件输入中断。

表 4－1　S7－200 CN CPU 的技术规范

特　性	CPU 221	CPU 222	CPU 224	CPU 224XP/XPsi	CPU 226
本机数字量 I/O	6DI/4DO	8DI/6DO	14DI/10DO	14DI/10DO	24DI/16DO
本机模拟量 I/O	—	—	—	2AI/1AO	
扩展模块数量	—	2	7	7	7
最大数字量点数	6DI/4DO	48DI/46DO	114DI/110DO	114DI/110DO	128DI/128DO
AI/AO/最大模拟量点数	—	16/8/16	32/28/44	32/29/45，集成 2AI/1AO	32/28/44
掉电保持时间(电容)/h	50	50	100	100	100
用户程序存储器/KB	4	4	12	16	24
用户数据存储器/KB	2	2	8	10	10
单相高速计数器	4 路 30 kHz		6 路 30 kHz	4 路 30 kHz，2 路 200 kHz	6 路 30 kHz
A/B 相高速计数器	其中 2 路 20 kHz		其中 4 路 20 kHz	其中 3 路 20 kHz，1 路 100 kHz	其中 4 路 20 kHz
高速脉冲输出	2 路 20 kHz		2 路 20 kHz	2 路 100 kHz	2 路 20 kHz
模拟量调节电位器	1 个，8 位分辨率		2 个，8 位分辨率		
RS－485 通信口/个	1	1	1	2	2
实时时钟	有(时钟卡)	有(时钟卡)	有	有	有
可选卡件	存储卡、电池卡、实时时钟卡		存储卡、电池卡		
脉冲捕捉输入/个	6	8	14		24
外形尺寸/mm	90×80×62	90×80×62	120.5×80×62	140×80×62	196×80×62
DC 24 V 传感器电流/mA	180	180	280	280	400

CPU 221 无扩展功能，适于小点数的微型控制器。CPU 222 有扩展功能，CPU 224 是具有较强控制功能的控制器。

CPU 224XP 集成有 2 路模拟量输入(10 位，DC ±10 V)，1 路模拟量输出(10 位，DC 0～10 V 或 0～20 mA)，有 2 个 RS－485 通信端口，高速脉冲输出频率提高到 100 kHz，高速计数器频率提高到 200 kHz。

CPU 226 适用于复杂的中小型控制系统，可扩展到 256 点数字量和 44 路模拟量，有 2 个 RS－485 通信端口。

3. 存储系统及功能

① 硬件组成。S7-200 PLC的存储系统由随机存取存储器(RAM)和可以编程的只读存储器(EEPROM)构成,CPU模块内部配备一定容量的RAM和EEPROM,其存储容量以字节(B)为单位,如图4-1所示。同时,CPU模块支持可选的EEPROM存储器卡,还增设了超级电容和电池模块,用于长时间保存RAM中的数据。用户数据可通过主机的超级电容存储若干天;电池模块可选,使用锂电池模块可使数据的存储时间延长到1～3年。

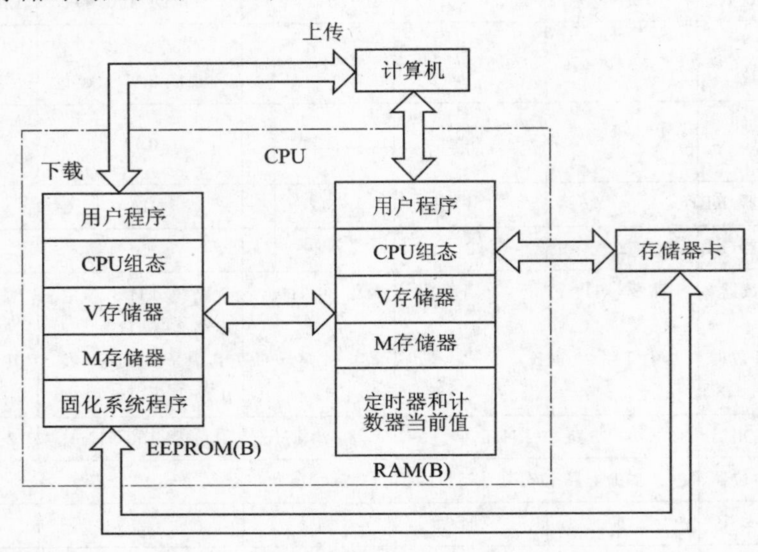

图4-1　S7-200 PLC存储系统示意图

② 程序存储空间。存储空间可分为系统程序存储器和用户程序存储器。系统程序由PLC产品设计者设计并由生产厂商固化在EEPROM中,对用户不透明,它反映了PLC技术水平,它能够智能化地管理和完成PLC规定的各种基本操作,用户不能修改;用户程序(在需要时含数据块、CPU组态设置)是根据PLC用户要求实现的,为特定功能而设计的程序。

③ 程序下载和上传。用户程序、数据块(可选)及CPU组态(可选)需要通过上位机编程下载到CPU存储器RAM区,CPU会自动地将其复制到EEPROM中,在存储器RAM和EEPROM中互为映像空间,以利于长期保存,同时提高了系统的可靠性。

当需要上传程序时,从CPU的RAM中将用户程序及CPU配置上传到上位机。

④ 开机恢复及掉电保持。CPU上电后,将自动从EEPROM中将用户程序、数据及CPU配置恢复到RAM中,当CPU模块掉电时,如果在编程软件中设置为保持,则通用辅助存储器M的前14个字节(MB0～MB13)数据自动保存在EEPROM中。

4. 高速计数与高速脉冲输出

数字量输入中有4点用于硬件中断，6点用于高速计数功能。除CPU 224XP外，32位高速加/减计数器的最高计数频率为30 kHz，可以对增量式编码器的两个互差90°的脉冲列计数，计数值等于设定值或计数方向改变时产生中断，在中断程序中可以及时地对输出进行操作。DC输出型的两个高速输出可以输出频率和宽度可调的脉冲列。

5. 通　信

RS-485串行通信端口的外部信号与逻辑电路之间没有隔离，支持PPI、自由通信口协议和点对点PPI主站模式，可以作MPI从站。

通信端口可以用于与运行STEP 7-Micro/WIN的计算机通信，与文本显示器和操作员界面的通信，以及与S7-200 CPU之间的通信；通过自由端口模式、Modbus和USS协议，可以与其他设备进行串行通信。通过AS-i通信接口模块，可以接入496个远程数字量输入/输出点。

6. 其　他

可选的存储卡可以永久保存用户程序、数据记录、配方和文档记录，或用来传输程序；可选的电池卡保存数据的时间典型值为200天；用于断电保存数据的超级电容器充电20 min，可以充60%的电量。

4.2.2　数字量输入与数字量输出

各数字量I/O点的通/断状态用发光二极管(LED)显示，PLC与外部接线的连线采用接线端子。大多数CPU和扩展模块有可拆卸的端子排，不需断开端子排上的外部连线，就可以迅速地更换模块。

1. 数字量输入电路

图4-2是S7-200的直流输入模块的内部电路和外部接线图，图中只画出了一路输入电路，输入电流为数mA。1M是同一组输入点各内部输入电路的公共点。S7-200可以用CPU模块内部的DC 24 V电源作输入回路的电源，它还可以为接近开关、光电开关之类的传感器提供电源。

当图4-2中的外接触点接通时，光电耦合器中的两个反向并联的发光二极管中的一个点亮，光敏晶体管饱和导通；外接触点断开时，光耦合器中的发光二极管熄灭，光敏晶体管截止，信号经内部电路传送给CPU模块。显然，可以改变图4-2中输入回路的电源极性。

S7-200的数字量输入滤波器用来过滤输入接线上可能对输入状态造成不良影响的噪声。可以用STEP 7-Micro/WIN的系统块来设置输入滤波器的延迟时间。

S7-200有AC 120 V/230 V数字量输入模块。交流输入方式适合在有油雾、粉

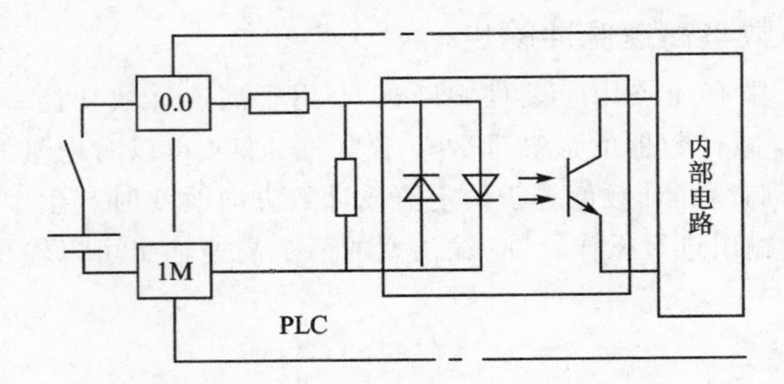

图 4-2　S7-200 的直流输入模块的内部电路和外部接线图

尘的恶劣环境下使用。直流输入模块可以直接与接近开关、光电开关等电子输入装置连接。

2. 数字量输出电路

S7-200 的 CPU 模块的数字量输出电路的功率器件有驱动直流负载的场效应晶体管和小型继电器，后者既可以驱动交流负载，也可以驱动直流负载，负载电源由外部提供。

输出电流的额定值与负载的性质有关，例如 S7-200 的继电器输出电路可以驱动 2 A 的电阻性负载，但是只能驱动 200 W 的白炽灯。输出电路一般分为若干组，对每一组的总电流也有限制。图 4-3 是继电器输出电路，继电器同时起隔离和功率放大作用，每一路只给用户提供一对常开触点。

图 4-4 是使用场效应晶体管(MOSFET)的输出电路，其接通和断开的最大延时时间见表 4-3。输出信号送给内部电路中的输出锁存器，再经光电耦合器送给场效应晶体管，后者的饱和导通状态和截止状态相当于触点的接通和断开。图中的稳压管用来抑制关断过电压和外部的浪涌电压，以保护场效应晶体管。

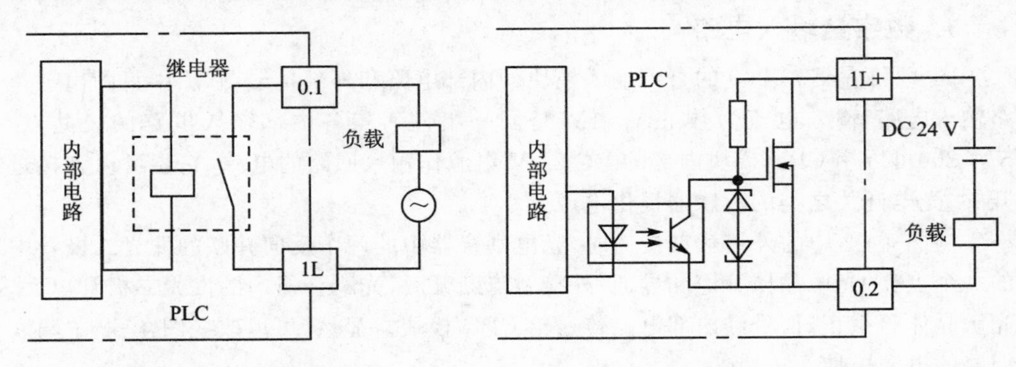

图 4-3　继电器输出电路　　　　图 4-4　场效应晶体管输出电路

S7-200 的数字量扩展模块中还有一种用双向晶闸管作为输出元件的 AC 230 V 的输出模块。每点的额定输出电流为 0.5 A，灯负载为 60 W，最大漏电流为 1.8 mA，由接通到断开的最大时间为 0.2 ms 与工频半周期之和。

继电器输出模块的使用电压范围广,导通压降小,承受瞬时过电压和过电流的能力较强,但是动作速度较慢,寿命(动作次数)有一定的限制。如果系统输出量的变化不是很频繁,则建议优先选用继电器型的输出模块。

场效应晶体管输出模块用于直流负载,它的反应速度快、寿命长,过载能力稍差。

数字量输入和数字量输出的技术指标如表 4－2 和表 4－3 所列。

表 4－2　S7－200 数字量输入技术指标

项　目	DC 24 V 输入(CPU 224XP 和 XPsi)	DC 24 V 输入(其他 CPU)
输入类型	漏型/源型(IEC 类型 1,I0.3～I0.5 除外)	漏型/源型(IEC 类型 1)
输入电压额定值	DC 24 V,典型值为 4 mA	
输入电压浪涌值	35 V/0.5 s	
逻辑 1 信号(最小)	I0.3～I0.5 为 DC 4 V,8 mA;其余为 DC 15 V,2.5 mA	DC 15 V,2.5 mA
逻辑 0 信号(最大)	I0.3～I0.5 为 DC 1 V,1 mA;其余为 DC 5 V,1 mA	DC 5 V,1 mA
输入延迟	0.2～12.8 ms 可选	
连接 2 线式接近开关的允许漏电流	最大值为 1 mA	
光电隔离	AC 500 V,1 min	
高速计数器输入逻辑 1 电平	DC 15～30 V:单相 20 kHz,两相 10 kHz;DC 15～26 V:单相 30 kHz,两相 20 kHz	
CPU 224XP 的 HSC4 和 HSC5 的输入	当逻辑 1 电平＞DC 4 V 时,单相 200 kHz,两相 100 kHz	
电缆长度	非屏蔽电缆 300 m,屏蔽电缆 500 m,高速计数器 50 m	

表 4－3　S7－200 CN 数字量输出技术指标

输出类型	DC 24 V 输出(CPU 221、CPU 222、CPU 224 和 CPU 226)	DC 24 V 输出(CPU 224XP/XPsi)	继电器型输出
输出电压额定值	DC 24 V	DC 24 V	DC 24 V 或 AC 250 V
输出电压范围	DC 20.4～28.8 V	DC 5～28.8 V(Q0.0～Q0.4), DC 20.4～28.8 V(Q0.5～Q1.1)	DC 5～30 V, AC 5～250 V
浪涌电流	最大 8 A,100 ms		5 A,4 s,占空比 0.1
逻辑 1 最小输出电压 逻辑 0 最大输出电压	DC 20 V,最大电流时 DC 0.1 V,10 kΩ 负载	见表后正文中的说明	

续表 4-3

输出类型	DC 24 V 输出 (CPU 221、CPU 222、CPU 224 和 CPU 226)	DC 24 V 输出 (CPU 224XP/XPsi)	继电器型输出
逻辑 1 最大输出电流	0.75 A(电阻负载)	0.75 A(电阻负载)	2 A(电阻负载)
逻辑 0 最大漏电流	10 μA	10 μA	—
灯负载	5 W	5 W	DC 30 W/AC 200 W
接通状态电阻	0.3 Ω,最大 0.6 Ω	0.3 Ω,最大 0.6 Ω	新的时候最大 0.2 Ω
每个公共端的额定电流	6 A	3.75 A/7.5 A	10 A
感性钳位电压	L＋减 DC 48 V,1 W 功耗	L＋减 DC 48 V,1 W 功耗/1M＋DC 48 V,1 W 功耗	—
从关断到接通最大延时	Q0.0～0.1 为 2 μs,余 15 μs	Q0.0～0.1 为 0.5 μs,余 15 μs	—
从接通到关断最大延时	Q0.0～0.1 为 10 μs,余 130 μs	Q0.0～0.1 为 1.5 μs,余 130 μs	—
切换最大延时	—	—	10 ms
最高脉冲频率	20 kHz(Q0.0 和 Q0.1)	100 kHz(Q0.0 和 Q0.1)	1 Hz

CPU 224XPsi 具有 MOSFET 漏型输出(电流从输出端子流入),可以驱动具有源型输入的设备。S7-200 所有其他场效应管晶体管型输出的 CPU 都是 MOSFET 源型输出的(电流从输出端子流出)。

DC 输出的 CPU 224XP 逻辑 1 最小输出电压为 L＋减 0.4 V(最大电流时),逻辑 0 最大输出电压为 DC 0.1 V(10 kΩ 负载)。

DC 输出的 CPU 224XPsi 逻辑 1 最小输出电压为外部电压减 0.4 V(外部接 10 kΩ 上拉电阻),逻辑 0 最大输出电压为 1M＋0.4 V(最大负载时)。

继电器输出的开关延时最大 10 ms,无负载时触点机械寿命 10 000 000 次,额定负载时触点寿命 100 000 次。非屏蔽电缆最大长度 150 m,屏蔽电缆 500 m。

4.3　S7-200 PLC 的内部资源

不同厂家、同一厂家不同系列的 PLC,其编程元件(软继电器)的功能编号各不相同,因此用户在编制程序前,必须要先熟悉所选用 PLC 的每条指令及元件的功能编号。

4.3.1　S7-200 PLC 编程软元件

编程软元件是 PLC(CPU)内部具有不同功能的存储器单元,每个单元都有唯一的地址,在编程时,用户只需记住软元件的符号地址即可。为了方便不同编程功能的需要，存储器单元做了分区，即 PLC 内部根据软元件的功能不同，分成了许多区域，如输入寄存器、输出寄存器、位存储器、定时器、计数器、通用寄存器、数据寄存器及特殊功能存储器等。

PLC 内部这些存储器的作用和继电器控制系统中使用的继电器十分相似，也有“线圈”与“触点”，但它们不是“硬”继电器，而是 PLC 存储器的存储单元。当写入该单元的逻辑状态为“1”时，表示相应继电器线圈通电，其常开触点闭合，常闭触点断开。所以，内部的这些继电器称为“软”继电器，这些软继电器的最大特点是其触点（包括常开触点和常闭触点）可以无限次使用。

软元件的地址编排采用“区域号＋区域内编码”方式。CPU 224、CPU 226 部分编程软元件的编号范围和功能描述如表 4－4 所列。

表 4－4　S7－200 PLC 软元件的编号范围

元件名称	符　号	编号范围	功能说明
输入寄存器	I	I0.0～I1.5 共 14 点★	接收外部输入设备的信号
输出寄存器	Q	Q0.0～Q1.1 共 10 点★	输出程序执行结果并驱动外部设备
位存储器	M	M0.0～M31.7	在程序内部使用，不能提供外部输出
定时器	256（T0～T255）	T0，T64	保持型通电延时 1 ms
		T1～T4，T65～T68	保持型通电延时 10 ms
		T5～T31，T69～T95	保持型通电延时 100 ms
		T32，T96	ON/OFF 延时，1 ms
		T33～T36，T97～T100	ON/OFF 延时，10 ms
		T37～T63，T101～T255	ON/OFF 延时，100 ms
计数器	C	C0～C255	触点在程序内部使用
高速计数器	HC	HC0～HC5	用来累计比 CPU 扫描速率更快的事件
顺序控制继电器	S	S0.0～S31.7	提供控制程序的逻辑分段
变量存储器	V	VB0.0～VB5119.7	数据处理用的数值存储元件
局部存储器	L	LB0.0～LB63.7	使用临时的寄存器，作为暂时存储器
特殊存储器	SM	SM30.0～SM549.7	CPU 与用户之间交换信息
特殊存储器（只读）	SM（只读）	SM0.0～SM29.7	只读信号
累加寄存器	AC	AC0～AC3	用来存放计算的中间值

★ 具体范围视 CPU 型号不同而不同，参见表 4－1。

4.3.2　软元件的类型和功能

1. 输入继电器（I）

输入继电器又称输入过程映像寄存器，一个输入继电器对应一个 PLC 的输入端子,用于接收外部开关信号的控制。外部输入电路接通时对应的输入继电器为ON(1状态),反之为OFF(0状态)。输入端可以外接常开触点或常闭触点,也可以接多个触点组成的串并联电路。在梯形图中,可以多次使用输入继电器的常开触点和常闭触点。

在PLC每个扫描周期的开始,PLC对各个输入端子进行采样,并把采样送到输入映像寄存器。PLC在接下来的本周期各阶段不再改变输入映像寄存器中的值,直到下一个扫描周期的输入采样阶段。

I、Q、V、M、S、SM和L存储区均可按位、字节、字和双字来访问,例如I3.5、IB2、IW4和ID6。

在编程时应注意以下几点:

① 输入继电器只能由输入端子接收外部信号控制,不能由程序控制。

② 为了保证输入信号有效,输入开关动作时间必须大于一个PLC扫描工作周期。

2. 输出继电器(Q)

输出继电器又称输出过程映像寄存器,一个输出继电器对应一个PLC的输出端子,可以作为负载的控制信号。

在每个扫描周期的输入采样及程序执行等阶段,并不把输出结果信号直接送到输出锁存器(端点),而只是送到输出映像寄存器,只有在每个扫描周期的末尾才将输出映像寄存器中的结果几乎同时送到输出锁存器,对输出端点进行刷新。

如果梯形图中Q0.0的线圈"通电",继电器型输出模块中对应的硬件继电器的常开触点闭合,使接在Q0.0对应端子的外部负载通电,反之则该外部负载断电。

在编程时应注意以下几点:

① 输出端点只能由程序写入输出继电器控制。

② 输出继电器触点不仅可以直接控制负载,同时也可以作为中间控制信号,供编程使用。

3. 通用辅助继电器(M)

通用辅助继电器又称位存储区(M0.0～M31.7),在PLC中没有输入/输出端子与之对应,在逻辑运算中只起到中间状态的暂存作用,类似于继电器控制系统中的中间继电器。S7-200的M存储器只有32 B,如果不够用可以用V存储器来代替M存储器。

4. 变量存储器(V)

变量存储器用来存储变量(可以被主程序、子程序和中断程序等任何程序访问,也称全局变量),可以存放程序执行过程中数据处理的中间结果,或者用来保存与过程或任务有关的其他数据,如位变量V1.0、字节变量VB10、字变量VW10和双字变量VD10。

5. 特殊继电器(SM)

特殊继电器的某些位(特殊标志位)具有特殊功能或用来存储系统的状态变量、控制参数和信息,是用户与系统程序之间的界面。用户可以通过特殊标志位来沟通PLC与被控制对象之间的信息;用户也可以通过编程直接设置某些位使设备实现某种功能(参见S7-200用户手册)。

特殊继电器有只读区和可读/写区,例如,常用的SMB0单元有8个状态位为只读标志,其含义如下:

➢ SM0.0:PLC运行(RUN)指示位,该位在PLC运行时始终为1。
➢ SM0.1:在PLC由STOP转入RUN时,该位将ON一个扫描周期,常用作调用初始化子程序。
➢ SM0.2:断电保存的数据丢失时,该位将ON一个扫描周期。
➢ SM0.3:上电进入RUN模式时,该位将ON一个扫描周期。
➢ SM0.4:提供ON/OFF各30 s,周期为1 min的时钟脉冲。
➢ SM0.5:提供ON/OFF各0.5 s,周期为1 s的时钟脉冲。
➢ SM0.6:扫描周期时钟,本次扫描为ON,下次扫描为OFF,可以作为扫描计数器的输入。
➢ SM0.7:该位指示CPU工作方式开关的位置(0为TERM位置,1为RUN位置)。

在每个扫描周期的末尾,由S7-200更新这些位。

可读/写区的SM,可以按字节、字或双字等来存取数据,如SMB86。

6. 局部变量存储器(L)

S7-200将主程序、子程序和中断程序统称为POU(程序组织单元),各POU都有自己的64 B的局部(Local)存储器。使用梯形图和功能块图时STEP 7-Micro/WIN保留局部存储器的最后4 B。

局部存储器简称为L存储器,仅在它被创建的POU中有效,各POU不能访问其他POU的局部存储器。局部存储器作为暂时存储器,或用于子程序传递它的输入、输出参数。变量存储器(V)是全局存储器,可以被所有的POU访问。

S7-200给主程序和它调用的8个子程序嵌套级别、中断程序和它调用的1个子程序嵌套级别各分配64 B局部存储器。

7. 定时器(T)

定时器相当于继电器系统中的时间继电器。S7-200有三种时间基准(1 ms、10 ms和100 ms)的定时器。定时器的当前值为16位有符号整数,用于存储定时器累计的时间基准增量值(1～32 767)。预设值是定时器指令的一部分。

定时器位用来描述定时器延时动作的触点状态。定时器位为ON时,梯形图中对应的定时器的常开触点闭合,常闭触点断开;为OFF时则触点的状态相反。

用定时器地址(例如 T5)来访问定时器的当前值和定时器位,带位操作数的指令用来访问定时器位,带字操作数的指令用来访问当前值。

定时器地址格式如下:

T【定时器号】

如 T24

8. 计数器(C)

计数器,当输入触发条件满足时,用来累计其计数输入脉冲由低到高(上升沿)的次数,S7-200 有加计数器、减计数器和加减计数器。计数器的当前值为 16 位有符号整数,用来存放累计的脉冲数(1～32 767)。用计数器地址来访问计数器的当前值和计数器位。带位操作数的指令访问计数器位,带字操作数的指令访问当前值。

计数器地址格式如下:

C【计数器号】

如 C20

9. 顺序控制继电器(S)

顺序控制继电器是顺序控制继电器指令的重要元件,常与顺序控制指令 LSCR、SCRT、SCRE 结合使用,实现顺序控制或步进控制,详细的使用方法见 6.4 节。

10. 累加器(AC)

累加器是可以像存储器那样使用的存储单元,CPU 提供了 4 个 32 位累加器(AC0～AC3),可以按字节、字或者双字来访问累加器中的数据。按字节、字只能访问累加器的低 8 位或低 16 位,按双字访问全部的 32 位,访问的数据长度由所用的指令决定。例如在指令"MOVW AC2,VW100"中,AC2 按字(W)访问。累加器主要用来临时保存中间的运算结果。

11. 高速计数器(HC)

高速计数器用来累计比 CPU 的扫描速率更快的事件,计数过程与扫描周期无关。其当前值和预设值为 32 位有符号整数,当前值为只读数据。高速计数器的地址由区域标志符 HC 和高速计数器号组成,例如 HC2。

12. 模拟量输入(AI)

S7-200 用 A/D 转换器将现实世界连续变化的模拟量(例如温度、电流、电压等)转换为一个字长(16 位)的数字量,用区域标志符 AI、表示数据长度的 W(字)和起始字节的地址来表示模拟量输入的地址,例如 AIW2。因为模拟量输入的长度为一个字,所以应从偶数字节地址开始存放,模拟量输入值为只读数据。

13. 模拟量输出(AQ)

S7-200 将长度为一个字的数字用 D/A 转换器转换为现实世界的模拟量,用区域标识符 AQ、表示数据长度的 W(字)和起始字节的地址来表示存储模拟量输出的地址，例如 AQW2。因为模拟量输出的长度为一个字，所以应从偶数字节地址开始存放，模拟量输出值是只写数据，用户不能读取模拟量输出值。

4.4　S7－200 PLC 的外部扩展模块

如前所述，S7－200 PLC 硬件系统主要包括 CPU 主机模块、扩展模块、功能模块、相关设备以及编程工具。本节主要介绍除 CPU 主机模块外的其他模块。

4.4.1　数字量扩展模块

可以选用 8 点、16 点、32 点和 64 点的数字量输入/输出模块（见表 4－5），来满足不同的控制需要。除了 CPU 221 外，其他 CPU 模块均可以配接多个扩展模块（见表 4－1），连接时 CPU 模块放在最左边，扩展模块用扁平电缆与它左边的模块相连。

表 4－5　数字量扩展模块

型号	说明	数字量输入	数字量输出
EM221	8 数字量输入 DC 24 V	8×DC 24 V	—
EM221	8 数字量输入 AC 120 V/230 V	8×AC 120 V/230 V	—
EM221	16 数字量输入 DC 24 V	16×DC 24 V	—
EM222	4 数字量输出 DC 24 V，5 A	—	4×DC 24 V，5 A
EM222	4 继电器输出，10 A	—	4×继电器，10 A
EM222	8 数字量输出 DC 24 V	—	8×DC 24 V，0.75 A
EM222	8 继电器输出	—	8×继电器，2 A
EM222	8 数字量输出 AC 120 V/230 V	—	8×AC 120 V/230 V
EM223	DC 24 V 数字量组合 4 输入/4 输出	4×DC 24 V	4×DC 24 V，0.75 A
EM223	DC 24 V 数字量组合 4 输入/4 继电器输出	4×DC 24 V	4×继电器，2 A
EM223	DC 24 V 数字量组合 8 输入/8 输出	8×DC 24 V	8×DC 24 V，0.75 A
EM223	DC 24 V 数字量组合 8 输入/8 继电器输出	8×DC 24 V	8×继电器，2 A
EM223	DC 24 V 数字量组合 16 输入/16 输出	16×DC 24 V	16×DC 24 V，0.75 A
EM223	DC 24 V 数字量组合 16 输入/16 继电器输出	16×DC 24 V	16×继电器，2 A
EM223	DC 24 V 数字量组合 32 输入/32 输出	32×DC 24 V	32×DC 24 V，0.75 A
EM223	DC 24 V 数字量组合 32 输入/32 继电器输出	32×DC 24 V	32×继电器，2 A

4.4.2 模拟量输入模块

1. PLC对模拟量的处理

在工业控制中，某些输入量(例如压力、温度、流量、转速等)是模拟量，某些执行机构(例如电动调节阀和变频器等)要求PLC输出模拟信号，而PLC的CPU只能处理数字量。模拟量首先被传感器和变送器转换为标准量程的电流或电压，例如4～20 mA、1～5 V和0～10 V，模拟量输入模块的A/D转换器将它们转换成数字量。带正负号的电流或电压在A/D转换后用二进制补码表示。

模拟量输出模块的D/A转换器将PLC中的数字量转换为模拟量电压或电流，再去控制执行机构。模拟量I/O模块的主要任务就是实现A/D转换(模拟量输入)和D/A转换(模拟量输出)。

A/D转换器和D/A转换器的二进制位数反映了它们的分辨率，位数越多，分辨率越高。模拟量输入/输出模块的另一个重要指标是转换时间。

2. 模拟量输入模块

S7-200有9种模拟量扩展模块(见表4-6)，RTD是热电阻的简称。模拟量输入模块有多种量程，可以用模块上的DIP开关来设置。EM231模拟量输入模块有5挡量程(DC 0～10 V，0～5 V，0～20 mA，±2.5 V，±5 V)。EM235模块的输入信号有16挡量程。

表4-6 模拟量扩展模块

型 号	说 明
EM231	模拟量输入，4输入
EM231	模拟量输入，8输入
EM232	模拟量输出，2输出
EM232	模拟量输出，4输出
EM235	模拟量组合，4输入/1输出
EM231	模拟量输入热电偶，4输入
EM231	模拟量输入热电偶，8输入
EM231	模拟量输入RTD，2输入
EM231	模拟量输入RTD，4输入

模拟量输入模块的分辨率为12位，单极性全量程输入范围对应的数字量输出为0～32 000。双极性全量程输入范围对应的数字量输出为−32 000～+32 000。电压输入时，输入阻抗≥2 MΩ，电流输入时，输入阻抗为250 Ω。A/D转换时间<250 μs，模拟量输入的阶跃响应时间为1.5 ms(达到稳态值时的95%)。

图 4-5 中的 MSB 和 LSB 分别是最高有效位和最低有效位。最高有效位是符号位，0 表示正值，1 表示负值。模拟量转换为数字量得到的 12 位数尽可能地往高位移动，称为左对齐。移位后单极性格式的最低位是 3 个连续的 0，相当于 A/D 转换值被乘以 8。双极性格式的最低位是 4 个连续的 0，相当于 A/D 转换值被乘以 16。

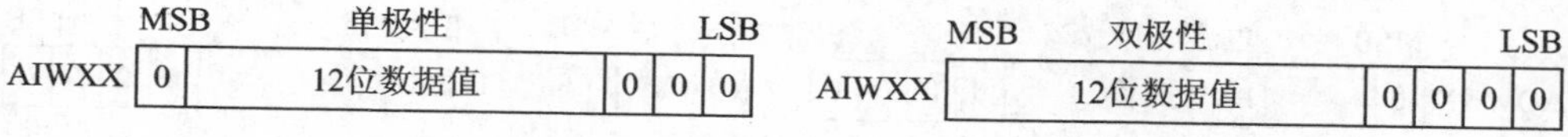

单极性（MSB … LSB）

AIWXX	0	12位数据值	0	0	0

双极性（MSB … LSB）

AIWXX	12位数据值	0	0	0	0

图 4-5　模拟量输入数据字的格式

3. 将模拟量输入模块的输出值转换为实际的物理量

转换时应考虑变送器的输入/输出量程和模拟量输入模块的量程，找出被测物理量与 A/D 转换后的数字值之间的比例关系。

【例 4-1】　某发电机的电压互感器的电压比为 10 kV/100 V(线电压)，电流互感器的电流比为 1 000 A/5 A，功率变送器的额定输入电压和额定输入电流分别为 AC 100 V 和 5 A，额定输出电压为 DC ±5 V，模拟量输入模块将 DC ±5 V 的输入信号转换为数字量－32 000～＋32 000。设转换后得到的数字为 N，试求以 kW 为单位的有功功率值。

解：在设计功率变送器时已考虑了功率因数对功率计算的影响，因此在推导转换公式时，可以按功率因数为 1 来处理。根据互感器额定值计算的一次回路有功功率额定值为

$$\sqrt{3}\times 10\ 000\ \text{V}\times 1\ 000\ \text{A} = 17\ 321\ 000\ \text{W} = 17\ 321\ \text{kW}$$

由以上关系不难推算出互感器一次回路的有功功率与转换后的数字值之间的关系为 17 321/32 000 kW/字。设转换后的数字为 N，如果以 kW 为单位显示功率 P，采用定点数运算时的计算公式为

$$P = N\times(17\ 321/32\ 000)\text{kW/ 字}$$

【例 4-2】　量程为 0～10 MPa 的压力变送器的输出信号为 DC 4～20 mA，模拟量输入模块将 0～20 mA 转换为 0～32 000 的数字量。设转换后得到的数字为 N，试求以 kPa 为单位的压力值。

解：4～20 mA 的模拟量对应于数字量 6 400～32 000，即 0～10 000 kPa 对应于数字量 6 400～32 000，压力(kPa)的计算公式为

$$p=\frac{(10\ 000-0)\text{kPa}}{32\ 000-6\ 400}(N-6\ 400)=\frac{100\ \text{kPa}}{256}(N-64\ 00)$$

4.4.3　模拟量输出模块

1. 模拟量输出模块

模拟量输出模块 EM232 的量程有±10 V 和 0～20 mA 两种，对应的数字量分

别为−32 000～+32 000 和 0～32 000(见图 4-6)。满量程时电压输出和电流输出的分辨率分别为 12 位和 11 位。25 ℃时的精度典型值为±0.5%,电压输出和电流输出的稳定时间分别为 100 μs 和 2 ms。最大驱动能力如下:电压输出时负载阻抗最小 5 kΩ;电流输出时负载阻抗最大 500 Ω。

	MSB	电流输出				LSB
AQWXX	0	11位数据值	0	0	0	0

	MSB	电压输出				LSB
AQWXX	12位数据值		0	0	0	0

图 4-6　模拟量输出数据字格式

模拟量输出数据字是左对齐的,最高有效位是符号位,0 表示正值。最低位是 4 个连续的 0,在将数据字装载到 DAC 寄存器之前,低位的 4 个 0 被截断,不会影响输出信号值。

2. 热电偶、热电阻扩展模块

热电偶模块 EM231 可以与 S、T、R、E、N、K、J 型热电偶配套使用,用模块上的 DIP 开关来选择热电偶的类型。热电偶输出的电压范围为±80 mV,模块输出的数字量为±27 468。

热电阻(RTD)的接线方式有 2 线、3 线和 4 线三种,4 线方式的精度最高,因为受接线误差的影响,2 线方式的精度最低。热电阻模块 EM231 可以通过 DIP 开关来选择热电阻的类型、接线方式、测量单位和开路故障的方向。连接到同一个扩展模块上的热电阻必须是相同类型的。改变 DIP 开关后必须将 PLC 断电后再通电,新的设置才能起作用。

EM231 热电偶、热电阻模块具有冷端补偿电路,如果环境温度迅速变化,则会产生额外的误差,建议将热电偶和热电阻模块安装在环境温度稳定的地方。

2 路热电阻模块和 4 路热电偶模块的采样周期为 405 ms(Pt 10 000 为 700 ms),4 路热电阻和 8 路热电偶模块的采样周期是上述模块的两倍,基本误差和重复性分别为满量程的 0.1%和 0.05%。

4.4.4　称重模块与位置控制模块

1. 称重模块

称重模块 SIWAREX MS 可以实现 16 位高分辨率的质量测量或者力的测量,最大误差 0.05%,测量时间可以在 20 ms 或 33 ms 之间选择,可以监视极限值。

称重模块可以用于下列场合:测量和记录来自应变仪传感器或称重传感器的信号,实现力的测量;作容器磅秤、平台磅秤和吊车秤;可以实现间断与连续的称量过程;监视料仓的填充料位;测量吊车及缆绳负荷;测量工业电梯或轧机机组的负荷;监视传送带张力。

SIWAREX MS 有两个串行通信端口。使用专用软件 SIWATOOL MS,能方便地实现秤的调节。SIWAREX MS 通过调用 MicroScale 程序库与 CPU 进行通信。

2. 位置控制模块 EM253 的特性

位置控制模块 EM253 使用步进电动机作执行机构的单轴开环位置控制，其功能如下：

① 提供高速控制，速度从 20～200 000 脉冲/s。

② 支持急停(S 曲线)或线性的加速、减速功能，有 4 种参考点寻找模式。

③ 提供可组态的测量系统，可以使用工程单位(例如英寸或厘米)，或使用脉冲数。

④ 提供可组态的啮合间隙补偿，支持绝对、相对和手动的位置控制方式。

⑤ 提供连续操作，25 个包络(即速度-位移曲线)，每个最多 4 种速度。

位置控制模块提供自带的 5 个数字量输入位和 4 个数字量输出位与运动控制应用相连。

STEP 7－Micro/WIN 为位置控制模块的组态和编程提供了位置控制向导和 EM253 控制面板，后者用来测试位置控制模块的输入/输出接线、组态以及运动包络的执行。

4.4.5 STEP 7－Micro/WIN 编程软件与显示面板简介

1. STEP 7－Micro/WIN 编程软件

STEP 7－Micro/WIN 是专门为 S7－200 设计的，在个人计算机 Windows 操作系统下运行的编程软件，它的功能强大、使用方便、简单易学。CPU 通过 PC/PPI 电缆或插在计算机中的 CP 5511、CP 5611 等通信卡通信。其梯形图编辑窗口如图 4－7 所示。

STEP 7－Micro/WIN 的用户程序结构简单清晰，即通过一个主程序调用子程序，在中断事件出现时调用中断程序，可以用数据块进行变量的初始化设置。用户可以用语句表、梯形图和功能块图编程，不同的编程语言编制的程序可以相互转换，可以用符号表来定义程序中使用的变量地址对应的符号，例如指定符号“启动按钮”对应于地址 I0.0，使程序便于设计和理解。

STEP 7－Micro/WIN 为用户提供了两套指令集，即 SIMATIC 指令集(S7－200 编程模式)和国际标准指令集(IEC 61131－3 编程模式)。通过调制解调器可以实现远程编程，可以用单次扫描和强制输出等方式来调试程序和进行故障诊断。

STEP 7－Micro/WIN 编程软件的具体功能与系统开发详见本书第 10 章。

2. 显示面板

PLC 的人机接口功能较差，S7－200 有多种配套的显示面板，以增强系统的人机接口功能。

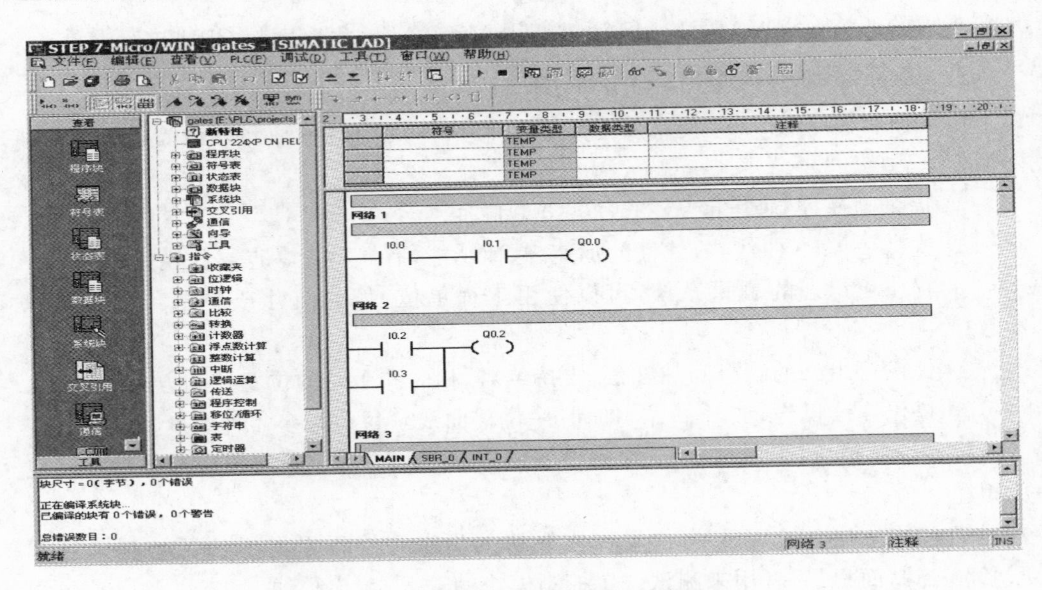

图 4-7 STEP 7-Micro/WIN 梯形图编辑窗口

(1) 文本显示器 TD-200C 和 TD-400C

TD-200C 和 TD-400C 是价格低廉的文本显示器,TD-200C 显示两行,每行 20 个字符;TD-400C 显示 4 行,每行 24 个字符,每两个字符的位置可以显示一个汉字。通过它们可以查看、监控和改变应用程序中的过程变量。使用编程软件中的文本显示向导对文本显示器组态,以实现文本信息和其他应用程序数据的显示和输入。使用 V4.0 版编程软件的键盘设计工具,用户可以设计按键的布局,选择多达 20 种不同形状、颜色和字体的按键。OP 73 micro 是 TD 200 的升级产品,不仅能显示文本,还支持图形显示。

(2) S7-200 专用的触摸屏

TP 070、TP 170 micro、TP 177 micro 和 K-TP 178 micro 都是专门用于 S7-200 的 5.7 in(1 in=2.54 cm)蓝色 STN 液晶显示屏,K-TP 178 micro 是为中国用户量身定做的触摸屏。它们采用 4 种蓝色色调,有 CCFL 背光,320×240 像素。DC 24 V 电源的额定电流为 240 mA,通信接口均为 RS-485。它支持的图形对象有位图、图标或背景图片,具有软件实时时钟,可以使用的动态对象为棒图。除 TP 070 之外,这些触摸屏都用西门子人机界面组态软件 WinCC flexible 组态。

4.4.6 I/O 地址分配与外部接线

1. I/O 地址分配

S7-200 CPU 有一定数量的本机 I/O,本机 I/O 有固定的地址;可以用扩展 I/O 模块来增加 I/O 点数;扩展模块安装在 CPU 模块的右边。I/O 模块分为数字量输入、数字量输出、模拟量输入和模拟量输出 4 类。CPU 分配给数字量 I/O 模块的地址以字节为单位，一个字节由 8 个数字量 I/O 点组成。扩展模块 I/O 点的字节地址由 I/O 的类型和模块在同类 I/O 模块链中的位置来决定。以图 4 - 8 中的数字量输出为例，分配给 CPU 模块的字节地址为 QB0 和 QB1，分配给 0 号扩展模块的字节地址为 QB2，分配给 3 号扩展模块的字节地址为 QB3。

如果某个模块的数字量 I/O 点不是 8 的整数倍，则最后一个字节中未用的位（例如图 4 - 8 中的 I1.6 和 I1.7）不会分配给 I/O 链中的后续模块。可以像内部存储器位那样来使用输出模块最后一个字节中未用的位。输入模块在每次更新输入时都将输入字节中未用的位清零，因此不能将它们用作内部存储器位。

	模块0	模块1	模块2	模块3	模块4
CPU 224XP	4输入 4输出	8输入	4AI 1AO	8输出	4AI 1AO
I0.0　Q0.0 I0.1　Q0.1 ⋮　⋮ I1.5　Q1.1 AIW0　AQW0 AIW2	I2.0　Q2.0 I2.1　Q2.1 I2.2　Q2.2 I2.3　Q2.3	I3.0 I3.1 ⋮ I3.7	AIW4　AQW4 AIW6 AIW8 AIW10	Q3.0 Q3.1 ⋮ Q3.7	AIW12　AQW8 AIW14 AIW16 AIW18

图 4 - 8　CPU 224XP 的 I/O 地址分配举例

CPU 分配给模拟量输入端口地址以字（16 位）为单位，一个字为一个模拟量输入端口，起始地址为 AIW0；而分配给模拟量输出端口地址以双字（32 位）为单位，一个双字为一个模拟量输出端口，起始地址为 AQW0。如图 4 - 8 中 2 号扩展模块的模拟量输出的地址应为 AQW4，而不是 AQW2。

2. 交流电源系统的外部接线

S7 - 200 采用横截面积为 0.5～1.5 mm^2 的导线，交流电源系统的外部电路如图 4 - 9 所示，用开关将电源与 PLC 隔离开。可以用过电流保护设备（例如低压断路器）保护 CPU 的电源和 I/O 电路，也可以为输入点分组或分点设置熔断器。所有的地线端子集中到一起后，在最近的接地点用横截面积为 1.5 mm^2 的导线一点接地。S7 - 200 的交流电源线和 I/O 点之间的隔离电压为 AC 1 500 V，可以作为交流电源线和低压电路之间的安全隔离。

以 CPU 222 模块为例，它的 8 个输入点 I0.0～I0.7 分为两组，1M 和 2M 分别是两组输入点内部电路的公共端。L+ 和 M 端子分别是模块提供的 DC 24 V 电源的正极和负极。图 4 - 9 中用该电源作输入电路的电源。6 个输出点 Q0.0～Q0.5 分为两组，1L 和 2L 分别是两组输出点内部电路的公共端。

PLC 的交流电源接在 L1（相线）和 N（零线）端，此外还有保护接地（PE）端子。

3. 直流电源系统的外部接线

使用直流电源的接线图如图 4 - 10 所示，用开关将电源与 PLC 隔离开，过电流保护设备、短路保护和接地的处理与交流电源系统相同。

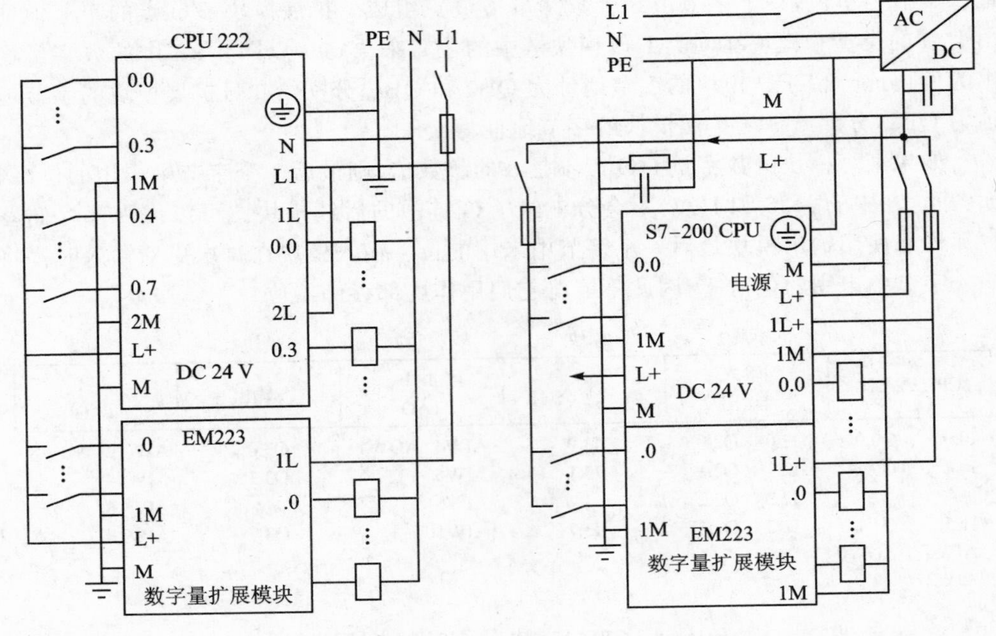

图 4-9　交流电源系统的外部接线　　　　图 4-10　直流电源系统的外部接线

在外部 AC/DC 电源的输出端接大容量的电容器，负载突变时，可以维持电压稳定，以确保 DC 电源有足够的抗冲击能力。把所有的 DC 电源接地可以获得最佳的噪声抑制。

未接地的 DC 电源的公共端 M 与保护地 PE 之间用 RC 并联电路连接，电阻和电容的典型值为 470 pF 和 1 MΩ。电阻提供了静电释放通路，电容提供了高频噪声通路。

DC 24 V 电源回路与设备之间、AC 220 V 电源与危险环境之间，应提供安全电气隔离。

普通白炽灯的工作温度在千度以上，冷态电阻比工作时的电阻小得多，其浪涌电流是工作电流的十多倍。可以驱动 AC 220 V、2 A 电阻负载的继电器输出点只能驱动 200 W 的白炽灯。频繁切换的灯负载应使用浪涌限制器。

4.5　S7-200 PLC 的数据类型与寻址方式

数据类型定义了数据的长度(位数)和表示方法。S7-200 的指令对操作数的数据类型有严格的要求；在 S7-200 中，通过地址访问数据，地址是访问数据的依据，访问数据的过程称为“寻址”。

4.5.1　S7－200 PLC 的数据类型

S7－200 PLC 的数据类型可以是整型、实型(浮点数)、布尔型或字符串型，常用的数据长度有位、字节、字和双字。

1. 位、字节、字和双字

① 位(bit)，数据类型为布尔型，有“0”和“1”两种不同的取值，可用来表示开关量(或称数字量)的两种不同状态，如触点的断开和接通、线圈的通电和断电等。如果该位为“1”，则表示梯形图中对应编程元件的线圈“通电”，称该编程元件为“1”状态，或称该编程元件为 ON(接通)；如果该位为“0”，则对应编程元件的线圈和触点的状态与上述相反，称该编程元件为“0”状态，或称该编程元件 OFF(断开)。

布尔变量的地址由字节地址和位地址组成，例如 I3.2 中的区域标识符“I”表示输入，字节地址为 3，位地址为 2(见图 4－11)，这种访问方式称为“字节.位”寻址方式。

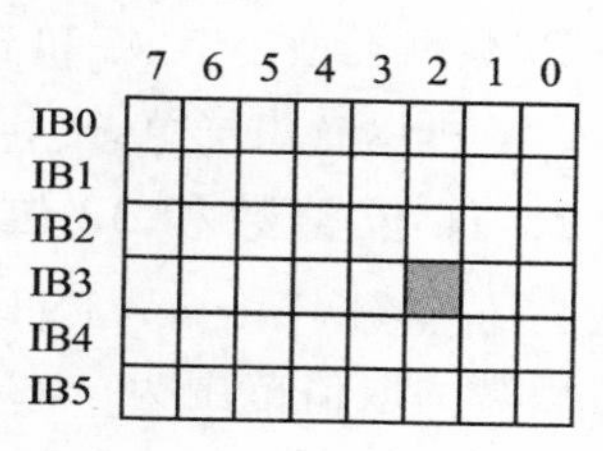

图 4－11　位数据与字节

② 字节(Byte)，由 8 位二进制数组成，其中的第 0 位为最低位(LSB)，第 7 位为最高位(MSB)，例如 IB3(B 是 Byte 的缩写)由 I3.0～I3.7 这 8 位组成，如图 4－11 所示。

③ 字(Word)和双字(Double Word)，相邻的两个字节组成一个字，相邻的两个字组成一个双字。字和双字都是无符号数，它们用十六进制数来表示。

VW100 是由 VB100 和 VB101 组成的一个字(如图 4－12 和图 4－13 所示)，VW100 中的 V 为区域标识符，W 表示字。双字 VD100 由 VB100～VB103(或 VW100 和 VW102)组成，VD100 中的 D 表示双字。字的取值范围为 16＃0000～16＃FFFF，双字的取值范围为 16＃0000 0000～16＃FFFF FFFF。

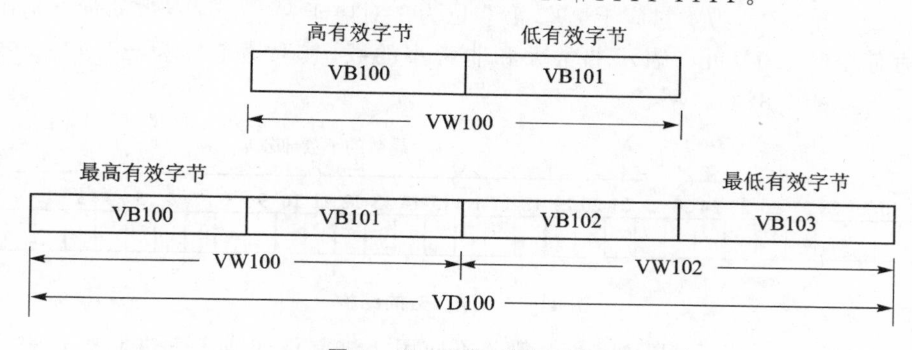

图 4－12　字节、字和双字

需要注意的问题如下：

① 以组成字 VW100 和双字 VD100 的编号的最小的字节 VB100 的编号作为

	地址	格式	当前值
11	VB100	十六进制	16#12
12	VB101	十六进制	16#34
13	VW100	十六进制	16#1234
14	VW102	十六进制	16#5678
15	VD100	十六进制	16#12345678
16	VD4	浮点数	50.0
17	VD4	二进制	2#0100_0010_0100_1000_0000_0000_0000_0000

图 4-13　状态表

VW100 和 VD100 的编号。

② 组成 VW100 和 VD100 的编号的最小的字节 VB100 为 VW100 和 VD100 的最高位字节，编号最大的字节为字和双字的最低位字节。

③ 数据类型字节、字和双字都是无符号数，它们的数值用十六进制数表示。从图 4-12 可以看出字节、字和双字之间的关系。

2. 16 位整数和 32 位双整数

16 位整数(Integer，INT)和 32 位双整数(Double Integer，DINT)都是有符号数。整数的取值范围为－32 768～32 767，双整数的取值范围为－2 147 483 648～2 147 483 647。

3. 32 位浮点数

实数(REAL)又称为浮点数，可以表示为 $1.m\times2^{E}$，尾数中的 m 和指数 E 均为二进制数，E 可能是正数，也可能是负数。ANSI/IEEE 754—1985 标准格式的 32 位实数的格式为 $1.m\times2^{e}$，式中指数 $e=E+127(1\leqslant e\leqslant254)$ 为 8 位正整数。

ANSI/IEEE 标准浮点数的格式如图 4-14 所示，共占用一个双字(32 位)。最高位(第 31 位)为浮点数的符号位，最高位为 0 时为正数，为 1 时为负数；8 位指数占第 23～30 位；因为规定尾数的整数部分总是为 1，只保留了尾数的小数部分 m(第 0～22位)。第 22 位为 1 对应于 2^{-1}，第 0 位为 1 对应于 2^{-23}。浮点数的优点是用很小的存储空间(4 B)可以表示非常大和非常小的数，其取值范围为 $\pm1.175\ 495\times10^{-38}\sim\pm3.402\ 823\times10^{38}$。

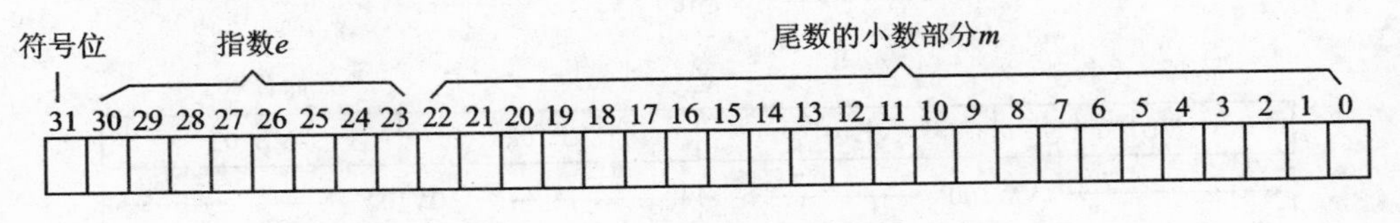

图 4-14　浮点数的结构

在 STEP 7 - Micro/WIN 中，一般并不使用二进制格式或十六进制格式表示的浮点数，而是用十进制小数来输入或显示浮点数(见图 4-13)。例如在 STEP 7 - Micro/WIN 中，50 是 16 位整数，而 50.0 为 32 位的浮点数。

PLC 输入和输出的数值(例如模拟量输入值和模拟量输出值)大多是整数,用浮点数来处理这些数据需要进行整数和浮点数之间的相互转换,浮点数的运算速度比整数的运算速度慢一些。

4. ASCII 码字符

ASCII 码(美国信息交换标准代码)由美国国家标准局(ANSI)制定,它已被国际标准化组织(ISO)定为国际标准(ISO 646 标准)。标准 ASCII 码也叫做基础 ASCII 码,用 7 位二进制数来表示所有的英语大写字母、小写字母、数字 0～9、标点符号,以及在美式英语中使用的特殊控制字符。数字 0～9 的 ASCII 码为十六进制数 30H～39H,英语大写字母 A～Z 的 ASCII 码为 41H～5AH,英语小写字母 a～z 的 ASCII 码为 61H～7AH。

5. 字符串

数据类型为 SPRING 的字符串由若干个 ASCII 码字符组成,第一个字节定义字符串的长度(0～254,见图 4－15),后面的每个字符占一个字节。变量字符串最多 255 个字节(长度字节＋254 个字符)。

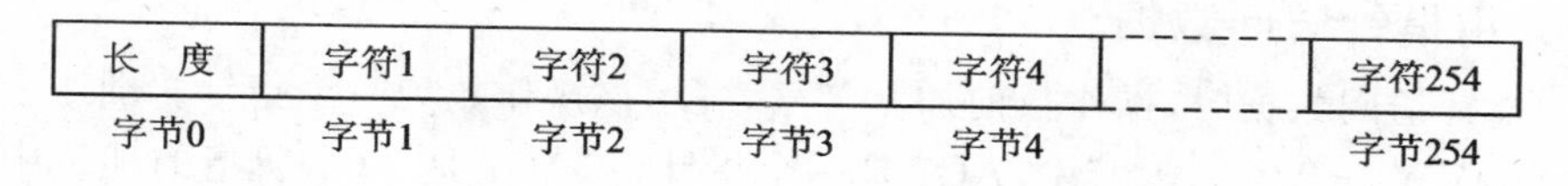

图 4－15　字符串的格式

4.5.2　S7－200 PLC 的寻址方式

在 S7－200 中,几乎所有的指令和功能都与各种形式的寻址有关,其寻址方式包括如下几个方面:

1. 直接寻址

直接寻址指定了存储器的区域、长度和位置,例如 VW100 是 V 存储区中 16 位的字,其地址为 100。

2. 间接寻址的指针

间接寻址在指令中给出的不是操作数的值或操作数的地址,而是给出一个被称为地址指针的存储单元的地址,地址指针里存放的是真正的操作数的地址。

间接寻址常用于循环程序和查表程序。假设用循环程序来累加一片连续的存储区中的数值,则每次循环累加一个数值。应在累加后修改指针中存储单元的地址值,使它指向下一个存储单元,为下一次循环的累加运算做好准备。没有间接寻址,就不能编写循环程序。

地址指针就像收音机调台的指针,改变指针的位置,指针指向不同的电台。改变地址指针中的地址值,地址指针“指向”不同的地址。

S7－200 CPU 允许使用指针对下述存储区域进行间接寻址：I、Q、V、M、S、AI、AQ、SM、T(仅当前值)和 C(仅当前值)。间接寻址不能访问单个位(bit)地址、HC、L 存储区和累加器。

使用间接寻址之前，应创建一个地址指针。指针为双字存储单元，用来存放要访问的存储器的地址，只能用 V、L 或累加器作指针。建立指针时，用双字传送指令(MOVD)将需要间接寻址的存储器地址送到指针中，例如“MOVD &VB200，AC1”(见图 4－16)。&VB200 是 VB200 的地址，而不是 VB200 中的数值。

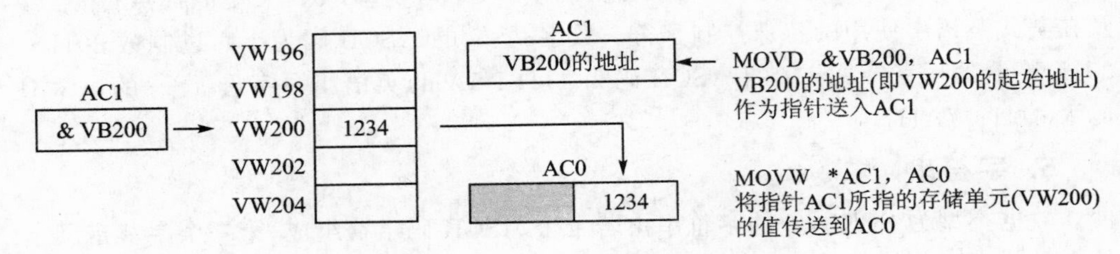

图 4－16 指针与间接寻址

3. 用指针访问数据

用指针访问数据时，操作数前加“＊”号，表示该操作数为一个指针。图 4－16 的指令“MOVW ＊AC1，AC0”中，AC1 是一个指针，＊AC1 是 AC1 所指的地址中的数据。图 4－16 存放在 VB200 和 VB201(即 VW200)中的数据被传送到累加器 AC0 的低 16 位。

4. 修改指针

用指针访问相邻的下一个数据时，因为指针是 32 位的数据，应使用双字指令来修改指针值，例如双字加法(ADDD)或双字递增(INCD)指令。修改时记住需要调整的存储器地址的字节数：访问字节时，指针值加 1；访问字时，指针值加 2；访问双字时，指针值加 4。

【例 4－3】 用于非线性校正的表格存放在 VW100 开始的 10 个字中，表格的偏移量(表格中字的序号，第一个字的序号为 0)在 VD20 中，在 I0.0 的上升沿，用间接寻址将表格中相对于偏移量的数据值传送到 VW24 中去，用 AC1 作地址指针。下面是语句表程序。

```
LD      I0.0
EU                          //在 I0.0 的上升沿
MOVD    &VB100,AC1          //表格的起始地址送 AC1
+D      VD20,AC1
+D      VD20,AC1            //起始地址加偏移量
MOVW    * AC1,VW24          //读取表格中的数据
```

一个字由两个字节组成，地址相邻的两个字的地址增量为 2(两个字节)，所以用

了两条双整数加法指令。

4.6 S7－200 PLC 的编程语言与程序结构

根据系统配置和控制要求编制用户程序是 PLC 应用于工业控制的一个重要环节。所谓编程语言是指用户程序的表达方式。随着 PLC 技术的深入发展，其编程语言呈现多样化发展并成为 PLC 软件发展的一个重要方向。

4.6.1 S7－200 PLC 的编程语言

1. S7－200 PLC 的编程软件与编程语言

使用 S7－200 PLC，首先要在 PC 上安装 STEP 7－Micro/WIN 编程软件（见 4.4 节）。按照 STEP 7－Micro/WIN 软件规定的编程语言（指令格式）编写的 PLC 用户程序，可在该软件环境下进行录入、编辑、编译、下载、调试及运行监控。

STEP 7－Micro/WIN 使用上位机作为图形编程器，用于在线（联机）或离线（脱机）开发用户程序，并可以在线实时监控用户程序的执行状态。

在 STEP 7－Micro/WIN 软件环境下，同一程序可以使用梯形图、语句表或功能块图三种不同的编程语言进行编程，编程软件可以自动切换用户程序使用的编程语言。

值得注意的是：

① 梯形图的一个网络中只能有一块独立电路。

② 在语句表中，几块独立电路对应的语句可以放在一个网络中，但是这样的网络不能转换为梯形图。

③ 梯形图程序一定能转换为语句表。

2. SIMATIC 指令集与 IEC 61131－3 指令集

STEP 7－Micro/WIN 编程软件提供了两种指令集：SIMATIC 指令集（S7－200 编程模式）与 IEC 61131－3 指令集（IEC 61131－3 编程模式），前者是由西门子公司提供的，它的某些指令不是 IEC 61131－3 中的标准指令。通常 SIMATIC 指令的执行时间短，可以使用梯形图、功能块图和语句表语言，而 IEC 61131－3 指令集只提供前两种语言。

IEC 61131－3 指令集的指令较少，其中的某些指令可以接收多种数据格式。例如 SIMATIC 指令集的加法指令分为 ADD_I（整数相加）、ADD_DI（双字整数相加）和 ADD_R（实数相加）等；IEC 61131－3 的加法指令 ADD 则未做区分，而是通过检验数据格式，由 CPU 自动选择正确的指令。因为 IEC 指令要检查参数中的数据格式，可以减少程序中的错误。

在 IEC 61131－3 指令编辑器中，有些指令是 SIMATIC 指令集中的指令，它们作为 IEC 61131－3 指令集的非标准扩展，在编程软件的指令树内用红色的“+”表示。

4.6.2 S7－200 的程序结构

S7－200 CPU 的控制程序由主程序、子程序和中断程序组成。

1. 主程序

主程序(OB1)是程序的主体，每一个项目都必须并且只有一个主程序。在主程序中可以调用子程序和中断程序。

主程序通过指令控制整个应用程序的执行，每个扫描周期都要执行一次主程序。STEP 7－Micro/WIN 的程序编辑器窗口下部的标签用来选择不同的程序。因为各个程序都存放在独立的程序块中，各程序结束时不需要加入无条件结束指令或无条件返回指令。

2. 子程序

子程序是可选的，仅在被其他程序调用时执行。同一个子程序可以在不同的地方被多次调用。使用子程序可以简化程序代码和减少扫描时间。设计得好的子程序容易移植到别的项目中去。

3. 中断程序

中断程序用来及时处理与用户程序的执行时序无关的操作，或者不能事先预测何时发生的中断事件。中断程序不是由用户程序调用，而是在中断事件发生时由操作系统调用。中断程序是用户编写的。因为不能预知何时会出现中断事件，所以不允许中断程序改写可能在其他程序中使用的存储器。

4.6.3 PLC 的操作模式

1. 操作模式

PLC 有两种操作模式：运行模式(RUN)和停止模式(STOP)。在 CPU 模块的面板上用“RUN”和“STOP”LED 显示当前的操作模式。

在 RUN 模式，通过执行反映控制要求的用户程序来实现控制功能。

在 STOP 模式，CPU 不执行用户程序，可以用编程软件创建和编辑用户程序，设置 PLC 的硬件功能，并将用户程序和硬件设置信息下载到 PLC。

如果有致命错误，则在消除它之前不允许从 STOP 模式进入 RUN 模式。PLC 操作系统储存非致命错误供用户检查，但是不会从 RUN 模式自动进入 STOP 模式。

2. 用模式开关改变操作模式

CPU 模块上的模式开关在 STOP 位置时，将停止用户程序的运行；在 RUN 位置时，将启动用户程序的运行。模式开关在 STOP 或 TERM(Terminal，终端)位置时，电源通电后 CPU 自动进入 STOP 模式；在 RUN 位置时，电源通电后自动进入 RUN 模式。

3. 用 STEP 7－Micro/WIN 编程软件改变操作模式

用编程软件控制 CPU 的操作模式必须满足下面的两个条件：

① 在编程软件与 PLC 之间建立起通信连接。

② 将 PLC 的模式开关放置在 RUN 模式或 TERM 模式。

在编程软件中单击工具条上的运行按钮▶，或执行菜单命令 PLC→RUN（运行），进入 RUN 模式。单击停止按钮■，或执行菜单命令 PLC→STOP（停止），可进入 STOP 模式。

4. 在程序中改变操作模式

在程序中插入 STOP 指令，可以使 CPU 由 RUN 模式进入 STOP 模式。

4.7　S7－1200 系列 PLC

SIMATIC S7－1200 小型可编程控制器由西门子公司于 2009 年 6 月推出，是主要面向中小型自动化的 PLC 产品，定位介于 S7－200 与 S7－300 之间，在研发过程中充分考虑了系统、控制器、人机界面和软件的无缝整合和高效协调的需求。图 4－17 是 S7－1200 产品及其模块的外观图。

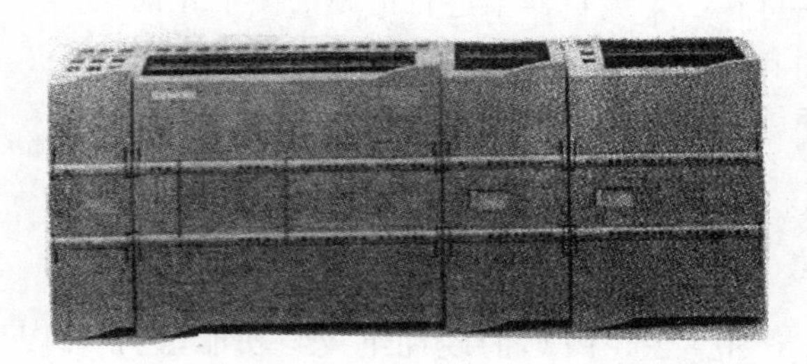

图 4－17　S7－1200 产品及其模块的外观图

虽然产品定位为中低端工业需求，但 S7－1200 的设备选件均为高端配件，且具有 300 与 400 同样丰富的组网等扩展功能，使其各方面的功能并不逊于 300/400 系列产品。S7－1200 与 S7－200 相比，具有以下特点：

1. 通信功能得到了极大的提高

SIMATIC S7－1200 CPU 最多可以添加 3 个通信模块。RS－485 和 RS－232 通信模块为点到点的串行通信提供连接。对该通信的组态和编程采用了扩展指令或库功能、USS 驱动协议、ModBus RTU 主站和从站协议。

2. 集成了高速输入和高速输出端口

SIMATIC S7－1200 控制器集成了 6 个高速计数器，其中 3 个输入为 100 kHz，

3个输入为30 kHz,用于计数和测量;集成了2个100 kHz的高速脉冲输出,可以输出脉宽调制信号来控制电动机速度、阀位置或加热元件的占空比,用于步进电动机或伺服驱动器的速度和位置控制。

3. 集成了多类端口

集成的PROFINET接口用于编程、HMI通信和PLC间的通信。此外它还通过开放的以太网协议支持与第三方设备的通信。该接口带一个具有自动交叉网线(Auto-cross-over)功能的RJ-45连接器,提供10/100 Mb/s的数据传输速率,支持TCP/IP native、ISO-on-TCP和S7通信协议。

此外,S7-1200中还提供了16路带自动调节功能的PID控制电路,较S7-200系列PLC增加了一倍。

S7-1200使用STEP 7 Basic软件,该软件除了支持编程以外,SIMATIC STEP 7 Basic还为硬件和网络配置、诊断等提供通用的项目组态框架。该软件可以为项目的不同阶段提供支持,如指定的通信、运用LAD(梯形图语言)和FBD(功能块图语言)编程、可视化组态、测试、试运行和维护等。STEP 7 Basic软件具有以下特点:

① 库的应用使重复使用项目单元变得非常容易。

② 在集成的项目框架(PLC、HMI)编辑器之间进行智能的拖拽

③ 具有共同数据存储和同一符号(单一的入口点)。

④ 任务入口视图为初学者和维修人员提供快速入门。

⑤ 设备和网站可在一个编辑器中进行清晰的图形化配置。

⑥ 所有的视图和编辑器都有清晰、直观的友好界面。

⑦ 高性能程序编辑器创造高效率工程。

本章小结

本章主要介绍了S7-200 PLC的硬件组成与功能,包括CPU主机模块和各主要外部扩展模块,S7-200 PLC的内部资源、寻址方式与编程语言等内容。本章的各部分知识直接针对PLC系统的软、硬件设计,每一个细小的忽略都可能导致后续知识和能力的把握欠缺,应该说本章内容是一些很重要的知识。

CPU主机模块和各主要外部扩展模块等知识是硬件设计的基础。一般根据I/O分析的结果,结合PLC应用场合的控制要求,经过技术经济比较,最终确定PLC系统的硬件组合。这就要求:一方面要熟悉控制对象与控制要求;另一方面要熟悉PLC各模块的功能和主要参数,熟悉各模块之间的硬件接口、应用方法与外部接线,掌握其地址编号规律与范围等。

S7-200 PLC的内部资源、寻址方式与编程语言是软件开发(编辑用户程序)的前提。在S7-200中,通过地址访问数据,编程软元件是程序设计的基本单元,程序结构是支撑软件系统的骨架。显然,程序开发即是对这些知识的一个综合运用。知

识的学习为编程作准备，编程又反过来巩固知识的把握。

从应用的角度来看，软件开发是受硬件限制的，在后续学习编程的准备阶段，要时刻考虑所针对的硬件环境。

虽然厂家不同，甚至同一厂家的系列不同，其 PLC 产品也互不兼容，但其基本结构与功能、程序形式等是基本一致的。触类旁通，以 S7 - 200 PLC 为重点来理解和把握，其他 PLC 自然不是问题。

习　题

1. 字节、字和双字是有符号数还是无符号数？

2. VW20 由哪两个字节组成？谁是高位字节？

3. VD20 由哪两个字组成？由哪 4 个字节组成？谁是低位字？谁是最高位字节？

4. 在 STEP 7 - Micro/WIN 中，用什么格式键入和显示浮点数？

5. 字符串的第一个字节用来干什么？

6. 怎样切换 CPU 的工作模式？

7. S7 - 200 PLC 数字量交流输入模块与直流输入模块分别适用于什么场合？

8. S7 - 200 PLC 数字量输出模块有哪几种类型？它们各有什么特点？

9. 频率变送器的量程为 45～55 Hz，输出信号为 DC 0～10 V，模拟量输入模块输入信号的量程为 DC 0～10 V，转换后的数字量为 0～32 000，设转换后得到的数字为 N，试求以 0.01 Hz 为单位的频率值。

10. 用于测量锅炉炉膛压力（－60～60 Pa）的变送器的输出信号为 4～20 mA，模拟量输入模块将 0～20 mA 转换为数字量 0～32 000，设转换后得到的数字为 N，试求以 0.01 Pa 为单位的压力值。

第 5 章　西门子 S7 - 200 PLC 的基本指令与应用

本章要点

- S7 - 200 的基本逻辑指令及应用；
- 定时器与计数器指令；
- 常用控制线路的设计与应用。

5.1　S7 - 200 PLC 的基本逻辑指令

5.1.1　触点指令

1. 标准触点指令

常开触点对应的存储器地址位为“1”状态时，该触点闭合，在语句表中，分别用 LD(Load，装载)、A(And，与)和 O(Or，或)指令来表示开始、串联和并联的常开触点(见图 5 - 1 和表 5 - 1)。

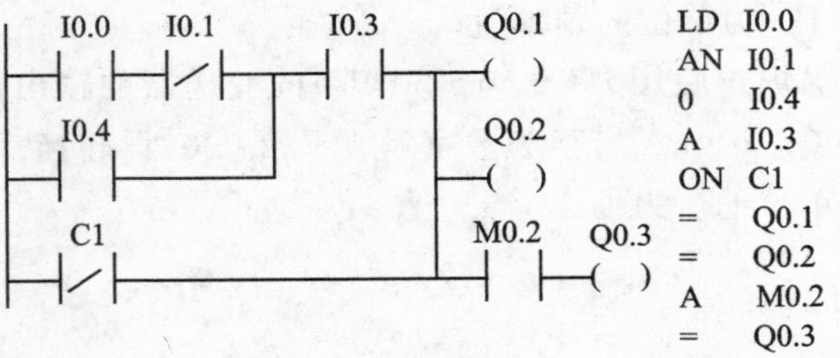

I0.0　I0.1　I0.3　Q0.1
I0.4　Q0.2
C1　M0.2　Q0.3

```
LD   I0.0
AN   I0.1
0    I0.4
A    I0.3
ON   C1
=    Q0.1
=    Q0.2
A    M0.2
=    Q0.3
```

图 5 - 1　触点与输出指令

表 5 - 1　标准触点指令

语　句	描　述	语　句	描　述
LD bit	装载，电路开始的常开触点	LDN bit	取反后装载，电路开始的常闭触点
A bit	与，串联的常开触点	AN bit	取反后与，串联的常闭触点
O bit	或，并联的常开触点	ON bit	取反后或，并联的常闭触点

常闭触点对应的存储器地址位为“0”状态时，该触点闭合，在语句表中，分别用 LDN(Load Not)、AN(And Not)和 ON(Or Not)来表示开始、串联和并联的常闭触

点，触点符号中间的"/"表示常闭。触点指令中变量的数据类型为 BOOL 型。

【例 5-1】 已知图 5-2 中 I0.1 的波形，画出 M1.0 的波形。

在 I0.1 上升沿之前，I0.1 的常开触点断开，M1.0 和 M1.1 均为 OFF，其波形用低电平表示。在 I0.1 的上升沿，I0.1 变为 ON，CPU 先执行第一行的电路。因为前一周期 M1.1 为 OFF，M1.1 的常闭触点闭合，所以 M1.0 变为 ON。执行第二行电路后，M1.1 变为 ON。从上升沿之后的第二个扫描周期开始，到 I0.1 变为 OFF 为止，M1.1 均为 ON，其常闭触点断开，使 M1.0 为 OFF。因此，M1.0 只是在 I0.1 的上升沿 ON 一个扫描周期。

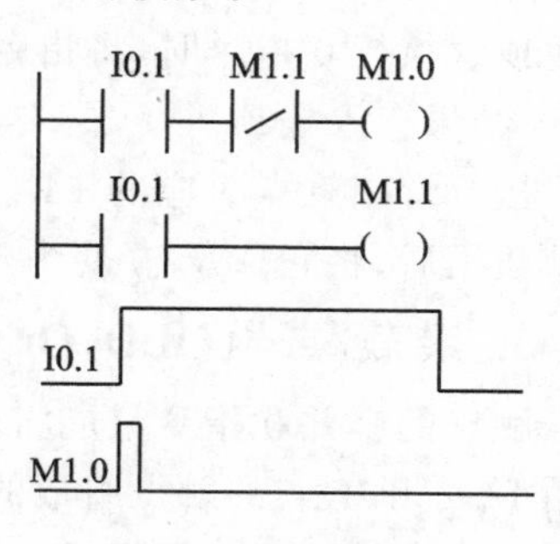

图 5-2　上升沿检测

如果交换图 5-2 中上下两行的位置，在 I0.1 的上升沿，M1.1 的线圈先"通电"，M1.1 的常闭触点断开，因此 M1.0 的线圈不会"通电"。由此可知，如果交换相互有关联的两块独立电路(即两个网络)的相对位置，可能会改变某些线圈的工作状态。一般会使线圈"通电"或"断电"的时间提前或延后一个扫描周期，对于绝大多数系统，这是无关紧要的。但是在某些特殊情况下，可能会影响系统的正常运行。

2. 堆栈的基本概念

S7-200 有一个 9 位的堆栈，栈顶用来存储逻辑运算的结果，下面的 8 位用来存储中间运算结果(见图 5-3)。堆栈中的数据一般按"先进后出"的原则存取。堆栈指令见表 5-2。

表 5-2　与堆栈有关的指令

语　句	描　述	语　句	描　述
ALD	栈装载与，电路块串联连接	LRD	逻辑读栈
OLD	栈装载或，电路块并联连接	LPP	逻辑出栈
LPS	逻辑入栈	LPS N	装载堆栈

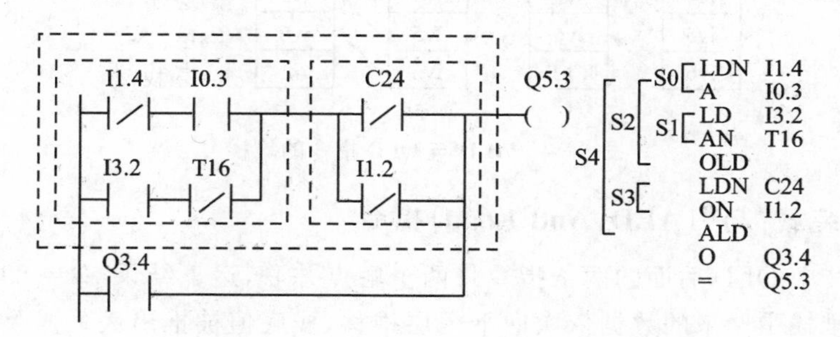

图 5-3　ALD 与 OLD 指令

执行 LD 指令时，将指令指定的位地址中的二进制数据装载入栈顶。执行 A（与）指令时，将指令指定的位地址中的二进制数和栈顶中的二进制数相“与”，结果存入栈顶。执行 O 指令时，将指令指定的位地址中的二进制数和栈顶中的二进制数相“或”，结果存入栈顶。

执行常闭触点对应的 LDN、AN 和 ON 指令时，取出指令指定的位地址中的二进制数据后，将它取反（0 变为 1，1 变为 0），然后再做对应的装载、与、或操作。

3. 装载“或”（OLD，Or Load）指令

触点的串并联指令只能将单个触点与别的触点或电路串并联。要想将图 5－3 中由 I3.2 和 T16 的触点组成的串联电路与它上面的电路并联，首先需要完成两个串联电路块内部的“与”逻辑运算（即触点的串联），这两个电路块分别用 LDN 和 LD 指令表示电路块的起始触点。前两条指令执行完后，“与”运算的结果 $S0=\overline{I1.4}\cdot I0.3$ 存放在栈顶，第 3、4 条指令执行完后，“与”运算的结果 $S1=I3.2\cdot\overline{T16}$ 压入栈顶，原来在栈顶的 S0 被推到堆栈的第 2 层，第 2 层的数据被推到第 3 层……栈底的数据丢失。OLD 指令用逻辑“或”操作对堆栈第 1 层和第 2 层的数据相“或”，即将两个串联电路块并联，并将运算结果 $S2=S0+S1$ 存入堆栈的顶部，第 3～9 层中的数据依次向上移动一位。

OLD 指令不需要地址，它相当于需要并联的两块电路右端的一段垂直连线。图 5－4 中的 x 表示不确定的值。

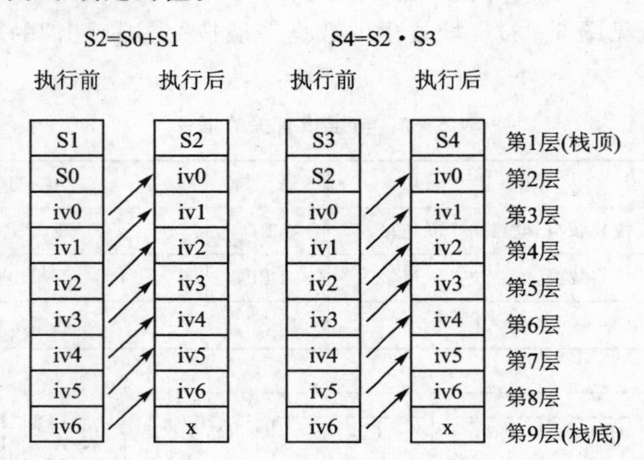

图 5－4　ALD 与 OLD 指令的堆栈

4. 栈装载“与”（ALD，And Load）指令

图 5－3 中 OLD 后面的两条指令将两个触点并联，运算结果 $S3=\overline{C24}+\overline{I1.2}$ 被压入栈顶，堆栈中原来的数据依次向下一层推移，栈底值被推出丢失。ALD 指令用逻辑“与”操作对堆栈第 1 层和第 2 层的数据相“与”，即将两个电路块串联，并将运算结果 $S4=S2\cdot S3$ 存入堆栈的顶部，第 3～9 层中的数据依次向上移动一位。

将电路块串并联时,每增加一个用 LD 或 LDN 指令开始的电路块内部的运算结果,堆栈中增加一个数据,堆栈深度加 1;执行一条 ALD 或 OLD 指令,堆栈深度减 1。

梯形图和功能块图编辑器自动插入处理堆栈操作所需要的指令。在语句表中,必须由编程人员加入这些堆栈处理指令。

【例 5-2】 已知图 5-5 中的语句表程序,画出对应的梯形图。

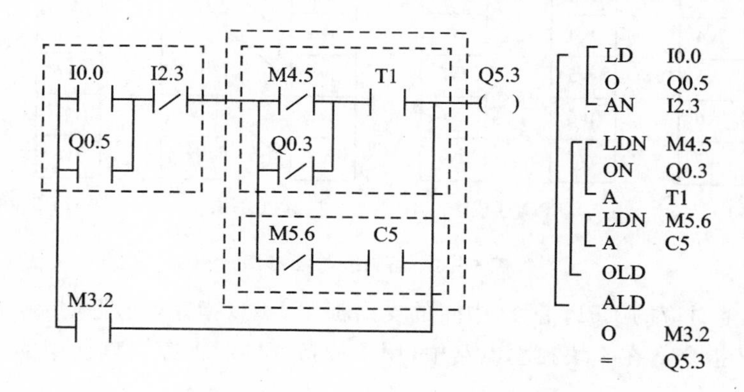

图 5-5　语句表与梯形图

对于较复杂的程序,特别是含有 OLD 和 ALD 指令时,在画梯形图之前,应分析清楚电路的串并联关系后,再开始画梯形图。首先将电路划分为若干块,各电路块从含有 LD 的指令(例如 LD、LDI 和 LDN 等)开始,在下一条含有 LD 的指令(包括 ALD 和 OLD)之前结束,然后分析各块电路之间的串并联关系。

在图 5-5 的语句表中,划分出 3 块电路。OLD 或 ALD 指令将它上面靠近它的、已经连接好的电路并联或串联起来,所以 OLD 指令并联的是语句表中划分的第 2 块和第 3 块电路。

从图 5-5 可以看出语句表和梯形图中电路块的对应关系。

5. 其他堆栈操作指令

逻辑入栈(Logic Push,LPS)指令复制栈顶的值并将其压入堆栈的下一层,栈中原来的数据依次向下一层推移,栈底值被推出丢失(见图 5-6)。

逻辑读栈(Logic Read,LRD)指令将堆栈中第 2 层的数据复制到栈顶。第 2~9 层的数据不变,但是原栈顶值消失。

逻辑出栈(Logic Pop,LPP)指令使栈中各层的数据向上移动一层,第 2 层的数据成为堆栈新的栈顶值,栈顶原来的数据从栈内消失。

装载堆栈(Load Stack n=1~8,LDS n)指令复制堆栈内第 n 层的值到栈顶。栈中原来的数据依次向下一层推移,栈底值被推出丢失。一般很少使用这条指令。

图 5-7 和图 5-8 分别给出了使用一层栈和使用多层栈的例子。每一条 LPS 指

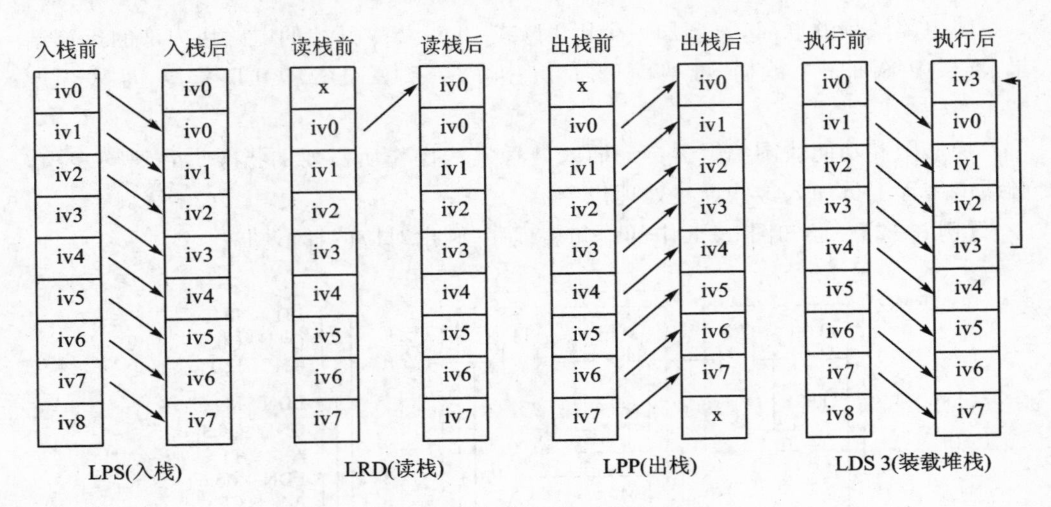

图 5－6　语句表与梯形图

令必须有一条对应的 LPP 指令，中间的支路都用 LRD 指令，处理最后一条支路时必须使用 LPP 指令。在一块独立电路中，用入栈指令同时保存在堆栈中的中间运算结果不能超过 8 个。

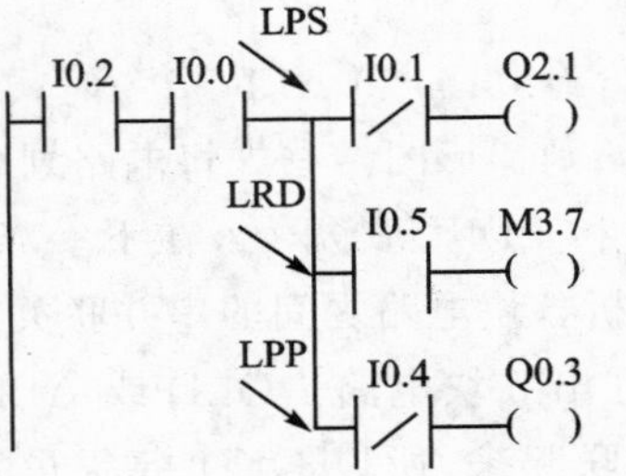

```
LD  I0.2
A   I0.0
LPS
AN  I0.1
=   Q2.1
LRD
A   I0.5
=   M3.7
LPP
AN  I0.4
=   Q0.3
```

图 5－7　堆栈指令的应用

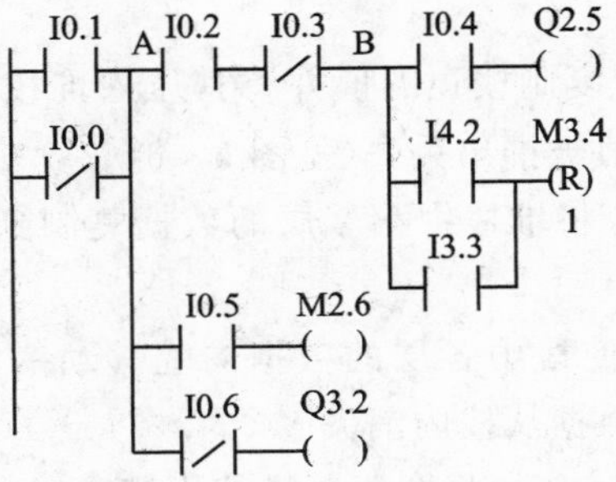

```
LD  I0.1        O   I3.3
ON  I0.0        ALD
LPS             R   M3.4,1
A   I0.2        LRD
AN  I0.3        A   I0.5
LPS             =   M2.6
A   I0.4        LPP
=   Q2.5        AN  I0.6
LPP             =   Q3.2
LD  I4.2
```

图 5－8　双重堆栈的使用

用编程软件将梯形图转换为语句表程序时，编程软件会自动加入 LPS、LRD 和

LPP 指令。写入语句表程序时，必须由用户来写入 LPS、LRD 和 LPP 指令。

图 5－8 中的第 1 条 LPS 指令将 A 点的运算结果保存到堆栈的第 2 层，第 2 条 LPS 指令将 B 点的运算结果保存到堆栈的第 2 层，A 点的运算结果被“压”到堆栈的第 3 层。第 1 条 LPP 指令将堆栈第 2 层的 B 点的运算结果上移到栈顶，第 3 层中 A 点的运算结果上移到堆栈的第 2 层。最后一条 LPP 指令将堆栈第 2 层的 A 点的运算结果上移到栈顶。从这个例子可以看出，堆栈“先入后出”的数据存取方式刚好可以满足多层分支电路保存和取用数据的顺序要求。

6. 立即触点

立即(Immediate)触点指令只能用于输入量 I，执行立即触点指令时，立即读入物理输入点的值，根据该值决定触点的接通/断开状态，但是并不更新该物理输入点对应的输入过程映像寄存器。在语句表中，分别用 LDI、AI、OI 来表示开始、串联和并联的常开立即触点(见表 5－3)；用 LDNI、ANI、ONI 来表示开始、串联和并联的常闭立即触点。触点符号中间的“I”和“/I”用来表示立即常开触点和立即常闭触点(见图 5－9)。

表 5－3　立即触点指令

语　句	描　述
LDI　bit	立即装载，电路开始的常开触点
AI　bit	立即与，串联的常开触点
OI　bit	立即或，并联的常开触点
LDNI　bit	取反后立即装载，电路开始的常闭触点
ANI　bit	取反后立即与，串联的常闭触点
ONI　bit	取反后立即或，并联的常闭触点

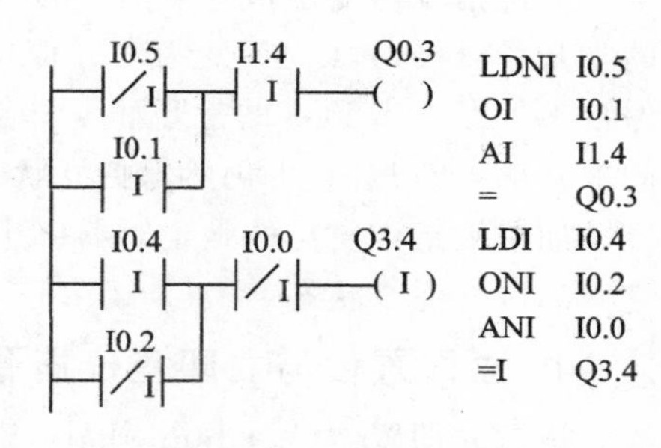

图 5－9　立即触点与立即输出指令

5.1.2　输出指令与其他指令

1. 输出指令

输出指令(＝)与线圈相对应，驱动线圈的触点电路接通时，线圈流过“能流”，该位对应的映像寄存器为 1，反之则为 0。执行输出指令时，将栈顶值复制到对应的映像寄存器。表 5－4 中的输出类指令应放在梯形图的最右边，指令中的变量 bit 为 BOOL 型。

2. 立即输出指令

执行立即输出指令时，将栈顶值立即写入指定的物理输出位和对应的输出过程映像寄存器。该指令只能用于输出位(Q)，线圈符号中的“I”用来表示立即输出(见图 5－9)。

3. 置位与复位指令

S(Set)是置位指令,R(Reset)是复位指令。执行置位指令或复位指令时,从指定的位地址开始的 N 个连续的位地址都被置位(变为 1)或复位(变为 0),$N=1\sim255$,图 5-10 中 $N=1$。

表 5-4 输出类指令

语句	描述
= bit	输出
=I bit	立即输出
S bit,n	置位
SI bit,n	立即置位
R bit,n	复位
RI bit,n	立即复位

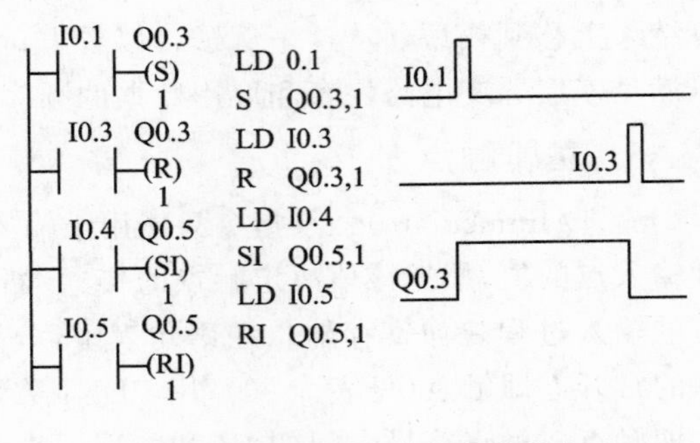

图 5-10 置位指令与复位指令

置位指令与复位指令最主要的特点是有记忆和保持功能。如果图 5-10 中 I0.1 的常开触点接通,Q0.3 变为 1 并保持该状态,即使 I0.1 的常开触点断开,它也仍然保持 1 状态。当 I0.3 的常开触点闭合时,Q0.3 变为 0 状态,并保持该状态,即使 I0.3 的常开触点断开,它也仍然保持 0 状态。

如果被指定复位的是定时器(T)或计数器(C),则清除定时器/计数器的当前值,它们的位变为 0 状态。

4. 立即置位与立即复位指令

执行立即置位(Set Immediate,SI)或立即复位(Reset Immediate,RI)指令时,从指定位地址开始的 N 个连续的物理输出点将被立即置位或复位,$N=1\sim128$。线圈中的 I 表示立即。该指令只能用于输出量(Q),新值被同时写入对应的物理输出点和输出过程映像寄存器。

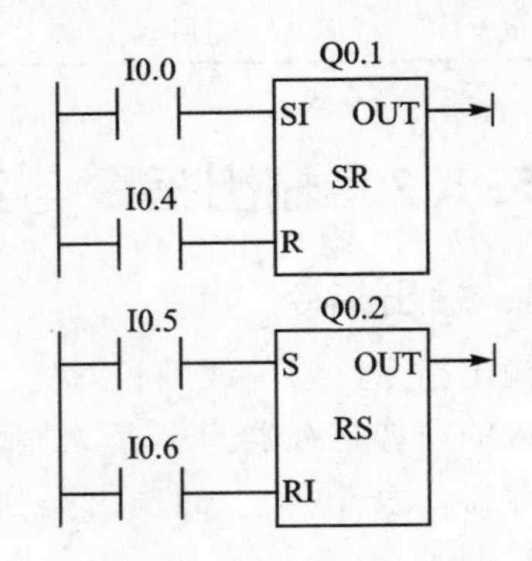

图 5-11 置位优先与复位优先触发器

5. RS 触发器指令

RS 触发器指令(见图 5-11)的基本功能与置位指令 S 和复位指令 R 的功能相同。

置位优先(SR)触发器的置位信号 SI 和复位信号 R 同时为 1 时,输出信号 OUT 为 1。

复位优先(RS)触发器的置位信号 S 和复位信号 R1 同时为 1 时,输出信号 OUT 为 0。

6. 其他指令

(1) 取反指令

取反(NOT)触点将存放在堆栈顶部左边电路的逻辑运算结果取反(见图 5-12),运算结果若为 1 则变为 0,若为 0 则变为 1,该指令没有操作数。在梯形图中,若能流到达该触点时,则停止;若能流未到达该触点,则该触点给右侧供给能流。

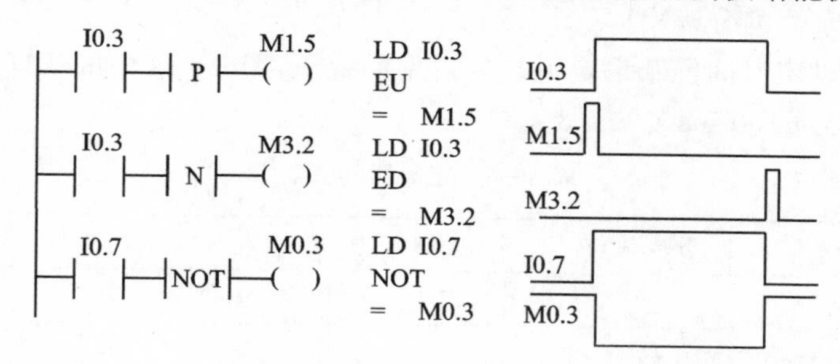

图 5-12　取反与跳变指令

(2) 跳变触点指令

正跳变触点检测到一次正跳变(触点的输入信号由 0 变为 1)时,或负跳变触点检测到一次负跳变(触点的输入信号由 1 变为 0)时,触点接通一个扫描周期。正/负跳变指令的助记符分别为 EU(Edge Up,上升沿)和 ED(Edge Down,下降沿),它们没有操作数,触点符号中间的"P"和"N"分别表示正跳变(Positive Transition)和负跳变(Negative Transition)。

(3) 空操作指令

空操作指令(NOP N)不影响程序的执行,操作数 N=0～255。

其他指令如表 5-5 所列。

表 5-5　其他指令

语　句	描　述
NOT	取反
EU	正跳变
ED	负跳变
NOP N	空操作

5.2　定时器与计数器指令

5.2.1　定时器指令

1. 接通延时定时器

定时器、计数器的当前值、设定值均为 16 位有符号整数(INT),允许的最大值为 32 767。接通延时定时器(TON)的使能输入端(IN),输入电路接通时开始定时。当前值大于或等于预置时间(Preset Time,PT)指定的设定值(1～32 767)时,定时器位变为 ON,梯形图中该定时器的常开触点闭合,常闭触点断开。达到设定值后,当前值仍然继续增大，直到最大值 32 767。

输入电路断开时，定时器自动复位，当前值被清零，定时器位变为 OFF。CPU 第一次扫描时，定时器位被清零。

定时器有 1 ms、10 ms 和 100 ms 三种分辨率，分辨率与定时器的编号有关（见表 5－6）。如果使用 V4.0 版的编程软件，则输入定时器号后，在定时器方框的右下角内会出现定时器的分辨率（见图 5－13）。

定时器的设定时间等于设定值与分辨率的乘积，图 5－13 中的 T37 为 100 ms 定时器，设定时间为 100 ms×30＝3 s。

表 5－6　定时器的分类

类　型	分辨率/ms	定时范围/s	定时器号
TONR	1	32.767	T0 和 T64
	10	327.67	T1～T4 和 T65～T68
	100	3 276.7	T5～T31 和 T69～T95
TON、TOF	1	32.767	T32 和 T96
	10	327.67	T33～T36 和 T97～T100
	100	3 276.7	T37～T63 和 T101～T255

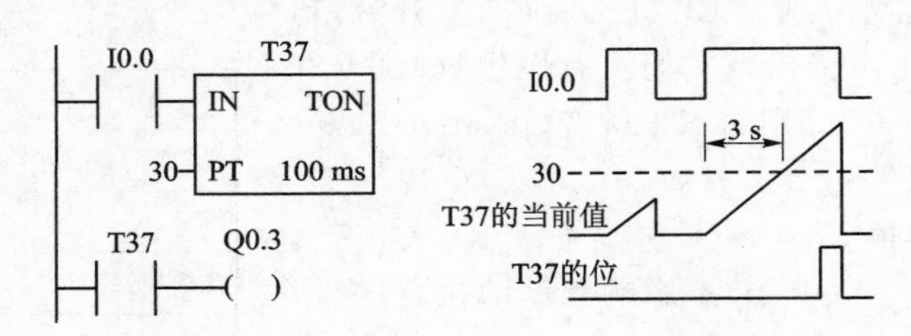

图 5－13　接通延时定时器

定时器和计数器的设定值的数据类型均为 INT（整数），除了常数外，还可以用 VW、IW 等作为它们的设定值。定时器与计数器指令见表 5－7。

表 5－7　定时器与计数器指令

语　句	描　述	语　句	描　述
TON　Txxx，PT	接通延时定时器	CITIM　IN，OUT	计算时间间隔
TOF　Txxx，PT	断开延时定时器	CTU　Cxxx，PV	加计数器
TONR Txxx，PT	保持型接通延时定时器	CTD　Cxxx，PV	减计数器
BITIM OUT	触发时间间隔	CTUD Cxxx，PV	加减计数器

2. 断开延时定时器

接在断开延时定时器（TOF）IN 输入端的输入电路接通时，定时器位变为 ON，当前值被清零，见图 5-14。输入电路断开后，开始定时，当前值从 0 开始增大。当前值等于设定值时，输出位变为 OFF，当前值保持不变，直到输入电路接通。断开延时定时器用于设备停机后的延时，例如大型电动机的冷却风扇的延时。

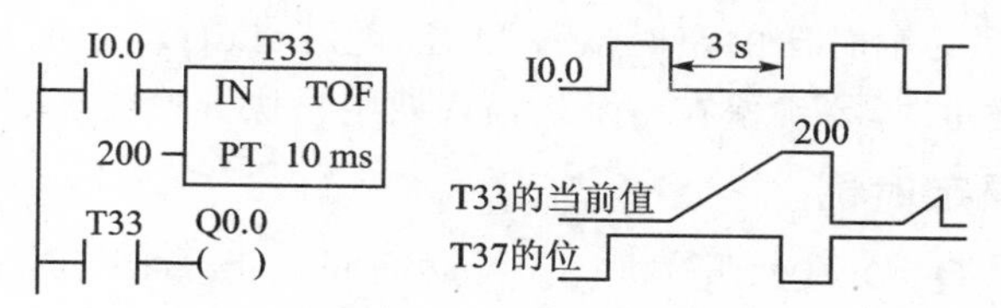

图 5-14　断开延时定时器

TOF 与 TON 不能共享相同的定时器号，例如不能同时对 T37 使用指令 TON 和 TOF。

可以用复位(R)指令复位定时器。复位指令使定时器位变为 OFF，定时器当前值被清零。在第一个扫描周期，非保持型定时器 TON 和 TOF 被自动复位，当前值和定时器位均被清零。

3. 保持型接通延时定时器

保持型接通延时定时器(Retentive On-Delay Timer，TONR)的输入电路接通时，开始定时。当前值大于或等于 PT 端指定的设定值时，定时器位变为 ON。达到设定值后，当前值仍然继续计数，直到最大值 32 767。

输入电路断开时，当前值保持不变。可以用 TONR 来累计输入电路接通的若干个时间间隔。当图 5-15 中的时间间隔 $t_1+t_2 \geqslant 100$ ms 时，10 ms 定时器 T2 的定时器位变为 ON。

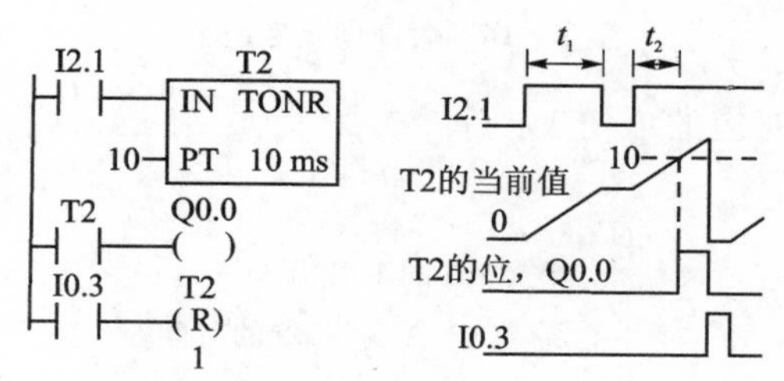

图 5-15　保持型接通延时定时器

只能用复位指令(R)来复位 TONR，使它的当前值变为 0，同时使定时器位 OFF。

在第一个扫描周期，所有的定时器位被清零，可以在系统块中设置 TONR 的当前值是否有断电保持功能。

4. 分辨率对定时器的影响

1 ms 分辨率的定时器的定时器位和当前值的更新与扫描周期不同步。当扫描周期大于 1 ms 时，定时器位和当前值在一个扫描周期内被多次刷新。

10 ms 分辨率的定时器的定时器位和当前值在每个扫描周期开始时被刷新。定时器位和当前值在整个扫描周期过程中不变。在每个扫描周期开始时将一个扫描周期累计的时间间隔加到定时器当前值上。

100 ms 分辨率的定时器的定时器位和当前值在执行该定时器指令时被刷新。为了使定时器正确定时,要确保在一个扫描周期中只执行一次 100 ms 定时器指令。

5. 时间间隔定时器

在图 5－16 中 Q0.0 的上升沿执行触发时间间隔指令 BITIM,读取内置的1 ms 双字计数器的当前值,并将该值存储在 VD0 中。

计算时间间隔指令 CITIM 计算当前时间与 IN 输入端的 VD0 中的时间(即图 5－16中 Q0.0 变为 ON 的时间)之差,并将该时间差存储在 OUT 端指定的 VD4 中。双字毫秒计数器的最大定时时间间隔为 2^{32} ms,或 49.7 天。CITIM 指令将自动处理计算时间间隔期间发生的 1 ms 定时器的翻转(即定时器的值由最大变为 0)。

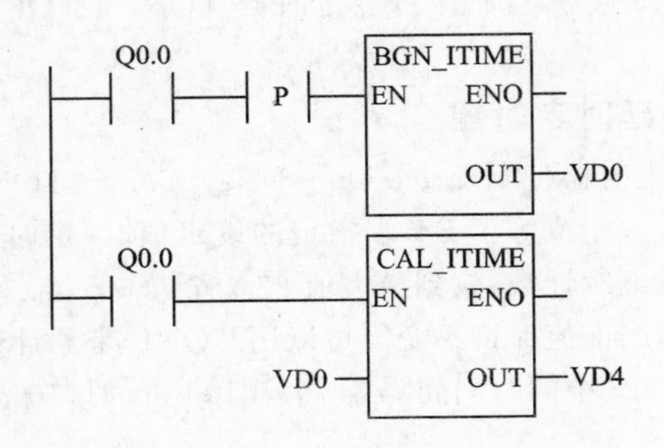

图 5－16　时间间隔定时器

下面是图 5－16 对应的语句表:

```
LD      Q0.0
EU                      //在 Q0.0 的上升沿
BITIM   VD0             //捕获 Q0.0 变为 ON 的时间
LD      Q0.0
CITIM   VD0,VD4         //计算 Q0.0 处于开启状态的持续时间
```

5.2.2　计数器指令

1. 加计数器(CTU)

当接在 R 输入端的复位输入电路断开时(见图 5－17),接在 CU 输入端的加计数(Count Up,CU)脉冲输入电路由断开变为接通(即在 CU 信号的上升沿),计数器的当前值加 1,直至计数最大值 32 767。当前值大于或等于设定值 PV 时,计数器位

被置 1。当复位输入 R 为 ON 或执行复位指令时,计数器被复位,计数器位变为 OFF,当前值被清零。计数器的编号范围为 C0～C255。不同类型的计数器不能共用同一计数器号。在语句表中,栈顶值是复位输入 R,加计数脉冲输入 CU 放在栈顶下面一层。

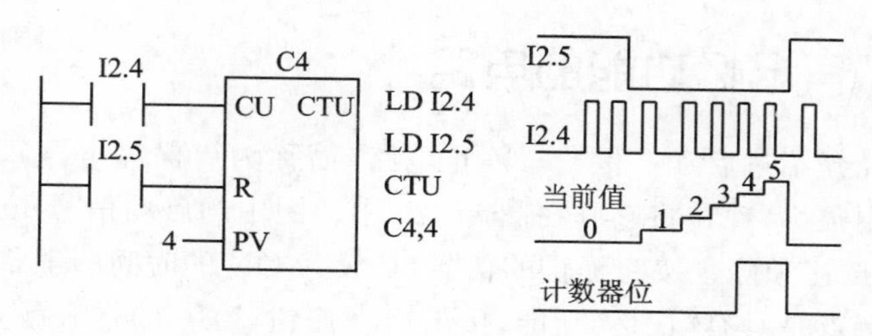

图 5－17　加计数器

2. 减计数器(CTD)

在减计数(Count Down,CD)脉冲输入信号的上升沿(从 OFF 到 ON),从设定值开始,计数器的当前值减 1,减至 0 时,停止计数,计数器位被置 1(见图 5－18)。装载输入 LD 为 ON 时,计数器位被复位,计数器位变为 0,并把设定值装入当前值寄存器。

在语句表中,栈顶值是装载输入 LD,减计数输入 CD 放在栈顶下面一层。

3. 加减计数器(CTUD)

在加计数输入脉冲 CU 的上升沿,计数器的当前值加 1;在减计数输入脉冲 CD 的上升沿,计数器的当前值减 1。当前值大于或等于设定值(PV) 时,计数器位被置位(见图 5－19)。若复位输入(R)为 ON,或对计数器执行复位(R)指令,则计数器被复位。当前值为最大值 32 767(十六进制数 16＃7FFF)时,下一个 CU 输入的上升沿使当前值加 1,变为最小值－32 768(十六进制数 16＃8000)。当前值为－32 768 时,下一个 CD 输入的上升沿使当前值减 1,变为最大值 32 767。

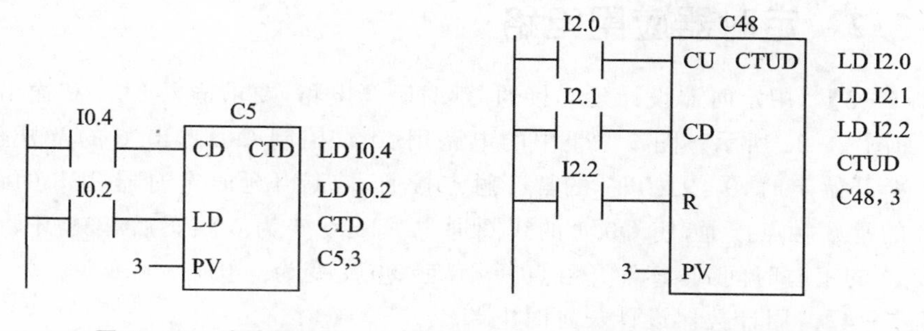

图 5－18　减计数器　　图 5－19　加减计数器

在语句表中,栈顶值是复位输入 R,减计数输入 CD 位于堆栈的第 2 层,加计数输入 CU 在堆栈的第 3 层。

5.3 S7－200 PLC 简单控制电路的编程与应用

5.3.1 有记忆功能的电路

在前面已经介绍过启动—保持—停止电路(简称为启保停电路),由于该电路在梯形图中的应用很广,现在将它画在图 5－20 中。图中的启动信号 I0.0 和停止信号 I0.1(例如启动按钮和停止按钮提供的信号)持续为 ON 的时间一般都很短。启保停电路最主要的特点是具有“记忆”功能,按下启动按钮,I0.0 的常开触点接通,如果这时未按停止按钮,那么 I0.1 的常闭触点接通,Q0.0 的线圈“通电”,它的常开触点同时接通。放开启动按钮,I0.0 的常开触点断开,“能流”经 Q0.0 的常开触点和 I0.1 的常闭触点流过 Q0.0 的线圈,Q0.0 仍为 ON,这就是所谓的“自锁”或“自保持”功能。按下停止按钮,I0.1 的常闭触点断开,使 Q0.0 的线圈“断电”,其常开触点断开,以后即使放开停止按钮,I0.1 的常闭触点恢复接通状态,Q0.0 的线圈仍然“断电”。这种记忆功能也可以用图 5－20 中的 S 指令和 R 指令来实现。

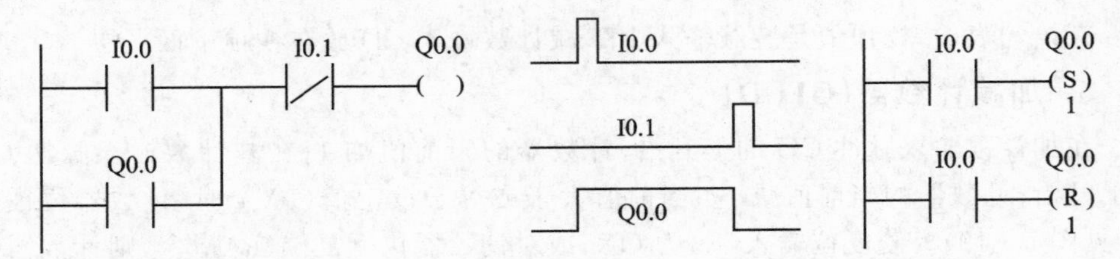

图 5－20　有记忆功能的电路

在实际电路中,启动信号和停止信号可能由多个触点组成的串、并联电路提供。

5.3.2 定时器应用电路

【例 5－3】 用定时器设计延时接通/延时断开电路,要求输入 I0.0 和输出 Q0.1 的波形如图 5－21 所示。图 5－21 中的电路用 I0.0 控制 Q0.1,I0.0 的常开触点接通后,T37 开始定时,9 s 后 T37 的常开触点接通,使断开延时定时器 T38 的线圈通电,T38 的常开触点接通,使 Q0.1 的线圈通电。I0.0 变为 0 状态后 T38 开始定时,7 s后 T38 的定时时间到,其常开触点断开,使 Q0.1 变为 0 状态。

【例 5－4】 用计数器设计长延时电路。

S7－200 的定时器最长的定时时间为 3 276.7 s,如果需要更长的定时时间,则可以使用图 5－22 中 C2 组成的计数器电路。周期为 1 min 的时钟脉冲 SM0.4 的常开触点为加计数器 C2 提供计数脉冲。I0.1 由 ON 变为 OFF 时,解除了对 C2 的复位操作，C2 开始定时。图中的定时时间为 30 000 min。

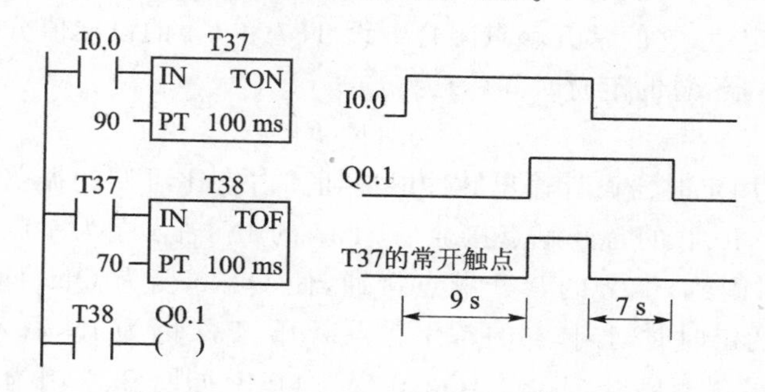

图 5－21　延时接通/延时断开

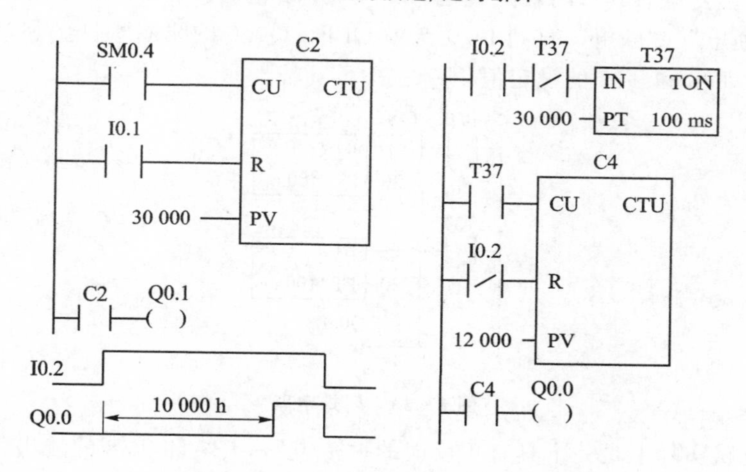

图 5－22　长延时电路

【例 5－5】　用计数器扩展定时器的定时范围。

图 5－22 中的 T37 和 C4 组成了长延时电路。I0.2 为 OFF 时，100 ms 定时器 T37 和加计数器 C4 处于复位状态，它们不能工作。I0.2 为 ON 时，其常开触点接通，T37 开始定时，3 000 s 后 T37 的定时时间到，其当前值等于设定值，它的常闭触点断开，使它自己复位；复位后 T37 的当前值变为 0，同时它的常闭触点接通，使它自己的线圈重新“通电”，又开始定时。T37 将这样周而复始地工作，直到 I0.2 变为 OFF。从上面的分析可知，图 5－22 右边最上面一行电路是一个脉冲信号发生器，脉冲周期等于 T37 的设定值(3 000 s)。这种定时器自复位的电路只能用于 100 ms 的定时器，如果需要用 1 ms 或 10 ms 的定时器来产生周期性的脉冲，应使用下面的程序：

```
LDN     M0.0            //T32 和 M0.0 组成脉冲发生器
TON     T32,500         //T32 的设定值为 500 ms
LD      T32
=       M0.0
```

图 5－22 中 T37 产生的脉冲送给 C4 计数，计满 12 000 个数(即 1 000 h)后，C4 的当前值等于设定值，它的常开触点闭合。设 T37 和 C4 的设定值分别为 K_T 和 K_C，对于 100 ms 定时器，总的定时时间(s)为

$$T = 0.1K_TK_C$$

【例 5－6】 用定时器设计输出脉冲的周期和占空比可调的振荡电路(即闪烁电路)。图 5－23 中 I0.0 的常开触点接通后，T37 的 IN 输入端为 1 状态，T37 开始定时。2 s 后定时时间到，T37 的常开触点接通，使 Q0.0 变为 ON，同时 T38 开始定时。3 s 后 T38 的定时时间到，它的常闭触点断开，T37 因为 IN 输入电路断开而被复位。T37 的常开触点断开，T38 使 Q0.0 变为 OFF，同时 T38 因为 IN 输入电路断开而被复位。复位后其常闭触点接通，T37 又开始定时。以后 Q0.0 的线圈将这样周期性地"通电"和"断电"，直到 I0.0 变为 OFF。Q0.0 的线圈"通电"和"断电"的时间分别等于 T38 和 T37 的设定值。

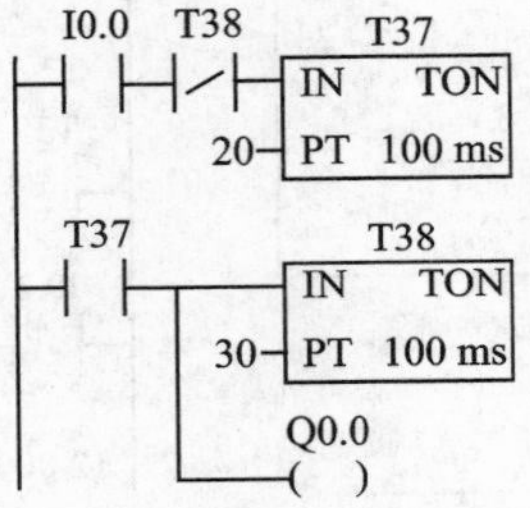

图 5－23　闪烁电路

闪烁电路实际上是一个具有正反馈的振荡电路，T37 和 T38 的输出信号通过它们的触点分别控制对方的线圈，形成了正反馈。

此外，特殊存储器位 SM0.5 的常开触点提供周期为 1 s、占空比为 0.5 的脉冲信号，可以用它来驱动需要闪烁的指示灯。

本章小结

本章主要介绍 S7－200 的基本逻辑指令、定时器与计数器及简单控制电路的程序设计方法，这些知识是可编程逻辑控制器的入门基础，必须熟练掌握及合理应用。

基本指令用于实现梯形图中触点的串联、并联及电路块的连接。在学习的过程中，应充分理解堆栈的概念，借助堆栈理解指令的执行过程。

定时器应用十分广泛，学习过程中应特别注意定时器的分辨率对定时器的影响。

简单控制线路的程序设计通常采用梯形图，其与前面学的电器控制线路有相似之处，但也有较大的不同。电器控制线路中的线圈通断电是可以同时进行的，而可编程控制器中的梯形图的执行是从上往下，即指令是逐条执行的。本章通过一些具体例子介绍了简单控制线路的程序设计方法。

习　题

1. 填空。

1）接通延时定时器(TON)的输入(IN)电路________时开始定时,当前值大于或等于设定值时其定时器位变为________,其常开触点________,常闭触点________。

2）接通延时定时器(TON)的输入(IN)电路________时被复位,复位后其常开触点________,常闭触点________,当前值等于________。

3）若加计数器的计数输入电路(CU)________、复位输入电路(R)________,则计数器的当前值加 1。当前值大于或等于设定值(PV)时,其常开触点________,常闭触点。复位输入电路________时,计数器被复位,复位后其常开触点________,常闭触点,当前值为________。

4）输出指令(=)不能用于________过程映像寄存器。

5）SM ________在首次扫描时为 ON,SM0.0 一直为________。

2. 写出图 5－24 所示梯形图的语句表程序。

3. 写出图 5－25 所示梯形图的语句表程序。

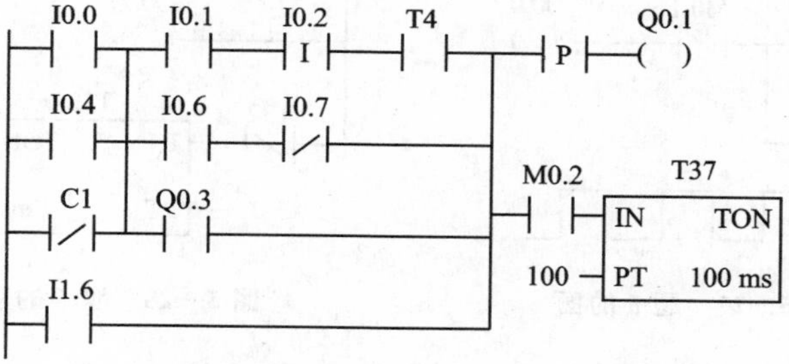

图 5－24　题 2 的图

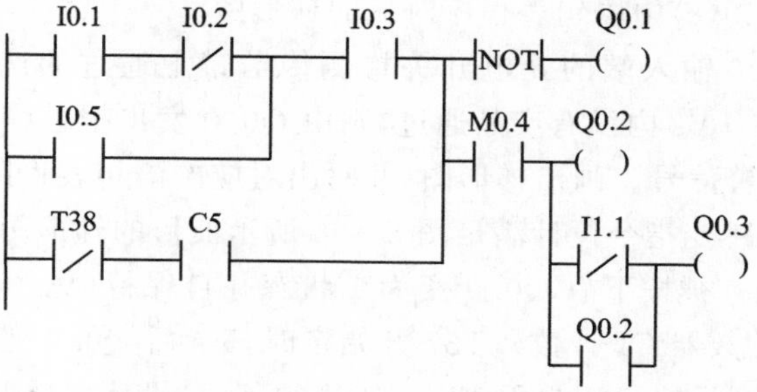

图 5－25　题 3 的图

4. 写出图 5－26 所示梯形图的语句表程序。

5. 画出图 5－27 中 M0.0、M0.1 和 Q0.0 的波形图。

6. 指出图 5－28 中的错误。

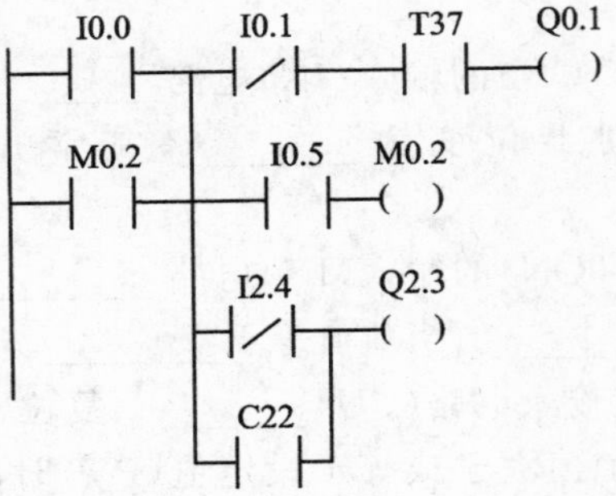

图 5－26　题 4 的图

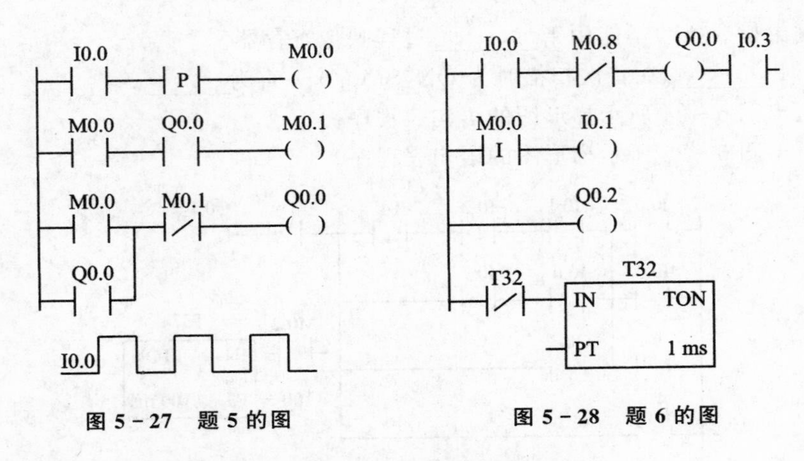

图 5－27　题 5 的图　　　　图 5－28　题 6 的图

7. 画出图 5－29(a)中语句表程序对应的梯形图。

8. 画出图 5－29(b)中语句表程序对应的梯形图。

9. 画出图 5－29(c)中语句表程序对应的梯形图。

10. 用接在 I0.0 输入端的光电开关检测传送带上通过的产品，有产品通过时 I0.0 为 ON，如果在 10 s 内没有产品通过，则由 Q0.0 发出报警信号，用 I0.1 输入端外接的开关解除报警信号。画出梯形图，并写出对应的语句表程序。

11. 用 S、R 和跳变指令设计满足图 5－30 所示波形的梯形图。

12. 在按钮 I0.0 被按下后 Q0.0 变为 1 状态并自保持(见图 5－31)，I0.1 输入 3 个脉冲后(用加计数器 C1 计数)，T37 开始定时，5 s 后 Q0.0 变为 0 状态，同时 C1 被复位，在 PLC 刚开始执行用户程序时，C1 也被复位，设计出梯形图。

```
LDI    I0.2
AN     I0.0
O      Q0.3
ONI    I0.1
LD     Q2.1
O      M3.7
AN     I1.5
LDN    I0.5
A      I0.4
OLD
ON     M0.2
ALD
O      I0.4
LPS
EU
=      M3.5
LPP
AN     I0.4
NOT
SI     Q0.3, 1
```

(a) 题 7 的图

```
LD     I0.1
AN     I0.0
LPS
AN     I0.2
LPS
A      I0.4
=      Q1.1
LPP
A      I2.2
R      Q0.3, 1
LRD
A      I0.5
=      M2.2
LPP    LD
AN     I0.5
TON    T37, 20
```

(b) 题 8 的图

```
LD     I0.7
AN     I2.7
LDI    I0.3
ON     I0.1
A      M0.1
OLD
LD     I0.5
A      I0.3
O      I0.4
ALD
ON     M0.2
NOT
=I     Q0.3
I2.1
LDN    M3.2
ED
CTU    C41, 5
```

(c) 题 9 的图

图 5-29　题 7～9 的图

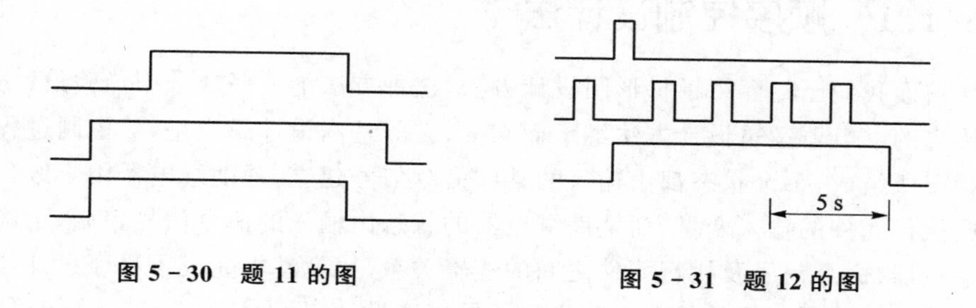

图 5-30　题 11 的图　　**图 5-31　题 12 的图**

第6章　西门子S7-200 PLC 顺序控制程序设计

本章要点

- 顺序功能图的基本概念；
- 使用启保停电路的顺序控制梯形图设计方法；
- 以转换为中心的顺序控制梯形图设计方法；
- 使用SCR指令的顺序控制梯形图设计方法；
- 具有多种工作方式的系统的顺序控制梯形图设计方法。

6.1　顺序功能图概述

6.1.1　顺序控制设计法

在前面我们已经介绍了梯形图设计方法，这种方法绝大多数采用经验设计方法，是从传统的继电器逻辑设计方法继承而来的，它的基本设计思想是：被控制过程由若干个状态所组成，每个状态都由输入的某些命令信号建立，辅助继电器用于区分状态且构成执行元件的输入变量，而辅助继电器的状态由输入的命令信号控制，正确找出辅助继电器、命令信号及执行元件之间的逻辑关系，也就基本完成了程序设计任务。

经验法仅适用于简单的单一顺序问题的程序设计，且设计无一定的规律可循，对稍复杂的程序设计起来显得较为困难，而对具有并发顺序和选择顺序的问题就更显得无能为力，故有必要寻求一种能解决更广泛顺序类型问题的程序设计方法。

所谓顺序控制，就是按照生产工艺预先规定的顺序，在各个输入信号的作用下，根据内部状态和时间的顺序，在生产过程中各个执行机构自动地、有秩序地进行操作。在使用顺序控制设计法时，首先根据系统的工艺过程，画出顺序功能图；然后根据顺序功能图设计出梯形图。有的PLC为用户提供了顺序功能图语言，在编程软件中生成顺序功能图后便完成了编程工作。这是一种先进的设计方法，很容易被初学者接受，对于有经验的工程师，也会提高设计的效率，程序的调试、修改和阅读也很方便。例如，某厂有经验的电气工程师用经验设计法设计某控制系统的梯形图，花了两周的时间，同一系统改用顺序控制设计法.只用了不到半天的时间，就完成了梯形图的设计和模拟调试，现场试车一次成功。

顺序功能图(Sequential Function Chart)是描述控制系统的控制过程、功能和特性的一种图形，也是设计 PLC 顺序控制程序的有力工具。

顺序功能图并不涉及所描述的控制功能的具体技术，它是一种通用的技术语言，可以供进一步设计和不同专业的人员之间进行技术交流之用。

在 IEC 的 PLC 编程语言标准（IEC 61131－3）中，顺序功能图被确定为 PLC 位居首位的编程语言。我国也在 1986 年颁布了顺序功能图的国家标准。顺序功能图主要由步、有向连线、转换、转换条件和动作（或命令）组成。S7－300/400 的 S7 Graph 是典型的顺序功能图语言。

现在还有相当多的 PLC（包括 S7－200）没有配备顺序功能图语言，但是可以用顺序功能图来描述系统的功能，根据它来设计梯形图程序。

6.1.2　步与动作

1. 步的基本概念

顺序控制设计法最基本的思想是将系统的一个工作周期划分为若干个顺序相连的阶段，这些阶段称为步（Step），并用编程元件（例如位存储器 M 和顺序控制继电器 S）来代表各步。步是根据输出量的状态变化来划分的，在任何一步之内，各输出量的 ON/OFF 状态不变，但是相邻两步输出量总的状态是不同的，步的这种划分方法使代表各步的编程元件的状态与各输出量的状态之间有着极为简单的逻辑关系。

顺序控制设计法用转换条件控制代表各步的编程元件，让它们的状态按一定的顺序变化，然后用代表各步的编程元件去控制 PLC 的各输出位。

图 6－1 中的波形图给出了控制锅炉的鼓风机和引风机的要求。按了启动按钮 I0.0 后，应先开引风机，延时 12 s 后再开鼓风机。按了停止按钮 I0.1 后，应先停鼓风机，10 s 后再停引风机。

根据 Q0.0 和 Q0.1 的 ON/OFF 状态的变化，显然一个工作周期可以分为 3 步，分别用 M0.1～M0.3 来代表这 3 步，另外还应设置一个等待启动的初始步。图 6－2 是描述该系统的顺序功能图，图中用矩形方框表示步，方框中可以用数字表示该步的编号，也可以用代表该步的编程元件的地址作为步的编号，例如 M0.0 等，这样在根据顺序功能图设计梯形图时较为方便。

2. 初始步

与系统的初始状态相对应的步称为初始步，初始状态一般是系统等待启动命令的相对静止的状态。初始步用双线方框表示，每一个顺序功能图至少应该有一个初始步。

3. 与步对应的动作或命令

可以将一个控制系统划分为被控系统和施控系统，例如在数控车床系统中，数控装置是施控系统，而车床是被控系统。对于被控系统，在某一步中要完成某些“动作”（action）；对于施控系统，在某一步中则要向被控系统发出某些“命令”（command）。为了叙述方便，下面将命令或动作统称为动作，并用矩形框中的文字或符号表示动作，该矩形框应与相应的步的符号相连。

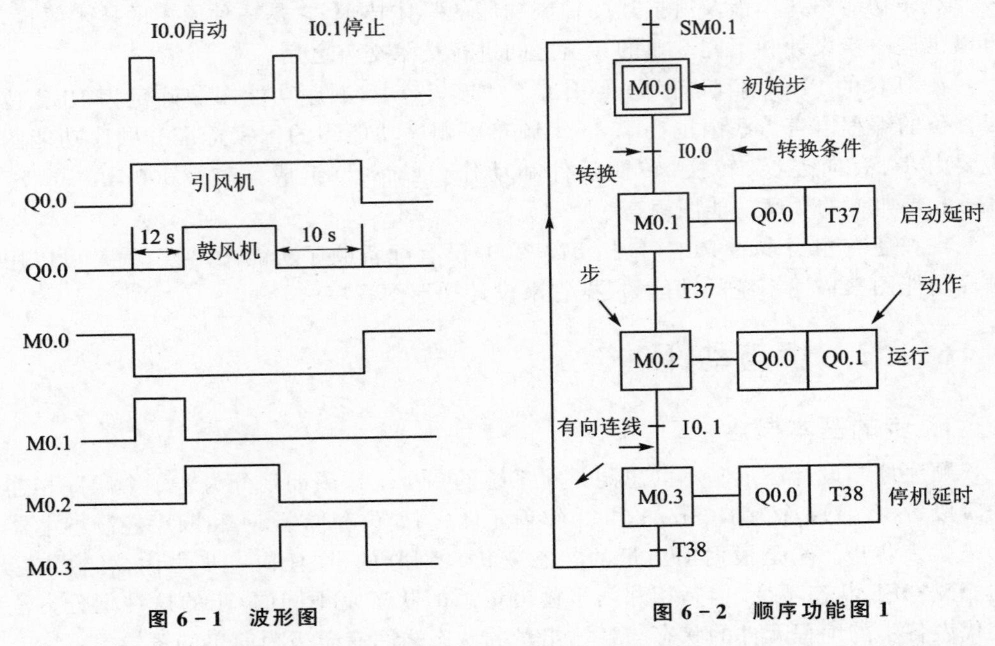

图 6-1　波形图　　　　图 6-2　顺序功能图 1

如果某一步有几个动作，则可以用图 6-3 中的两种画法来表示，但是并不隐含这些动作之间的任何顺序。说明命令的语句应清楚地表明该命令是存储型的还是非存储型的。例如某步的存储型命令"打开 1 号阀并保持"，是指该步活动时 1 号阀打开，该步不活动时继续打开；非存储型命令"打开 1 号阀"，是指该步活动时打开，不活动时关闭。

图 6-3　动　作

除了以上的基本结构之外，使用动作的修饰词(见表 6-1)可以在一步中完成不同的动作。修饰词允许在不增加逻辑的情况下控制动作。例如，可以使用修饰词 L 来限制配料阀打开的时间。

表 6-1　动作的修饰词

动作符号	动作名称	动作描述
N	非存储型	当步变为不活动步时动作终止
S	置位(存储)	当步变为不活动步时动作继续，直到动作被复位

续表 6－1

动作符号	动作名称	动作描述
R	复位	被修饰词 S、SD、SL 或 DS 启动的动作被终止
L	时间限制	步变为活动步时动作被启动，直到步变为不活动步或设定时间到
D	时间延迟	步变为活动步时延迟定时器被启动，如果延迟之后步仍然是活动的，则动作被启动和继续，直到步变为不活动步
P	脉冲	当步变为活动步时，动作被启动并且只执行一次
SD	存储与时间延迟	在时间延迟之后动作被启动，一直到动作被复位
DS	延迟与存储	在延迟之后如果步仍然是活动的，则动作被启动直到被复位
SL	存储与时间限制	步变为活动步时动作被启动，一直到设定的时间到或动作被复位

由图 6－2 可知，在连续的 3 步内输出位 Q0.0 均为 1 状态，为了简化顺序功能图和梯形图，可以在第 2 步将 Q0.0 置位，返回初始步后将 Q0.0 复位（见图 6－4）。

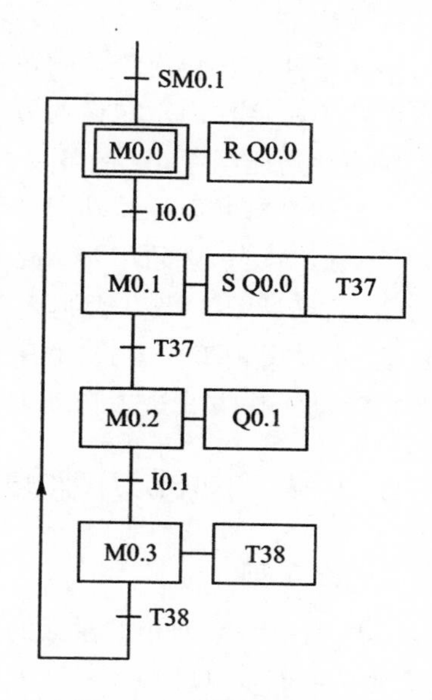

图 6－4　顺序功能图 2

4. 活动步

当系统正处于某一步所在的阶段时，该步处于活动状态，称该步为活动步。步处于活动状态时，相应的动作被执行；处于不活动状态时，相应的非存储型动作被停止执行。

6.1.3　有向连线与转换条件

1. 有向连线

在顺序功能图中，随着时间的推移和转换条件的实现，将会发生步的活动状态的进展，这种进展按有向连线规定的路线和方向进行。在画顺序功能图时，将代表各步的方框按它们成为活动步的先后次序顺序排列，并用有向连线将它们连接起来。步的活动状态习惯的进展方向是从上到下或从左至右，在这两个方向有向连线上的箭头可以省略。如果不是上述的方向，则应在有向连线上用箭头注明进展方向。在可以省略箭头的有向连线上，为了更易于理解也可列加箭头。

如果在画图时有向连线必须中断（例如在复杂的图中，或用几个图来表示一个顺序功能图时），则应在有向连线中断之处标明下一步的标号和所在的页数。

2. 转　换

转换用有向连线上与有向连线垂直的短画线来表示，转换将相邻两步分隔开。步的活动状态的进展是由转换的实现来完成的，并与控制过程的发展相对应。

3. 转换条件

使系统由当前步进入下一步的信号称为转换条件，转换条件可以是外部的输入信号（例如按钮、指令开关、限位开关的接通或断开等），也可以是 PLC 内部产生的信号（例如定时器、计数器常开触点的接通等），转换条件还可能是若干个信号的与、或、非逻辑组合。

图 6－2 中的启动按钮 I0.0 和停止按钮 I0.1 的常开触点、定时器延时接通的常开触点是各步之间的转换条件。图中有两个 T37，它们的意义完全不同。与步 M0.1 对应的方框相连的动作框中的 T37 表示 T37 的线圈应在步 M0.1 所在的阶段“通电”，在梯形图中，T37 的指令框与 M0.1 的线圈并联。转换旁边的 T37 对应于 T37 延时接通的常开触点，它被用作步 M0.1 和 M0.2 之间的转换条件。

转换条件是与转换相关的逻辑命题，转换条件可以用文字语言、布尔代数表达式或图形符号标注在表示转换的短线旁边，使用得最多的是布尔代数表达式。

在顺序功能图中，只有当某一步的前级步是活动步时，该步才有可能变成活动步。如果用没有断电保持功能的编程元件代表各步，则进入 RUN 工作方式时，它们均处于 OFF 状态，必须用初始化脉冲 SM0.1 的常开触点作为转换条件，将初始步预置为活动步（见图 6－2），否则因顺序功能图中没有活动步，系统将无法工作。系统有自动、手动两种工作方式，顺序功能图是用来描述自动工作过程的，这时还应在系统中由手动工作方式进入自动工作方式时，用一个适当的信号将初始步置为活动步。

6.1.4　顺序功能图的基本结构

1. 单序列

单序列由一系列相继激活的步组成，每一步的后面仅有一个转换，每一个转换的后面只有一个步（见图 6－5(a)）。单序列没有下述的分支与合并。

2. 选择序列

选择序列的开始称为分支（见图 6－5(b)），转换符号只能标在水平连线之下。如果步 5 是活动步，并且转换条件 h＝1，则发生由步 5 步向步 8 的进展。如果步 5 是活动步，并且 k＝1，则发生由步 5 向步 10 的进展。如果将转换条件 k 改为 k.h，则当 k 和 h 同时为 ON 时，将优先选择 h 对应的序列，一般只允许同时选择一个序列。

选择序列的结束称为合并（见图 6－5(b)），几个选择序列合并到一个公共序列时，合并之前的每一个序列都需要有转换和转换条件，转换符号只允许标在水平连线之上。

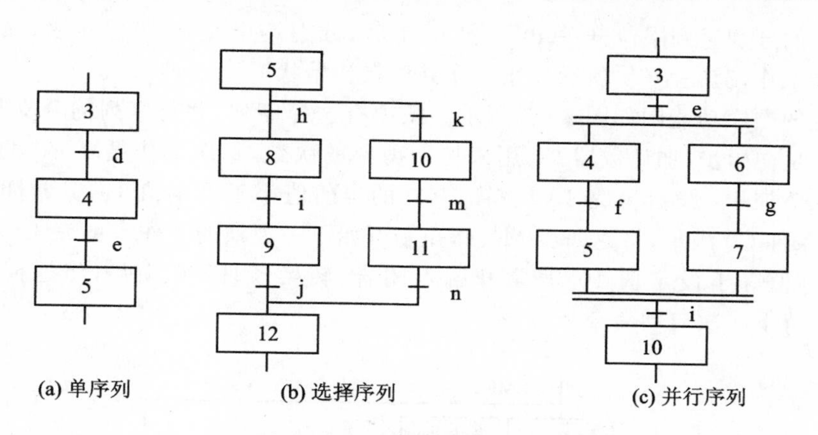

(a) 单序列　(b) 选择序列　(c) 并行序列

图 6 - 5　单序列、选择序列、并行序列

如果步 9 是活动步，并且转换条件 j＝1，则发生由步 9 向步 12 的进展。如果步 11 是活动步，并且 n＝1，则发生由步 11 到步 12 的进展。

3. 并行序列

并行序列用来表示系统的几个同时工作的独立部分的工作情况。并行序列的开始称为分支(见图 6 - 5(c))，当转换的实现导致几个序列同时激活时，这些序列称为并行序列。当步 3 是活动的，并且转换条件 e＝1 时，步 4 和步 6 同时变为活动步，同时步 3 变为不活动步。为了强调转换的同步实现，水平连线用双线表示。步 4 和步 6 被同时激活后，每个序列中活动步的进展将是独立的。在表示同步的水平双线之上，只允许有一个转换符号。

并行序列的结束称为合并(见图 6 - 5(c))，在表示同步的水平双线之下，只允许有一个转换符号。当直接连在双线上的所有前级步(步 5 和步 7)都处于活动状态，并且转换条件 i＝1 时，才会发生步 5 和步 7 到步 10 的进展，即步 5 和步 7 同时变为不活动步，而步 10 变为活动步。

4. 复杂的顺序功能图举例

图 6 - 6 是某剪板机的示意图，开始时压钳和剪刀在上限位置，限位开关 I0.0 和 I0.1 为 ON。按下启动按钮 I1.0，工作过程如下：首先板料右行(Q0.0 为 ON)至限位开关 I0.3 动作，然后压钳下行(Q0.1 为 ON 并保持)，压紧板料后，压力继电器 I0.4 为 ON，压钳保持压紧，剪刀开始下行(Q0.2 为 ON)。剪断板料后，I0.2 变为 ON，压钳和剪刀同时上行(Q0.3 和 Q0.4 为 ON，Q0.1 和 Q0.2 为

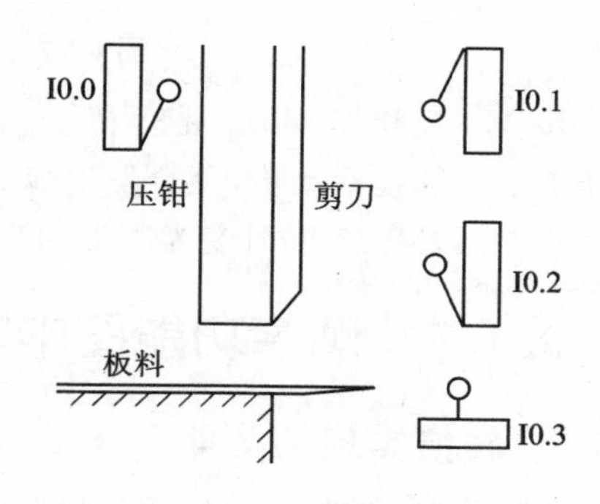

图 6 - 6　剪板机的示意图

OFF)，它们分别碰到限位开关I0.0和I0.1后，分别停止上行，都停止后，又开始下一周期的工作，剪完10块料后停止工作并停在初始状态。

系统的顺序功能图如图6-7所示。图中有选择序列、并行序列的分支与合并。步M0.0是初始步，加计数器C0用来控制剪料的次数，每次工作循环C0的当前值在步M0.7加1。没有剪完10块料时，C0的当前值小于设定值10，其常闭触点闭合，转换条件$\overline{C0}$满足，将返回步M0.1，重新开始下一周期的工作。剪完10块料后，C0的当前值等于设定值10，其常开触点闭合，转换条件C0满足，将返回初始步M0.0，等待下一次启动命令。

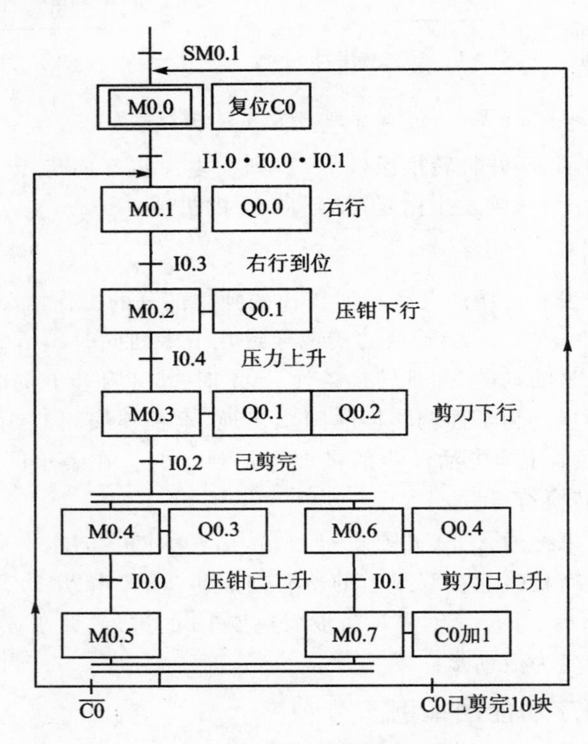

图6-7 剪板机的顺序功能图

步M0.5和步M0.7是等待步，它们用来同时结束两个子序列。只要步M0.5和步M0.7都是活动步，就会发生步M0.5、步M0.7到步M0.0或步M0.1的转换，步M0.5、步M0.7同时变为不活动步，而步M1.0或步M0.1变为活动步。

6.1.5 顺序功能图中转换实现的基本规则

1. 转换实现的条件

在顺序功能图中，步的活动状态的进展是由转换的实现来完成的。转换实现必须同时满足两个条件：

① 该转换所有的前级步都是活动步。

② 相应的转换条件得到满足。

这两个条件是缺一不可的。以剪板机为例，如果取消了第一个条件，那么假设在板料被压住时因误操作按了启动按钮，也会使步 M0.1 变为活动步，将使板料右行，因此造成了设备的误动作。

如果转换的前级步或后续步不止一个，则转换的实现称为同步实现（见图 6－8）。为了强调同步实现，有向连线的水平部分用双线表示。

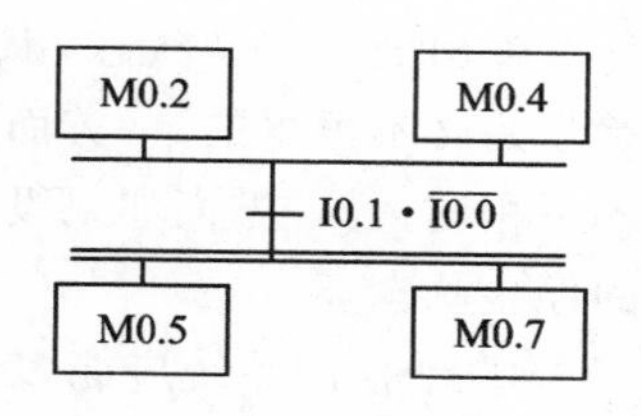

图 6－8　转换的同步实现

2. 转换实现应完成的操作

转换实现时应完成以下两个操作：

① 使所有由有向连线与相应转换符号相连的后续步都变为活动步。

② 使所有由有向连线与相应转换符号相连的前级步都变为不活动步。

转换实现的基本规则是根据顺序功能图设计梯形图的基础，它适用于顺序功能图中的各种基本结构和下一章中将要介绍的各种顺序控制梯形图的编程方法。

在梯形图中，用编程元件（例如 M 和 S）代表步，当某步为活动步时，该步对应的编程元件为 ON。当该步之后的转换条件满足时，转换条件对应的触点或电路接通，因此可以将该触点或电路与代表所有前级步的编程元件的常开触点串联，作为与转换实现的两个条件同时满足对应的电路。

图 6－8 中的转换条件为 I0.1 • $\overline{\text{I0.0}}$，步 M0.2 和步 M0.4 是该转换的前级步，应将 I0.1、M0.2、M0.4 的常开触点和 I0.0 的常闭触点串联，作为转换实现的两个条件同时满足对应的电路。在梯形图中，该电路接通时，应使所有代表前级步的编程元件（步 M0.2 和步 M0.4）复位（变为 OFF 并保持），同时使所有代表后续步的编程元件（步 M0.5 和步 M0.7）置位（变为 ON 并保持），完成以上图 6－8 转换的同步实现任务的电路将在本章中进行介绍。

以上规则可以用于任意结构中的转换，其区别如下：在单序列中，一个转换仅有一个前级步和一个后续步。在并行序列的分支处，转换有几个后续步（见图 6－8），在转换实现时应同时将它们对应的编程元件置位。在并行序列的合并处，转换有几个前级步，它们均为活动步时才有可能实现转换，在转换实现时应将它们对应的编程元件全部复位。在选择序列的分支与合并处，一个转换实际上只有一个前级步和一个后续步，但是一个步可能有多个前级步或多个后续步。

3. 绘制顺序功能图时的注意事项

下面是针对绘制顺序功能图时常见的错误提出的注意事项：

① 两个步绝对不能直接相连，必须用一个转换将它们分隔开。

② 两个转换也不能直接相连，必须用一个步将它们分隔开。第 1 条和第 2 条可

以作为检查顺序功能图是否正确的判据。

③ 顺序功能图中的初始步一般对应于系统等待启动的初始状态，这一步可能没有什么输出处于 ON 状态，因此有的初学者在画顺序功能图时很容易遗漏这一步。初始步是必不可少的，一方面因为该步与它的相邻步相比，从总体上说输出变量的状态各不相同；另一方面如果没有该步，则无法表示初始状态，系统也无法返回等待启动的停止状态。

④ 自动控制系统应能多次重复执行同一工艺过程，因此在顺序功能图中一般应有由步和有向连线组成的闭环，即在完成一次工艺过程的全部操作之后，应从最后一步返回初始步，系统停留在初始状态（单周期操作，见图 6－2），在连续循环工作方式时，应从最后一步返回下一工作周期开始运行的第一步（见图 6－7）。换句话说，在顺序功能图中不能有“到此为止”的死胡同。

6.2　使用启保停电路的顺序控制梯形图设计方法

控制系统的梯形图一般采用图 6－9 所示的典型结构，系统有自动和手动两种工作方式。SM0.0 的常开触点一直闭合，每次扫描都会执行公用程序。自动方式和手动方式都需要执行的操作放在公用程序中，公用程序还用于自动程序和手动程序相互切换的处理。I2.0 是自动/手动切换开关，当它为 1 状态时调用手动程序，为 0 状态时调用自动程序。开始执行自动程序时，要求系统处于与自动程序的顺序功能图中初始步对应的初始状态。如果开机时系统没有处于初始状态，则应进入手动工作方式，用手动操作使系统进入初始状态后，再切换到自动工作方式，也可以设置使系统自动进入初始状态的工作方式。

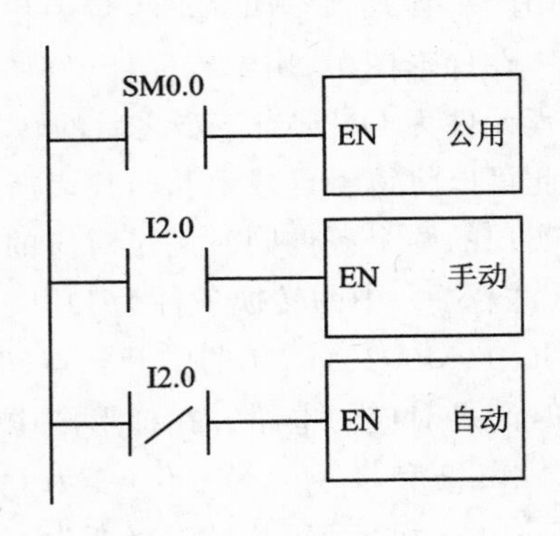

图 6－9　程序结构

为了便于将顺序功能图转换为梯形图，用代表各步的编程元件的地址（例如 M0.0）作为步的代号，并用编程元件的地址来标注转换条件和各步的动作或命令。

系统进入初始状态后，应将与顺序功能图的初始步对应的编程元件置 1，为转换的实现做好准备，并将其余各步对应的编程元件置为 0 状态，这是因为在没有并行序列或并行序列未处于活动状态时，只能有一个活动步。

在 6.2 和 6.3 节中，假设刚开始执行用户程序时，系统已经处于要求的初始状态，除初始步之外，各步的编程元件均为 0 状态。程序中用初始化脉冲 SM0.1 将初始步对应的编程元件置为 1，为转换的实现做好准备。

根据顺序功能图设计梯形图时，可以用存储器位 M 来代表步。某一步为活动步时，对应的存储器位为 1 状态，某一转换实现时，该转换的后续步变为活动步，前级步变为不活动步。

6.2.1　单序列的编程方法

启保停电路仅使用与触点和线圈有关的指令，任何一种 PLC 的指令系统都有这一类指令，因此这是一种通用的编程方法，可以用于任意型号的 PLC。

图 6－10 中给出了第 4 章中控制鼓风机和引风机的顺序功能图。设计启保停电路的关键是找出它的启动条件和停止条件。根据转换实现的基本规则，转换实现的条件是它的前级步为活动步，并且满足相应的转换条件，步 M0.1 变为活动步的条件是它的前级步 M0.0 为活动步，且两者之间的转换条件 I0.0 为 1 状态。在启保停电路中，应将代表前级步的 M0.0 的常开触点和代表转换条件的 I0.0 的常开触点串联，作为控制 M0.1 的启动电路。

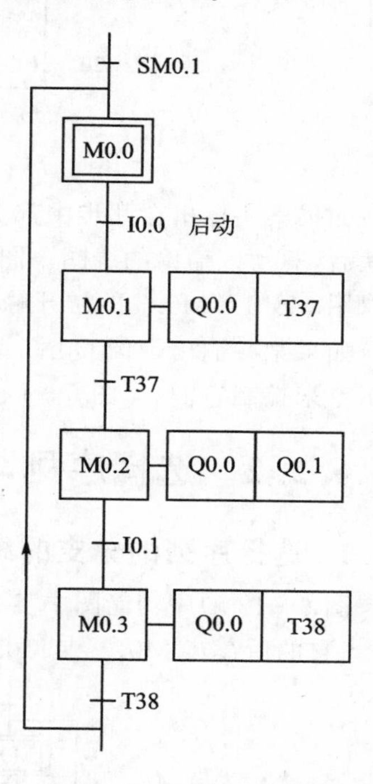

图 6－10　顺序功能图 3

当 M0.1 和 T37 的常开触点均闭合时，步 M0.2 变为活动步，这时步 M0.1 应变为不活动步，因此可以将 M0.2 为 1 状态作为使存储器位 M0.1 变为 OFF 的条件，即将 M0.2 的常闭触点与 M0.1 的线圈串联。上述的逻辑关系可以用逻辑代数式表示为

$$M0.1=(M0.0 \cdot I0.0+M0.1) \cdot \overline{M0.2}$$

在这个例子中，可以用 T37 的常闭触点代替 M0.2 的常闭触点。但是当转换条件由多个信号经“与”、“或”、“非”逻辑运算组合而成时，需要将它的逻辑表达式求反，再将对应的触点串并联电路作为启保停电路的停止电路，不如使用后续步对应的常闭触点这样简单方便。

根据上述的编程方法和顺序功能图，很容易画出梯形图(见图 6－11)。以初始步 M0.0 例，由顺序功能图可知，M0.3 是它的前级步，T38 的常开触点接通是两者之间的转换条件，所以应将 M0.3 和 T38 的常开触点串联，作为 M0.0 的启动电路。PLC 开始运行时应将 M0.0 置为 1，否则系统无法工作，故将仅在第一个扫描周期接通的 SM0.1 的常开触点与上述串联电路并联，启动电路还并联了 M0.0 的自保持触点。后续步 M0.1 的常闭触点与 M0.0 的线圈串联，M0.1 为 1 状态时 M0.0 的线圈“断电”，初始步变为不活动步。

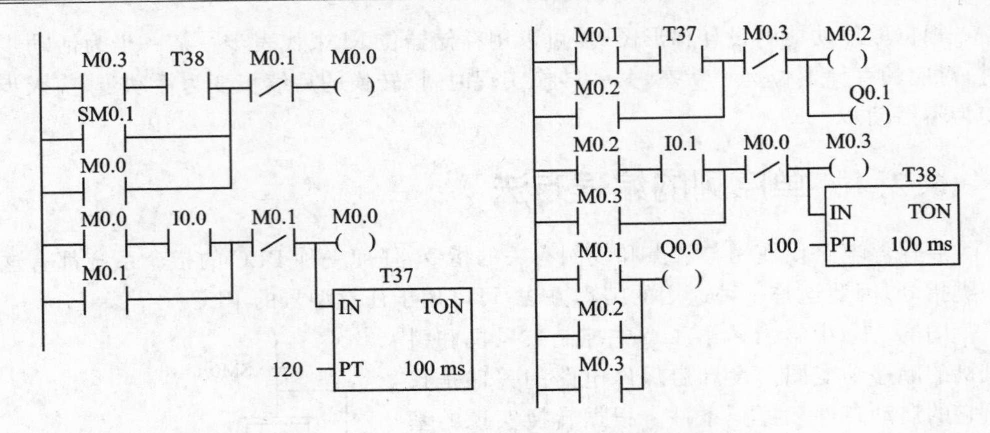

图 6-11　鼓风机和引风机的顺序控制梯形图

如果某一输出在几步中都为 ON，则应将代表各有关步的存储器位的常开触点并联后，驱动该输出的线圈。图 6-10 中 Q0.0 在 M0.1～M0.3 这 3 步中均应工作，所以用 M0.1～M0.3 的常开触点组成的并联电路来驱动 Q0.0 的线圈。

如果某些输出量像 Q0.0 一样，在连续的若干步均为 1 状态，则可以用置位、复位指令来控制它们（见图 6-4）。

6.2.2　选择序列与并行序列的编程方法

1. 选择序列的分支的编程方法

图 6-12 顺序功能图中步 M0.0 之后有一个选择序列的分支，设 M0.0 为活动步，当它的后续步 M0.1 或 M0.2 变为活动步时，它都应变为不活动步，即 M0.0 变

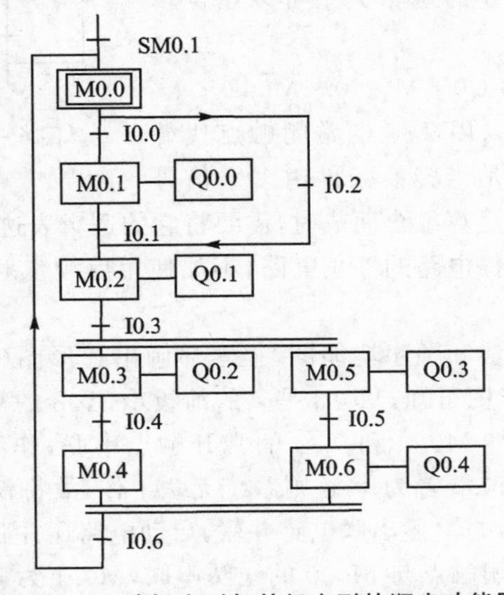

图 6-12　选择序列与并行序列的顺序功能图

为 0 状态，所以应将 M0.1 和 M0.2 的常闭触点与 M0.0 的线圈串联。

如果某一步的后面有一个由 *N* 条分支组成的选择序列，该步可能转换到不同的 *N* 步去，则应将这 *N* 个后续步对应的存储器位的常闭触点与该步的线圈串联，作为结束该步的条件。

2. 选择序列的合并的编程方法

图 6-13 中，步 M0.2 之前有一个选择序列的合并，当步 M0.1 为活动步(M0.1 为 1 状态)，并且转换条件 I0.1 满足时，或者步 M0.0 为活动步，并且转换条件 I0.2 满足时，步 M0.2 都应变为活动步，即控制代表该步的存储器位 M0.2 的启保停电路的启动条件应为 M0.1・I0.1＋M0.0・I0.2，对应的启动电路由两条并联支路组成，每条支路分别由 M0.1、I0.1 或 M0.0、I0.2 的常开触点串联而成。

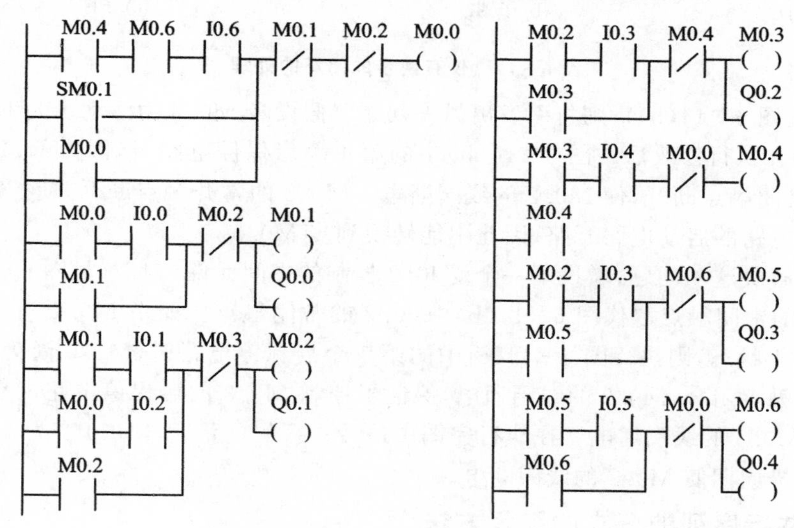

图 6-13　选择序列与并行序列的顺序

一般来说，对于选择序列的合并，如果某一步之前有 *N* 个转换，即有 *N* 条分支进入该步，则控制代表该步的存储器位的启保停电路的启动电路由 *N* 条支路并联而成，各支路由某一前级步对应的存储器位的常开触点与相应转换条件对应的触点或电路串联而成。

3. 仅有两步的闭环的处理

如果在顺序功能图中有仅由两步组成的小闭环(见图 6-14)，则用启保停电路设计的梯形图不能正常工作。例如 M0.2 和 I0.2 均为 1 状态时，M0.3 的启动电路接通，但是这时与 M0.3 的线圈串联的 M0.2 的常闭触点却是断开的，所以 M0.3 的线圈不能“通电”。出现上述问题的根本原因在于步 M0.2 既是步 M0.3 的前级步，又是它的后续步。

如果用转换条件 I0.2 和 I0.3 的常闭触点分别代替后续步 M0.3 和 M0.2 的常

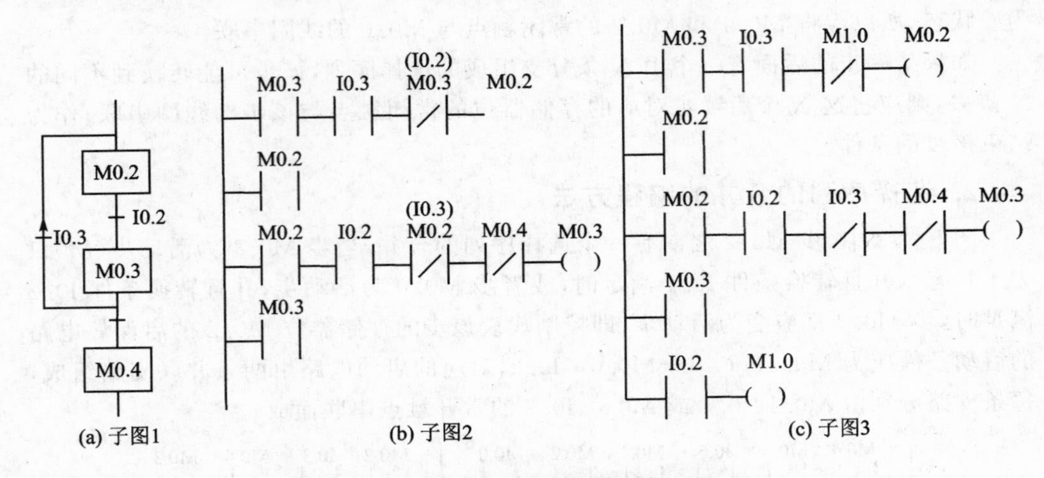

图 6-14　仅有两步的闭环的处理

闭触点(见图 6-14(b)),则将引发出另一问题。假设步 M0.2 为活动步时 I0.2 变为 1 状态,则在执行修改后的图 6-14(b)中的第 1 个启保停电路时,因为 I0.2 为 1 状态,它的常闭触点断开,使 M0.2 的线圈断电。M0.2 的常开触点断开,使控制 M0.3 的启保停电路的启动电路开路,因此不能转换到步 M0.3。

为了解决这一问题,增设了一个受 I0.2 控制的中间元件 M1.0(见图 6-14(c)),用 M1.0 的常闭触点取代图 6-14(b)中 I0.2 的常闭触点。如果 M0.2 为活动步时 I0.2 变为 1 状态,则执行图 6-14(c)中的第 1 个启保停电路时,M1.0 尚为 0 状态,它的常闭触点闭合,M0.2 的线圈通电,保证了控制 M0.3 的启保停电路的启动电路接通,使 M0.3 的线圈通电。在执行完图中最后一行的电路后,M1.0 变为 1 状态,在下一个扫描周期使 M0.2 的线圈断电。

4. 并行序列的分支的编程方法

图 6-12 中的步 M0.2 之后有一个并行序列的分支,当步 M0.2 是活动步并且转换条件 I0.3 满足时,步 M0.3 与步 M0.5 应同时变为活动步,这是用 M0.2 和 I0.3 的常开触点组成的串联电路分别作为 M0.3 和 M0.5 的启动电路来实现的;与此同时,步 M0.2 应变为不活动步。步 M0.3 和 M0.5 是同时变为活动步的,只需将 M0.3 或 M0.5 的常闭触点与 M0.2 的线圈串联就行了。

5. 并行序列的合并的编程方法

步 M0.0 之前有一个并行序列的合并,该转换实现的条件是所有的前级步(即步 M0.4 和 M0.6)都是活动步和转换条件 I0.6 满足。由此可知,应将 M0.4、M0.6 和 I0.6 的常开触点串联,作为控制 M0.0 的启保停电路的启动电路。

任何复杂的顺序功能图都是由单序列、选择序列和并行序列组成的,掌握了单序列的编程方法和选择序列、并行序列的分支、合并的编程方法,就不难迅速地设计出任意复杂的顺序功能图描述的数字量控制系统的梯形图。

6.2.3　应用举例

1. 选择序列应用举例

液体混合装置如图 6－15 所示，上限位、下限位和中限位液位传感器被液体淹没时为 1 状态，阀 A、阀 B 和阀 C 为电磁阀，线圈通电时打开，线圈断电时关闭。在初始状态时容器是空的，各阀门均关闭，各传感器均为 0 状态。按下启动按钮后，打开阀 A，液体 A 流入容器，中限位开关变为 ON 时，关闭阀 A，打开阀 B，液体 B 流入容器。液面升到上限位开关时，关闭阀 B，电动机 M 开始运行，搅拌液体，60 s 后停止搅拌，打开阀 C，放出混合液，当液面降至下限位开关之后再过 5 s，容器放空，关闭阀 C，打开阀 A，又开始下一周期的操作。按下停止按钮，当前工作周期的操作结束后，才停止操作，返回并停留在初始状态。

图 6－15 中的 M1.0 用来实现在按下停止按钮后不会马上停止工作，而是在当前工作周期的操作结束后，才停止运行。M1.0 用启动按钮 I0.3 和停止按钮 I0.4 来控制。运行时它处于 ON 状态，系统完成一个周期的工作后，步 M0.5 到 M0.1 的转换条件 M1.0・T38 满足，转换到步 M0.1 后继续运行。按了停止按钮 I0.4 之后，M1.0 变为 OFF。要等系统完成最后一步 M0.5 的工作后，转换条件 $\overline{\text{M1.0}}$・T38 满足，才能返回初始步，系统停止运行。图 6－15 中步 M0.5 之后有一个选择序列的分支，当它的后续步 M0.0 或 M0.1 变为活动步时，它都应变为不活动步，所以应将 M0.0 和 M0.1 的常闭触点与 M0.5 的线圈串联。

步 M0.1 之前有一个选择序列的合并，当步 M0.0 为活动步并且转换条件 I0.3 满足，或步 M0.5 为活动步并且转换条件 M1.0・T38 满足时，步 M0.1 都应变为活动步，即控制 M0.1 的启保停电路的启动条件应为 M0.0・I0.3＋M0.5・M1.0・T38，对应的启动电路由两条并联支路组成，每条支路分别由 M0.0、I0.3 或 M0.5、M10、T38 的常开触点串联而成(见图 6－15)。

2. 并行序列应用举例

某专用钻床用两只钻头同时钻两个孔。开始自动运行之前两个钻头在最上面，上限位开关 I0.3 和 I0.5 为 ON。操作人员放好工件后，按下启动按钮 I0.0。工件被夹紧后两只钻头同时开始工作，钻到由限位开关 I0.2 和 I0.4 设定的深度时分别上行，回到由限位开关 I0.3 和 I0.5 设定的起始位置时分别停止上行。两个都到位后，工件被松开，松开到位后，加工结束，系统返回初始状态。

图 6－16 中系统的顺序功能图用存储器位 M0.0～M1.0 代表各步。两只钻头和各自的限位开关组成了两个子系统，这两个子系统在钻孔过程中同时工作，因此用并行序列中的两个子序列来分别表示这两个子系统的内部工作情况。

步 M0.1 和 Q0.0 为 1 状态，夹紧电磁阀的线圈通电。工件被夹紧后，压力继电器 I0.1 的常开触点接通，使步 M0.1 变为不活动步，步 M0.2 和步 M0.5 同时变为活

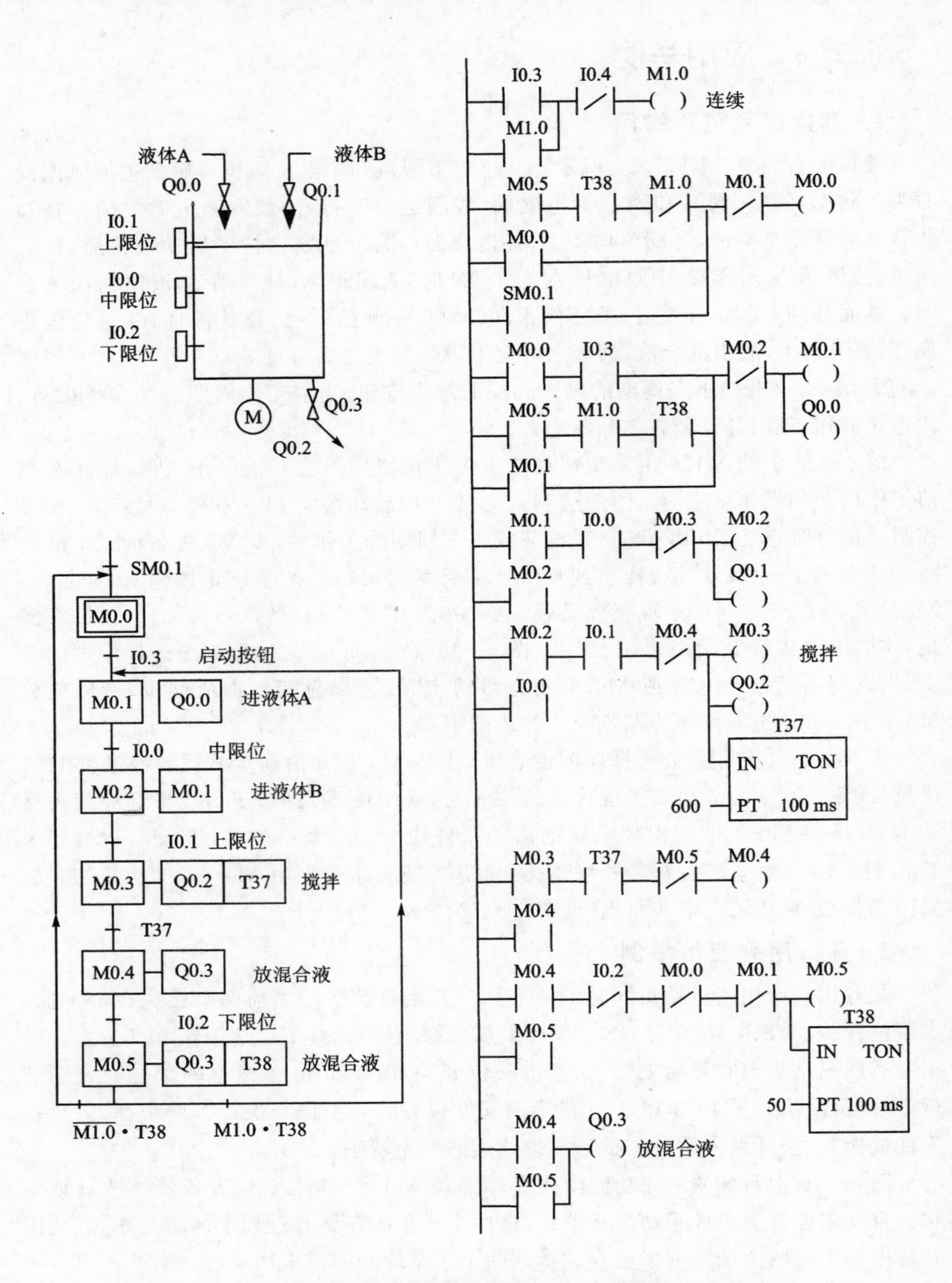

图 6－15　液体混合控制系统的顺序功能图和梯形图

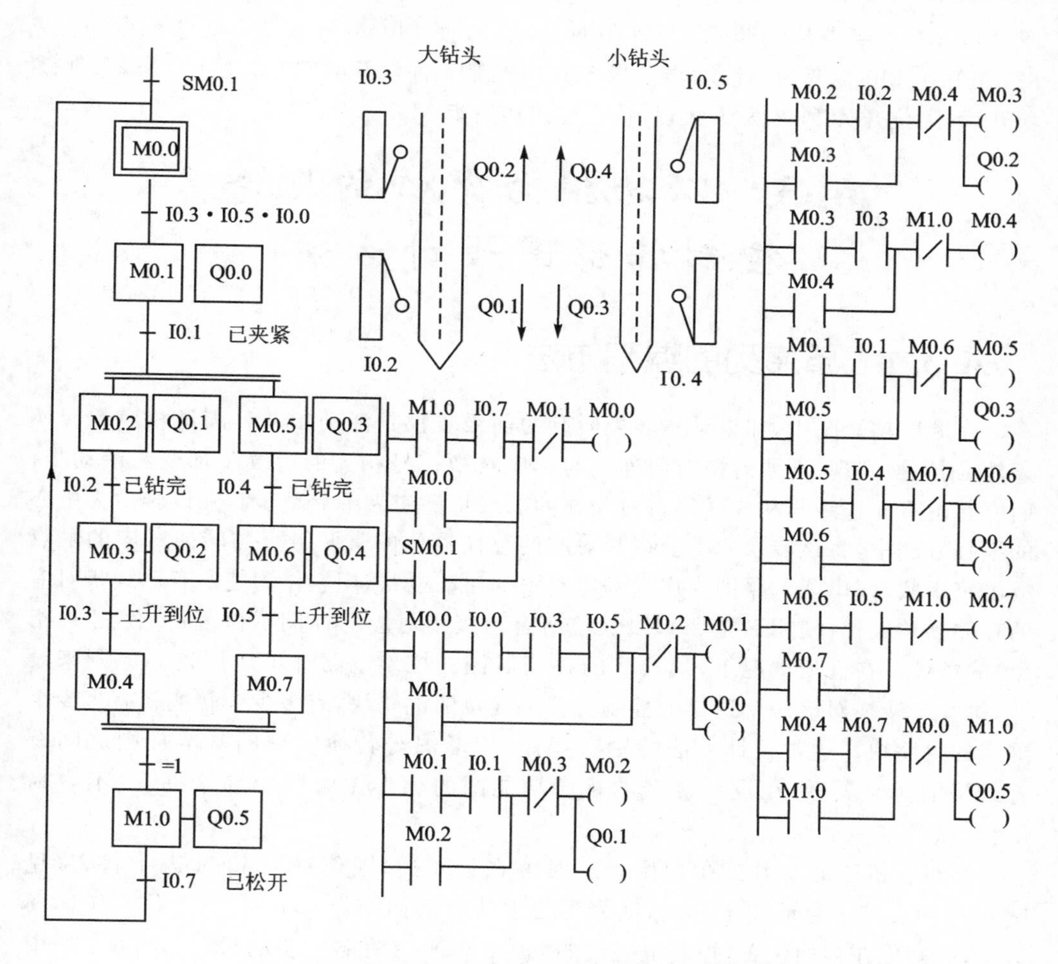

图 6－16　专用钻床控制系统的顺序功能图和梯形图

动步，Q0.1 和 Q0.3 为 1 状态，大、小钻头同时向下进给，开始钻孔。

当大孔钻完后，碰到下限位开关 I0.2 时，从步 M0.2 转换到步 M0.3，Q0.1 变为 OFF，Q0.2 变为 ON，大钻头向上运动。返回初始位置后，上限位开关 I0.3 变为 1 状态，等待步 M0.4 变为活动步。

当小孔钻完后，碰到下限位开关 I0.4 时，从步 M0.5 转换到步 M0.6，Q0.3 变为 OFF，Q0.4 变为 ON，小钻头向上运动。返回初始位置后，上限位开关 I0.5 变为 1 状态，等待步 M0.7 变为活动步。

两个等待步之后的“＝1”表示转换条件总是满足，即该转换条件等于二进制常数 1。只要 M0.4 和 M0.7 都变为活动步，就会实现步 M0.4 和步 M0.7 到步 M1.0 的转换。所以只需将前级步 M0.4 和 M0.7 的常开触点串联后作为控制 M1.0 的启保停电路的启动电路。

步 M1.0 变为活动步后，其常闭触点断开，使 M0.4 和 M0.7 的线圈断电，步 M0.4 和步 M0.7 变为不活动步。步 M1.0，控制工件松开的 Q0.5 为 1 状态，工件被松开后，限位开关 I0.7 为 1 状态，系统返回初始步 M0.0。

6.3 以转换为中心的顺序控制梯形图设计方法

6.3.1 单序列的编程方法

在顺序功能图中，如果某一转换所有的前级步都是活动步并且满足相应的转换条件，则转换实现，即所有由有向连线与相应转换符号相连的后续步都变为活动步，而所有由有向连线与相应转换符号相连的前级步都变为不活动步。在以转换为中心的编程方法中，将该转换所有前级步对应的存储器位的常开触点与转换对应的触点或电路串联，该串联电路即为启保停电路中的启动电路，用它作为使所有后续步对应的存储器位置位（使用 S 指令），以及使所有前级步对应的存储器位复位（使用 R 指令）的条件。在任何情况下，代表步的存储器位的控制电路都可以用这一原则来设计，每一个转换对应一个这样的控制置位和复位的电路块，有多少个转换就有多少个这样的电路块。这种设计方法特别有规律，梯形图与转换实现的基本规则之间有着严格的对应关系，在设计复杂的顺序功能图的梯形图时既容易掌握，又不容易出错。

某组合机床的动力头在初始状态时停在最左边，限位开关 I0.3 为 1 状态（见图 6-17）。按下启动按钮 I0.0，动力头的进给运动如图 6-17 所示，工作一个循环后，返回并停在初始位置，控制电磁阀的 Q0.0～Q0.2 在各工步的状态如图 6-17 中的顺序功能图所示。

实现图 6-17 中 I0.1 对应的转换需要同时满足两个条件，即该转换的前级步是活动步 M0.1=1 和转换条件满足 I0.1=1。在梯形图中，可以用 M0.1 和 I0.1 的常开触点组成的串联电路来表示上述条件。该电路接通时，两个条件同时满足。此时应将该转换的后续步变为活动步，即用置位指令“S M0.2,1”将 M0.2 置位；还应将该转换的前级步变为不活动步，即用复位指令“R M0.1,1”将 M0.1 复位。

使用这种编程方法时，不能将输出位的线圈与置位指令和复位指令并联，这是因为图 6-17 中控制置位复位的串联电路接通的时间只有一个扫描周期，转换条件满足后前级步马上被复位，该串联电路断开，而输出位（Q）的线圈至少应该在某一步对应的全部时间内被接通。所以应根据顺序功能图，用代表步的存储器位的常开触点或它们的并联电路来驱动输出位的线圈。

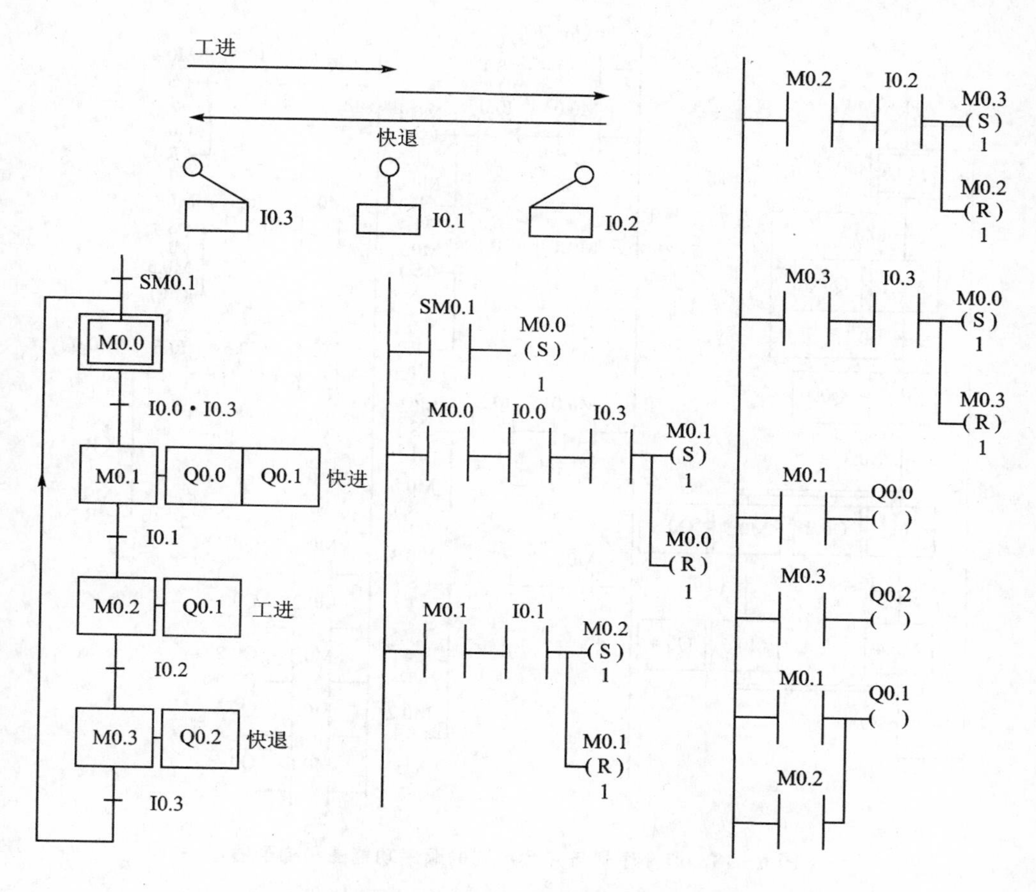

图 6-17　动力头控制系统的顺序功能图和梯形图

6.3.2　选择序列的编程方法

如果某一转换与并行序列的分支、合并无关，则它的前级步和后续步都只有一个，需要复位、置位的存储器位也只有一个，因此对选择序列的分支与合并的编程方法实际上与对单序列的编程方法完全相同。

在图 6-18 所示的顺序功能图中，除了 I0.3 与 I0.6 对应的转换以外，其余的转换均与并行序列的分支、合并无关，I0.0～I0.2 对应的转换与选择序列的分支、合并有关，它们都只有一个前级步和一个后续步。与并行序列的分支、合并无关的转换对应的梯形图是非常标准的，每一个控制置位、复位的电路块都由前级步对应的一个存储器位的常开触点和转换条件对应的触点组成的串联电路、一条置位指令和一条复位指令组成。

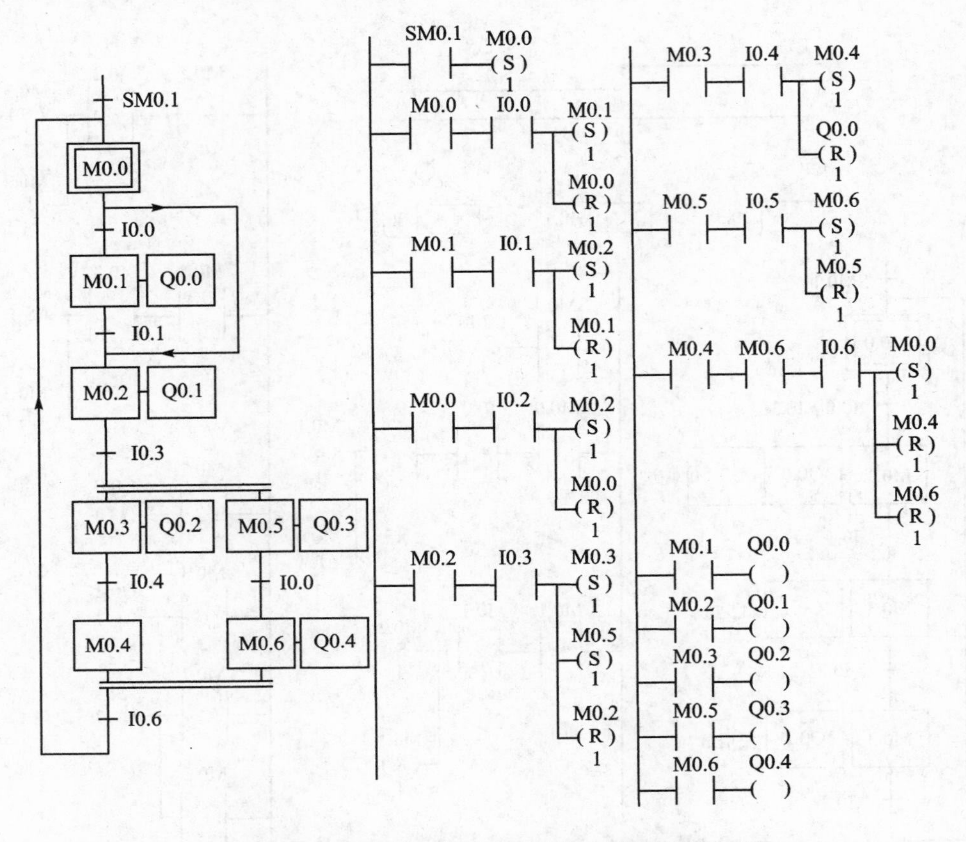

图 6－18　选择序列与并行序列的顺序功能图和梯形图

6.3.3　并行序列的编程方法

图 6－18 中步 M0.2 之后有一个并行序列的分支，当步 M0.2 是活动步，并且转换条件 I0.3 满足时，步 M0.3 与步 M0.5 应同时变为活动步，这是用 M0.2 和 I0.3 的常开触点组成的串联电路使 M0.3 和 M0.5 同时置位来实现的；与此同时，步 M0.2 应变为不活动步，这是用复位指令来实现的。

I0.6 对应的转换之前有一个并行序列的合并，该转换实现的条件是所有的前级步（即步 M0.4 和 M0.6）都是活动步和转换条件 I0.6 满足。由此可知，应将 M0.4、M0.6 和 I0.6 的常开触点串联，作为使后续步 M0.0 置位和使 M0.4、M0.6 复位的条件。

图 6－19 中转换的上面是并行序列的合并，转换的下面是并行序列的分支，该转换实现的条件是所有的前级步（即步 M1.0 和 M1.1）都是活动步和转换条件 $\overline{\text{I0.1}}$＋I0.3 满足。因此应将 M1.0、M1.1、I0.3 的常开触点与 I0.1 的常闭触点组成的串并联电路，作为使 M1.2、M1.3 置位和使 M1.0、M1.1 复位的条件。

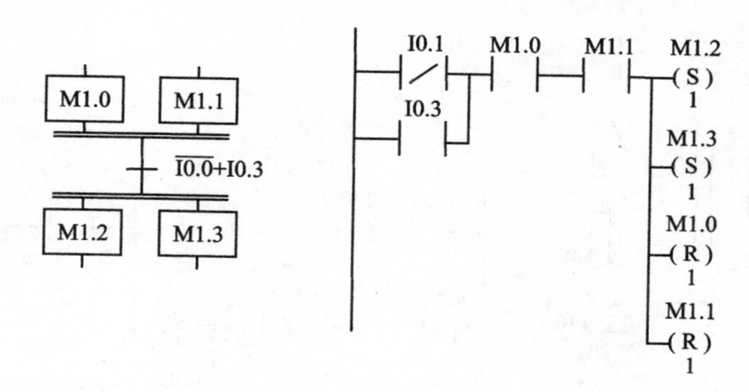

图 6 - 19　转换的同步实现

6.3.4 应用举例

图 6 - 20 是本章已介绍过的剪板机的顺序功能图，以及以转换为中心的编程方法编制的梯形图程序。顺序功能图中共有 9 个转换(包括 SM0.1)，转换条件 SM0.1 只需对初始步 M0.0 置位。除了与并行序列的分支、合并有关的转换以外，其余的转换都只有一个前级步和一个后续步，对应的电路块均由代表转换实现的两个条件的触点组成的串联电路、一条置位指令和一条复位指令组成。在并行序列的分支处，用 M0.3 和 I0.2 的常开触点组成的串联电路对两个后续步 M0.4 和 M0.6 置位，对前级步 M0.3 复位。在并行序列的合并处的水平双线之下，有一个选择序列的分支。剪完了计数器 C0 设定的块数时，C0 的常开触点闭合，返回初始步 M0.0，所以应将该转换之前的两个前级步 M0.5 和 M0.7 的常开触点与 C0 的常开触点串联，作为对后续步 M0.0 置位和对前级步 M0.5 和 M0.7 复位的条件。在没有剪完计数器 C0 设定的块数时，C0 的常闭触点闭合，返回步 M0.1，所以将两个前级步 M0.5 和 M0.7 的常开触点与 C0 的常闭触点串联，作为对后续步 M0.1 置位和对前级步 M0.5 和 M0.7 复位的条件。

6.4 使用 SCR 指令的顺序控制梯形图设计方法

6.4.1 顺序控制继电器指令

顺序控制继电器指令如表 6 - 2 所列。

S7 - 200 中的顺序控制继电器(SCR)专门用于编制顺序控制程序。顺序控制程序被划分为 LSCR 与 SCRE 指令之间的若干个 SCR 段，一个 SCR 段对应于顺序功能图中的一步。

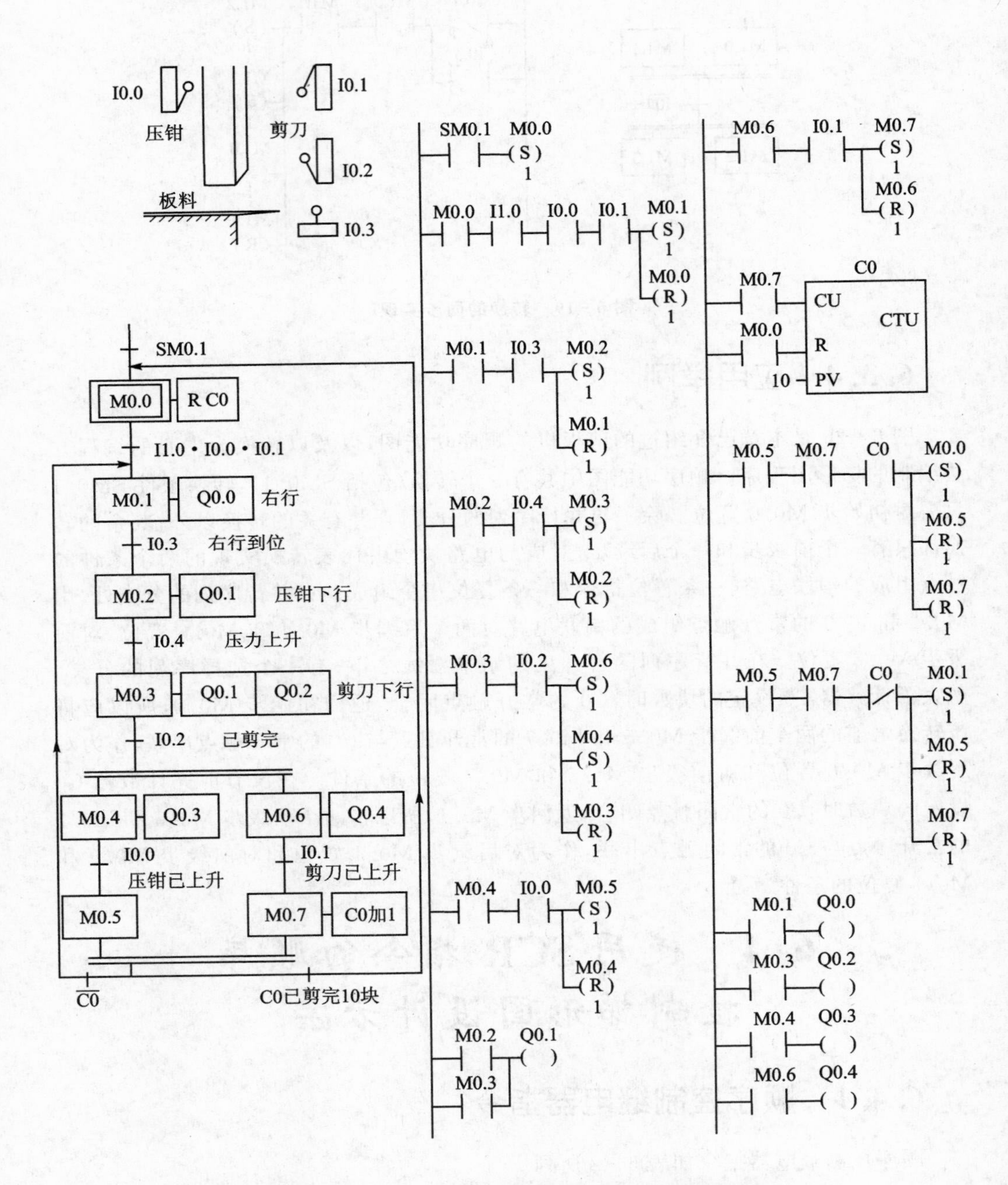

图 6－20　剪板机控制系统的顺序功能图和梯形图

表 6-2　顺序控制继电器指令

梯形图	语句表	描　述
SCR	LSCR S_bit	SCR 程序段开始
SCRT	SCRT S_bit	SCR 转换
SCRE	CSCRE	SCR 程序段条件结束
SCRE	SCRE	SCR 程序段结束

装载顺序控制继电器(Load Sequence Control Relay)指令“LSCR S_bit”(见表 6-2)用来表示一个 SCR 段(即顺序功能图中的步)的开始。指令中的操作数“S_bit”为顺序控制继电器 S(BOOL 型)的地址,顺序控制继电器为 1 状态时,执行对应的 SCR 段中的程序,反之则不执行。

顺序控制继电器结束(Sequence Control Relay End)指令 SCRE 用来表示 SCR 段的结束。

顺序控制继电器转换(Sequence Control Relay Transition)指令“SCRT S_bit”用来表示 SCR 段之间的转换,即步的活动状态的转换。当 SCRT 线圈“得电”时,SCRT 指令中指定的顺序功能图中的后续步对应的顺序控制继电器变为 1 状态,同时当前活动步对应的顺序控制继电器被系统程序复位为 0 状态,当前步变为不活动步。

LSCR 指令中指定的顺序控制继电器被放入 SCR 堆栈和逻辑堆栈的栈顶,SCR 堆栈中 S 位的状态决定对应的 SCR 段是否执行。由于逻辑堆栈的栈顶装入了 S 位的值,所以将 SCR 指令直接连接到左侧母线上。

使用 SCR 指令时有以下的限制:不能在不同的程序中使用相同的 S 位;不能在 SCR 段之间使用 JMP 及 LBL 指令,即不允许用跳转的方法跳入或跳出 SCR 段;不能在 SCR 段中使用 FOR、NEXT 和 END 指令。

6.4.2　单序列的编程方法

图 6-21 是某小车运动的示意图和顺序功能图。设小车在初始位置时停在左边,限位开关 I0.2 为 1 状态。按下启动按钮 I0.0 后,小车向右运动(简称右行),碰到限位开关 I0.1 后,停在该处,3 s 后开始左行,碰到 I0.2 后返回初始步,停止运动。根据 Q0.0 和 Q0.1 状态的变化,显然一个工作周期可以分为左行、暂停和右行 3 步,另外还应设置等待启动的初始步,分别用 S0.0～S0.3 来代表这 4 步。启动按钮 I0.0 和限位开关的常开触点、T37 延时接通的常开触点是各步之间的转换条件。

在设计梯形图时,用 LSCR(梯形图中为 SCR)和 SCRE 指令表示 SCR 段的开始和结束。在 SCR 段中用 SM0.0 的常开触点来驱动在该步中应为 1 状态的输出

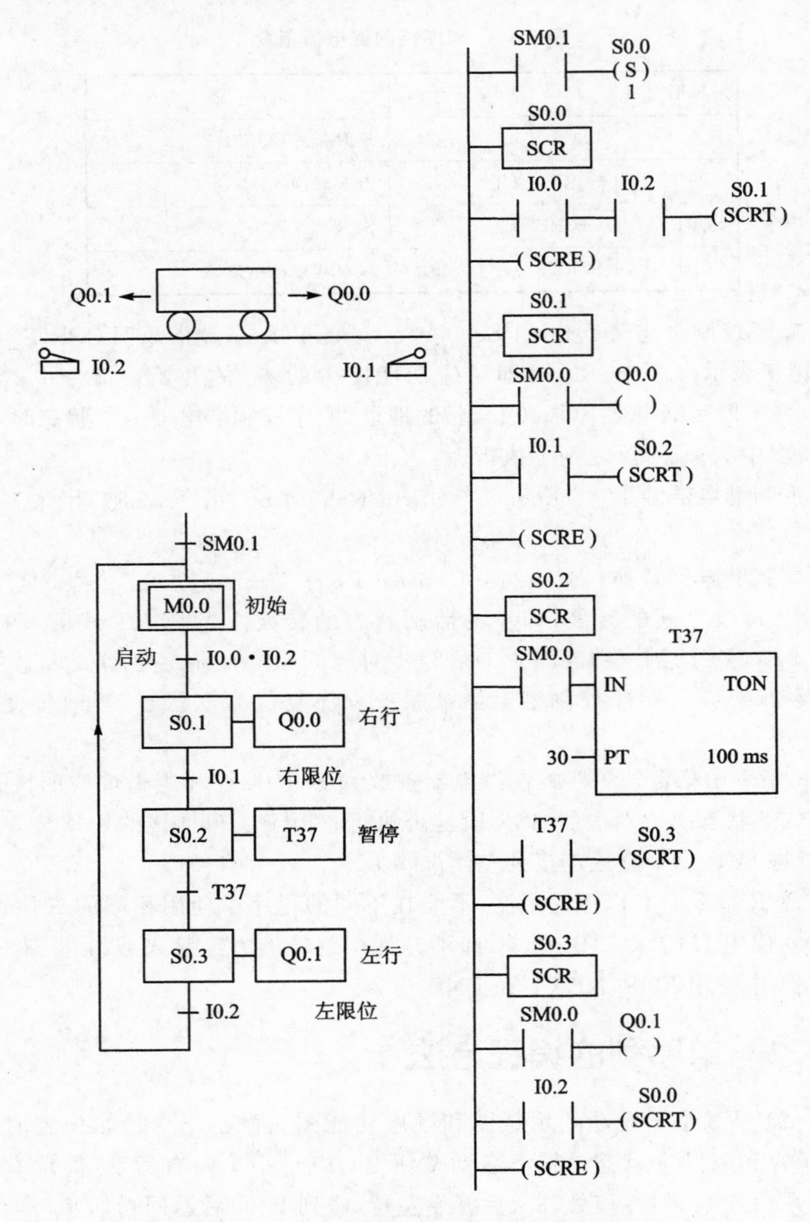

图 6-21　小车控制的顺序功能图与梯形图

点(Q)的线圈，并用转换条件对应的触点或电路来驱动转换到后续步的 SCRT 指令。

如果用编程软件的“程序状态”功能来监视处于运行模式的梯形图，则可以看到因为直接接在左侧电源线上，每一个 SCR 方框都是蓝色的，但是只有活动步对应的 SCRE 线圈通电，并且只有活动步对应的 SCR 区内的 SM0.0 的常开触点闭合，不活动步的 SCR 区内的 SM0.0 的常开触点处于断开状态，因此 SCR 区内的线圈受到对应的顺序控制继电器的控制，还可以受与它串联的触点的控制。

首次扫描时 SM0.1 的常开触点接通一个扫描周期，使顺序控制继电器 S0.0 置位，初始步变为活动步，只执行 S0.0 对应的 SCR 段。如果小车在最左边，则 I0.2 为 1 状态，此时按下启动按钮 I0.0，指令“SCRT S0.1”对应的线圈得电，使 S0.1 变为 1 状态，操作系统使 S0.0 变为 0 状态，系统从初始步转换到右行步，只执行 S0.1 对应的 SCR 段。在该段中 SM0.0 的常开触点闭合，Q0.0 的线圈得电，小车右行。在操作系统没有执行 S0.1 对应的 SCR 段时，Q0.0 的线圈不会通电。

右行碰到右限位开关时，I0.1 的常开触点闭合，将实现右行步 S0.1 到暂停步 S0.2 的转换。定时器 T37 用来使暂停步持续 3 s。延时时间到时，T37 的常开触点接通，使系统由暂停步转换到左行步 S0.3，直到返回初始步。

6.4.3　选择序列与并行序列的编程方法

1. 选择序列的编程方法

图 6－22 中步 S0.0 之后有一个选择序列的分支，当它是活动步，并且转换条件 I0.0 得到满足时，后续步 S0.1 将变为活动步，S0.0 变为不活动步。如果步 S0.0 为活动步，并且转换条件 I0.2 得到满足，则后续步 S0.2 将变为活动步，S0.0 变为不活动步。

当 S0.0 为 1 状态时，它对应的 SCR 段被执行，此时若转换条件 I0.0 为 1 状态，则该程序段中的指令“SCRT S0.1”被执行，转换到步 S0.1。若 I0.2 的常开触点闭合，则执行指令“SCRT S0.2”，转换到步 S0.2。

在图 6－22 中，步 S0.3 之前有一个选择序列的合并，当步 S0.1 为活动步(S0.1 为 1 状态)，并且转换条件 I0.1 满足，或步 S0.2 为活动步，并且转换条件 I0.3 满足时，步 S0.3 都应变为活动步。在步 S0.1 和步 S0.2 对应的 SCR 段中，分别用 I0.1 和 I0.3 的常开触点驱动指令“SCRT S0.3”，就能实现选择序列的合并。

2. 并行序列的编程方法

图 6－22 中步 S0.3 之后有一个并行序列的分支，当步 S0.3 是活动步，并且转换条件 I0.4 满足时，步 S0.4 与步 S0.6 应同时变为活动步，这是用 S0.3 对应的 SCR 段中 I0.4 的常开触点同时驱动指令“SCRT S0.4”和“SCRT S0.6”来实现的。与此同时，S0.3 被自动复位，步 S0.3 变为不活动步。

步 S1.0 之前有一个并行序列的合并，因为转换条件为 1(总是满足)，转换实现的条件是所有的前级步(即步 S0.5 和 S0.7)都是活动步。图 6－22 中用以转换为中心的编程方法，将 S0.5 和 S0.7 的常开触点串联，来控制对 S1.0 的置位和对 S0.5、S0.7 的复位，从而使步 S1.0 变为活动步，步 S0.5 和步 S0.7 变为不活动步。

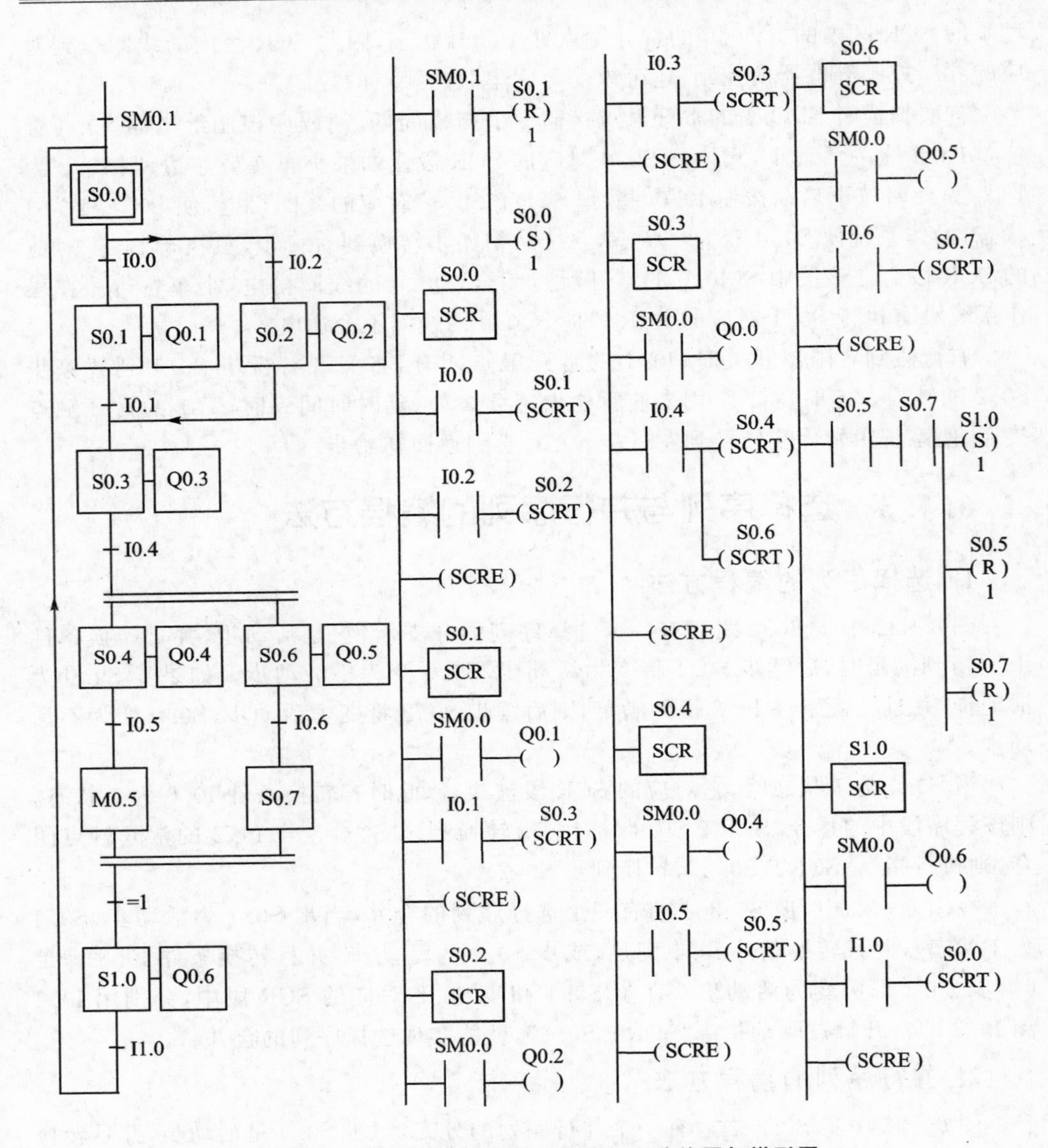

图 6-22 选择序列与并行序列的顺序功能图与梯形图

6.4.4 应用举例

某轮胎内胎硫化机控制系统的顺序功能图如图 6-23 所示。一个工作周期由初始、合模、反料、硫化、放气和开模这 6 步组成,它们与 S0.0～S0.5 相对应。

在运行中发现“合模到位”和“开模到位”限位开关(I0.1 和 I0.2)的故障率较高,容易出现合模、开模已到位,但是相应电动机不能停机的现象,甚至可能损坏设备。

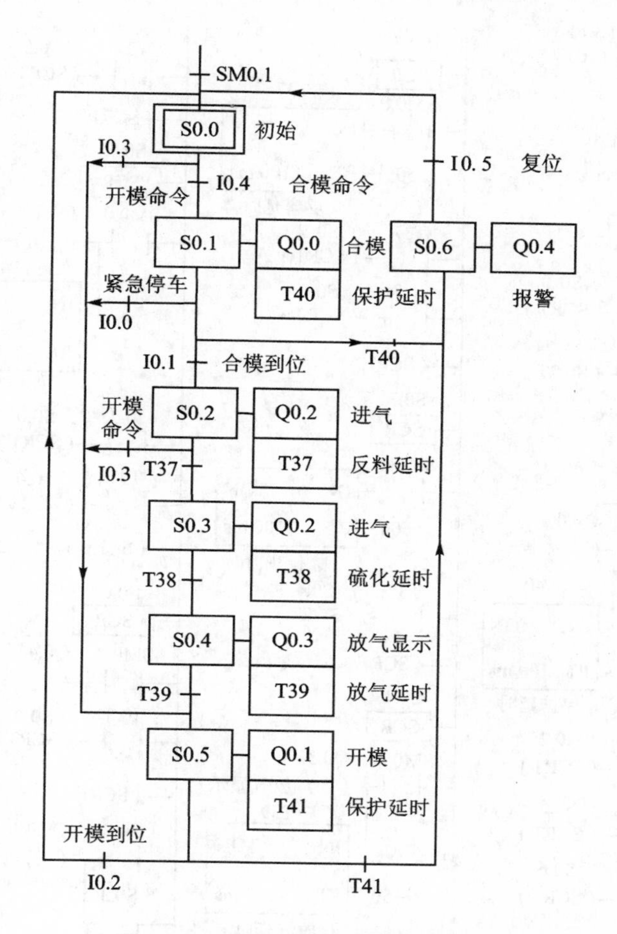

图 6 - 23　硫化机控制的顺序功能图

为了解决这个问题，在程序中设置了诊断和报警功能，例如在合模时（S0.1 为活动步），用 T40 延时。

在正常情况下，当合模到位时，T40 的延时时间还没到就转换到步 S0.2，T40 被复位，所以它不起作用。“合模到位”限位开关出现故障时，T40 使系统进入报警步 S0.6，Q0.0 控制的合模电动机断电，同时 Q0.4 接通报警装置，操作人员按复位按钮 I0.5 后解除报警。在开模过程中，用 T41 来实现保护延时。

Q0.2 在步 S0.2 或步 S0.3 为 1 状态时，不能在这两步的 SCR 区内分别设置一个 Q0.2 的线圈，必须在各 SCR 程序段之外，用 S0.2 和 S0.3 的常开触点的并联电路来控制一个 Q0.2 的线圈（见图 6 - 24）。

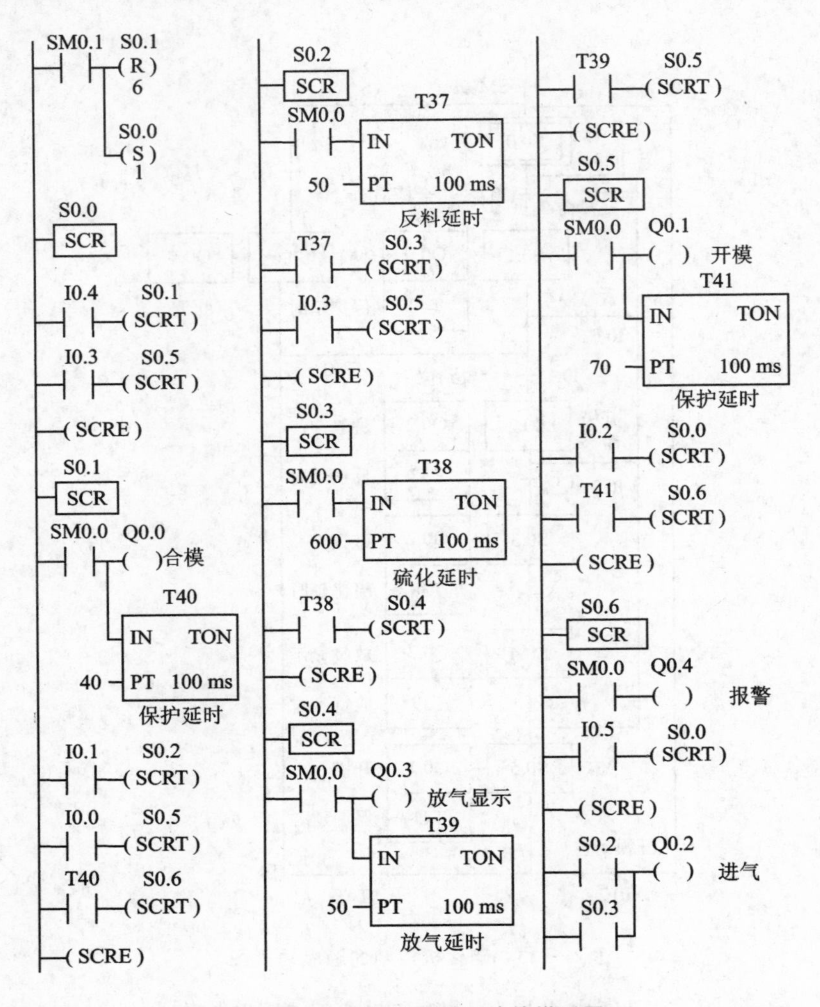

图 6－24　硫化机控制系统的梯形图

6.5　具有多种工作方式的系统的顺序控制梯形图设计方法

6.5.1　系统的硬件结构与工作方式

1. 硬件结构

为了满足生产的需要，很多设备要求设置多种工作方式，例如手动和自动（包括连续、单周期、单步和自动返回初始状态）工作方式。手动程序比较简单，一般用经验法设计，复杂的自动程序一般根据系统的顺序功能图用顺序控制法设计。

某机械手用来将工件从 A 点搬运到 B 点(见图 6－25),操作面板如图 6－26 所示,图 6－27 是 PLC 的外部接线图。输出 Q0.1 为 1 状态时工件被夹紧,为 0 状态时被松开。工作方式选择开关的 5 个位置分别对应于 5 种工作方式,操作面板左下部的 6 个按钮(I0.5～I0.7,I1.0～I1.2)是手动按钮。为了保证在紧急情况下(包括 PLC 发生故障时)能可靠地切断 PLC 的负载电源,设置了交流接触器 KM(见图 6－26)。在 PLC 开始运行时按下“负载电源”按钮,使 KM 线圈得电并自锁,KM 的主触点接通,给外部负载提供交流电源,出现紧急情况时用“紧急停车”按钮断开负载电源。

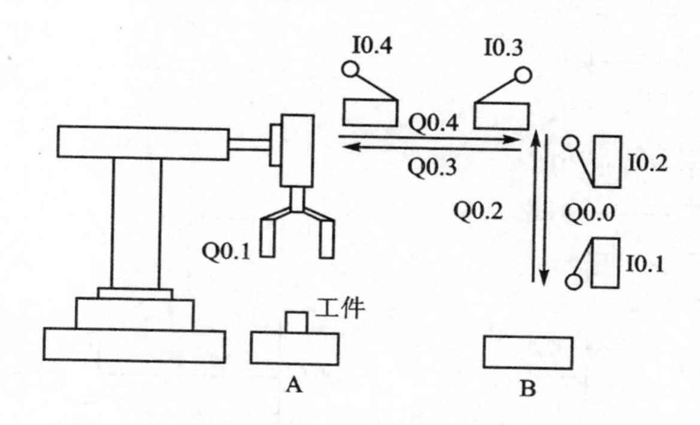

图 6－25　机械手示意图

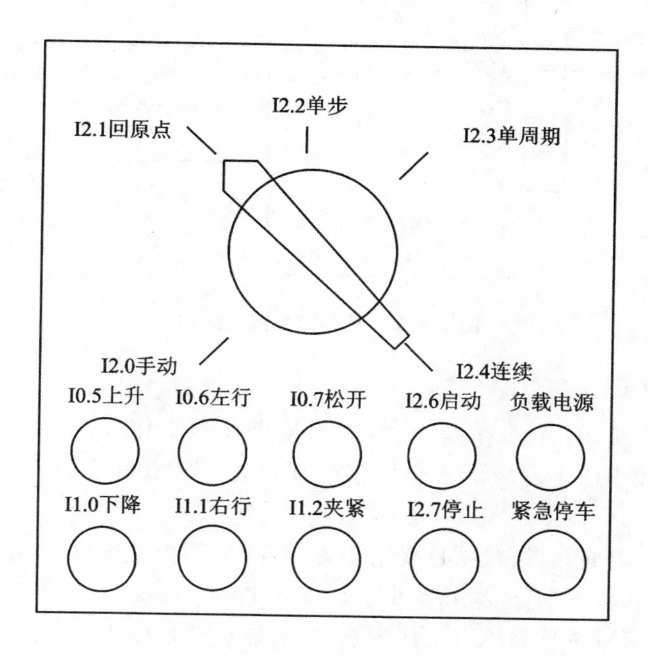

图 6－26　操作面板

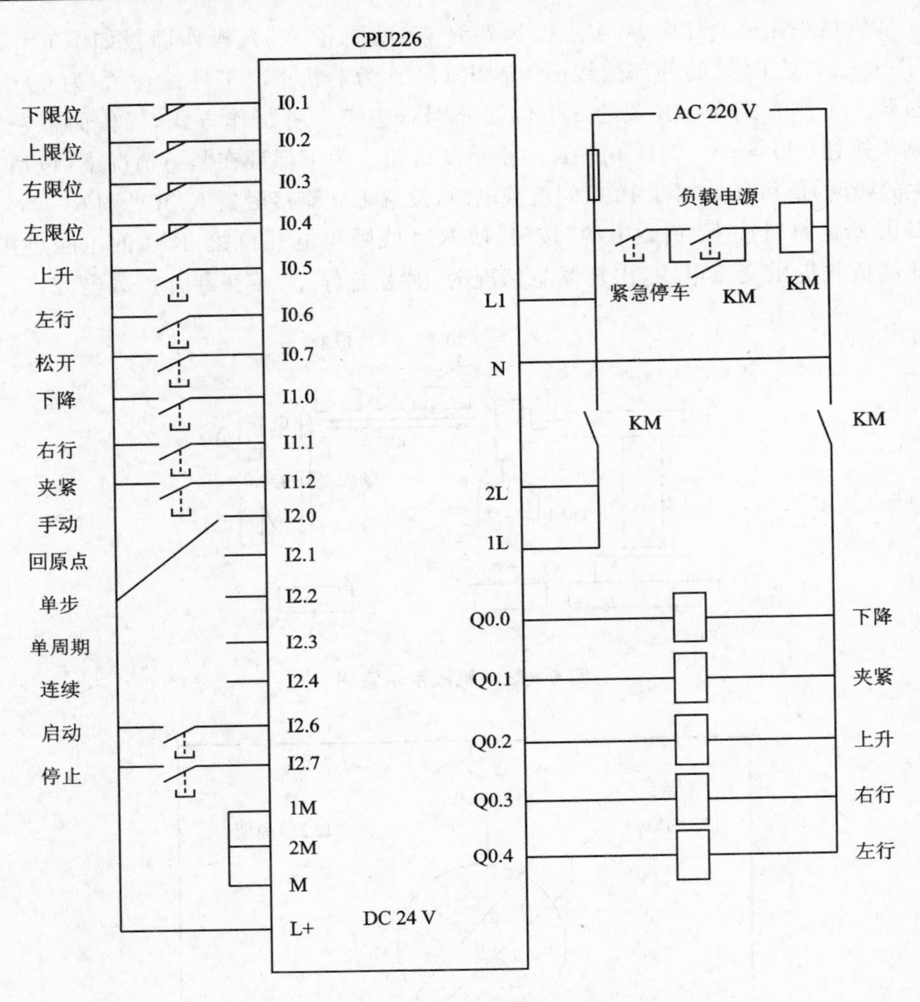

图 6－27 PLC 的外部接线图

2. 工作方式

系统设有手动、单周期、单步、连续和回原点 5 种工作方式。手动工作方式，用 I0.5～I0.7，I1.0～I1.2 对应的 6 个按钮分别独立控制机械手的升、降、左行、右行、夹紧、松开。

机械手在最上面和最左边，且夹紧装置松开时，称为系统处于原点状态（或称初始状态）。在进入单周期、连续和单步工作方式之前，系统应处于原点状态；如果不满足这一条件，则可以选择回原点工作方式，然后按启动按钮 I2.6，使系统自动返回原点状态。在原点状态，顺序功能图中的初始步 M0.0 为 ON，为进入单周期、连续和单步工作方式做好了准备。

机械手从初始状态开始，将工件从 A 点搬运到 B 点，最后返回初始状态的过程，称为一个工作周期。

单周期工作方式，在初始状态按下启动按钮 I2.6 后，从初始步 M0.0 开始，机械手按顺序功能图的规定完成一个周期的工作后，返回并停留在初始步。

连续工作方式，在初始状态按下启动按钮，机械手从初始步开始，工作一个周期后又开始搬运下一个工件，反复连续地工作。按下停止按钮，并不马上停止工作，在完成最后一个周期的工作后，系统才返回并停留在初始步。

单步工作方式，从初始步开始，按一下启动按钮，系统转换到下一步，完成该步的任务后，自动停止工作并停留在该步，再按一下启动按钮，才开始执行下一步的操作。单步工作方式常用于系统的调试。

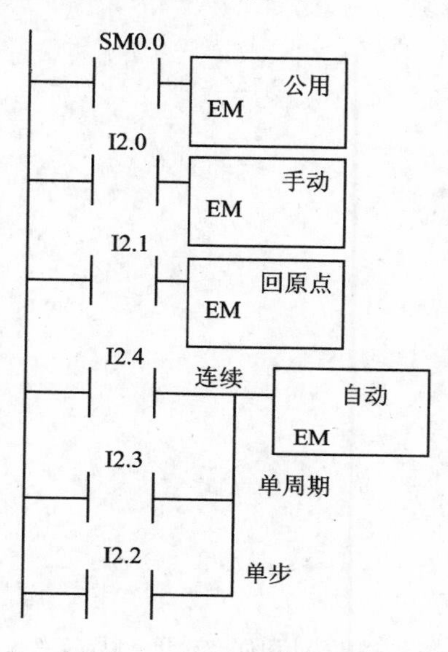

图 6 - 28　主程序 OB1

3. 程序的总体结构

图 6 - 28 是主程序 OB1，SM0.0 的常开触点一直闭合，公用程序是无条件执行的。手动方式，I2.0 为 ON，执行“手动”子程序。自动回原点方式，I2.1 为 ON，执行“回原点”子程序。

6.5.2　使用启保停电路的编程方法

1. 公用程序

公用程序（见图 6 - 29）用于处理各种工作方式都要执行的任务，以及不同的工作方式之间相互切换的处理。

左限位开关 I0.4、上限位开关 I0.2 的常开触点和表示机械手松开的 Q0.1 的常闭触点的串联电路接通时，“原点条件”M0.5 变为 ON。当机械手处于原点状态（M0.5 为 ON），在开始执行用户程序（SM0.1 为 ON）、系统处于手动状态或自动回原点状态（I2.0 或 I2.1 为 ON）时，初始步对应的 M0.0 将被置位，为进入单步、单周期和连续工作方式做好准备。如果此时 M0.5 为 OFF 状态，则 M0.0 将被复位，初始步为不活动步，按下启动按钮也不能进入步 M2.0，系统不能在单步、单周期和连续工作方式下工作。

当系统处于手动工作方式和回原点方式时，必须将图 6 - 30 中除初始步以外的各步对应的存储器位（M2.0～M2.7）复位，否则当系统从自动工作方式切换到手动工作方式，然后又返回自动工作方式时，可能会出现同时有两个活动步的异常情况，引起错误的动作。

如果不是回原点方式，则 I2.1 的常闭触点闭合，代表回原点顺序功能图（见图 6-30）中的各步的 M1.0～M1.5 复位。

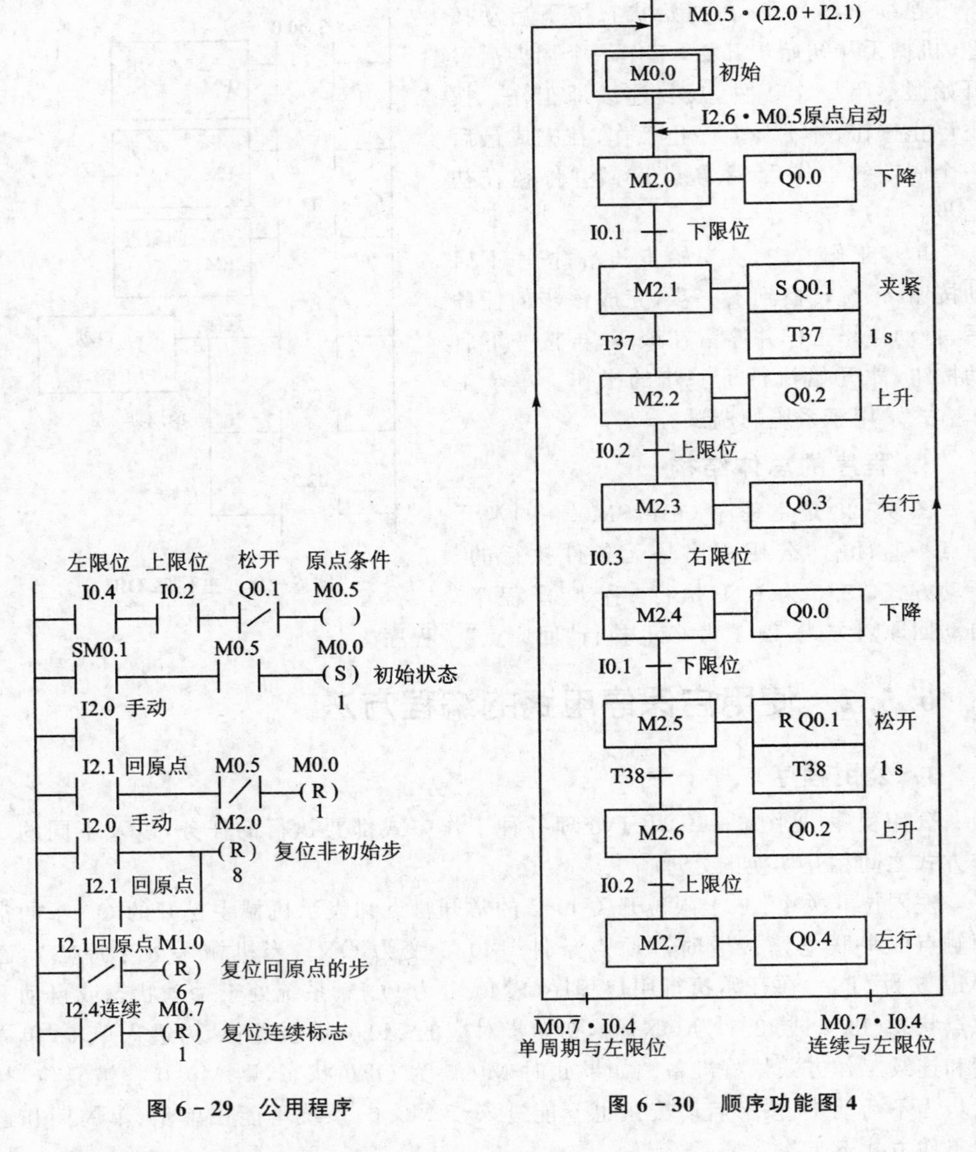

图 6-29 公用程序　　图 6-30 顺序功能图 4

在非连续方式，I2.4 的常闭触点闭合，将表示连续工作状态的标志 M0.7 复位。

2. 手动程序

图 6-31 是手动程序，为了保证系统的安全运行，在手动程序中设置了一些必要的联锁：

① 设置上升与下降之间、左行与右行之间的互锁，以防止功能相反的两个输出同时为ON。

② 用限位开关I0.1～I0.4的常闭触点，限制机械手移动的范围。

③ 上限位开关I0.2的常开触点与控制左、右行的Q0.4和Q0.3的线圈串联，机械手升到最高位置才能左右移动，以防止机械手在较低位置运行时与别的物体碰撞。

④ 只允许机械手在最左边或最右边时上升、下降和松开工件。

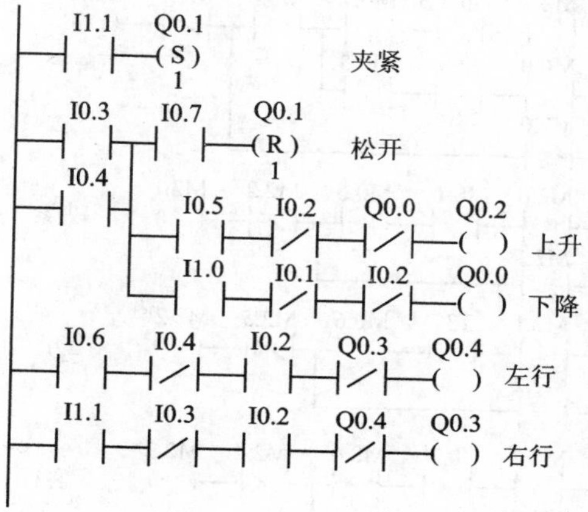

图6-31　手动程序

3. 自动程序

图6-30是处理单周期、连续和单步工作方式的顺序功能图，图6-32是用启保停电路设计的程序，M0.0和M2.0～M2.7用典型的启保停电路控制。

单周期、连续和单步这3种工作方式主要是用“连续”标志M0.7和“转换允许”标志M0.6来区分的。

(1) 单步与非单步的区分

M0.6的常开触点接在每一个控制代表步的存储器位的启动电路中，它们断开时禁止步的活动状态的转换。如果系统处于单步工作方式，则I2.2为1状态，它的常闭触点断开，“转换允许”存储器位M0.6在一般情况下为0状态，不允许步与步之间的转换。当某一步的工作结束后，转换条件满足，如果没有按启动按钮I2.6，则M0.6处于0状态，启保停电路的启动电路处于断开状态，不会转换到下一步。一直要等到按下启动按钮I2.6，M0.6在I2.6的上升沿ON一个扫描周期，M0.6的常开触点接通，系统才会转换到下一步。

系统工作在连续、单周期(非单步)工作方式时，I2.2的常闭触点接通，使M0.6为1状态，串联在各启保停电路的启动电路中的M0.6的常开触点接通，允许步与步之间的正常转换。

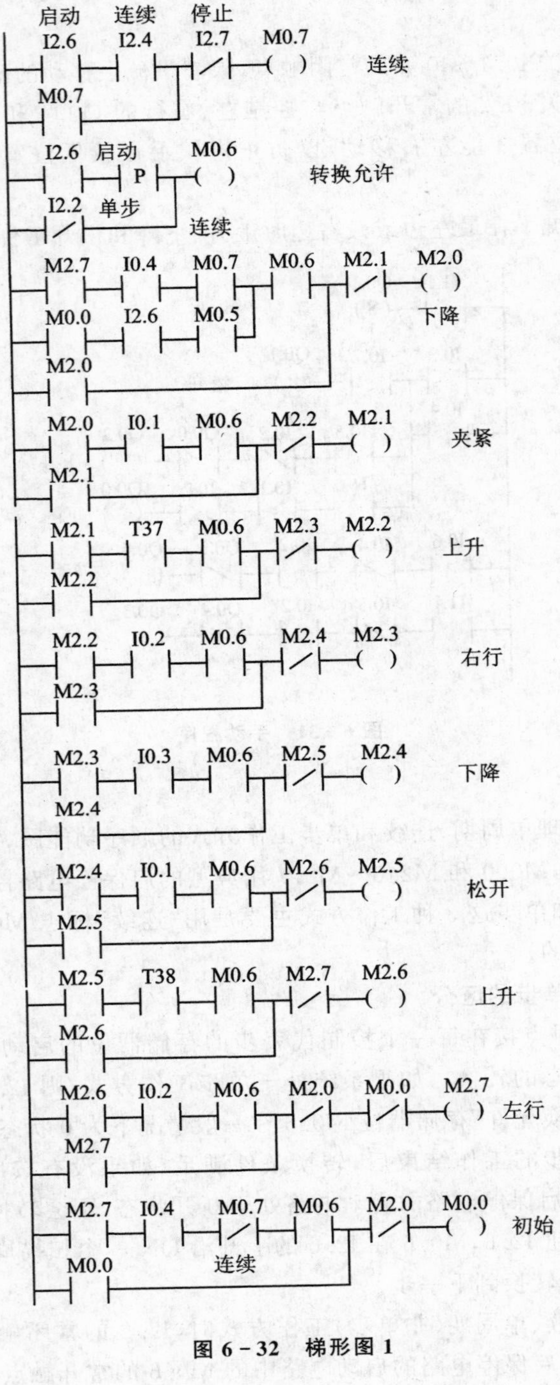

启动 连续 停止
I2.6 I2.4 I2.7 M0.7 连续
M0.7

I2.6 启动 P M0.6 转换允许
I2.2 单步
连续

M2.7 I0.4 M0.7 M0.6 M2.1 M2.0
M0.0 I2.6 M0.5 下降
M2.0

M2.0 I0.1 M0.6 M2.2 M2.1 夹紧
M2.1

M2.1 T37 M0.6 M2.3 M2.2 上升
M2.2

M2.2 I0.2 M0.6 M2.4 M2.3 右行
M2.3

M2.3 I0.3 M0.6 M2.5 M2.4 下降
M2.4

M2.4 I0.1 M0.6 M2.6 M2.5 松开
M2.5

M2.5 T38 M0.6 M2.7 M2.6 上升
M2.6

M2.6 I0.2 M0.6 M2.0 M0.0 M2.7 左行
M2.7

M2.7 I0.4 M0.7 M0.6 M2.0 M0.0 初始
M0.0 连续

图 6-32 梯形图 1

(2) 单周期与连续的区分

在连续工作方式，I2.4 为 1 状态。在初始步为活动步时按下启动按钮 I2.6，M2.0 变为 1 状态，当机械手在步 M2.7 返回最左边时，I0.4 为 1 状态，因为“连续”标志位 M0.7 为 1 状态，转换条件 M0.7·I0.4 满足，所以系统将返回步 M2.0，反复连续地工作下去。

按下停止按钮 I2.7 后，M0.7 变为 0 状态，但是机械手不会立即停止工作，在完成当前工作周期的全部操作后，机械手返回最左边，左限位开关 I0.4 为 1 状态，转换条件$\overline{M0.7}$·I0.4 满足，系统才从步 M2.7 返回并停留在初始步。

在单周期工作方式，M0.7 一直处于 0 状态。当机械手在最后一步 M2.7 返回最左边时，左限位开关 I0.4 为 1 状态，转换条件$\overline{M0.7}$·I0.4 满足，系统返回并停留在初始步。按一次启动按钮，系统只工作一个周期。

(3) 单周期工作过程

在单周期工作方式，I2.2(单步)的常闭触点闭合，M0.6 的线圈“通电”，允许转换。在初始步时按下启动按钮 I2.6，在 M2.0 的启动电路中，M0.0、I2.6、M0.5(原点条件)和 M0.6 的常开触点均接通，使 M2.0 的线圈“通电”，系统进入下降步，Q0.0 的线圈“通电”，机械手下降，碰到下限位开关 I0.1 时，转换到夹紧步 M2.1，Q0.1 被置位，夹紧电磁阀的线圈通电并保持。同时接通延时定时器 T37 开始定时，1 s 后定时时间到，工件被夹紧，转换条件 T37 满足，转换到步 M2.2。以后系统将这样一步一步地工作下去。在左行步 M2.7，当机械手左行返回原点位置时，左限位开关 I0.4 变为 1 状态，因为连续工作标志 M0.7 为 0 状态，所以将返回初始步 M0.0，机械手停止运动。

(4) 单步工作过程

在单步工作方式，I2.2 为 1 状态，它的常闭触点断开，“转换允许”辅助继电器 M0.6 在一般情况下为 0 状态，不允许步与步之间的转换。设初始步时系统处于原点状态，M0.5 和 M0.0 为 1 状态，按下启动按钮 I2.6，M0.6 变为 1 状态，使 M2.0 的启动电路接通，系统进入下降步。放开启动按钮后，M0.6 变为 0 状态。在下降步，Q0.0 的线圈“通电”，当下限位开关 I0.1 变为 1 状态时，与 Q0.0 的线圈串联的 I0.1 的常闭触点断开，使 Q0.0 的线圈“断电”，机械手停止下降。I0.1 的常开触点闭合后，如果没有按启动按钮，则 I2.6 和 M0.6 处于 0 状态，不会转换到下一步，一直要等到按下启动按钮，I2.6 和 M0.6 处于 1 状态，M0.6 的常开触点接通，转换条件 I0.1 才能使图 6－30 中 M2.1 的启动电路接通，M2.1 的线圈“通电”并保持，系统才能由步 M2.0 进入步 M2.1。以后在完成某一步的操作后，都必须按一次启动按钮，系统才能转换到下一步。

图 6－32 中控制 M0.0 的启保停电路如果放在控制 M2.0 的启保停电路之前，则在单步工作方式步 M2.7 为活动步时，按启动按钮 I2.6，返回步 M0.0 后，M2.0 的启动条件满足，将马上进入步 M2.0，这样连续跳两步是不允许的。将控制 M2.0 的

启保停电路放在控制 M0.0 的启保停电路之前和 M0.6 的线圈之后可以解决这一问题。在图 6-32 中，控制 M0.6（转换允许）的是启动按钮 I2.6 的上升沿检测信号，在步 M2.7 按启动按钮，M0.6 仅 ON 一个扫描周期，它使 M0.0 的线圈通电后，下一扫描周期处理控制 M2.0 的启保停电路时，M0.6 已经变为 0 状态，所以不会使 M2.0 变为 1 状态，要等到下一次按启动按钮时，M2.0 才会变为 1 状态。

(5) 输出电路

输出电路是自动程序的一部分，如图 6-33 所示，输出电路中 I0.1～I0.4 的常闭触点是为单步工作方式设置的。以下降为例，当机械手碰到下限位开关 I0.1 后，与下降步对应的存储器位 M2.0 或 M2.4 不会马上变为 OFF，如果 Q0.0 的线圈不与 I0.1 的常闭触点串联，则机械手不能停在下限位开关 I0.1 处，还会继续下降，对于某些设备，可能造成事故。

4. 自动回原点程序

图 6-34 是自动回原点程序的顺序功能图，图 6-35 是用启保停电路设计的梯

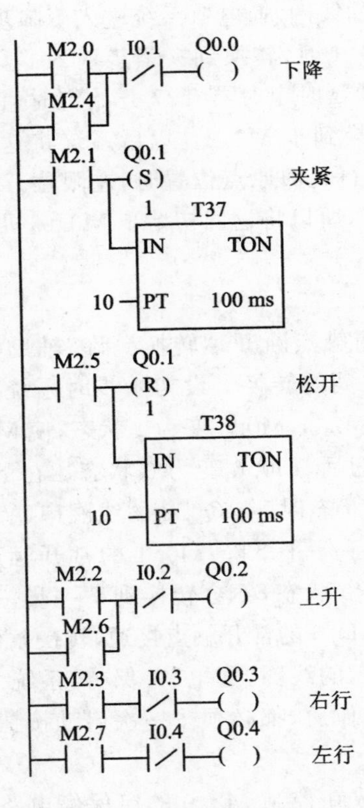

图 6-33 输出电路

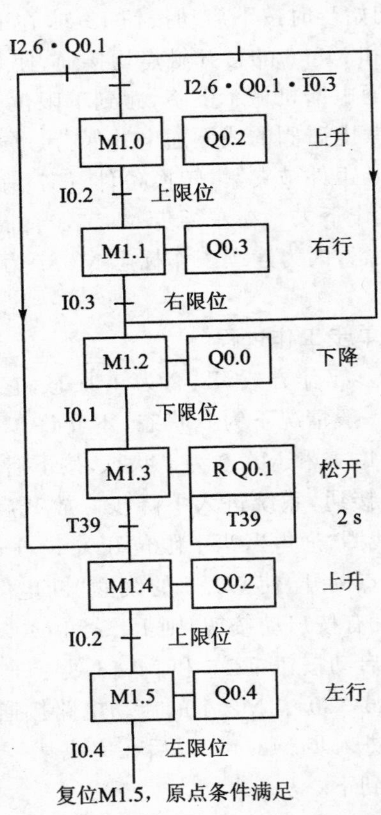

图 6-34 自动回原点的顺序功能图

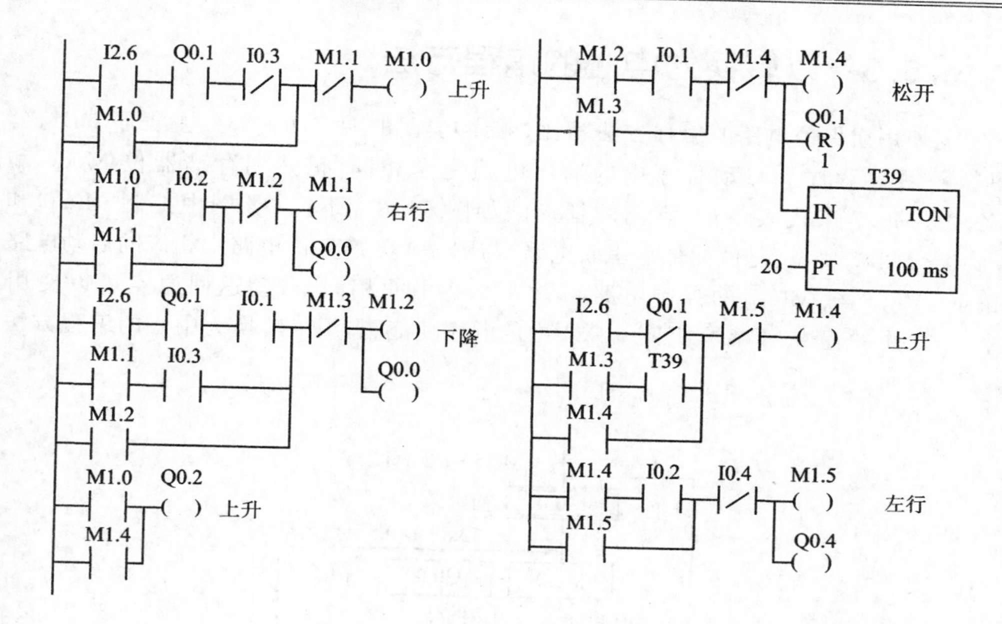

图 6 - 35　自动返回原点的梯形图

形图。回原点工作方式，I2.1 为 ON。在按下启动按钮 I2.6 时，机械手可能处于任意状态中，根据机械手当时所处的位置和夹紧装置的状态，可以分为 3 种情况，分别采用不同的处理方法：

① 夹紧装置松开（Q0.1 为 0 状态），表明机械手没有夹持工件，应上升和左行，直接返回原点位置。按下启动按钮 I2.6，应进入图 6 - 34 中的上升步 M1.4，转换条件为 $\mathrm{I2.6} \cdot \overline{\mathrm{Q0.1}}$。如果机械手已经在最上面，则上限位开关 I0.2 为 1 状态，进入上升步后，因为转换条件已经满足，所以将马上转换到左行步。

② 夹紧装置处于夹紧状态，机械手在最右边，此时 Q0.1 和 I0.3 均为 1 状态，应将工件搬运到 B 点后再返回原点位置。按下启动按钮 I2.6，机械手应进入下降步 M1.2，转换条件为 I2.6 · Q0.1 · I0.3，首先执行下降和松开操作，释放工件后，再返回原点位置。

③ 夹紧装置处于夹紧状态，机械手不在最右边，此时 Q,0.1 为 1 状态，右限位开关 I0.3 为 0 状态。按下启动按钮 I2.6，应进入步 M1.0，转换条件为 $\mathrm{I2.6} \cdot \mathrm{Q0.1} \cdot \overline{\mathrm{I0.3}}$，首先上行、右行、下降和松开工件，然后将工件搬运到 B 点后再返回原点位置。

机械手返回原点位置后，原点条件满足，公用程序中的原点条件标志 M0.5 为 ON。因为此时 I2.1 为 ON，所以图 6 - 30 顺序功能图中的初始步 M0.0 在公用程序中被置位，为进入单周期、连续和单步工作方式做好了准备，因此可以认为自动程序的顺序功能图的初始步 M0.0 是步 M1.5 的后续步。

6.5.3 以转换为中心的编程方法

与使用启保停电路的编程方法相比，顺序功能图（见图 6-36）、主程序 OB1、公用程序、手动程序和自动程序中的输出电路完全相同，仍然用存储器位 M0.0 和 M2.0～M2.7 来代表各步，它们的梯形图如图 6-37 所示。该图中控制 M0.0 和 M2.0～M2.7 置位、复位的触点串联电路，与图 6-32 启保停电路中相应的启动电路相同。M0.6 与 M0.7 的控制电路与图 6-32 中的相同，自动返回原点可以使用图 6-35 中的程序，或者根据图 6-34 中的顺序功能图，用以转换为中心的编程方法编写。

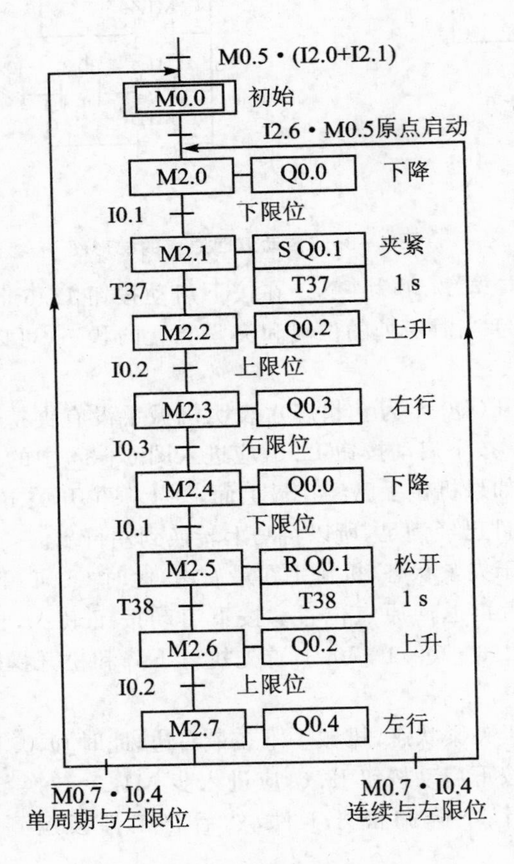

图 6-36　顺序功能图 5

图 6-37 中对 M0.0 置位的电路应放在对 M2.0 置位的电路的后面，否则在单步工作方式从步 M2.7 返回步 M0.0 时，会马上进入步 M2.0。

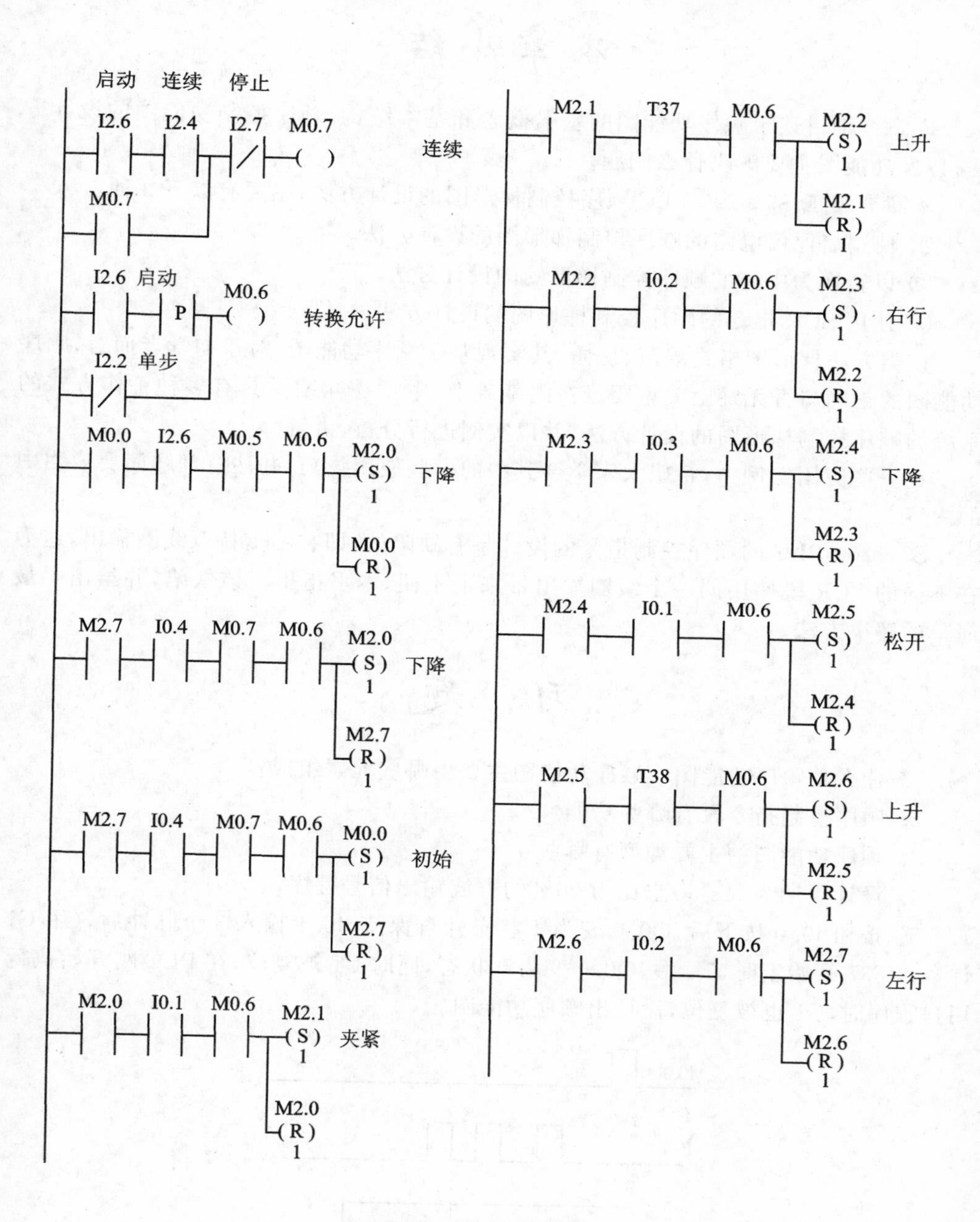
启动 连续 停止
I2.6 I2.4 I2.7 M0.7
( )
连续
M0.7
I2.6 启动
P
M0.6
( )
转换允许
I2.2 单步
M0.0 I2.6 M0.5 M0.6
M2.0
(S)
1
下降
M0.0
(R)
1
M2.7 I0.4 M0.7 M0.6
M2.0
(S)
1
下降
M2.7
(R)
1
M2.7 I0.4 M0.7 M0.6
M0.0
(S)
1
初始
M2.7
(R)
1
M2.0 I0.1 M0.6
M2.1
(S)
1
夹紧
M2.0
(R)
1
M2.1 T37 M0.6
M2.2
(S)
1
上升
M2.1
(R)
1
M2.2 I0.2 M0.6
M2.3
(S)
1
右行
M2.2
(R)
1
M2.3 I0.3 M0.6
M2.4
(S)
1
下降
M2.3
(R)
1
M2.4 I0.1 M0.6
M2.5
(S)
1
松开
M2.4
(R)
1
M2.5 T38 M0.6
M2.6
(S)
1
上升
M2.5
(R)
1
M2.6 I0.2 M0.6
M2.7
(S)
1
左行
M2.6
(R)
1

图 6－37　梯形图 2

本章小结

本章详细讲述了顺序功能图的基本概念和基本结构，顺序控制功能图的设计方法，以及功能图主要解决什么问题。

本章介绍了 S7－200 PLC 顺序控制梯形图的设计方法，主要有以下 3 种：

① 使用启保停电路的顺序控制梯形图的设计方法。

② 以转换为中心的顺序控制梯形图的设计方法。

③ 使用 SCR 指令的顺序控制梯形图的设计方法。

该类方法梯形图格式规范、易懂，其实现基于顺序功能图，对于初学者而言，顺序功能图的正确与否无疑至关重要。在此基础上，本章还介绍了具有多种工作方式的系统的顺序控制梯形图的设计方法，并以实例进行分析、讲解。

在一些应用实例中，希望大家学会其中的一些使用技巧，并注意理解简要说明中的内容。

S7－200 PLC 的顺序控制指令的设计是有缺陷的，即它不支持双线圈输出，这为在不同的 SCR 段使用同一个线圈输出带来了不便，本书指出了该缺陷，并给出了最简单的解决方法。

习　题

1. 什么是顺序功能图？顺序功能图主要由哪些元素组成？

2. 顺序控制指令段有哪些功能？

3. 顺序功能图的主要类型有哪些？

4. 设计周期为 5 s，占空比为 20％的方波输出信号程序。

5. 按钮 I0.0 按下后，Q0.0 变为 1 状态并自保持，I0.1 输入 3 个脉冲后，(用 C1 计数)，T37 开始定时，5 s 后，Q0.0 变为 0 状态，同时 C1 被复位，在 PLC 刚开始执行用户程序时，C1 也被复位，设计出顺序功能图。

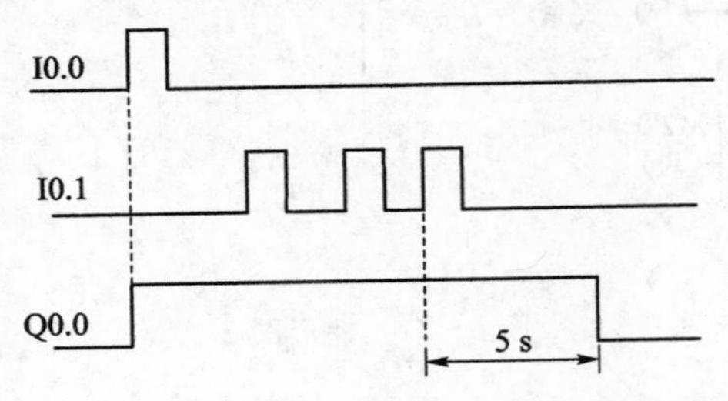

6. 编写出实现红、黄、绿三种颜色信号灯循环显示的程序(要求按下启动按钮后，红灯亮 15 s，黄灯亮 5 s，绿灯亮 20 s，此后依次循环，按下停止按钮后，全灭)。画出该程序设计的顺序功能图，并用顺序控制指令设计出梯形图程序。

第7章 西门子S7－200 PLC的功能指令及应用

本章要点

- S7－200的功能指令概述；
- 程序控制类指令；
- 数据处理指令；
- 数学运算指令；
- 局部变量表与子程序；
- 中断指令与中断程序；
- 高速计数器与高速脉冲输出。

7.1 S7－200的指令规约

7.1.1 使能输入与使能输出

在梯形图中，用方框表示某些指令，在SIMATIC指令系统中将这些方框称为“盒子”(Box)，在IEC 61131－3指令系统中将它们称为“功能块”。功能块的输入端均在左边，输出端均在右边(见图7－1)。梯形图中有一条提供“能流”的左侧垂直母线，图中I2.4的常开触点接通时，能流流到功能块DIV_I的数字量输入端EN(Enable in，使能输入)，该输入端有能流时，功能指令DIV_I才能被执行。

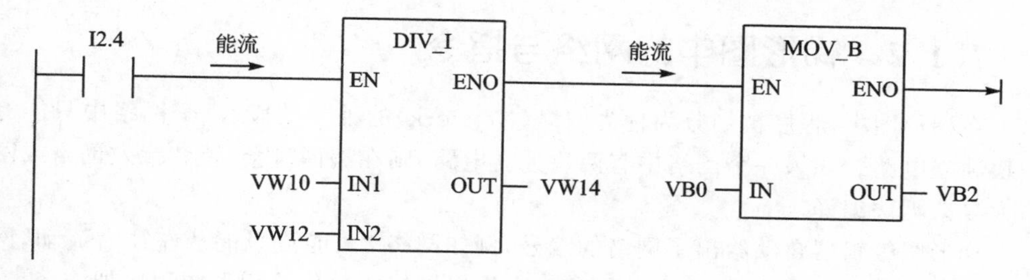

图7－1 EN与ENO

如果功能块在EN处有能流而且执行时无错误，则ENO(Enable Output，使能输出)将能流传递给下一个元件。如果执行过程中有错误，则能流在出现错误的功能块终止。

ENO 可以作为下一个功能块的 EN 输入，即几个功能块可以串联在一行中（见图 7-1），只有前一个功能块被正确执行，后一个功能块才能被执行。EN 和 ENO 的操作数均为能流，数据类型为 BOOL（布尔）型。

图 7-1 中的功能块 DIV_I 是 16 位整数除法指令。在 RUN 模式用程序状态监控功能监视程序的运行情况，令除数 VW12 的值为 0，当 I2.4 为 1 状态时，可以看到有能流流入 DIV_I 指令的 EN 输入端，因为除数为 0，指令执行失败，所以 DIV_I 指令框变为红色，没有能流从它的 ENO 输出端流出。

语句表（STL）中没有 EN 输入，对于要执行的 STL 指令，堆栈的栈顶值必须为 1，指令才能执行。与梯形图中的 ENO 相对应，语句表设置了 ENO 位，可以用 AENO（And ENO）指令访问 ENO 位，AENO 用来产生与功能块的 ENO 相同的效果。

图 7-1 中的梯形图对应的语句表如下：

```
LD      I2.4
MOVW    VW10, VW14      //VW10→VW14
AENO
/I      VW12, VW14      //VW14/VW12→VW14
AENO
MOVB    VB0,VB2         //VB0→VB2
```

梯形图中除法指令的操作为 IN1/IN2＝OUT，语句表中除法指令的操作为 OUT/IN1＝OUT，所以需要增加一条数据传送指令，为除法指令的执行做好准备。如果删除上述程序中的两条 AENO 指令，则程序转换为梯形图后，可以看到图 7-1 中的两个功能块由串联变为并联。

S7-200 系统手册的指令部分给出了指令的描述、使 ENO＝0 的错误条件、受影响的 SM 位、该指令支持的 CPU 型号和操作数表，该表中给出了每个操作数允许的存储器区、寻址方式和数据类型。各条指令的详细信息可以查阅 S7-200 的系统手册，或通过编程软件的在线帮助功能获取。

7.1.2 梯形图中的网络与指令

在梯形图中，程序被划分为称为网络（Network）的独立的段，一个网络中只能有一块独立电路。如果一个网络中有两块独立电路，则在编译时会显示“无效网络或网络太复杂无法编译”。

梯形图编辑器自动给出了网络的编号，例如网络 2。能流只能从左往右流动，网络中不能有断路、开路和反方向的能流。允许以网络为单位给梯形图程序加注释。

STL 程序可以不使用网络，但是只有将 STL 程序正确地划分为网络，才能将 STL 程序转换为梯形图程序。

必须有能流输入才能执行的功能块或线圈指令称为条件输入指令，它们不能直接连接到左侧母线上。如果需要无条件地执行这些指令，则可以用接在左侧母线上的 SM0.0(该位始终为 1)的常开触点来驱动它们。

有的线圈或功能块的执行与能流无关,例如标号指令 LBL 和顺序控制指令 SCR 等,称为无条件输入指令,应将它们直接接在左侧母线上。

触点比较指令没有能流输入时,输出为 0;有能流输入时,输出与比较结果有关。

在输入语句表指令时,值得注意的是,必须使用英文的标点符号。如果使用中文的标点符号,则会出错。

7.1.3　其他规约

SIMATIC 程序编辑器中的直接地址由存储器区域标识符和地址组成,例如 I0.0。IEC 程序编辑器用"%"表示直接地址,例如"% I0.0"。

可以用数字和字母组成的符号来代替存储器的地址,符号地址便于记忆,使程序更容易理解。程序编译后下载到 PLC 时,所有的符号地址被转换为绝对地址。

全局符号名被编程软件自动地加英语的双引号,例如"INPUT1",符号"# INPUT1"中的"#"号表示该符号是局部变量,生成新的编程元件时出现的红色问号"??.?"或"????"表示需要输入的地址或数值。

梯形图中的"→→"是一个开路符号,或需要能流连接。

"→|"表示输出是一个可选的能流,用于指令的级连。

符号"≫"或"≪"表示可以使用数值或能流。

7.2　程序控制指令

1. 条件结束指令与停止指令

条件结束指令 END(见表 7-1)根据前面的逻辑关系终止当前的扫描周期,只能在主程序中使用条件结束指令。

表 7-1　程序控制指令

梯形图	语句表	描　述	梯形图	语句表	描　述
END	END	程序的条件结束	CALL	CALL n(n1,…)	调用子程序
STOP	STOP	切换到 STOP 模式	RET	CRET	从子程序条件返回
WDR	WDR	看门狗复位	ROR	ROR INDX,INIT,FINAL	循环开始
JMP	JMP n	跳到定义的标号	NEXT	NEXT	循环结束
LBL	LBL n	定义一个跳转的标号	DIAG_LED	DLED	诊断 LED

停止指令 STOP 使 PLC 从运行(RUN)模式进入停止(STOP)模式,立即终止程序的执行。如果在中断程序中执行停止指令,则中断程序立即终止,并忽略全部等待执行的中断,继续执行主程序的剩余部分,并在主程序的结束处,完成从运行方式至

停止方式的转换。

2. 监控定时器复位指令

监控定时器又称看门狗(Watchdog),它的定时时间为 500 ms,每次扫描它都被自动复位,正常工作时扫描周期小于 500 ms,不起作用。

在以下情况下扫描周期可能大于 500 ms,监控定时器会停止执行用户程序:

① 用户程序很长。

② 出现中断事件时,执行中断程序的时间较长。

③ 循环指令使扫描时间延长。

为了防止在正常情况下监控定时器动作,可以将监控定时器复位指令 WDR 插入到程序中适当的地方,使监控定时器复位。如果 FOR/NEXT 循环程序的执行时间太长,下列操作只有在扫描周期结束时才能执行:

① 通信(自由端口模式除外)。

② I/O 更新(立即 I/O 除外)。

③ 强制更新。

④ SM 位更新(不能更新 SM0 和 SM5~SM29)。

⑤ 运行时间诊断。

⑥ 在中断程序中的 STOP 指令。

带数字量输出的扩展模块也有一个监控定时器,每次使用 WDR 指令时,应对每个扩展模块的某一个输出字节使用立即写(BIW)指令来复位扩展模块的监控定时器。

3. 循环指令

在控制系统中经常遇到需要重复执行若干次同样任务的情况,这时可以使用循环指令。FOR 语句表示循环开始,NEXT 语句表示循环结束,并将堆栈的栈顶值设为 1。当驱动 FOR 指令的逻辑条件满足时,反复执行 FOR 与 NEXT 之间的指令。在 FOR 指令中,需要设置指针 INDX(或称为当前循环次数计数器)、起始值 INIT 和结束值 FINAL,它们的数据类型均为整数(INT)。

假设 INIT 为 1,FINAL 为 20,每次执行 FOR 与 NEXT 之间的指令后,INDX 的值加 1,并将运算结果与结束值 FINAL 比较。如果 INDX 大于结束值,则循环终止,FOR 与 NEXT 之间的指令将被执行 20 次。如果起始值大于结束值,则不执行循环。

下面是使用 FOR/NEXT 循环的注意事项:

① 如果启动了 FOR/NEXT 循环,除非在循环内部修改了结束值,循环就一直进行,直到循环结束。在循环的执行过程中,可以改变循环的参数。

② 再次启动循环时,它将初始值 INIT 传送到指针 INDX 中。

FOR 指令必须与 NEXT 指令配套使用。允许循环嵌套,即 FOR/NEXT 循环在另一个 FOR/NEXT 循环之中，最多可以嵌套 8 层。图 7-2 中的 I2.1 接通时，执行 20 次标有 1 的外层循环，I2.1 和 I2.2 同时接通时，每执行一次外层循环，执行 8 次标有 2 的内层循环。

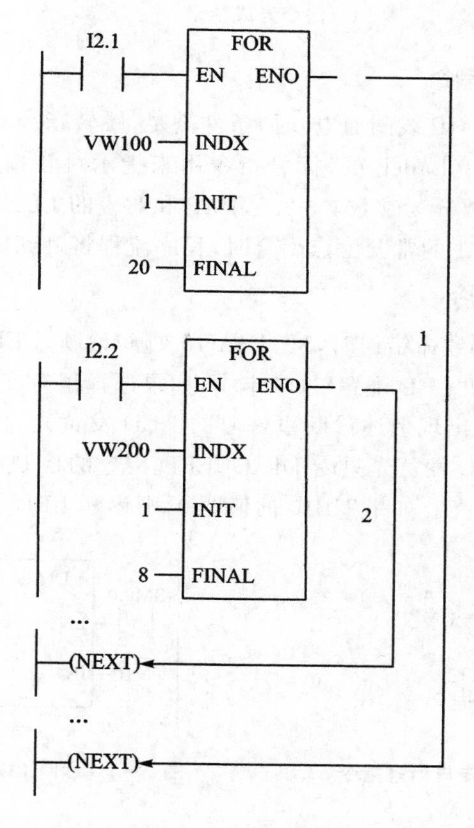

图 7-2　循环指令

【例 7-1】　在 I0.5 的上升沿，求 VB10～VB29 中 20 个字节的异或值。

```
//网络 1
LD
EU                           //在 I0.5 的上升沿
MOVB      0,AC0              //清累加器 0
MOVD      &VB10,AC1          //累加器 1(存储区指针)指向 VB10
FOR       VW0,1,20           //循环开始
//网络 2
LD        SM0.0
XORB      *AC1,AC0           //字节异或
INCB      AC1                //指针 AC1 的值加 1,指向下一个变量存储器字节
//网络 3
NEXT
```

```
//网络 4
LD      I0.5
EU
MOVB    AC0,VB40        //保存异或结果
```

4. 跳转与标号指令

栈顶的值为1(即JMP线圈通电)时,条件满足,跳转指令JMP(Jump)使程序流程转到对应的标号LBL(Label)处,标号指令用来指示跳转指令的目的位置。JMP与LBL指令中的操作数n为常数0~255,JMP和对应的LBL指令必须在同一个程序块中。图7-3中I2.1的常开触点闭合时,程序流程将跳到标号LBL 4处。

5. 诊断LED指令

当S7-200检测到致命错误时,SF/DIAG(故障/诊断)LED发出红光。在V4.0版编程软件的系统块的"LED配置"选项卡中,如果选择了有变量被强制"与(或)"有I/O错误时LED亮,则出现上述诊断事件时的LED发黄光。如果两个选项都没有选择,则SF/DIAG LED发黄光只受DIAG_LED指令的控制。图7-4的VB10中的值为0,诊断LED不亮。如果VB10的值非0,则诊断LED发黄光。

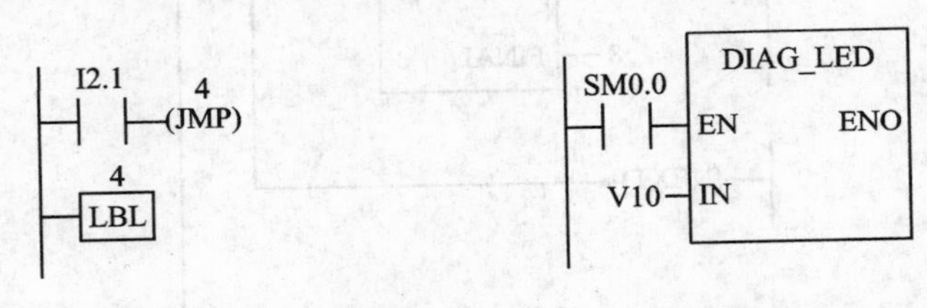

图7-3　跳转与标号指令　　图7-4　诊断LED指令

7.3 子程序指令(局部变量表与子程序)

7.3.1 局部变量表

1. 局部变量与全局变量

在SIMATIC符号表或IEC全局变量表中定义的变量为全局变量。程序中的每个程序组织单元(Program Organizational Unit,POU)均有自己的由64字节L存储器组成的局部变量表。它们用来定义有范围限制的变量,局部变量只在它被创建的POU中有效。与之相反,全局符号在各POU中均有效,只能在符号表/全局变量表中定义。全局符号与局部变量名称相同时,在定义局部变量的POU中,该局部变量的定义优先,该全局定义只能在其他POU中使用。

局部变量有以下优点：

① 如果在子程序中只使用局部变量，不使用绝对地址或全局符号，则不做任何改动，就可以将子程序移植到别的项目中去。

② 如果使用临时变量(TEMP)，则同一片物理存储器可以在不同的程序中重复使用。

局部变量还用来在子程序和调用它的程序之间传递输入参数和输出参数。

在编程软件中，如果将水平分裂条拉至程序编辑器视窗的顶部(见图 7 - 5)，则不再显示局部变量表，但是它仍然存在。将分裂条下拉，再次显示局部变量表。

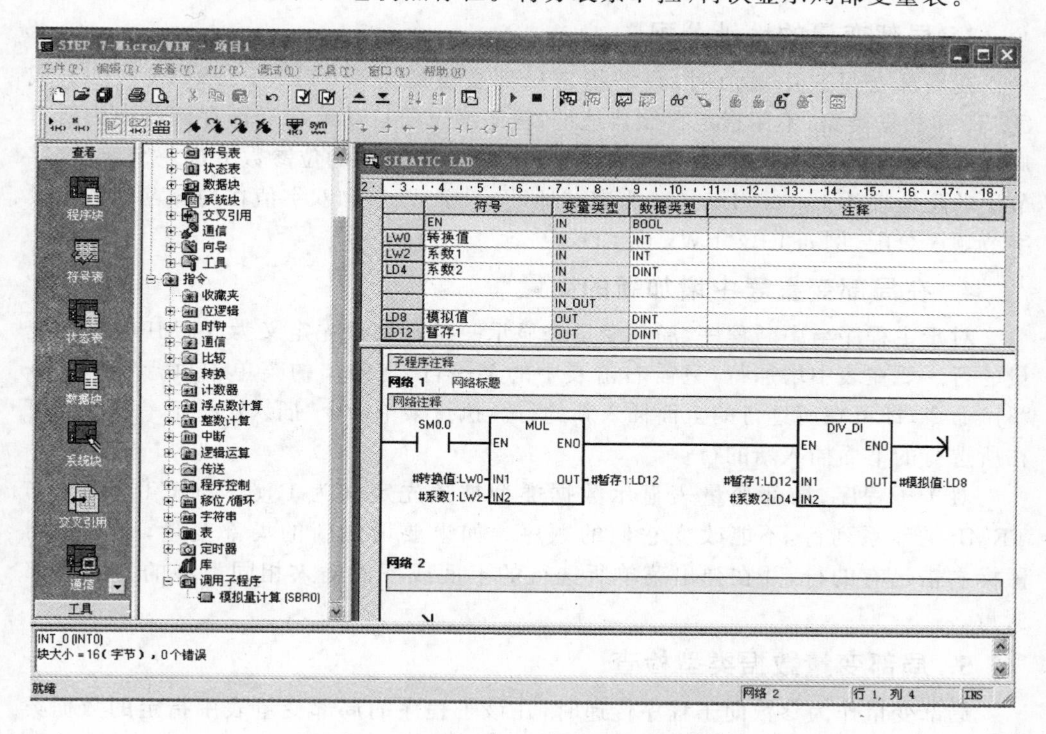

图 7 - 5　局部变量表与模拟量计算子程序

2. 局部变量的类型

(1) TEMP(临时变量)

TEMP 是暂时保存在局部数据区中的变量。只有在执行该 POU 时，定义的临时变量才被使用，POU 执行完后，不再保存临时变量的数值。在主程序和中断程序中，局部变量表中只有 TEMP 变量。子程序的局部变量表中还有 IN、OUT 和 IN_OUT 三种变量。

(2) IN(输入变量)

IN 是由调用它的 POU 提供的传入子程序的输入参数。如果参数是直接寻址(例如 VB10)，则指定地址的值被传入子程序。如果参数是间接寻址(例如 * AC1)，则用指针指定的地址的值被传入子程序。如果参数是常数(例如 DW＃12345)或地址(例如 &VB100),则常数或地址的值被传入子程序。

(3) OUT(输出变量)

OUT 是子程序的执行结果,它被返回给调用它的 POU。

(4) IN_OUT(输入_输出变量)

IN_OUT 的初始值由调用它的 POU 传送给子程序,并用同一变量将子程序的执行结果返回给调用它的 POU。

常数和地址(例如 &VB100)不能作输出变量和输入/输出变量。

3. 局部变量的地址分配

在局部变量表中赋值时,只需指定局部变量的类型(TEMP、IN、IN_OUT 或 OUT)和数据类型,不用指定存储器地址;程序编辑器自动地在局部存储器中为所有局部变量指定存储器位置,起始地址为 LB0,1～8 个连续的位参数分配一个字节,字节中的位地址为 Lx. 0～Lx. 7(x 为字节地址)。字节、字和双字值在局部存储器中按字节顺序分配,例如 LBx,LWx 或 LDx。

4. 在局部变量表中增加新的变量

对于主程序与中断程序,局部变量表显示一组已被预先定义为 TEMP(临时)变量的行。要在表中增加行,只需右击表中的某一行,在弹出的菜单中执行“插入”→“行”命令,即可在所选行的上面插入新的行。执行菜单命令“插入”→“下一行”,即可在所选行的下面插入新的行。

对于子程序,局部变量表显示数据类型被预先定义为 IN、IN_OUT、OUT 和 TEMP 的一系列行,不能改变它们的顺序。如果要增加新的局部变量,则必须用鼠标右击已有的行,并在弹出菜单所选行的上面或下面插入相同类型的另一局部变量。

5. 局部变量数据类型检查

局部变量作为参数向子程序传递时,在该子程序的局部变量表中指定的数据类型必须与调用它的 POU 中的数据类型匹配。

例如图 7-5 在主程序 OB1 中调用子程序“模拟量计算”,用 VW20 作为子程序的输入参数。在该子程序的局部变量表中,定义了一个名为“系数 1”的局部变量作为该输入参数。当 OB1 调用该子程序时,VW20 中的数值被传入“系数 1”,VW20 和“系数 1”的数据类型必须匹配。

7.3.2 子程序的编写与调用

S7-200 CPU 的控制程序由主程序 OB1、子程序和中断程序组成。STEP 7-Micro/WIN 在程序编辑器窗口中为每个 POU(程序组织单元)提供一个独立的页。主程序总是第 1 页,后面是子程序或中断程序。

因为各个POU在程序编辑器窗口中是分页存放的，子程序或中断程序在执行到末尾时自动返回，不必加返回指令；在子程序或中断程序中可以使用条件返回指令。

1. 子程序的作用

子程序常用于需要多次反复执行相同任务的地方，只需要写一次子程序，别的程序在需要它的时候调用它，而无须重写该程序。子程序的调用是有条件的，未调用它时不会执行子程序中的指令，因此使用子程序可以减少扫描时间。

在编写复杂的PLC程序时，最好把全部控制功能划分为几个符合工艺控制规律的子功能块，每个子功能块由一个或多个子程序组成。子程序使程序结构简单清晰，易于调试、查错和维护。在子程序中尽量使用局部变量，避免使用全局变量，这样与其他POU几乎没有地址冲突，可以很方便地将子程序移植到其他项目中。

2. 子程序的创建

可以采用下列方法创建子程序：打开程序编辑器，在"编辑"菜单中执行命令"插入"→"子程序"；或在程序编辑器视窗中右击，从弹出的菜单中执行命令"插入→"子程序"，程序编辑器将自动生成和打开新的子程序。用鼠标右击指令树中的子程序或中断程序的图标，在弹出的菜单中选择"重新命名"，可以修改它们的名称。

子程序可以带参数调用，参数在子程序的局部变量表中定义，最多可以传递16个参数，参数的变量名最多23个字符。

名为"模拟量计算"的子程序如图7-5所示，在该子程序的局部变量表中，定义了名为"转换值"、"系数1"和"系数2"的输入(IN)变量，名为"模拟值"的输出(OUT)变量，名为"暂存1"的临时(TEMP)变量。局部变量表最左边的一列是编程软件自动分配的每个参数在局部存储器(L)中的地址。

子程序变量名称中的"#"表示局部变量，是编程软件自动添加的。输入局部变量时不用输入"#"号。不能使用跳转语句跳入或跳出子程序。

3. 子程序的调用

可以在主程序、其他子程序或中断程序中调用子程序，调用子程序时将执行子程序中的指令，直至子程序结束，然后返回调用指令的下一条指令处。

CPU 226的项目中最多可以创建128个子程序，其他CPU可以创建64个子程序。

子程序可以嵌套调用，即在子程序中调用别的子程序，一共可以嵌套8层。

在中断程序中调用的子程序不能再调用别的子程序。不禁止递归调用(子程序调用自己)，但是应慎重使用递归调用。

创建子程序后，STEP 7-Micro/WIN在指令树最下面的"调用子程序"文件夹中自动生成刚创建的子程序"模拟量计算"对应的图标。对于梯形图程序，在子程序局部变量表中为该子程序定义参数，将生成客户化调用指令块(见图7-6)，指令块中自动包含了子程序的输入参数和输出参数。

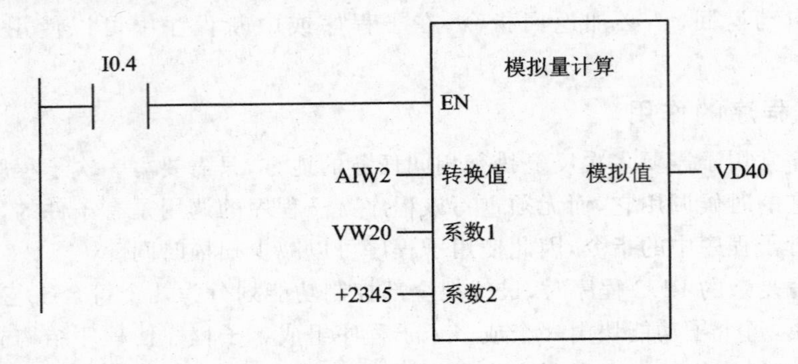

图7-6 在主程序中调用子程序

在梯形图程序中插入子程序调用指令时，首先打开程序编辑器视窗中需要调用子程序的POU，显示出需要调用子程序的地方。用鼠标双击打开指令树最下面的“调用子程序”文件夹，用鼠标左键按住需要调用的子程序图标，将它“拖”到程序编辑器中需要的位置。放开左键，子程序块便被放置在该位置。也可以将矩形光标置于程序编辑器视窗中需要放置该子程序的地方，然后双击指令树中要调用的子程序，子程序块就会自动出现在光标所在的位置。

如果用语句表编程，则子程序调用指令的格式为

CALL 子程序号，参数1，参数2，……，参数 n

子程序调用指令格式中的 $n=0\sim16$。图7-6中的梯形图对应的语句表程序为

```
LD    I0.4
CALL  模拟量计算，AIW2，VW20，+2345，VD40
```

在语句表中调用带参数的子程序时，参数必须按一定的顺序排列，输入参数在最前面，其次是输入/输出参数，最后是输出参数。从上面的例子可以看出，梯形图中从上到下的同类参数，在语句表中按从左到右的顺序排列。

子程序调用指令中的有效操作数为存储器地址、常量、全局符号和调用指令所在的POU中的局部变量，不能指定被调用子程序中的局部变量。

在调用子程序时，CPU保存当前的逻辑堆栈，将栈顶值置为1，堆栈中的其他值清零，控制转移至被调用的子程序。子程序执行完后，用调用时保存的数据恢复堆栈，返回调用程序。子程序和调用程序共用累加器，不会因为使用子程序自动保存或恢复累加器。

调用子程序时，输入参数被复制到子程序的局部存储器，子程序执行完后，从局部存储器复制输出参数到指定的输出参数地址。

如果在使用子程序调用指令后修改该子程序中的局部变量表，则调用指令将变为无效。必须删除无效调用，并用能反映正确参数的新的调用指令代替。

【例 7-2】 设计求 V 存储区连续的若干个字的累加和的子程序，在 OB1 中调用它，在 I0.1 的上升沿，求 VW100 开始的 10 个数据字的和，并将运算结果存放在 VD0 中。

下面是名为"求和"的子程序的局部变量表(见图 7-7)和 STL 程序代码。子程序中的"＊＃POINT"是地址指针 POINT 指定的地址中变量的值。

```
//网络 1
LD      SM0.0
MOVD    0,＃RESULT              //清结果单元
FOR     ＃COUNT,1,＃NUMB        //循环开始
//网络 2
LDS     M0.0
ITD     ＊＃POINT,＃TMP1        //将待累加的整数转换为双整数
+D      ＃TMP1.＃RESULT         //双整数累加
+D      2,＃POINT               //指针值加 2,指向下一个字
//网络 3
NEXT                            //循环结束
```

	符号	变量类型	数据类型	注释
	EN	IN	BOOL	
LD0	POINT	IN	DWORD	地址指针初值
LW4	NUMB	IN	WORD	要求和的字数
		IN		
		IN_OUT		
LD6	RESULT	OUT	DINT	求和的结果
LD10	TEMP1	TEMP	DINT	存储待累加的数
LW14	COUNT	TEMP	INT	循环次数计数器

图 7-7　局部变量表

图 7-8 是调用求和子程序的主程序，在 I0.1 的上升沿，计算 VW100～VW118 中 10 个字的和。调用时指定的 POINT 的值"&VBI00"是源地址指针的初始值，即数据字从 VW100 开始存放。数据字个数 NUMB 为常数 10，求和的结果存放在 VD0 中。

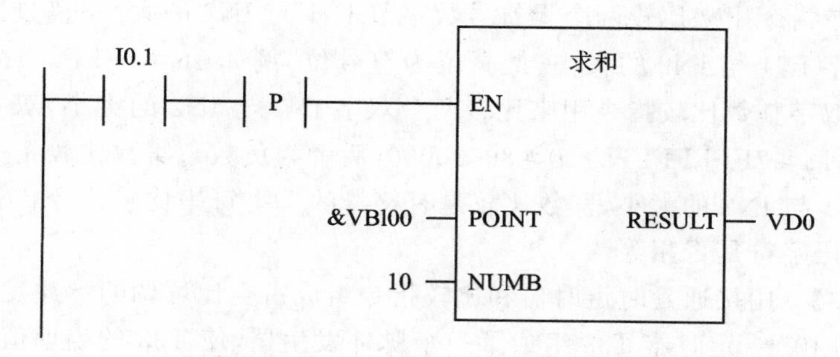

图 7-8　OB1 中的子程序调用

4. 子程序的有条件返回

在子程序中用触点电路控制 CRET(从子程序有条件返回)指令,触点电路接通时条件满足,子程序被终止。

5. 子程序中的定时器

停止调用子程序时,线圈在子程序内的位元件的 ON/OFF 状态保持不变。如果在停止调用时子程序中的定时器正在定时,则 100 ms 定时器将停止定时,当前值保持不变,重新调用时继续定时;但是 1 ms 定时器和 10 ms 定时器将继续定时,定时时间到时,它们的定时器位变为 1 状态,并且可以在子程序之外起作用。

7.4 数据处理类指令

7.4.1 比较指令

比较指令用来比较两个数 IN1 与 IN2 的大小(见图 7-9)。在梯形图中,满足比较关系式给出的条件时,触点接通。“＜＞”表示不等于,触点中间的 B、I、D、R、S 分别表示字节、字、双字、实数(浮点数)和字符串比较。

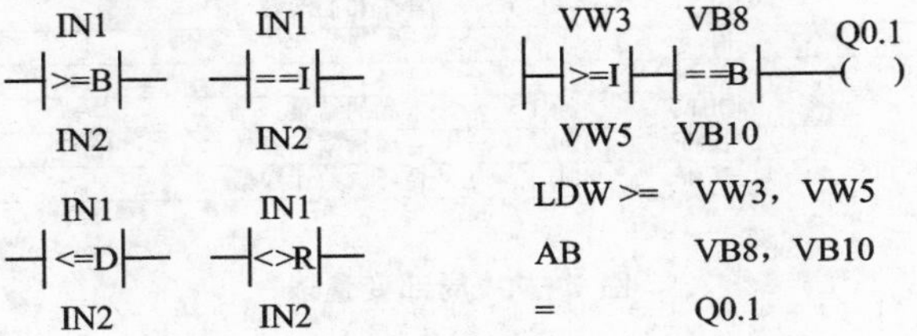

IN1 >=B IN2　　IN1 ==I IN2　　VW3 >=I VW5　VB8 ==B VB10　Q0.1

IN1 <=D IN2　　IN1 <>R IN2

```
LDW>=  VW3, VW5
AB     VB8, VB10
=      Q0.1
```

图 7-9　比较触点指令

在语句表中,满足条件时,将堆栈顶置 1。以 LD、A、O 开始的比较指令分别表示开始、串联和并联的比较触点,比较指令如表 7-2 所列。

字节比较指令用来比较两个无符号数字节 IN1 与 IN2 的大小;整数比较指令用来比较两个字 IN1 与 IN2 的大小,最高位为符号位,例如 16＃7FFF＞16＃8000(后者为负数);双字整数比较指令用来比较两个双字 IN1 与 IN2 的大小,双字整数比较是有符号的,16＃7FFFFFFF＞16＃80000000(后者为负数);实数比较指令用来比较两个实数 IN1 与 IN2 的大小,实数比较是有符号的。字符串比较指令比较两个字符串的 ASCII 码字符是否相等。

【例 7-3】 用接通延时定时器和比较指令组成占空比可调的脉冲发生器。

M0.0 和 10 ms 定时器 T33 组成了一个脉冲发生器,使 T33 的当前值按图 7-10 所示的波形变化。比较指令用来产生脉冲宽度可调的方波,Q0.0 为 0 的时间取决于比较指令“LDW＞＝T33,40”中的第 2 个操作数的值。

表 7－2　比较指令

字节比较	整数比较	双字整数比较	实数比较	字符串比较
LDB=　IN1,IN2	LDW=　IN1,IN2	LDD=　IN1,IN2	LDR=　IN1,IN2	LDS=　IN1,IN2
AB=　IN1,IN2	AW=　IN1,IN2	AD=　IN1,IN2	AR=　IN1,IN2	AS=　IN1,IN2
OB=　IN1,IN2	OW=　IN1,IN2	OD=　IN1,IN2	OR=　IN1,IN2	OS=　IN1,IN2
LDB<>　IN1,IN2	LDW<>　IN1,IN2	LDD<>　IN1,IN2	LDR<>　IN1,IN2	LDS<>　IN1,IN2
AB<>　IN1,IN2	AW<>　IN1,IN2	AD<>　IN1,IN2	AR<>　IN1,IN2	AS<>　IN1,IN2
OB<>　IN1,IN2	OW<>　IN1,IN2	OD<>　IN1,IN2	OR<>　IN1,IN2	OS<>　IN1,IN2
LDB<　IN1,IN2	LDW<　IN1,IN2	LDD<　IN1,IN2	LDR<　IN1,IN2	
AB<　IN1,IN2	AW<　IN1,IN2	AD<　IN1,IN2	AR<　IN1,IN2	
OB<　IN1,IN2	OW<　IN1,IN2	OD<　IN1,IN2	OR<　IN1,IN2	
LDB<=　IN1,IN2	LDW<=　IN1,IN2	LDD<=　IN1,IN2	LDR<=　IN1,IN2	
AB<=　IN1,IN2	AW<=　IN1,IN2	AD<=　IN1,IN2	AR<=　IN1,IN2	
OB<=　IN1,IN2	OW<=　IN1,IN2	OD<=　IN1,IN2	OR<=　IN1,IN2	
LDB>　IN1,IN2	LDW>　IN1,IN2	LDD>　IN1,IN2	LDR>　IN1,IN2	
AB>　IN1,IN2	AW>　IN1,IN2	AD>　IN1,IN2	AR>　IN1,IN2	
OB>　IN1,IN2	OW>　IN1,IN2	OD>　IN1,IN2	OR>　IN1,IN2	
LDB>=　IN1,IN2	LDW>=　IN1,IN2	LDD>=　IN1,IN2	LDR>=　IN1,IN2	
AB>=　IN1,IN2	AW>=　IN1,IN2	AD>=　IN1,IN2	AR>=　IN1,IN2	
OB>=　IN1,IN2	OW>=　IN1,IN2	OD>=　IN1,IN2	OR>=　IN1,IN2	

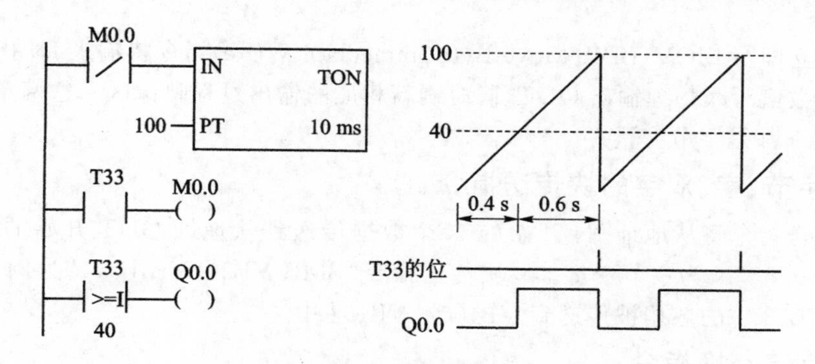

图 7－10　自复位接通延时定时器

7.4.2　数据传送指令

1. 字节、字、双字和实数的传送

SIMATIC 功能指令助记符中最后的 B、W、DW(或 D)和 R 分别表示操作数为字节(Byte)、字(Word)、双字(Double Word)和实数(Real)。

传送指令(见表 7－3 和图 7－11)将输入的数据(IN)传送到输出(OUT),传送过程不改变源地址中数据的值。

表 7-3　传送指令

梯形图	语句表	描　述	梯形图	语句表	描　述
MOV_B	MOVB　IN,OUT	传送字节	MOV_BIW	BIW　IN,OUT	字节立即写
MOV_W	MOVW　IN,OUT	传送字	BLKMOV_B	BMB　IN,OUT	传送字节块
MOV_DW	MOVD　IN,OUT	传送双字	BLKMOV_W	BMW IN,OUT,N	传送字块
MOV_R	MOVR　IN,OUT	传送实数	BLKMOV_D	BMD　IN,OUT,N	传送双字块
MOV_BIR	BIR　IN,OUT	字节立即读	SWAP	SWAP	字节交换

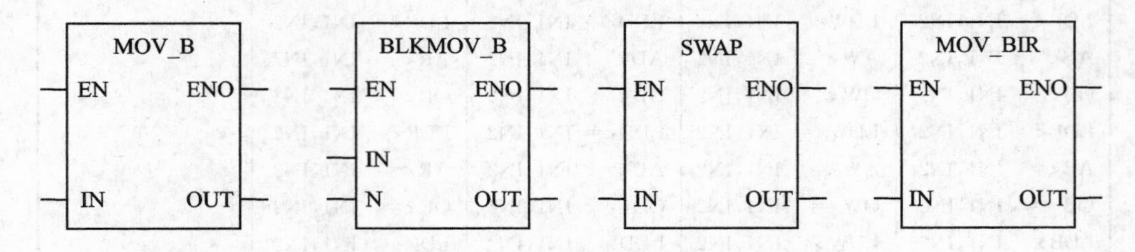

图 7-11　数据传送指令

2. 字节立即读/写指令

字节立即读 MOV_BIR(Move Byte Immediate Read)指令读取输入 IN 指定的一个字节的物理输入,并将结果写入 OUT 指定的地址,但是并不刷新输入过程映像寄存器。

字节立即写 MOV_BIW(Move Byte Immediate Write)指令将输入 IN 指定的一个字节的数值写入物理输出 OUT,同时刷新相应的输出过程映像区。这两条指令的 IN 和 OUT 都是字节变量。

3. 字节、字、双字的块传送指令

块传送指令将从地址 IN 开始的 N 个数据传送到从地址 OUT 开始的 N 个单元,N=1～255,N 为字节变量。以块传送指令“BMB VB20,VB100,4”为例,执行后 VB20～VB23 中的数据被传送到 VB100～VB103 中。

4. 字节交换指令

字节交换 SWAP(Swap Bytes)指令用来交换输入字 IN 的高字节与低字节。

7.4.3　移位与循环指令

1. 右移位和左移位指令

移位指令(见表 7-4)将输入 IN 中的数的各位向右或向左移动 N 位后,送给输出 OUT 指定的地址。移位指令对移出位自动补 0(见图 7-12),如果移动的位数 N 大于允许值(字节操作为 8,字操作为 16,双字操作为 32),则实际移位的位数为最大允许值。所有的循环和移位指令中的 N 均为字节变量。字节移位操作是无符号的,

对有符号的字和双字移位时,符号位也被移位。

如果移位次数大于0,则"溢出"位SM1.1保存最后一次被移出位的值。如果移位结果为0,则零标志位SM1.0被置1。

表7-4 移位与循环移位指令

梯形图	语句表	描 述	梯形图	语句表	描 述
SHR_B	SRB OUT,N	字节右移位	ROL_B	RLB OUT,N	字节循环左移
SHL_B	SLB OUT,N	字节左移位	ROR_W	RRW OUT,N	字循环右移
SHR_W	SRW OUT,N	字右移位	ROL_W	RLW OUT,N	字循环左移
SHL_W	SLW OUT,N	字左移位	ROR_DW	RRD OUT,N	双字循环右移
SHR_DW	SRD OUT,N	双字右移位	ROL_DW	RLD OUT,N	双字循环左移
SHL_DW	SLD OUT,N	双字左移位	SHRB	SHRB DATA,S_BIT,N	移位寄存器
ROR_B	RRB OUT,N	字节循环右移			

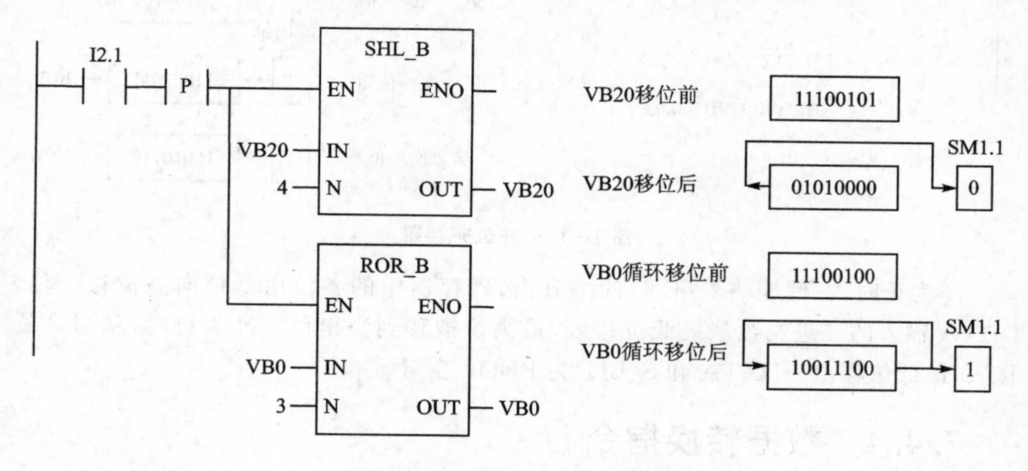

图7-12 移位与循环移位指令

2. 循环右移位和循环左移位指令

循环移位指令将输入IN中的各位向右或向左循环移动N位后,送给输出OUT。循环移位是环形的,即被移出来的位将返回到另一端空出来的位置(见图7-12)。

如果移动的位数N大于允许值(字节操作为8,字操作为16,双字操作为32),则执行循环移位之前先对N进行取模操作,例如对于字移位,将N除以16后取余数,从而得到一个有效的移位次数。取模操作的结果对于字节操作是0～7,对于字操作是0～15,对于双字操作是0～31。如果取模操作的结果为0,则不进行循环移位操作。

如果执行循环移位操作,则移出的最后一位的数值存放在溢出位SM1.1。如果实际移位次数为0,则零标志SM1.0被置为1。字节操作是无符号的,对有符号的字和双字移位时,符号位也被移位。

3. 移位寄存器指令

移位寄存器指令 SHRB 将 DATA 端输入的数值移入移位寄存器中(见图 7-13)。S_BIT 指定移位寄存器的最低位的地址,字节型变量 N 指定移位寄存器的长度和移位方向,正向移位时 N 为正,反向移位时 N 为负。SHRB 指令移出的位被传送到溢出位(SM1.1)。

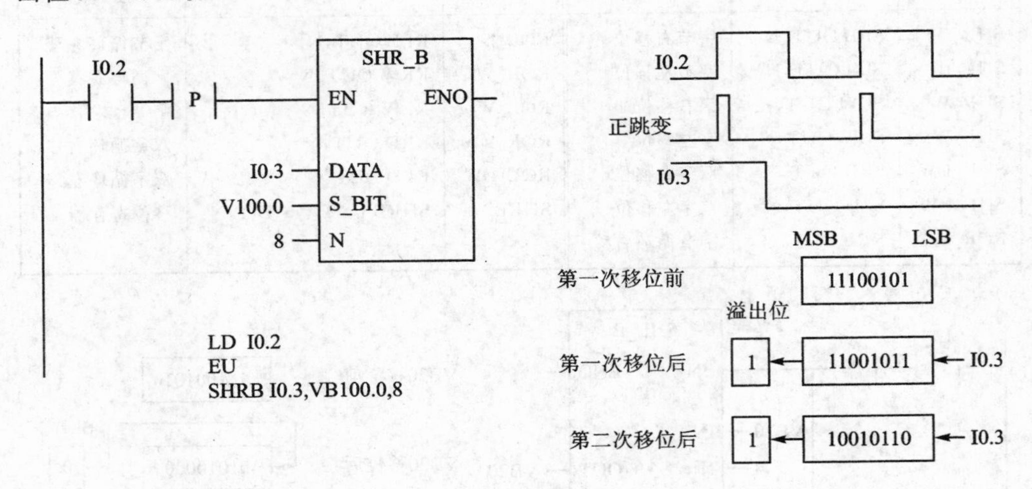

图 7-13 移位寄存器

N 为正时,在使能输入(EN)的上升沿,寄存器中的各位由低位向高位移一位,DATA 输入的二进制数从最低位移入,最高位被移到溢出位。N 为负时,从最高位移入,最低位移出。DATA 和 S_BIT 为 BOOL 变量。

7.4.4 数据转换指令

1. 段译码指令

段(Segment)译码指令 SEG 根据输入字节((IN)的低 4 位确定的十六进制数(16#0~16#F),产生点亮 7 段显示器各段的代码,并送到输出字节 OUT。图 7-14 中 7 段显示器的 D0~D6 段分别对应于输出字节的最低位(第 0 位)~第 6 位,某段应亮时输出字节中对应的位为 1,反之为 0。例如显示数字"1"时,仅 D1 和 D2 为 1,其余位为 0,输出值为 6,或二进制数 2#00000110。

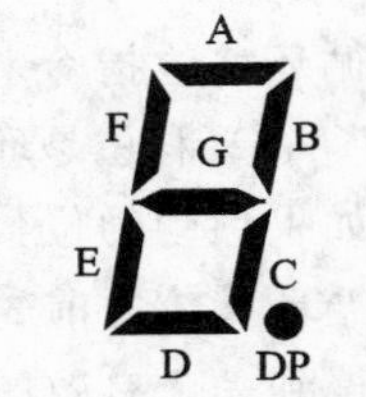

图 7-14 段译码指令数码管

2. 数字转换指令

表 7-5 中的前 7 条指令属于数字转换指令,包括字节(B)与整数(I)之间(数值范围为 0~255)、整数与双整数(DI)之间、BCD 码与整数之间的转换指令,以及双整

数转换为实数(R)的指令。BCD 码的允许范围为 0～9 999。如果转换后的数超出输出的允许范围，则溢出标志 SM1.1 被置为 1。整数转换为双整数时，有符号数的符号位被扩展到高字。字节是无符号的，转换为整数时没有扩展符号位的问题。图 7－15 给出了一些梯形图中的数字转换指令。

表 7－5　数字转换指令

梯形图	语句表	描　述
I_BCD	IBCD OUT	整数转换为 BCD 码
BCD_I	BCDI OUT	BCD 码转换为整数
B_I	BTI IN,OUT	字节转换为整数
I_B	ITB IN,OUT	整数转换为字节
I_DI	ITD IN,OUT	整数转换为双整数
DI_I	DTI IN,OUT	双整数转换为整数
DI_R	DTR IN,OUT	双整数转换为实数
ROUND	ROUND IN,OUT	实数四舍五入为双整数
TRUNC	TRUNC IN,OUT	实数截位取整为双整数
DECO	DECO IN,OUT	译码
ENCO	ENCO IN,OUT	编码
SEG	SEG IN,OUT	7 段译码
ATH	ATH IN,OUT,LEN	ASCII 码→十六进制数
HTA	HTA IN,OUT,LEN	十六进制数→ASCII 码
ITA	ITA IN,OUT,FMT	整数→ASCII 码
DTA	DTA IN,OUT,FMT	双整数→ASCII 码
RTA	RTA IN,OUT,FMT	实数→ASCII 码
I_S	ITS IN,OUT,FMT	整数→字符串
DI_S	DTS IN,OUT,FMT	双整数→字符串
R_S	RTS IN,OUT,FMT	实数→字符串
S_I	STI IN,INDX,OUT	子字符串→整数
S_DI	STD IN,INDX,OUT	子字符串→双整数
S_R	STR IN,INDX,OUT	子字符串→实数

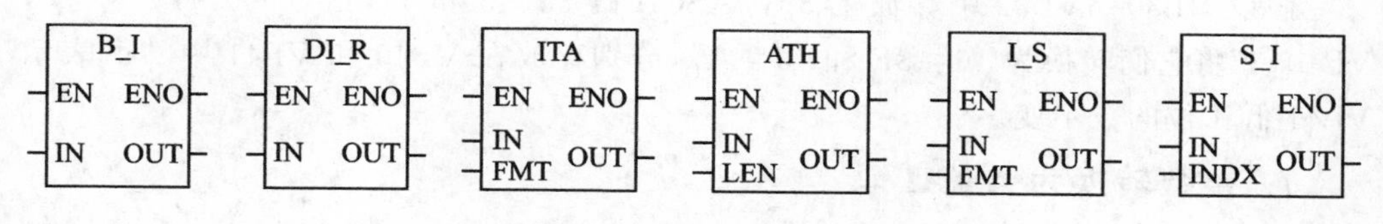

图 7－15　数字转换指令

3. 实数转换为双整数的指令

指令 ROUND 将实数(IN)四舍五入后转换成双字整数，如果小数部分≥0.5，则整数部分加 1。截位取整指令 TRUNC 将 32 位实数(IN)转换成 32 位带符号整数，小数部分被舍去。如果转换后的数超出双整数的允许范围,则溢出标志 SM1.1 被置为 1。

【例 7-4】 将 101 in 转换为 cm。

```
LD      I0.0
ITD     +101,AC1        //将 101(in)装入 AC1
DTR     AC1,AC1         //转换为实数 101.0
*R      2.54,AC1        //乘以 2.54,乘积为 256.54 cm
ROUND   AC1,VD4         // 转换为整数 257
```

4. 译码指令

译码(Decode)指令 DECO 根据输入字节(IN)的低 4 位表示的位号,将输出字(OUT)相应的位置为 1,输出字的其他位均为 0。设 AC2 中包含错误代码 3,译码指令“DECO AC2,VW40”将 VW40 的第 3 位置 1,VW40 中的二进制数为 2＃10000 0000 0000 1000。

5. 编码指令

编码(Encode)指令 ENCO 将输入字(IN)的最低有效位(其值为 1)的位数写入输出字节(OUT)的最低 4 位。设 AC2 中的错误信息为 2＃0000 0010 0000 0000(第 9 位为 1),编码指令“ENCO AC2,VB40”将错误信息转换为 VB40 中的错误代码 9。

6. ASCII 码与十六进制数的转换

ATH 指令将从 IN 指定的地址开始(见图 7-15)、长度为 LEN 的 ASCII 字符串转换成从 OUT 指定的地址开始存放的十六进制数(HEX)。

HTA 指令将从 IN 指定的地址开始、长度为 LEN 的十六进制数转换成从 OUT 指定的地址开始存放的 ASCII 字符串。

ATH 和 HTA 指令最多可以转换 255 个 ASCII 码或十六进制数,合法的 ASCII 字符的十六进制数值为 30～39 和 41～46。变量 LEN、FMT 和 OUT 的数据类型均为 BYTE。

假设 VB30～VB32 中存放了 3 个 ASCII 码 33、45 和 41,指令“ATH VB30,VB40,3”将它们转换为 16＃3E 和 16＃Ax,分别存放在 VB40 和 VB41 中,“x”表示 VB41 低 4 位的数不变。

7. 整数转换为 ASCII 码

ITA 指令将整数(IN)转换成 ASCII 字符串,格式参数 FMT(Format)指定小数部分的位数和小数点的表示方法。转换结果存放在从 OUT 指定的地址开始的 8 个连续字节的输出缓冲区中,ASCII 字符串始终是 8 个字符,FMT 和 OUT 均为字节变量(见图 7-16)。

	MSB 7	6	5	4	3	2	1	LSB 0
FMT	0	0	0	0	c	n	n	n

	Out	Out +1	Out +2	Out +3	Out +4	Out +5	Out +6	Out +7
in=12				0	.	0	1	2
in=-123			-	0	.	1	2	3
in=1234				1	.	2	3	4
In=-12345		-	1	2	.	3	4	5

图 7-16　ITA 指令的 FMT 参数与转换结果

输出缓冲区中小数点右侧的位数由参数 FMT 中的 nnn 域(见图 7-16)指定，nnn =0～5。如果 n=0,则显示整数。nnn>5 时,用 ASCII 空格填充整个输出缓冲区。位 c 指定用逗号(c=1)或小数点(c=0)作整数和小数部分的分隔符,FMT 的高 4 位必须为 0。图 7-16 中的 FMT =3,小数部分有 3 位,使用小数点号。

输出缓冲区按下面的规则进行格式化：

① 正数写入输出缓冲区时没有符号位,负数写入输出缓冲区时带负号。

② 小数点左边的无效零(与小数点相邻的位除外)被删除。

③ 输出缓冲区中的数字右对齐。

8. 双整数转换为 ASCII 码

DTA 指令将双字整数(IN)转换为 ASCII 字符串,转换结果放在 OUT 指定的地址开始的 12 个连续字节中。输出缓冲区的大小始终为 12 B,FMT 各位的意义和输出缓冲区格式化的规则同 ITA 指令,FMT 和 OUT 均为字节变量。

9. 实数转换为 ASCII 码

RTA 指令将输入的实数(浮点数)转换成 ASCII 字符串,转换结果送入 OUT 指定的地址开始的 3～15 个字节中。格式操作数 FMT 的定义如图 7-17 所示,输出缓冲区的大小由 ssss 区的值指定,ssss=3～15。输出缓冲区中小数部分的位数由 nnn 指定。nnn =0～5。如果 n=0,则显示整数。nnn >5 或输出缓冲区过小,无法容纳转换数值时,用 ASCII 空格填充整个输出缓冲区。位 c 指定用逗号(c=1)或小数点(c=0)作整数和小数部分的分隔符,FMT 和 OUT 均为字节变量。

除了 ITA 指令输出缓冲区格式化的 3 条规则外,还有以下规则：

① 小数部分的位数如果大于 nnn 指定的位数,则用四舍五入的方式去掉多余的位。

	7	6	5	4	3	2	1	0
	MSB							LSB
FMT	s	s	s	s	c	n	n	n

图 7-17 RTA 指令的 FMT 参数

② 输出缓冲区应不小于3个字节，还应大于小数部分的位数。

10. 整数、双整数与实数转换为字符串

指令 ITS、DTS 和 RTS 分别将整数、双整数和实数值(IN)转换为 ASCII 码字符串，存放到 OUT 指定的地址区中。这3条指令的操作和 FMT 的定义与 ASCII 码转换指令的定义基本上相同，两者的区别在于：字符串转换指令转换后得到的字符串的起始字节(即地址 OUT 所指的字节)中是字符串的长度。对于整数和取整数的转换，起始字节中分别为转换后字符的个数8和12，实数转换后字符串的长度由 FMT 的高4位中的数来决定。

11. 子字符串转换为数字量

指令 STI、STD 和 STR 分别将从偏移量 INDX 开始的子字符串(IN)转换为整数、双整数和实数值，存放到 OUT 指定的地址区中。STI、STD 指令将字符串转换为以下格式：

[空格][+或-][数字0～9]

STR 指令将字符串转换为以下格式：

[空格][+或-][数字0～9][.或,][数字0～9]

INDX 通常设置为1，即从字符串的第一个字符开始转换。如果只需要转换字符串中后面的数字，则可以将 INDX 设为大于1的数。例如只转换字符串“Ia=123.4”中的数字时，可以设置 INDX 为4。

子字符串转换指令不能正确转换以科学计数法和指数形式表示的实数字符串，例如会将“1.345E8”转换为实数值1.345，而且没有错误显示。

转换到字符串的结尾或遇到一个非法的字符(不是数字0～9)时，停止转换。转换产生的整数值超过有符号字的范围时，溢出标志 SM1.1 将被置位。

7.4.5 表功能指令

1. 填表指令

填表指令 ATT(Add To Table)向表格(TBL)中增加一个字的数值(DATA)，见表7-6和图7-18。表内的第一个数是表的最大长度(TL)，第二个数是表内实际的项数(EC)。新数据被放入表内上一次填入的数的后面。每向表内填入一个新的数

据，EC 自动加 1。除了 TL 和 EC 以外，表最多可以装入 100 个数据。TBL 为 WORD 型，DATA 为 INT 型。

表 7－6　表功能指令

梯形图	指　令	描　述	梯形图	指　令	描　述
AD_T_TBL	ATT　DATA，TBL	填表	TBL_FIND	FND>　TBL，PTN，INDX	查表
TBL_FIND	FIND=　TBL，PTN，INDX	填表	FIFO	FIFO　TBL，DATA	先入后出
TBL_FIND	FIND<>　TBL，PTN，INDX	填表	LIFO	LIFO　TBL，DATA	后入先出
TBL_FIND	FIND<　TBL，PTN，INDX	填表	FILL_N	FILL N　IN，OUT，N	填充

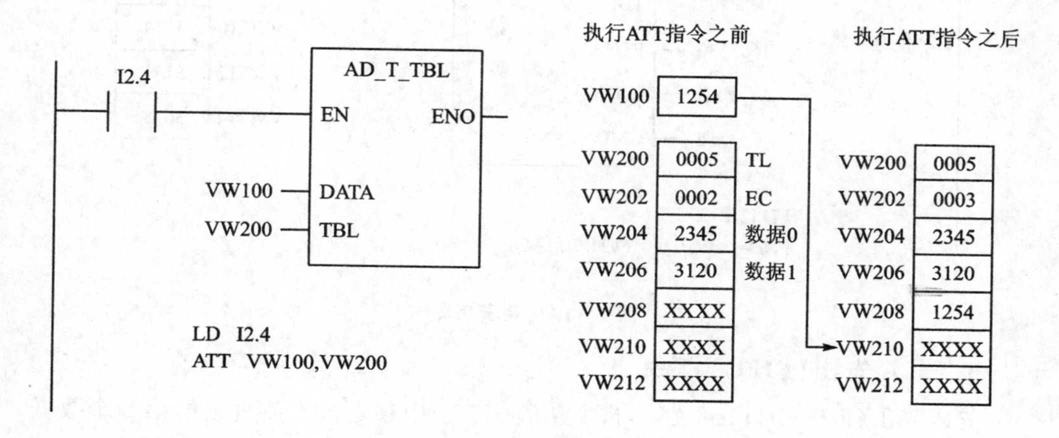

图 7－18　填表指令

当填入表的数据过多（溢出）时，SM1.4 将被置 1。

2. 查表指令

查表指令（Table Find）从指针 INDX 所指的地址开始查表格 TBL，搜索与数据 PTN 的关系满足 CMD 定义的条件的数据。命令参数 CMD ＝1～4，分别代表“＝”、“<>”（不等于）、“<”和“>”。如果发现了一个符合条件的数据，则 INDX 指向该数据。要查找下一个符合条件的数据，再次启动查表指令之前，应先将 INDX 加 1。如果没有找到，则 INDX 的数值等于 EC。一个表最多有 100 个填表数据，数据的编号为 0～99。

TBL 和 INDX 为 WORD 型，PTN 为 INT 型，CMD 为字节型。

用查表指令查找 AIT、LIFO 和 FIFO 指令生成的表时，实际填表数（EC）和输入的数据相对应。查表指令并不需要 ATI、LIFO 和 FIFO 指令中的最大填表数 TL。因此，查表指令的 TBL 操作数应比 AIT、LIFO 或 FIFO 指令的 TBL 操作数高两个字节。

图 7－19 中的 I2.1 为 ON 时，从 EC 地址为 VW202 的表中查找等于（CMD＝1）16＃3130 的数。为了从头开始查找，AC1 的初值为 0。查表指令执行后，AC1＝2，

找到了满足条件的数据 2。查表中剩余的数据之前,AC1(INDX)应加 1。第二次执行后,AC1=4,找到了满足条件的数据 4,将 AC1 再次加 1。第 3 次执行后,AC1 等于表中填入的项数 6(EC),表示表已查完,没有找到符合条件的数据。再次查表之前,应将 INDX 清零。

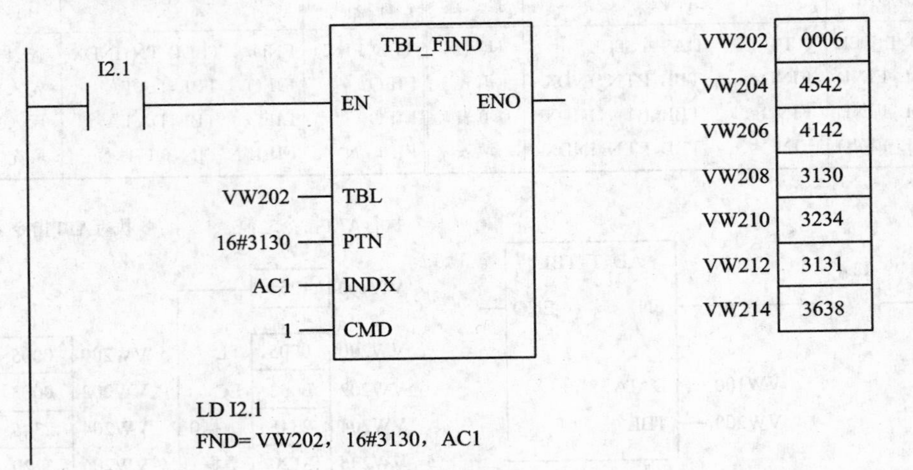

图 7-19　查表指令

3. 先入先出(FIFO)指令

先入先出(First In First Out)指令从表(TBL)中移走最先放进去的第一个数据(数据 0),并将它送入 DATA 指定的地址(见图 7-20)。表中剩下的各项依次向上移动一个位置。每次执行此指令,表中的项数 EC 减 1。TBL 为 INT 型,DATA 为 WORD 型。

如果试图从空表中移走数据,则特殊存储器位 SM1.5 将被置为 1。

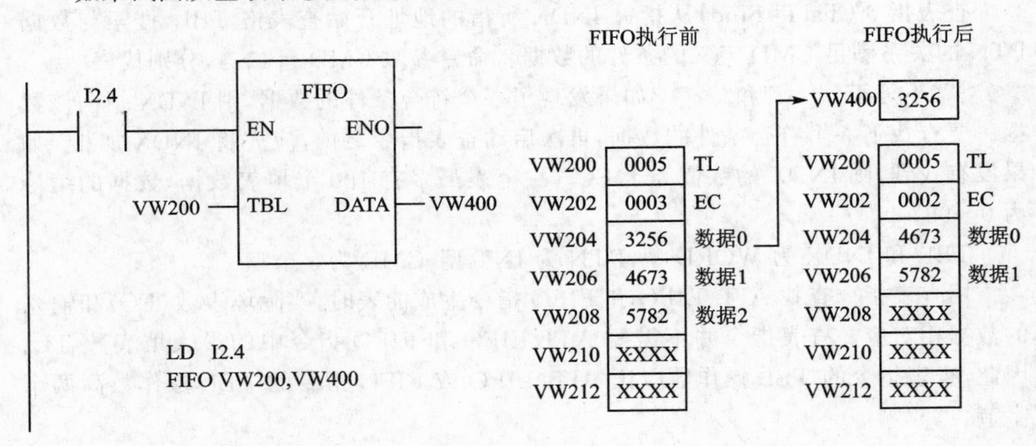

图 7-20　先入先出

4. 后入先出(LIFO)指令

后入先出(Last In First Out)指令从表(TBL)中移走最后放进的数据,并将它送入 DATA 指定的位置(见图 7-21)。每执行一次指令,表的项数 EC 减 1。TBL 为 INT 型,DATA 为 WORD 型。如果试图从空表中移走数据,则特殊存储器位 SM1.5 将被置为 1。

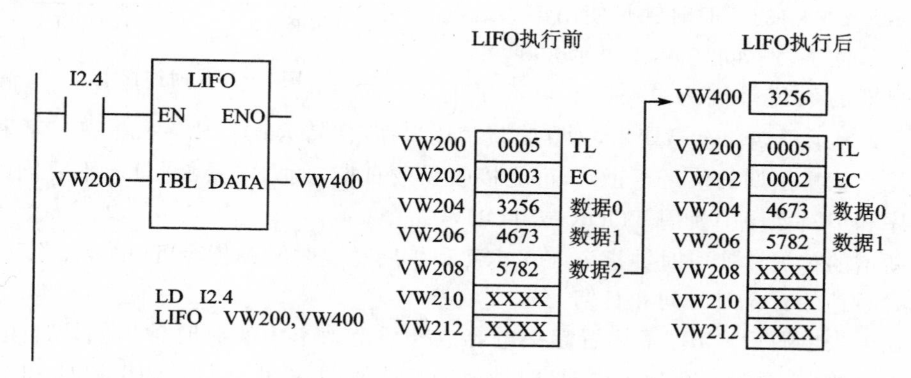

图 7-21　后入先出

5. 存储器填充指令

存储器填充指令 FILL(Memory Fill)用输入值(IN)填充从输出 OUT 开始的 N 个字,字节型整数 N =1～255。图 7-22 中的 FILL 指令将 0 填入 VW200～VW218 这 10 个字。IN 和 OUT 为 INT 型。

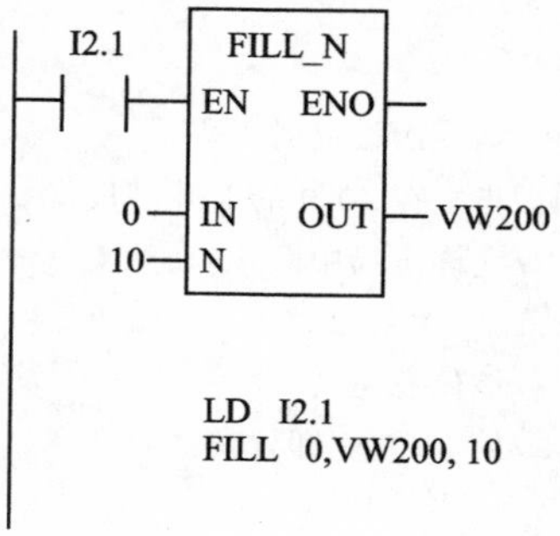

I2.1　FILL_N　EN　ENO　0 — IN　OUT — VW200　10 — N

```
LD   I2.1
FILL  0,VW200, 10
```

图 7-22　填充指令

7.4.6　读/写实时时钟指令

读实时时钟指令 TODR(Time of Day Read)从实时时钟读取当前时间和日期,并把它们装入以 T 为起始地址的 8 字节缓冲区(见图 7-23),依次存放年、月、日、时、分、秒、0 和星期,时间和日期的数据类型为字节型。实际上可以读取的最小时间单位为 1 s,可以在 SM0.5 的上升沿每秒读取一次时钟。没有必要在每个扫描周期都读取实时时钟。

写实时时钟指令 TODW(Time of Day Write)通过起始地址为 T 的 8 字节缓冲区,将设置的时间和日期写入实时时钟。

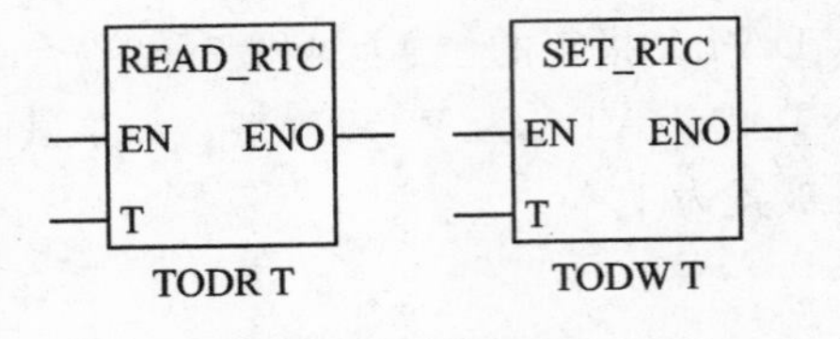

图 7-23 时钟指令

S7-200 中的实时时钟只使用年的最低两位有效数字,例如:16#04 表示 2004 年。

星期的取值范围为 0～7,1 表示星期日,2～7 表示星期一至星期六,为 0 时将禁用星期(保持为 0)。S7-200 CPU 不根据日期检查核实星期的值是否正确,可能接收无效日期,例如 2 月 30 日。不要同时在主程序和中断程序中使用 TODR 或 TODW 指令。

新增的扩展读实时时钟指令 TODRX 和扩展写实时时钟指令 TODWX 用于读/写实时时钟的夏令时时间和日期。

在失去电源后,CPU 靠内置超级电容或外插电池卡为实时时钟提供缓冲电源。缓冲电源放电完毕后,再次上电时,时钟值为默认值,并停止运行。CPU 221 和 CPU 222 没有内置的实时时钟,需要外插带电池的实时时钟卡才能获得实时时钟功能。

可以选择编程软件的菜单命令“PLC”→“实时时钟”,通过与 CPU 的在线连接设置日期时间值和启动时钟开始运行,也可以用写实时时钟指令 TODW 来设置和启动实时时钟。

【例 7-5】 出现事故时,I0.0 的上升沿产生中断,使输出 Q1.0 立即置位,同时将事故发生的日期和时间保存在 VB10～VB17 中。下面是主程序和中断程序:

```
//主程序 OB1
LD      SM0.1          //第一次扫描时
ATCH    0,0            //指定在 I0.0 的上升沿执行 0 号中断程序
ENI                    //允许全局中断
//中断程序 0  (INT _0)
LD      SM0.0          //该位总是为 ON
SI      Q1.0,1         //使 Q1.0 立即置位
TODR    VB10           //读实时时钟
```

日期和时间都是 BCD 码,BCD 码从本质上来说是十六进制数,在调试程序时可以用状态表来监视 VD10 和 VD14 中的数据,数据格式应为十六进制数。如果 VD10 中的数为 16#04102706,则表示当前日期和时间为 2004 年 10 月 27 日 6 时。

【例 7-6】 S7-200 用 ModBus RTU 协议与计算机通信。VW100 是上位机写入的命令字,上位机设置 PLC 时钟的命令字为 16#0251。VW102 是命令执行标志,发命令时上位机将它清零,PLC 成功执行命令后将它置为 1。要写入的日期和时间存放在 VB106 开始的 8 个字节中。下面是处理设置 PLC 时钟命令的程序。

```
LDW =      +0,VW102          //如果执行标志为 0,则表示有上位机命令
AW =       16#0251,VWIOO     //如果是设置 PLC 实时时钟命令
TODW       VB106             //则将上位机发送来的日期和时间值写入时钟
AENO                         //如果指令执行成功
MOVW       +1,VWI02          //则置处理成功标志
```

假设设置的日期和时间为 04 年 10 月 1 日 14 时 30 分 15 秒(星期二),模拟调试时可以在状态表中分别将 16#04100114 和 16#30150003 写入 VD106 和 VD110,将命令字 16#0251 写入 VW100,最后将 0 写入 VW102。新的日期和时间将写入 PLC 的实时时钟,VW102 的值马上变为 1。可以选择菜单命令"PLC"→"实时时钟"查看写入后的日期和时间。

7.4.7　字符串指令

1. 求字符串长度指令

求字符串长度指令 SLEN(见表 7－7)返回 IN 参数指定的字符串的长度值,OUT 为字节类型。

表 7－7 字符串指令

梯形图	指令表	描　述	梯形图	指令表	描　述
STR_LEN	SLEN IN,OUT	求字符串长度	SSTR_CPY	SSCPY IN,INDX,N,OUT	复制子字符串
STR_CPY	SCPY IN,OUT	复制字符串	STR_FIND	SFND IN1,IN2,OUT	字符串搜索
STR_CAT	SCAT IN,OUT	字符串连接	CHR_FIND	CFND IN1,IN2,OUT	字符搜索

2. 字符串复制指令

字符串复制指令 SCPY 将 IN 参数指定的字符串复制到 OUT 指定的地址区中。

3. 字符串连接指令

字符串连接指令(SCAT)将 IN 参数指定的字符串连接到 OUT 指定的字符串的后面。

【例 7－7】 字符串指令应用举例。

```
LD         I0.0
STR_CPY    "HELLO  ",VB0     //将字符串"HELLO  "复制到 VB0 开始的存储区
SCAT       "WORLD",VB0       //将字符串"WORLD"附到 VB0 开始的字符串的后面
STRLEN     VB0,AC0           //求 VB0 开始的字符串的长度
```

字符串变量的首字节是字符串的长度,VB0 开始的字符串为"HELLO "(最后有一个空格),VB0 中是字符串的长度 6。执行 SCAT 指令后,得到的新字符串为"HELLO WORLD",STRLEN 指令求出的字符串的长度为 11。

4. 从字符串中复制子字符串指令

SSCPY 指令从 INDX 指定的字符编号开始，将 IN 指定的字符串中的 N 个字符复制到 OUT 中，OUT 为字节类型。

指令“SSCPY VB0，7，5，VB20”从 VB0 开始的字符串中的第 7 个字符开始，复制 5 个字符到 VB20 开始的新字符串。

5. 字符串搜索指令

STR_FIND 指令（见图 7－24）在字符串 IN1 中搜索字符串 IN2，用字节变量 OUT 指定搜索的起始位置。如果在 IN1 中找到了与 IN2 中字符串相匹配的一段字符，则在 OUT 中存入这段字符中首个字符的位置。如果没有找到，则 OUT 被清零。

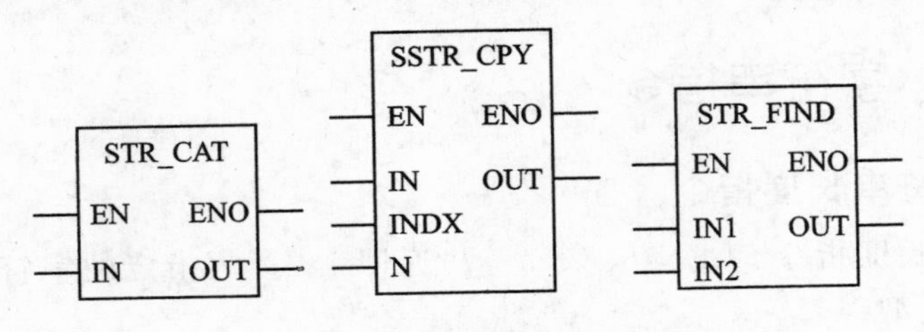

图 7－24　字符串指令

6. 字符搜索指令

CFND 指令查找在字符串 IN1 中是否有字符串 IN2 包含的任意字符，字节变量 OUT 指定搜索的起始位置。如果找到了匹配的字符，则字符的位置被写入 OUT 中。如果没有找到，则 OUT 被清零。

假设存储在 VB0 开始区域的字符串包含温度值，存储在 VB20 开始区域中的字符串包括所有的数字、“＋”号、“－”号，用于识别字符串中的温度值。下面的程序在字符串中找到数字的起始位置，并将其转换为实数，温度值存放在 VD200 中。

```
LD      I0.0
MOVB    1,AC0               //AC0 用作 OUT 参数并指向字符串的首个字符
CFND    VB0,VB20,AC0        //在 VB0 开始的字符串中寻找数字字符
STR     VB0,AC0,VD200       //将字符串中的温度值转换为实数
```

7.5　数学运算指令

7.5.1　算术运算指令

1. 加、减、乘、除指令

在梯形图中，整数、双整数与浮点数的加、减、乘、除指令（见表 7－8）分别执行下

列运算：

IN1＋IN2＝OUT，　IN1－IN2 ＝OUT，　IN1 * IN2＝OUT，　IN1/IN2＝OUT

在语句表中，整数、双整数与浮点数的加、减、乘、除指令分别执行下列运算：

IN1＋OUT＝OUT，　OUT－IN1＝OUT，　IN1 * OUT＝OUT，　OUT/IN1＝OUT

这些指令影响 SM1.0(零)、SM1.1(溢出)、SM1.2(负)和 SM1.3(除数为 0)。

整数(Integer)、双整数(Double Integer)和实数(浮点数，Real)运算指令的运算结果分别为整数、双整数和实数，除法不保留余数。运算结果如果超出允许的范围，则溢出位置 1。

整数乘法产生双整数指令 MUL(Multiply Integer to Double Integer)，将两个 16 位整数相乘，产生一个 32 位乘积。在 STL 的 MUL 指令中，32 位 OUT 的低 16 位被用作乘数。

带余数的整数除法指令 DIV(Divide Integer with Remainder，见图 7-25)，将两个 16 位整数相除，产生一个 32 位结果，高 16 位为余数，低 16 位为商。在 STL 的 DIV 指令中，32 位 OUT 的低 16 位被用作被除数。

表 7-8　算术运算指令

梯形图	指令表		描　述	梯形图	指令表		描　述
ADD_I	+I	IN1,OUT	整数加法	DIV_DI	/D	IN1,OUT	双整数除法
SUB_I	-I	IN1,OUT	整数减法	ADD_R	+R	IN1,OUT	实数加法
MUL_I	*I	IN1,OUT	整数乘法	SUB_R	-R	IN1,OUT	实数减法
DIV_I	/I	IN1,OUT	整数除法	MUL_R	*R	IN1,OUT	实数乘法
ADD_DI	+D	IN1,OUT	双整数加法	DIV_R	/R	IN1,OUT	实数除法
SUB_DI	-D	IN1,OUT	双整数减法	MUL	MUL	IN1,OUT	整数乘法产生双整数
MUL_DI	*D	IN1,OUT	双整数乘法	DIV	DIV	IN1,OUT	带余数的整数除法

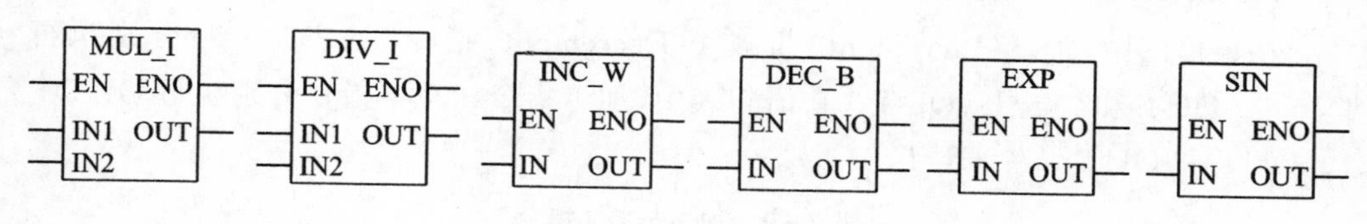

图 7-25　算术运算指令

如果在乘除法操作过程中 SM1.1(溢出)被置 1，则结果不写到输出，而且其他状态位均置 0。如果在除法操作中 SM1.3 被置 1(除数为零)，则其他算术状态位不变，原始输入操作数也不变。否则，运算完成后其他数学状态位有效。

【例 7-8】 用模拟电位器调节定时器 T37 的设定值为 5～20 s，设计运算程序。

CPU 221 和 CPU 222 有一个模拟电位器，其他 CPU 有两个模拟电位器。CPU 将电位器的位置转换为 0～255 的数字值，然后存入两个特殊存储器字节 SMB28 和

SMB29 中,分别对应电位器 0 和电位器 1 的值。可以用小一字螺钉来调整电位器的位置。

要求在输入信号 I0.4 的上升沿,用电位器 0 来设置定时器 T37 的设定值,设定的时间范围为 5～20 s,即从电位器读出的数字 0～255 对应于 5～20 s。设读出的数字为 N,则 100 ms 定时器的设定值(以 0.1 s 为单位)为

$$(200-50)\times N/255+50=150\times N/255+50$$

为了保证运算的精度,应先乘后除。N 的最大值为 255,使用整数乘以整数得双整数的乘法指令 MUL。乘法运算的结果可能大于一个字能表示的最大正数 32 767,所以需要使用双字除法指令"/D",运算结果为双字,因为本例中的商不会超过一个字的长度,所以商在双字的低位字中。下面是实现上述要求的语句表程序。累加器可以存放字节、字和双字,在数学运算时使用累加器来存放操作数和运算的中间结果比较方便。

```
//网络 1
LD     I0.4
EU                              //在 I0.4 的上升沿
MOVB   SMB28,AC0
MUL    +150,AC0                 //150 乘以模拟电位器的转换值
/D     +255,AC0                 //除以 255,双整数除法
+I     +50.AC0
MOVW   AC0.VW10
//网络 2
LD     I0.5
TON    T37,VW10
```

2. 加 1 与减 1 指令

在梯形图中,加 1(Increment)与减 1(Decrement)指令(见表 7－9)分别执行 IN＋1＝OUT 和 IN－l＝OUT。在语句表中,加 1 指令和减 1 指令分别执行 OUT＋1＝OUT 和 OUT－1＝OUT。

表 7－9　加 1 与减 l 指令

梯形图	指令表	描　述	梯形图	指令表	描　述
INC_B	INCB　IN	字节加 1	DEC_W	DECW　IN	字减 1
DEC_B	DECB　IN	字节减 1	INC_D	INCD　IN	双字加 1
INC_W	INCW　IN	字加 1	DEC_D	DECD　IN	双字减 1

字节加 1、减 1 操作是无符号的,其余的操作是有符号的。

这些指令影响 SM1.0(零)、SM1.1(溢出)、SM1.2(负)和 SM1.3(除数为 0)。

7.5.2　浮点数函数运算指令

浮点数函数运算指令(见表 7－10)的输入变量 IN 与输出变量 OUT 均为实数(即浮点数)。这类指令影响零标志 SM1.0、溢出标志 SM1.1 和负数标志 SM1.2。SM1.1 用于表示溢出错误和非法数值。如果 SM1.1 被置 1,则 SM1.0 和 SM1.2 的状态无效,原始输入操作数不变。如果 SM1.1 未被置 1,则说明数学运算已成功完成,结果有效,而且 SM1.0 和 SM1.2 的状态有效。

表 7－10　浮点数函数运算指令

梯形图	指令表	描　述	梯形图	指令表	描　述
SIN	SIN　IN,OUT	正弦	SQRT	SQRT　IN,OUT	平方根
COS	COS　IN,OUT	余弦	LN	LN　IN,OUT	自然对数
TAN	TAN　IN,OUT	正切	EXP	EXP　IN,OUT	自然指数

1. 三角函数指令

正弦(SIN)、余弦(COS)和正切(TAN)指令计算角度输入值 IN 的三角函数,结果存放在输出变量 OUT 中,输入以弧度为单位,求三角函数前应先将角度值乘以 $\pi/180$(1.745 329E－2),转换为弧度值。

2. 自然对数和自然指数指令

自然对数指令 LN(Natural Logarithm)计算输入值 IN 的自然对数,并将结果存放在输出变量 OUT 中,即 LN(IN)＝OUT。求以 10 为底的对数时,需将自然对数值除以 2.302 585(10 的自然对数值)。

自然指数指令 EXP(Natural Exponential)计算输入值 IN 的以 e 为底的指数,结果存于 OUT。该指令与自然对数指令配合,可以实现以任意实数为底,任意实数为指数(包括分数指数)的运算。系统手册中用“*”作为乘号。如:

求 5 的 3 次方:5^3＝EXP(3 * LN(5))＝125

求 5 的 3/2 次方:$5^{3/2}$＝ EXP((3/2) * LN(5))＝11.180 34…

3. 平方根指令

平方根 SQRT(Square Root)指令将 32 位正实数 IN 开平方,得到 32 位实数运算结果 OUT,即 $\sqrt{IN}$＝OUT。

7.5.3　逻辑运算指令

1. 取反指令

梯形图中的取反(求反码)指令将输入 IN 中的二进制数逐位取反,即二进制数的各位由 0 变为 1,由 1 变为 0(见图 7－26(a)),并将结果装入到 OUT 中。取反指令影响零标志SM1.0。语句表中的取反指令(见表7-11)将OUT中的二进制数逐位取反,并将结果装入OUT中。

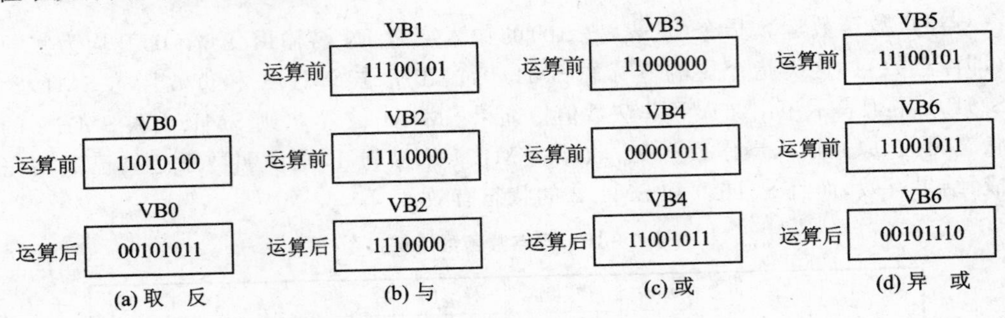

图7-26　取反与逻辑运算

表7-11　逻辑运算指令

梯形图	指令表	描　述	梯形图	指令表	描　述
INV_B INV_W INC_DW	INVB　OUT INVW　OUT INVD　OUT	字节取反 字取反 双字取反	WAND_W WOR_W WXOR_W	ANDW　IN1,OUT ORW　IN1,OUT XORW　IN1,OUT	字与 字或 字异或
WAND_B WOR_B WXOR_B	ANDB　IN1,OUT ORB　IN1,OUT XORB　IN1,OUT	字节与 字节或 字节异或	WAND_DW WOR_DW WXOR_DW	ANDD　IN1,OUT ORD　IN1,OUT XORD　IN1,OUT	双字与 双字或 双字异或

2. 字节、字、双字逻辑运算指令

字节、字、双字"与"运算时,如果两个操作数的同一位均为1,则运算结果的对应位为1,否则为0(见图7-26(b))。"或"运算时如果两个操作数的同一位均为0,则运算结果的对应位为0,否则为1(见图7-26(c))。"异或"(Exclusive Or)运算时如果两个操作数的同一位不同,运算结果的对应位为1,否则为0(见图7-26(d))。这些指令影响零标志SM1.0。

梯形图中的指令对两个输入变量IN1和IN2进行逻辑运算(见图7-27),语句表中的指令对变量IN和OUT进行逻辑运算,运算结果存放在OUT中。

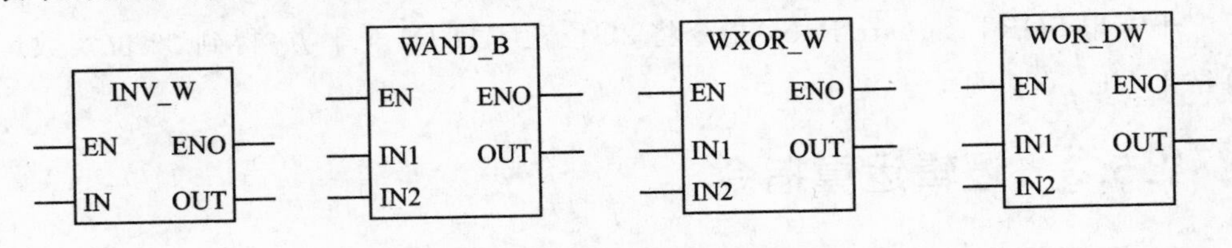

图7-27　取反指令与逻辑运算指令

【例7-9】　在I0.0的上升沿执行下面程序中的逻辑运算,运算前后各存储单元中的值如图7-26所示。

```
LD      I0.0
EU
INVB    VB0
ANDB    VB1,VB2
ORB     VB3,VB4
XORB    VB5,VB6
```

【例 7 - 10】 求 VW10 中的整数的绝对值，结果存放在 VW10 中。

```
LDW<    VW10,0          //如果 VW10 中为负数
INVW    VW10
INCW    VWIO            //求反加 1 得到 VW10 的绝对值
```

7.6 中断程序与中断指令

7.6.1 中断程序

中断功能用中断程序及时处理中断事件，中断事件与用户程序的执行时序无关，有的中断事件不能事先预测何时发生。中断程序不是由用户程序调用，而是在中断事件发生时由操作系统调用。

中断程序是用户编写的，需要由用户程序把中断程序与中断事件连接起来，并且开放系统中断后，才能进入等待中断事件触发中断程序执行的状态。可以用指令取消中断程序与中断事件的连接，或者禁止全部中断。

因为不能预知系统何时调用中断程序，所以在中断程序中不能改写其他程序使用的存储器，为此应在中断程序中尽量使用局部变量。在中断程序中可以调用一级子程序，累加器和逻辑堆栈在中断程序和被调用的子程序中是公用的。

中断处理提供对特殊内部事件或外部事件的快速响应。应优化中断程序，执行完某项特定任务后立即返回主程序。应使中断程序尽量短小，以减少中断程序的执行时间，减少对其他处理的延迟，否则可能引起主程序控制的设备操作异常。设计中断程序时应遵循“越短越好”的原则。

S7 - 200 CPU 最多可以使用 128 个中断程序，中断程序不能嵌套，即中断程序不能再被中断。正在执行中断程序时，如果又有中断事件发生，则会按照发生的时间顺序和优先级排队。

进入中断服务程序时，S7 - 200 的操作系统会“保护现场”，从中断程序返回时，恢复当时的程序执行状态。

可以采用下列方法创建中断程序：执行菜单命令“编辑”→“插入”→“中断程序”；或者在程序编辑器窗口中右击，执行弹出菜单中的命令“插入”→“中断程序”；或者右击指令树上的“程序块”图标，执行弹出菜单中的命令“插入”→“中断程序”。创建成

功后程序编辑器将显示新的中断程序，程序编辑器底部出现标有新的中断程序的标签，可以对新的中断程序编程。

7.6.2　中断事件与中断指令

1. 全局性中断允许指令与中断禁止指令

中断允许指令 ENI(Enable Interrupt)，全局性地允许处理所有被连接的中断事件。

禁止中断指令 DISI(Disable Interrupt)，全局性地禁止处理所有中断事件，允许中断排队等候，但是不允许执行中断程序，直到用全局中断允许指令 ENI 重新允许中断。

进入 RUN 模式时自动禁止中断，在 RUN 模式执行全局中断允许指令后，各中断事件发生时是否会执行中断程序，取决于是否执行了该中断事件的中断连接指令。

中断程序有条件返回指令 CRETI(Conditional Return from Interrupt)，在控制它的逻辑条件满足时从中断程序返回，用户不用在中断程序中编写无条件返回指令。

2. 中断连接指令与中断分离指令

中断连接指令 ATCH(Attach Interrupt)，用来建立中断事件(EVNT)和处理此事件的中断程序(INT)之间的联系。中断事件由中断事件号指定(见表 7-12)，中断程序由中断程序号指定。为某个中断事件指定中断程序后，该中断事件被自动地允许处理(见图 7-28 和表 7-13)。

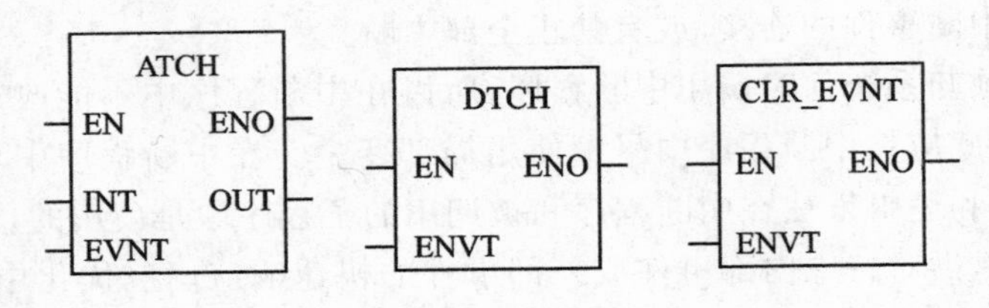

图 7-28　中断指令

表 7-12　中断事件描述

中断号	中断描述	优先级分组	按组排列的优先级
8	通信口 0:字符接收	通信(最高)	0
9	通信口 0:发送完成		0
23	通信口 0:报文接收完成		0
24	通信口 1:报文接收完成		1
25	通信口 1:字符接收		1
26	通信口 1:发送完成		1

续表 7-12

中断号	中断描述	优先级分组	按组排列的优先级
19	PTO0 脉冲输出完成	I/O(中等)	0
20	PTO1 脉冲输出完成		1
0	I0.0 的上升沿		2
2	I0.1 的上升沿		3
4	I0.2 的上升沿		4
6	I0.3 的上升沿		5
1	I0.0 的下降沿		6
3	I0.1 的下降沿		7
5	I0.2 的下降沿		8
7	I0.3 的下降沿		9
12	HSC0 的 CV=PV(当前值=设定值)		10
27	HSC0 输入方向改变		11
28	HSC0 外部复位		12
13	HSC1 的 CV=PV(当前值=设定值)		13
14	HSC1 输入方向改变		14
15	HSC1 外部复位		15
16	HSC2 的 CV=PV(当前值=设定值)		16
17	HSC2 输入方向改变		17
18	HSC2 外部复位		18
32	HSC3 的 CV=PV(当前值=设定值)		19
29	HSC4 的 CV=PV(当前值=设定值)		20
30	HSC4 输入方向改变		21
31	HSC4 外部复位		22
33	HSC5 的 CV=PV(当前值=设定值)		23
10	定时中断 0	定时(最低)	0
11	定时中断 1		1
21	定时器的 T32 当前值=设定值		2
22	定时器的 T96 当前值=设定值		3

中断分离指令 DTCH(Detach Intermpt),用来断开中断事件(EVNT)与中断程序(INT)之间的联系,从而禁止单个中断事件。

清除中断事件指令 CEVNT(Clear Event),从中断队列中清除来自传感器输出的虚假的中断事件，例如用来清除因为机械振动造成的 A/B 相高速计数器产生的错误的中断事件。

表 7-13 中断指令

梯形图	指令表	描 述
RETI	CRETI	从中断程序有条件返回
ENI DISI	ENI DISI	允许中断 禁止中断
ATCH DTCH CLR_EVNT	ATCH INT,EVNT DTCH EVNT CEVNT EVNT	连接中断事件和中断程序 断开中断事件和中断程序的连接 清除中断事件

在启动中断程序之前，应在中断事件和该事件发生时希望执行的中断程序之间用 ATCH 指令建立联系，执行 ATCH 指令后，该中断程序在事件发生时被自动启动。

多个中断事件可以调用同一个中断程序，但是一个中断事件不能同时调用多个中断程序。中断被允许且中断事件发生时，将执行为该事件指定的最后一个中断程序。

在中断程序中不能使用 DISI、ENI、HDEF、LSCR 和 END 指令。

执行中断程序之前和执行之后，系统保存和恢复逻辑堆栈、累加寄存器和指示累加寄存器与指令操作状态的特殊存储器标志位(SM)，避免了中断程序对主程序可能造成的影响。

中断程序应尽量使用其局部变量，使它不至于破坏别的程序中使用的数据。

7.6.3 中断优先级与中断队列溢出

中断按以下固定的优先级顺序执行：通信中断(最高优先级)、I/O 中断和定时中断(最低优先级)。在上述 3 个优先级范围内，CPU 按照先来先服务的原则处理中断，任何时刻只能执行一个中断程序。一旦一个中断程序开始执行，它要一直执行到完成，即使另一程序的优先级较高，也不能中断正在执行的中断程序。正在处理其他中断时发生的中断事件则排队等待处理。3 个中断队列及其能保存的最大中断个数如表 7-14 所列。

表 7-14 各中断队列的最大中断数

队 列	CPU 221，CPU 222，CPU 224	CPU224XP，CPU226
通信中断队列	4	8
I/O 中断队列	16	16
定时中断队列	8	8

如果发生中断过于频繁，使中断产生的速率比可以处理的速率快，或者中断被 DISI 指令禁止，则中断队列溢出状态位被置 1（见表 7 - 15），只能在中断程序中使用这些位，因为当队列变空或返回主程序时这些位被复位。

表 7 - 15　中断队列溢出的 SM 位

队　列	SM 位
通信中断队列溢出	SM4.0
I/O 中断队列溢出	SM4.1
定时中断队列溢出	SM4.2

1. 通信口中断

PLC 的串行通信口可以由用户程序控制，通信口的这种操作模式称为自由端口模式。在该模式下，接收报文完成、发送报文完成和接收一个字符均可以产生中断事件，利用接收和发送中断可以简化程序对通信的控制。

2. I/O 中断

I/O 中断包括上升沿中断或下降沿中断、高速计数器（HSC）中断和脉冲列输出（PTO）中断。CPU 可以用输入点 I0.0～I0.3 的上升沿或下降沿产生中断。高速计数器中断允许响应 HSC 的计数当前值等于设定值、计数方向改变（相应于轴转动的方向改变）和计数器外部复位等中断事件。高速计数器可以实时响应高速事件，而 PLC 的扫描工作方式不能快速响应这些高速事件。完成指定脉冲数输出时也可以产生中断，脉冲列输出可以用于步进电动机的控制。

【例 7 - 11】　在 I0.0 的上升沿通过中断使 Q0.0 立即置位，在 I0.1 的下降沿通过中断使 Q0.0 立即复位。

```
//主程序 OB1
LD          SM0.1               //第一次扫描时
ATCH        INT_0,0             //在 I0.0 的上升沿执行 0 号中断程序
ATCH        INT_1,3             //在 I0.1 的下降沿执行 1 号中断程序
ENI                             //允许全局中断
//中断程序 0(INT_0)
LD          SM0.0               //该位总是为 ON
SI          Q0.0,1              //使 Q0.0 立即置位
//中断程序 1(INT_1)
LD          SM0.0               //该位总是为 ON
RI          Q0.0,1              //使 Q0.0 立即复位
```

3. 定时中断

可以用定时中断（Timed Interrupt）来执行一个周期性的操作，以 1 ms 为增量，

周期的时间可以取 1～255 ms。定时中断 0 和中断 1 的时间间隔分别写入特殊存储器字节 SMB34 和 SMB35。每当定时器的定时时间到时，就执行相应的定时中断程序，例如可以用定时中断来采集模拟量和执行 PID 程序。如果定时中断事件已被连接到一个定时中断程序上，则为了改变定时中断的时间间隔，首先必须修改 SMB34 或 SMB35 的值，然后再重新把中断程序连接到定时中断事件上。重新连接时，定时中断功能清除前一次连接的定时值，并用新的定时值重新开始定时。

定时中断一旦被允许，中断就会周期性地不断产生，每当定时时间到时，就会执行被连接的中断程序。如果退出 RUN 状态或者定时中断被分离，则定时中断被禁止。如果执行了全局中断禁止指令，则定时中断事件仍然会连续出现，每个定时中断事件都会进入中断队列，直到中断队列满。

定时器 T32、T96 中断用于及时地响应一个给定的时间间隔，这些中断只支持 1 ms 分辨率的定时器 T32 和 T96。一旦中断被允许，当定时器的当前值等于设定值时(在 CPU 的 1 ms 定时刷新中)，执行被连接的中断程序。

【例 7-12】 定时中断的定时时间最长为 255 ms，用定时中断 1 实现周期为 2 s 的高精度定时。

为了实现周期为 2 s 的高精度周期性操作的定时，将定时中断的定时时间间隔设为 250 ms，在定时中断 1 的中断程序中，将 VB0 加 1，然后用比较触点指令"LD="判断 VB0 是否等于 8。若相等(中断了 8 次，对应的时间间隔为 2 s)，则在中断程序中执行每 2 s 一次的操作，例如使 QB0 加 1。下面是语句表程序：

```
//    主程序 OB1
LD        SM0.1         //第一次扫描时
MOVB      0,VB10        //将中断次数计数器清零
MOVB      250,SMB34     //设定时中断 0 的中断时间间隔为 250 ms
ATCH      INT_0,10      //指定产生定时中断 0 时执行 0 号中断程序
ENI                     //允许全局中断
//中断程序 INT_0,每隔 250 ms 中断一次
LD        SM0.0         //该位总是为 ON
INCB      VB10          //中断次数计数器加 1
LDB =     8,VB10        //如果中断了 8 次(2 s)
MOVB      0,VB10        //将中断次数计数器清零
INCB      QB0           //每 2 s 将 QB0 加 1
```

对于定时间隔不同的任务，可以计算出它们的定时时间的最大公约数，以此作为定时中断的设置时间。在中断程序中对中断事件进行计数，根据计数值来处理不同的任务。

7.7　高速计数器与高速脉冲输出指令

PLC 的普通计数器的计数过程与扫描工作方式有关，CPU 通过每一个扫描周期

读取一次被测信号的方法来捕捉被测信号的上升沿，被测信号的频率较高时，会丢失计数脉冲，因此普通计数器的工作频率很低，一般仅有几十赫兹。高速计数器可以对普通计数器无能为力的事件进行计数，S7－200 有 6 个高速计数器 HSC0～HSC5，可以设置多达 12 种不同的操作模式。

7.7.1　编码器

高速计数器一般与增量式编码器一起使用。编码器每圈发出一定数量的计数脉冲和一个复位脉冲，作为高速计数器的输入。高速计数器有一组预置值，开始运行时装入第一个预置值，当前计数值小于当前预置值时，设置的输出有效。当前计数值等于预置值或者有外部复位信号时，产生中断。发生当前计数值等于预置值的中断时，载入新的预置值，并设置下一阶段的输出。

因为中断事件产生的速率远远低于高速计数器计数脉冲的速率，所以用高速计数器可以实现高速运动的精确控制，并且与 PLC 的扫描周期关系不大。

编码器分为增量式编码器和绝对式编码器。

1. 增量式编码器

光电增量式编码器的码盘上有均匀刻制的光栅。码盘旋转时，输出与转角的增量成正比的脉冲，需要用计数器来计脉冲数。根据输出信号的个数，有如下 3 种增量式编码器：

① 单通道增量式编码器。单通道增量式编码器内部只有一对光电耦合器，只能产生一个脉冲序列。

② 双通道增量式编码器。双通道增量式编码器又称为 A/B 相型编码器，内部有两对光电耦合器，能输出相位差为 90°的两组独立脉冲序列。正转和反转时两路脉冲的超前、滞后关系刚好相反（见图 7－29），如果使用 A/B 相型编码器，则 PLC 可以识别出转轴旋转的方向。

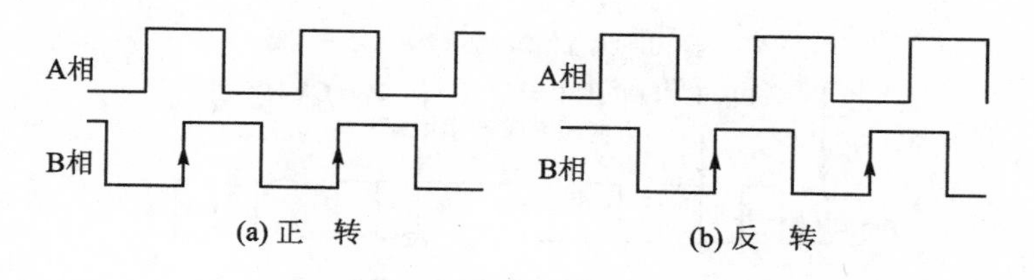

图 7－29　A/B 相型编码器的输出波形

③ 三通道增量式编码器。编码器内部除了有双通道增量式编码器的两对光电耦合器外，在脉冲码盘的另外一个通道有一个透光段，每转一圈，输出一个脉冲，该脉冲称为 Z 相零位脉冲，用作系统清零信号，或坐标的原点，以减小测量的积累误差。

2. 绝对式编码器

N 位绝对式编码器有 N 个码道，最外层的码道对应编码的最低位。每一码道有一个光电耦合器，用来读取该码道的 0、1 数据。绝对式编码器输出的 N 位二进制数反映了运动物体所处的绝对位置，根据位置的变化情况，可以判别出旋转的方向。

7.7.2 高速计数器的工作模式与外部输入信号

1. 高速计数器的工作模式

S7－200 的高速计数器有下面 4 类工作模式：

(1) 无外部方向输入信号的单相加/减计数器(模式 0～2)

用高速计数器控制字节的第 3 位来控制加计数或减计数。该位为 1 时为加计数，为 0 时为减计数。

(2) 有外部方向输入信号的单相加/减计数器(模式 3～5)

方向输入信号为 1 时为加计数，为 0 时为减计数。

(3) 有加计数时钟脉冲和减计数时钟脉冲输入的双相计数器(模式 6～8)

若加计数脉冲和减计数脉冲的上升沿出现的时间间隔不到 0.3 ms，则高速计数器认为这两个事件是同对发生的，当前值不变，也不会有计数方向变化的指示。反之，高速计数器能捕捉到每一个独立事件。

(4) A/B 相正交计数器(模式 9～11)

它的两路计数脉冲的相位互差 90°(见图 7－30)，正转时 A 相时钟脉冲比 B 相时钟脉冲超前 90°，反转时 A 相时钟脉冲比 B 相时钟脉冲滞后 90°。利用这一特点可以实现在正转时加计数，反转时减计数。

A/B 相正交计数器可以选择 1 倍速模式(见图 7－30)和 4 倍速模式(见图 7－31)，1 倍速模式在时钟脉冲的每一个周期计 1 次数，4 倍速模式在时钟脉冲的每一个周期计 4 次数。

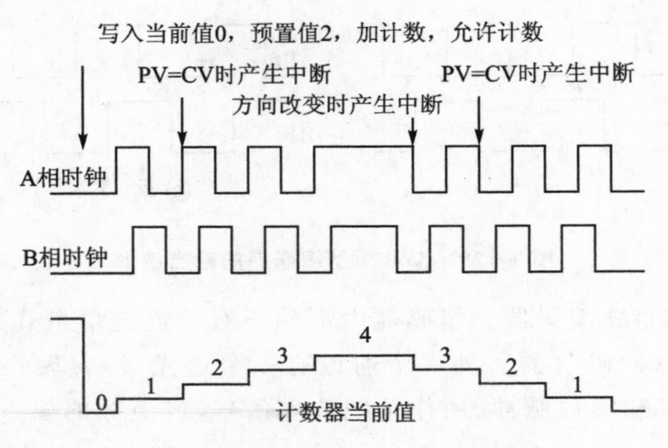

图 7－30　1 倍速正交模式操作举例

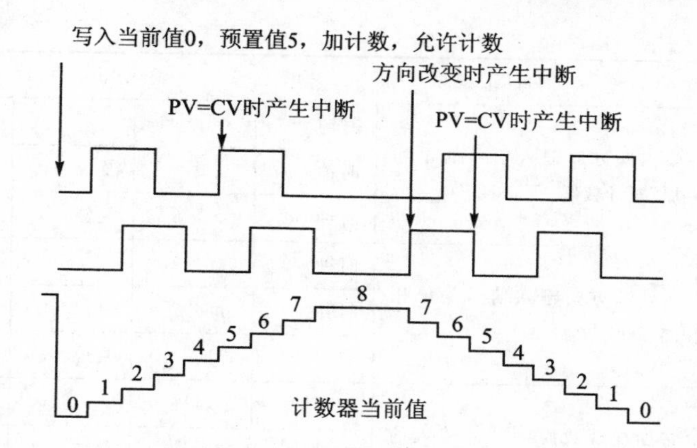

图 7－31　4 倍速正交模式操作举例

两相计数器的两个时钟脉冲可以同时工作在最大速率，全部计数器可以同时以最大速率运行，互不干扰。

根据有无复位输入和启动输入，上述的 4 类工作模式又可以各分为 3 种，因此 HSC1 和 HSC2 有 12 种工作模式，而 HSC0 和 HSC4 因为没有启动输入，只有 8 种工作方式；HSC3 和 HSC5 只有时钟脉冲输入，所以只有一种工作方式。

2. 高速计数器的外部输入信号

高速计数器的输入信号如表 7－16 所列。有些高速计数器的输入点相互间或它们与边沿中断（I0.0～I0.3）的输入点有重叠，同一输入点不能同时用于两种不同的功能。但是高速计数器当前模式未使用的输入点可以用于其他功能。例如 HSC0 工作在模式 1 时只使用 I0.0 和 I0.2，I0.1 可供边沿中断或 HSC3 使用。

当复位输入信号有效时，将清除计数当前值并保持清除状态，直至复位信号关闭。当启动输入有效时，将允许计数器计数。关闭启动输入时，计数器当前值保持恒定，时钟脉冲不起作用。如果在关闭启动输入时使复位输入有效，则忽略复位输入，当前值不变。如果激活复位输入后再激活启动输入，则当前值被清除。

表 7－16　高速计数器的外部输入信号

模　式	HSC 编号或 HSC 类型	输入点			
	HSC0	I0.0	I0.1	I0.2	
	HSC1	I0.6	I0.7	I1.0	I1.1
	HSC2	I1.2	I1.3	I1.4	I1.5
	HSC3	I0.1			
	HSC4	I0.3	I0.4	I0.5	
	HSC5	I0.4			

续表 7-16

模 式	HSC 编号或 HSC 类型	输入点			
0	带内部方向输入信号的单相加/减计数器	时钟			
1		时钟		复位	
2		时钟		复位	启动
3	带外部方向输入信号的单相加/减计数器	时钟	方向		
4		时钟	方向	复位	
5		时钟	方向	复位	启动
6	带加减计数时钟脉冲输入的双相计数器	加时钟	减时钟		
7		加时钟	减时钟	复位	
8		加时钟	减时钟	复位	启动
9	A/B 相正交计数器	A 相时钟	B 相时钟		
10		A 相时钟	B 相时钟	复位	
11		A 相时钟	B 相时钟	复位	启动

7.7.3 高速计数器的程序设计

1. 高速计数器指令

高速计数器定义指令(HDEF,见表 7-17 和图 7-32),为指定的高速计数器(HSC)设置工作模式(MODE)。每个高速计数器只能用一条 HDEF 指令。可以用首次扫描存储器位 SM0.1,在第一个扫描周期调用包含 HDEF 指令的子程序来定义高速计数器。高速计数器指令(HSC)用于启动编号为 N 的高速计数器。HSC 与 MODE 为字节型常数,N 为字型常数。

可以用地址 HCx(x=0~5)来读取高速计数器的当前值。

表 7-17　高速计数器指令与高速输出指令

梯形图	指令表	描　述
HDEF	HDEF HSC,MODE	定义高速计数器模式
HSC	HSC N	激活高速计数器
PLS	PLS X	脉冲输出

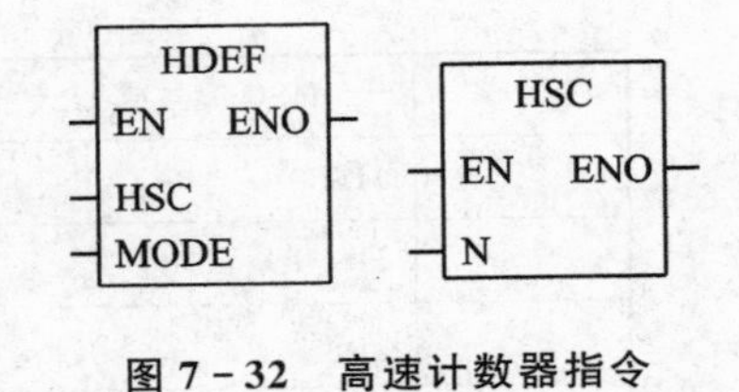

图 7-32　高速计数器指令

2. 使用指令向导生成高速计数器的应用程序

在特殊存储器(SM)区,每个高速计数器都有一个状态字节、一个设置参数用的控制字节、一个 32 位预置值寄存器和一个 32 位当前值寄存器。状态字节给出了当前计数方向和当前值是否大于或等于预置值等信息。只有在执行高速计数器的中断程序时，状态位才有效。可以用控制字节中的各位来设置高速计数器的属性。可以在 S7-200 的系统手册中查阅这些特殊存储器的信息。

用户在使用高速计数器时，需要根据有关的特殊存储器的意义来编写初始化程序和中断程序。这些程序的编写既烦琐又容易出错。

STEP 7-Micro/WIN 的向导功能很强，使用向导来完成某些功能的编程既简单方便，又不容易出错。使用指令向导能简化高速计数器的编程过程。

【例 7-13】 用指令向导生成高速计数器 HSC0 的初始化程序和中断程序，HSC0 为无外部方向输入信号的单相加/减计数器（模式 0），计数值为 10 000～20 000时 Q4.0 输出为 1。

执行菜单命令“工具”→“指令向导”，按下面的步骤设置高速计数器的参数：

① 在第 1 页选择“HSC”（配置高速计数器），每次操作完成后单击“下一步”按钮。

② 在第 2 页选择 HSC0 和模式 0。

③ 在第 3 页设置计数器的预置值为 10 000，当前值为 0，初始计数方向为加（增）计数。使用默认的初始化子程序符号名 HSC_INIT。

④ 在第 4 页设置当前值等于预置值时产生中断（中断事件编号为 12），使用默认的中断程序符号名 COUNT_EQ。

向导允许高速计数器按多个步骤进行计数，即在中断程序中修改某些参数，例如修改计数器的计数方向、当前值和预置值，并将另一个中断程序连接至相同的中断事件。本例设置编程 1 步，在中断程序 COUNT_EQ 中，修改预置值为 20 000，计数当前值和计数方向不变。完成设置后自动生成下述的初始化子程序 HSC_INIT、中断程序 COUNT_EQ 和 HSC0_STEP1。在主程序中，首次扫描时调用 HSC_INIT，中断程序中对 Q4.0 置位和复位的语句是用户添加的。

最后一个步骤可以重新连接第一个中断程序，使计数过程循环进行。

(1) 主程序

```
LD      SM0.1               //首次扫描时
CALL    HSC_INIT            //调用 HSC0 初始化子程序
```

(2) 初始化子程序 HSC_INIT

```
LD      SM0.0               //SM0.0 总是为 ON
MOVB    16#F8,SMB37         //设置控制字节,加计数,允许计数
MOVD    +0,SMD38            //装载当前值 CV
MOVD    +10000,SMD42        //装载预置值 PV
HDEF    0,0                 //设置 HSC0 为模式 0
ATCH    COUNT_EQ,12         //当前值等于预置值时执行中断程序 COUNT_EQ
ENI                         //允许全局中断
```

```
HSC     0               //启动 HSC0
```

(3) 中断程序 COUNT_EQ

当 HSC0 的计数当前值等于第 1 个预置值 10 000 时，调用中断程序 COUNT_EQ。

```
LD      SM0.0
MOVB    16#A0,SMB37     //设置控制字节，允许计数，写入新的预置值，不改变计数方向
MOVD    +20000,SMD42    //装载预置值 PV
ATCH    HSC0_STEP1,12   //当前值等于预置值时执行中断程序 HSC0_STEP1
HSC     0               //启动 HSC0
SI      Q4.0,1          //用户添加的立即置位指令
```

(4) 中断程序 HSC0_STEP1

当 HSC0 的计数当前值等于第 2 个预置值 20 000 时，调用中断程序 HSC0_STEP1。

```
LD      SM0.0
MOVB    16#80,SMB37     //设置控制字节，允许计数，不写入新的预置值，不改变计数
                        //方向
DTCH    12              //断开中断连接
HSC     0               //启动 HSC0
RI      Q4.0,1          //用户添加的立即复位指令
```

7.7.4 高速脉冲输出与开环位置控制

1. 高速脉冲输出

脉冲宽度与脉冲周期之比称为占空比，脉冲列(PTO)功能提供周期与脉冲数目，可以由用户控制的占空比为50%的方波脉冲输出。脉冲宽度调制(PWM，简称为脉宽调制)功能提供连续的、周期与脉冲宽度可以由用户控制的输出(见图 7-33)。

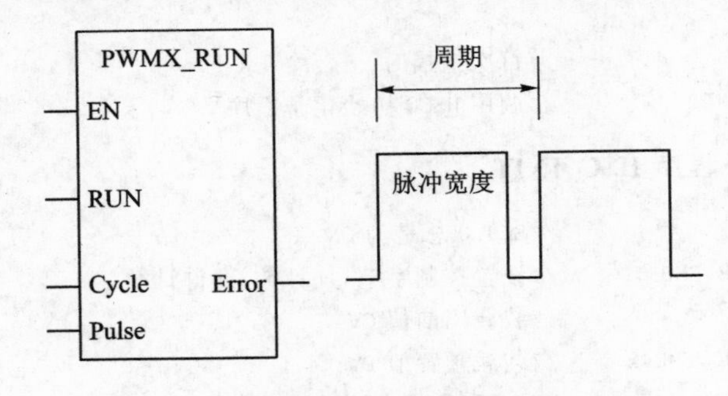

图 7-33 PWM 指令与 PWM 输出波形

每个 CPU 有两个 PTO/PWM(脉冲列/脉冲宽度调制)发生器，分别通过数字量

输出点Q0.0或Q0.1，输出高速脉冲列或脉冲宽度可调的波形。PTO/PWM发生器与输出映像寄存器共同使用Q0.0及Q0.1。当Q0.0或Q0.1被设置为PTO或PWM功能时，PTO/PWM发生器控制这些输出点，在该输出点禁止使用数字量输出功能，此时输出波形不受输出映像寄存器的状态、输出强制或立即输出指令的影响。不使用PTO/PWM发生器时，Q0.0与Q0.1作为普通的数字输出使用。建议在启动PTO或PWM操作之前，用R指令将Q0.0或Q0.1的映像寄存器置为0。

2. 开环运动控制与位置控制向导

S7-200提供了3种开环运动控制方式：

① 内置的脉宽调制(PWM)，用于速度、位置或占空比控制。

② 内置的脉冲列输出(PTO)，用于速度和位置的控制。

③ 使用EM 253位置控制模块控制速度和位置。

在特殊存储器区，每个PTO/PWM发生器有一个8位的控制字节、一个16位无符号的周期值或脉冲宽度值，以及一个无符号32位脉冲计数值。通过它们来对PTO/PWM编程是相当麻烦的。STEP 7-Micro/WIN的位置控制向导可以帮助用户快速完成PWM、PTO或位置控制模块EM 253的参数设置，自动生成位置控制指令。STEP 7-Micro/WIN还为EM 253提供一个用于控制、监视和测试位置控制操作的控制面板。

3. 脉宽调制

脉宽调制(PWM)功能提供可变占空比的脉冲输出，时间基准可以设置为μs或ms，周期的变化范围为10～65 535 μs或2～65 535 ms，脉冲宽度的变化范围为0～65 535 μs或0～65 535 ms。

当指定的脉冲宽度值大于周期值时，占空比为100%，输出连续接通。当脉冲宽度为0时，占空比为0%，输出断开。PWM的高频输出波形经滤波后可以得到与占空比成正比的模拟量输出电压。

执行菜单命令"工具"→"位置控制向导"，打开位置控制向导。在第1页选择"配置S7-200 PLC内置PTO/PWM操作"；在第2页选择组态Q0.0或Q0.1；在第3页选择组态PWM，并选择脉冲宽度和周期的时间基准(ms或μs)，就完成了对PWM的组态。向导将生成PWM指令PWMx_RUN(见图7-33)，指令名称中的x是Q0.0或Q0.1的位地址。

子程序PWMx_RUN的参数RUN为使能位，周期Cycle的数据类型为WORD，变化范围为2～65 535。脉冲宽度Pulse的数据类型为WORD值，变化范围为0～65 535，Pulse与Cycle的比值为占空比。

4. 开环位置控制的一些基本概念

(1) 最大速度与启动/停止速度

MAX_SPEED(见图7-34)是运行速度的最大值，它应在电动机转矩允许的范围内,驱动负载所需的转矩由摩擦力、惯性以及加速/减速时间决定。对于 PTO 输出,必须指定期望的启动/停止速度 SS_SPEED,它应满足电动机在低速时驱动负载的能力。如果 SS_SPEED 的数值过低,则电动机和负载在运动的开始和结束时可能会摇摆或颤动。如果 SS_SPEED 的数值过高,则电动机会在启动时丢失脉冲,在负载停止时会使电动机过载。SS_SPEED 通常是 MAX_SPEED 的 5%～15%。图 7-34 中的 MIN_SPEED 是最低速度。

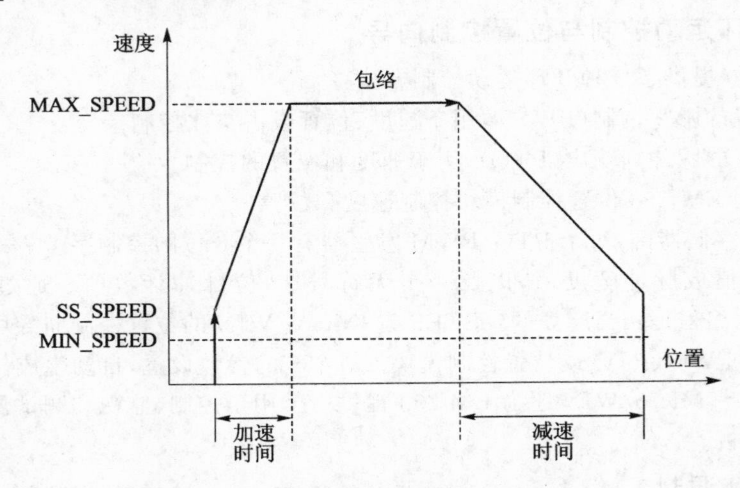

图 7-34　位置控制系统的速度与加减速时间

(2) 包　络

包络(Profile)是一个预先定义的以位置为横坐标、以速度为纵坐标的曲线,包络是运动的图形描述(见图 7-34)。

一个包络由多段组成,每一段包含一个达到目标速度的加速/减速过程,以及以目标速度匀速运行的一串指定数量的脉冲。如果是单段运动控制或者是多段运动控制中的最后一段,则还应该包括一个由目标速度到停止的减速过程。

PTO 支持两种操作模式,即相对位置模式和单速连续转动模式。

(3) 包络中的步

包络中的 1 步是包括加速时间或减速时间的工件运动的一个固定距离,PTO 的一个包络最多允许 29 个步。要为每一步指定目标速度和用脉冲个数表示的结束位置。步的数目与包络中恒速段的数目一致。

PTO 提供一个指定脉冲数目的方波输出(占空比为 50%)。在加速和减速时输出脉冲的频率(或周期)线性变化,而在恒定频率段部分保持不变。一旦产生完指定数目的脉冲,PTO 输出变为低电平,直到装载一个新的指定值时才产生脉冲。

5. 用位置控制向导组态脉冲列输出

PTO 主要通过包络来实现位置控制。位置控制向导通过参数设置来创建包络,并用图形方式显示包络曲线，自动生成位置控制用的子程序。

【例 7－14】 用位置控制向导产生脉冲列输出，要求的包络曲线如图 7－35 所示。对 PTO 组态的步骤如下：

① 进入位置控制向导后，在第 1 页选择组态 S7－200 内置的 PTO/PWM 操作。每次操作完成后单击“下一步”按钮。

② 在第 2 页选择 Q0.0。

③ 在第 3 页选择组态 PTO，若想监视 PTO 产生的脉冲个数，则单击多选框，选择使用高速计数器 HSC0 和模式 12 对 PTO 生成的脉冲计数。这一功能是内部实现的，无需外部接线。

④ 在第 4 页设置最高速度 MAX_SPEED 为 10 000 脉冲/s，启动/停止速度 SS_SPEED 为 1 000 脉冲/s。

⑤ 在“加速和减速时间”对话框中输入加速和减速时间均为 1 000 ms。

⑥ 在“运动包络定义”对话框中（见图 7－35），单击“新包络”按钮，生成新的包络。选择所需的操作模式为“相对位置”。根据运动的需要，可以定义多个包络，每个包络可以定义多个步。

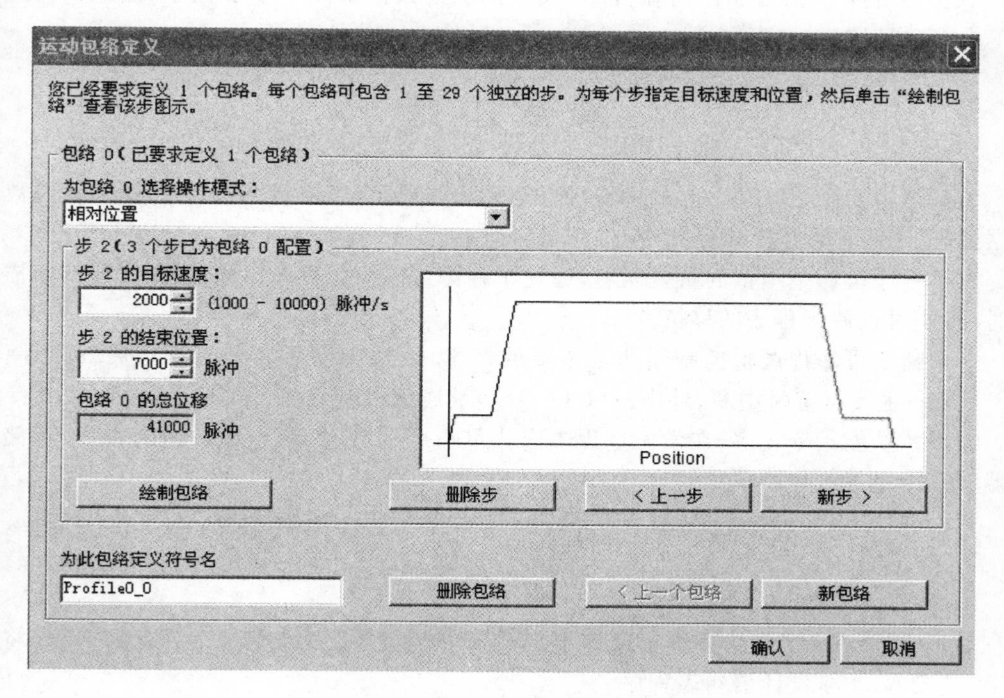

图 7－35　定义运动的包络

输入目标速度 2 000 和脉冲数 4 000 后，单击“绘制包络”按钮，可以看到设置的包络曲线。如果需要设置多个步，单击“新步”按钮，并按要求输入步的信息。单击“绘制包络”按钮，可以看到增加了步以后的包络曲线。单击“确认”按钮，完成对包络的设置。

图 7－35 给出了用向导生成的 PTO 运动包络曲线，表 7－18 给出了包络中各步的参数。

表 7－18 包络的参数

步的编号	第 0 步	第 1 步	第 2 步
目标速度/(脉冲·s^{-1})	2 000	10 000	2 000
结束位置/脉冲	4 000	30 000	7 000

对于单速连续转动包络，应输入目标速度值。若想终止单速连续转动，单击窗口中的多选框“编一个子程序(PTOx_ADV)用于为此包络启动 STOP(停止)操作”，并输入停止时的移动脉冲数。

⑦ 在“为配置分配存储区”对话框，设置 PTO 使用的 V 存储区的起始地址为 VB0，需要的 V 存储区的大小与包络的类型和步数有关，本例中 V 存储区的范围为 VB0～VB109。

⑧ 在最后一页显示出向导自动生成的 PTO 数据块和 4 个子程序的默认名称。单击“完成”按钮，结束向导。

本章小结

本章主要介绍 S7－200 的功能指令及用法，包括程序控制类指令、数学运算及数据处理、子程序调用及中断指令。

子程序设计是本章的重要内容，通过子程序可以简化程序结构，减少程序的扫描时间，同时也便于程序的移植。

中断是可编程逻辑控制器非常重要的技术，通过中断可以及时处理突发事件。S7－200 主要有定时中断、外中断(I/O 中断)及通信中断三种形式。

本章功能指令较多，在学习过程中应注重指令的分类，对于不常用的查表、存储器填充指令等可作简单了解。

习 题

1. 如果 MW4 中的数小于或等于 IW2 中的数，则令 M0.1 为 1 并保持，反之将 M0.1 复位为 0，设计语句表程序。

2. 当 I0.1 为 ON 时，定时器 T32 开始定时，产生每秒 1 次的周期脉冲。T32 每次定时时间到时调用一个子程序，在子程序中将模拟量输入 AIW0 的值送 VW10，设计主程序和子程序。

3. 第一次扫描时将 VB0 清零，用定时中断 0，每 100 ms 将 VB0 加 1，VB0＝100

时关闭定时中断，并将 Q0.0 立即置 1，设计主程序和中断子程序。

4. 用 I0.0 控制接在 Q0.0～Q0.7 上的 8 个彩灯循环移位，用 T37 定时，每 0.5 s 移 1 位，首次扫描时给 Q0.0～Q0.7 置初值，用 I0.1 控制彩灯移位的方向，设计出语句表程序。

5. 首次扫描时给 Q0.0～Q0.7 置初值，用 T32 中断定时，控制接在 Q0.0～Q0.7 上的 8 个彩灯循环左移，每秒移位 1 次，设计出语句表程序。

6. 8 个 12 位二进制数据存放在 VW10 开始的存储区内，在 I0.3 的上升沿，用循环指令求它们的平均值，并将运算结果存放在 VW0 中，设计出语句表程序。

7. 用实时时钟指令控制路灯的定时接通和断开，20:00 时开灯，06:00 时关灯，设计出程序。

8. 用模拟电位器 1 来设置定时器 T33 的设定值，设置的范围为 10～30 s，I0.0 为 1 状态时 T33 开始定时，设计出语句表程序。

9. 半径（<10 000 的整数）在 VW10 中，取圆周率为 3.141 6，用浮点数运算指令计算圆周长，运算结果四舍五入转换为整数后，存放在 VW20 中。

10. 要求同第 9 题，用整数运算指令计算圆周长。

11. 设计求圆周长的子程序，输入量为直径（小于 32 768 的整数），输出量为圆周长（双字整数）。在 I0.0 的上升沿调用该子程序，直径为 1 000 mm，运算结果存放在 VD10 中，设计出程序。

12. 编写语句表程序，用字节逻辑运算指令，将 VB0 的高 4 位置为 2＃1001，低 4 位不变。

13. S7－200 有哪 3 种开环运动控制方式？

14. 什么是包络？

第 8 章 S7－200 的通信与网络

本章要点

➢ 通信的基本概念和术语；
➢ S7－200 PLC 通信部件介绍；
➢ S7－200 PLC 通信协议与通信。

8.1 通信的基本知识

在计算机控制与网络技术不断推广和普及的今天，对参与控制系统中的设备提出了可相互连接，构成网络及远程通信的要求，可编程控制器生产厂商为此加强了可编程控制器的网络通信能力。

8.1.1 基本概念和术语

1. 并行传输与串行传输

并行传输是指通信中同时传送构成一个字或字节的多位二进制数据。而串行传输是指通信中构成一个字或字节的多位二进制数据是一位一位被传送的。很容易看出两者的特点，与并行传输相比，串行传输的传输速度慢，但传输线的数量少，成本比并行传输低，故常用于远距离传输且速度要求不高的场合，如计算机与可编程控制器间的通信、计算机 USB 口与外围设备的数据传送。并行传输的速度快，但传输线的数量多，成本高，故常用于近距离传输的场合，如计算机内部的数据传输、计算机与打印机的数据传输。

2. 异步传输和同步传输

在异步传输中，信息以字符为单位进行传输，当发送一个字符代码时，字符前面都具有自己的一位起始位，极性为 0，接着发送 5～8 位的数据位、1 位奇偶校验位，1～2 位的停止位，数据位的长度视传输数据格式而定，奇偶校验位可有可无，停止位的极性为 1，在数据线上不传送数据时全部为 1。异步传输中一个字符中的各个位是同步的，但字符与字符之间的间隔是不确定的，也就是说线路上一旦开始传送数据就必须按照起始位、数据位、奇偶校验位、停止位这样的格式连续传送，但传输下一个数据的时间不定，不发送数据时线路保持 1 状态。

异步传输的优点就是收、发双方不需要严格的位同步，所谓“异步”是指字符与字符之间的异步，字符内部仍为同步。其次异步传输电路比较简单，链路协议易实现，所以得到了广泛的应用。其缺点在于通信效率比较低。

在同步传输中,不仅字符内部为同步,字符与字符之间也要保持同步。信息以数据块为单位进行传输,发送双方必须以同频率连续工作,并且保持一定的相位关系,这就需要通信系统中有专门使发送装置和接收装置同步的时钟脉冲。在一组数据或一个报文之内不需要启停标志,但在传送中要分成组,一组含有多个字符代码或多个独立的码元。在每组开始和结束需加上规定的码元序列作为标志序列。发送数据前,必须发送标志序列,接收端通过检验该标志序列实现同步。

同步传输的特点是可获得较高的传输速度,但实现起来较复杂。

3. 信号的调制和解调

串行通信通常传输数字量,这种信号包括从低频到高频极其丰富的谐波信号,要求传输线的频率很高。而远距离传输时,为降低成本,传输线频带不够宽,使信号严重失真、衰减,常采用的方法是调制解调技术。发送端将数字信号转换成适合传输线传送的模拟信号的过程称为调制,完成此任务的设备叫调制器。接收端将收到的模拟信号还原为数字信号的过程称为解调,完成此任务的设备叫解调器。实际上一个设备工作起来既需要调制,又需要解调,将调制、解调功能由一个设备完成,称此设备为调制解调器。当进行远程数据传输时,可以将可编程控制器的 PC/PPI 电缆与调制解调器进行连接以增加数据传输的距离。

4. 传输速率

传输速率是指单位时间内传输的信息量,它是衡量系统传输性能的主要指标,常用波特率(Baud Rate)表示。波特率是指每秒传输二进制数据的位数,单位是 b/s。常用的波特率有 19 200 b/s、9 600 b/s、4 800 b/s、2 400 b/s、1 200 b/s 等。例如,1 200 b/s 的传输速率,每个字符格式规定包含 10 个数据位(起始位、停止位、数据位),信号每秒传输的数据为

$$1\,200\ \text{b/s} \div 10\ \text{b/字符} = 120\ \text{字符/s}$$

5. 信息交互方式

信息交互方式有以下几种:单工通信、半双工通信和全双工通信。

单工通信是指信息始终保持一个方向传输,而不能进行反向传输,如无线电广播、电视广播等就属于这种类型。

半双工通信是指数据流可以在两个方向上流动,但同一时刻只限于一个方向流动,又称双向交替通信。

全双工通信是指通信双方能够同时进行数据的发送和接收。

8.1.2　差错控制

1. 纠错编码

纠错编码是差错控制技术的核心。纠错编码的方法是在有效信息的基础上附加

一定的冗余信息位，利用二进制位组合来监督数据码的传输情况。一般冗余位越多，监督作用和检错、纠错的能力就越强，但通信效率就越低，而且冗余位本身出错的可能也变大。

纠错编码的方法很多，如奇偶检验码、方阵检验码、循环检验码、恒比检验码等。下面介绍两种常见的纠错编码方法。

(1) 奇偶检验码

奇偶检验码是应用最多、最简单的一种纠错编码，通常应用于异步通信中。奇偶检验码是在信息组码之后加一位监督码，即奇偶检验位。奇偶检验码有奇检验码、偶检验码两种。奇检验码的方法是信息位和检验位中 1 的个数为奇数。偶检验码的方法是信息位和检验位中 1 的个数为偶数。例如，一信息码为 35H，其中的 1 为偶数，那么如果是奇检验，检验位应为 1。如果是偶检验，那么检验位应为 0。

(2) 循环检验码

循环检验码不像奇偶检验码一个字符校验一次，而是一个数据块校验一次。在同步通信中几乎都使用这种方法。

循环检验码的基本思想是利用线性编码理论，在发送端根据要发送的二进制码序列，以一定的规则产生一个监督码，附加在信息之后，构成一新的二进制码序列发送出去。在接收端，则根据信息码和监督码之间遵循的规则进行检验，确定传送中是否有错。

任何 n 位的二进制数都可以用一个 $n-1$ 次的多项式来表示。

$$B(x) = B_{n-1}x^{n-1} + B_{n-2}x^{n-2} + \cdots + B_1x^1 + B_0x^0 \tag{8-1}$$

例如，二进制数 11000001，可写为

$$B(x) = x^7 + x^6 + 1 \tag{8-2}$$

此多项式称为码多项式。

二进制码多项式的加减运算为模 2 加减运算，即两个码多项式相加时对应项系数进行模 2 加减。所谓模 2 加减就是各位做不带进位/借位的按位加减。这种加减运算实际上就是逻辑上的异或运算，即加法和减法等价。

$$B_1(x) + B_2(x) = B_1(x) - B_2(x) = B_2(x) - B_1(x) \tag{8-3}$$

二进制码多项式的乘除法运算与普通代数多项式的乘除法运算是一样的，符合同样的规律。

$$B_1(x)/B_2(x) = Q(x) + [R(x)/B_2(x)] \tag{8-4}$$

式中，$Q(x)$为商，$B_2(x)$多项式自定，$R(x)$为余数多项式。若能除尽，则 $R(x)=0$。n 位循环码的格式如图 8-1 所示，可以看出，一个 n 位的循环码是由 k 位信息位，加上 r 位校验位组成的。信息位是要传输的二进制数据，$R(x)$为校验码位。

k 位信息码	r 位校验码

图 8-1 n 位循环码格式图

2. 纠错控制方法

(1) 自动重发请求

在自动重发请求中,发送端对发送序列进行纠错编码,可以得到能检测是否出错的校验序列。接收端根据校验序列的编码规则判断是否出错,并将结果传给发送端。若有错,则接收端拒收,同时通知发送端重发。

(2) 向前纠错方式

向前纠错方式就是发送端对发送序列进行纠错编码,接收端收到此码后,进行译码。译码不仅可以检测出是否有错误,而且还可根据译码自动纠错。

(3) 混合纠错方式

混合纠错方式是上两种方法的结合。接收端有一定的判断是否出错和纠错的能力,如果错误超出了接收端的纠错能力,再命令发送端重发。

8.1.3 传输介质

目前在分散控制系统中普遍使用的传输介质有:同轴电缆、双绞线、光缆,而其他介质如无线电、红外线、微波等,在 PLC 网络中应用较少。在使用的传输介质中双绞线(带屏蔽)成本较低、安装简单;而光缆尺寸小、质量轻、传输距离远,但成本高、安装维修难。

1. 双绞线

一对相互绝缘的线以螺旋形式绞合在一起就构成了双绞线,两根线一起作为一条通信电路使用,两根线螺旋排列的目的是为了使各线对之间的电磁干扰减小到最小。通常人们将几对双绞线包装在一层塑料保护套中,如两对或四对双绞线构成的称为非屏蔽双绞线,在外塑料层下增加一屏蔽层的称为屏蔽双绞线。

双绞线根据传输特性可分为 5 类,1 类双绞线常用作传输电话信号;3、4、5 类或超 5 类双绞线通常用于连接以太网等局域网。3 类和 5 类的区别在于绞合的程度,3 类线较松,而 5 类线较紧,使用的塑料绝缘性更好。3 类线的带宽为 16 MHz,适用于 10 Mb/s 数据传输;5 类线带宽为 100 MHz,适用于 100 Mb/s 的高速数据传输。超 5 类双绞线单对线传输带宽仍为 100 MHz,但对 5 类线的若干技术指标进行了增强,使得 4 对超 5 类双绞线可以传输 1 000 Mb/s(1 Gb/s)。现在 6 类、7 类线技术的草案也已经提出,带宽可分别达到 200 MHz 和 600 MHz。

双绞线的螺旋形绞合仅仅解决了相邻绝缘线对之间的电磁干扰,但对外界的电磁干扰还是比较敏感的,同时信号会向外辐射,有被窃取的可能。

2. 同轴电缆

同轴电缆从内到外依次是由内导体(芯线)、绝缘线、屏蔽层铜线网及外保护层构成的。由于从横截面看这四层构成了 4 个同心圆,故而得名。

同轴电缆外面加了一层屏蔽铜丝网,是为了防止外界的电磁干扰而设计的,因此它比双绞线的抗外界电磁干扰能力要强。根据阻抗的不同,可分为基带同轴电缆,特性阻抗为50 Ω,适用于计算机网络的连接,由于是基带传输,数字信号不经调制直接送上电缆,是单路传输,数据传输速率可达10 Mb/s;宽带同轴电缆,特性阻抗为75 Ω,常用于有线电视(CATV)的传输介质,如有线电视同轴电缆带宽达750 MHz,可同时传输几十路电视信号,并同时通过调制解调器支持20 Mb/s的计算机数据传输。

3. 光 纤

光纤(又称光导纤维或光缆)常应用于远距离快速传输大量信息的场合中,它是由石英玻璃经特殊工艺拉成细丝来传输光信号的介质,这种细丝的直径比头发丝还要细,一般直径在8～9 μm(单模光纤)及50/62.5 μm(多模光纤,50 μm为欧洲标准,62.5 μm为美国标准),但它能传输的数据量却是巨大的。目前,人们已经实现在一条光纤上传输几百个"太"位($1T=2^{40}$)的信息量,而且这还远不是光纤的极限。在光纤中以内部的全反射来传输一束经过编码的光信号。

光纤根据工艺的不同分为单模光纤和多模光纤两大类。单模光纤由于直径小,与光波波长相当,光纤如同一个波导,光脉冲在其中没有反射,而沿直线进行传输,所使用的光源为方向性好的半导体激光。多模光纤在给定的工作波长上,光源发出的光脉冲以多条线路(又称多种模式)同时传输,经多次全反射后先后到达接收端,它所使用的光源为发光二极管。单模光纤传输时,由于没有反射,所以衰减小,传输距离远,接收端的一个光脉冲中的光几乎同时到达,脉冲窄,脉冲间距排得密,因而数据传输率高;而多模光纤中光脉冲多次全反射,衰减大,因而传输距离近,接收端的一个光脉冲中的光经多次全反射后先后到达,脉冲宽、脉冲排得疏,因而数据传输率低。单模光纤的缺点是价格比多模光纤昂贵。

光纤是以光脉冲的形式传输信号的,它具有的优点如下:

① 所传输的是数字的光脉冲信号,不会受电磁干扰,不怕雷击,不易被窃听。

② 数据传输安全性好。

③ 传输距离长,且带宽宽,传输速度快。

缺点:光纤系统设备价格昂贵,光纤的连接与连接头的制作需要专门的工具和专门培训的人员。

4. 无线介质

随着科技的发展,无线介质应用不断增加,主要可分为两类。一类为使用微波波长或更长波长的无线电频谱,另一类是光波及红外光范畴的频谱。无线电频谱的典型实例是使用微波频率较低(2.4 GHz)的扩频微波通信信道。这种小微波技术的一个例子是3～10 Mb/s的数据传输信道,两个通信点间无障碍物的传输距离可达10 km以上。800/900 MHz或者1 500 MHz的蜂窝移动数字通信装置(即数字手机)也属于无线电频谱类。第二类的实例如蓝牙技术通信:通过直接安装在计算机上和外部设备上的小型红外线的收发窗口来进行两机器和设备之间的信息交换，摆脱了传统的插头插座连接方式，省去了接线的麻烦。

通信卫星做通信中继器的微波通信也是一种常用的无线数据通信。通信卫星有两类，一类是同步地球通信卫星，这种通信卫星距离地球表面较远，所以微波信号较弱，地面要接收卫星发来的微波信号需要较大口径的天线，有一定的传输延时、地面技术复杂、价格昂贵。但这种通信卫星的通信比较稳定，通信容量大。

另一类是近地轨道通信卫星，这种卫星距离地球大约数十万米，不能做到与地球角速度相同，不能覆盖地面固定的位置，因此需要多个这种卫星接力工作才能做到通信的连续不被中断。

8.1.4　串行通信接口标准

RS - 232C 是美国电子工业协会 EIA(Electronic industry Association)于 1962 年公布，并于 1969 年修订的串行接口标准，它已经成为国际上通用的标准。1987 年 1 月，RS - 232C 再次修定，标准修改得不多。

早期人们借助电话网进行远距离数据传送而设计了调制解调器 Modem，为此就需要有关数据终端与 Modem 之间的接口标准，RS - 232C 标准在当时就是为此目的而产生的。目前 RS - 232C 已成为数据终端设备 DTE(Data Terminal Equipment)，如计算机与数据设备 DCE(Data Communication Equipment)，以及 Modem 的接口标准，不仅在远距离通信中要经常用到它，就是两台计算机或设备之间的近距离串行连接也普遍采用 RS - 232C 接口。PLC 与计算机的通信也是通过此接口实现的。

1. RS - 232C

计算机上配有 RS - 232C 接口，它使用一个 25 针的连接器。在这 25 个引脚中，20 个引脚作为 RS - 232C 信号，其中有 4 根数据线，11 根控制线，3 根定时信号线，2 根地信号线。另外，还保留了 2 个引脚，有 3 个引脚未定义。PLC 一般使用 9 脚连接器，距离较近时，3 脚也可以完成。如图 8 - 2 所示为 3 针连接器与 PLC 的连接图。

TD(Transmitted Data)发送数据：串行数据的发送端。

RD(Received Date)接收数据：串行数据的接收端。

GND(GROUND)信号地：它为所有的信号提供一个公共的参考电平，相对于其他信号，它为 0 V 电压。

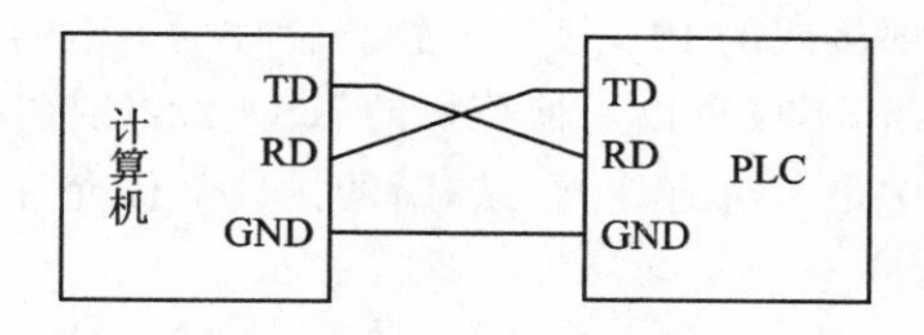

图 8 - 2　3 针连接器与 PLC 的连接

常见的引脚还有：

RTS(Request To Send)请求发送：当数据终端准备好送出数据时，就发出有效的 RTS 信号，通知 Modem 准备接收数据。

CTS(Clear to Send)清除发送(也称允许发送):当 Modem 已准备好接收数据终端的传送数据时,发出 CTS 有效信号来响应 RTS 信号。所以 RTS 和 CTS 是一对用于发送数据的联系信号。

DTR(Data Terminal Read)数据终端准备好:通常当数据终端加电时,该信号有效,表明数据终端准备就绪。它可以用作数据终端设备发给数据通信设备 Modem 的联络信号。

DSR(Data Set Ready)数据装置准备好:通常表示 Modem 已接通电源且连接到通信线路上,并处在数据传输方式,而不是处于测试方式或断开状态。它可以用作数据通信设备 Modem 响应数据终端设备 DTR 的联络信号。

保护地(机壳地):一个起屏蔽保护作用的接地端。一般应参考设备的使用规定,连接到设备的外壳或机架上,必要时要连接到大地。

2. RS-232C 的不足

RS-232C 既是一种协议标准,又是一种电气标准,它采用单端的、双极性电源电路,可用于最远距离为 15 m,最高速率达 20 kb/s 的串行异步通信。但是 RS-232C 也有一些不足之处,主要表现在:

① 传输速率不够快。RS-232C 标准规定的最高速率为 20 kb/s,尽管能满足异步通信要求,但不能适应高速的同步通信。

② 传输距离不够远。RS-232C 标准规定各装置之间电缆长度不超过 50 ft(约 15 m,1 ft=0.304 8 m)。实际上,RS-232C 能够实现 100 ft 或 200 ft 的传输,但在使用前,一定要先测试信号的质量,以保证数据的正确传输。

③ RS-232C 接口采用不平衡的发送器和接收器,每个信号只有一根导线,两个传输方向仅有一根信号线地线,因而,电气性能不佳,容易在信号间产生干扰。

3. RS-485

由于 RS-232C 存在的不足,美国的 EIC 1977 年指定了 RS-499,RS-422A 是 RS-499 的子集,RS-485 是 RS-422 的变形。RS-485 为半双工,不能同时发送和接收信号。目前,工业环境中广泛应用 RS-422、RS-485 接口。S7-200 系列 PLC 内部集成的 PPI 接口的物理特性为 RS-485 串行接口,可以用双绞线组成串行通信网络,不仅可以与计算机的 RS-232C 接口互联通信,而且可以构成分布式系统,系统中最多可有 32 个站,新的接口部件允许连接 128 个站。

8.2 工业局域网基础

8.2.1 局域网的拓扑结构

网络拓扑结构是指网络中的通信线路和节点间的几何连接结构,表示了网络的整体结构外貌。网络中通过传输线连接的点称为节点或站点。拓扑结构反映了各个站点间的结构关系，对整个网络的设计、功能、可靠性和成本都有影响。常见的有星形网络、环形网络和总线形网络三种拓扑结构形式，如图 8-3 所示。

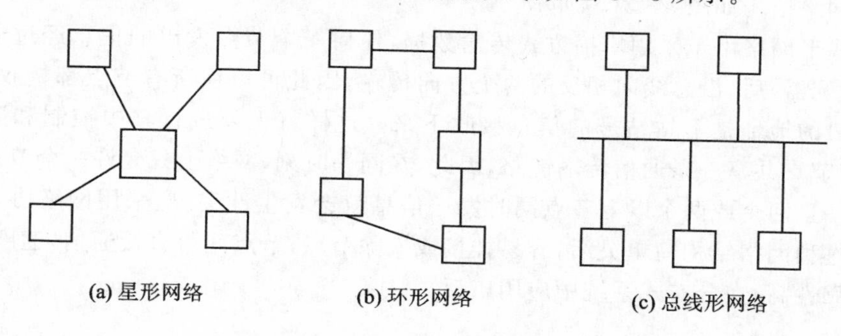

图 8-3　网络的拓扑结构

1. 星形网络

星形拓扑结构是以中央节点为中心与各节点连接组成的，网络中任何两个节点要进行通信都必须经过中央节点转发，其网络结构如图 8-3(a)所示。星形网络的优点是：结构简单，便于管理控制，建网容易，网络延迟时间短，误码率较低，便于程序集中开发和资源共享；缺点是：系统花费大，网络共享能力差，负责通信协调工作的上位计算机负荷大，通信线路利用率不高，且系统可靠性不高，对上位计算机的依赖性强，一旦上位机发生故障，整个网络通信就停止。在小系统、通信不频繁的场合可以使用星形网络。星形网络常用双绞线作为传输介质。

上位计算机（也称主机、监控计算机、中央处理机）通过点到点的方式与各现场处理机（也称从机）进行通信，就是一种星形结构。各现场机之间不能直接通信，若要进行相互间的数据传输，则必须通过中央节点的上位计算机协调。

2. 环形网络

环形网中，各个节点通过环路通信接口或适配器，连接在一条首尾相连的闭合环形通信线路上，环路上任何节点均可以请求发送信息。请求一旦被批准，便可以向环路发送信息。环形网中的数据主要是单向传输，也可以是双向传输。由于环线是公用的，一个节点发出的信息可能穿越环中多个节点，信息才能到达目的地址，如果某个节点出现故障，则信息不能继续传向环路的下一个节点，应设置自动旁路。环形网络结构如图 8-3(b)所示。

环形网具有容易挂接或摘除节点，安装费用低，结构简单的优点；由于在环形网络中数据信息在网中是沿固定方向流动的，节点之间仅有一个通路，大大简化了路径选择控制；某个节点发生故障时，可以自动旁路，提高系统的可靠性。所以工业上的信息处理和自动化系统常采用环形网络的拓扑结构。但节点过多时，会影响传输效率，使整个网络响应时间变长。

3. 总线形网络

利用总线把所有的节点连接起来，这些节点共享总线，对总线有同等的访问权。总线形网络结构如图 8-3(c)所示。

总线形网络由于采用广播方式传输数据，任何一个节点发出的信息经过通信接口(或适配器)后，沿总线向相反的两个方向传输，因此可以使所有节点都接收到，各节点将目的地址是本站站号的信息接收下来。这样就无须进行集中控制和路径选择，所有节点共享一条通信传输链路，因此，在同一时刻，网络上只允许一个节点发送信息。一旦两个或两个以上节点同时发送信息就会发生冲突，应采用网络协议控制冲突。这种网络结构简单灵活，容易挂接或摘除节点，节点间可直接通信，速度快，延时小可靠性高，在分布式系统中应用广泛。

8.2.2 网络协议和体系结构

1. 通信协议

PLC 网络是由各种数字设备(包括 PLC、计算机等)和终端设备等通过通信线路连接起来的复合系统。在这个系统中，由于数字设备型号、通信线路类型、连接方式、同步方式、通信方式等的不同，给网络各节点间的通信带来了不便，甚至影响到 PLC 网络的正常运行。因此在网络系统中，为确保数据通信双方能正确而自动地进行通信，应针对通信过程中的各种问题，制定一整套的约定，这就是网络系统的通信协议，又称网络通信规程。通信协议就是一组约定的集合，是一套语义和语法规则，用来规定有关功能部件在通信过程中的操作。通常通信协议必备的两种功能是通信和信息传输，包括了识别和同步、错误检测和修正等。

2. 体系结构

网络的结构通常包括网络体系结构、网络组织结构和网络配置。

比较复杂的 PLC 控制系统网络的体系结构，常将网络体系结构分解成一个个相对独立、又有一定联系的层面。这样就可以将网络系统进行分层，各层执行各自承担的任务，层与层可以设有接口。层次设计结构是目前人们常用的设计方法。

网络组织结构指的是从网络的物理实现方面来描述网络的结构。

网络配置指的是从网络的应用来描述网络的布局、硬件、软件等；网络体系结构是指从功能上来描述网络的结构，至于体系结构中所确定的功能怎样实现，有待网络设备生产厂家来解决。

8.2.3 现场总线

在传统的自动化工厂中，生产现场的许多设备和装置(如传感器、调节器、变送器、执行器等)都是通过信号电缆与计算机、PLC 相连的。当这些装置和设备相距较远，分布较广时，就会使电缆线的用量和铺设费用随之大大增加，造成了整个项目的投资成本增高，系统连线复杂，可靠性下降，维护工作量增大，系统进一步扩展困难等问题。现场总线(Field Bus)的产生将分散于现场的各种设备连接了起来，并有效实施了对设备的监控。它是一种可靠、快速、能经受工业现场环境、低廉的通信总线。现场总线始于 20 世纪 80 年代，90 年代技术日趋成熟，受到世界各自动化设备制造商和用户的广泛关注，目前，是世界上最成功的总线之一。PLC 的生产厂商也将现场总线技术应用于各自的产品之中构成工业局域网的最底层，使得 PLC 网络实现了真正意义上的自动控制领域发展的一个热点，给传统的工业控制技术带来了一次革新。

现场总线技术实际上是实现现场级设备数字化通信的一种工业现场层的网络通信技术。按照国际电工委员会 IEC 61158 的定义，现场总线是"安装在过程区域的现场设备、仪表与控制室内的自动控制装置系统之间的一种串行、数字式、多点通信的数据总线"。也就是说基于现场总线的系统是以单个分散的、数字化、智能化的测量和控制设备作为网络的节点，用总线相连，实现信息的相互交换，使得不同网络、不同现场设备之间可以信息共享。现场设备的各种运行参数、状态信息及故障信息等通过总线传输到远离现场的控制中心，而控制中心又可以将各种控制、维护、组态命令又送往相关的设备，从而建立起具有自动控制功能的网络。通常将这种位于网络底层的自动化及信息集成的数字化网络称之为现场总线系统(Field Bus System)。

西门子通信网络的中间层为现场总线，用于车间级和现场级的国际标准，传输速率最大为 12 Mb/s，响应时间的典型值为 1 ms，使用屏蔽双绞线电缆(最长 9.6 km)或光缆(最长 90 km)，最多可接 127 个从站。

8.3　S7 - 200 通信部件介绍

本节将介绍 S7 - 200 通信的有关部件，包括通信口、PC/PPI 电缆、通信卡，及 S7 - 200 通信扩展模块等。

8.3.1　通信端口

S7 - 200 系列 PLC 内部集成的 PPI 接口的物理特性为 RS - 485 串行接口，9 针 D 型，该端口也符合欧洲标准 EN 50170 中的 PROFIBUS 标准。S7 - 200 CPU 上的通信口外形如图 8 - 4 所示。

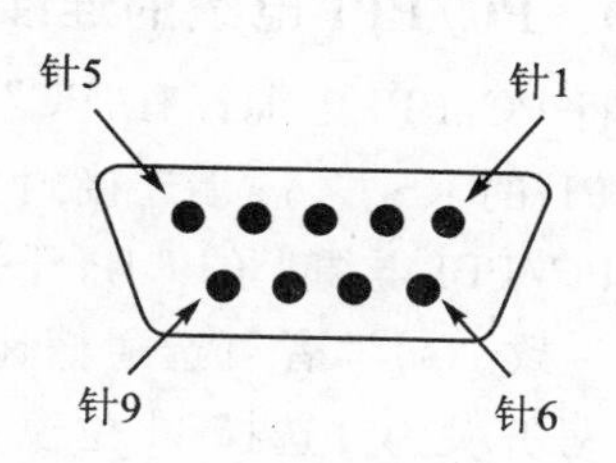

图 8 - 4　RS - 485 串行接口外形

在进行调试时，将 S7 - 200 接入网络，该端口一般是作为端口 1 出现的。当作为端口 1 时，端口各个引脚的名称及其表示的意义如表 8-1 所列。端口 0 为所连接的调试设备的端口。

表 8-1　S7-200 通信口各引脚名称

引　脚	名　称	端口 0/端口 1
1	屏蔽	机壳地
2	24 V 返回	逻辑地
3	RS-485 信号 B	RS-485 信号 B
4	发送申请	RTS(TTL)
5	5 V 返回	逻辑地
6	+5 V	+5 V,100 Ω 串联电阻
7	+24 V	+24 V
8	RS-485 信号 A	RS-485 信号 A
9	不用	10 位协议选择(输入)
连接器外壳	屏蔽	机壳接地

8.3.2　PC/PPI 电缆

用计算机编程时,一般用 PC/PPI(个人计算机/点对点接口)电缆连接计算机与可编程控制器,这是一种低成本的通信方式。PC/PPI 电缆外形如图 8-5 所示。

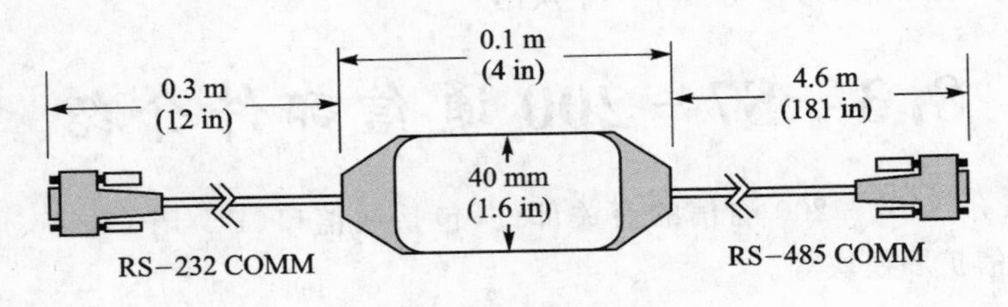

图 8-5　PC/PPI 电缆外形

1. PC/PPI 电缆的连接

将 PC/PPI 电缆标有“PC”的 RS-232 端连接到计算机的 RS-232 通信接口,标有“PPI”的 RS-485 端连接到 S7-200 CPU 模块的通信口,拧紧两边螺钉即可。

PC/PPI 电缆上的 DIP 开关选择的波特率(见表 8-2)应与编程软件中设置的波特率一致。初学者可选通信速率的默认值 9 600 b/s。4 号开关为 1,选择 10 位模式,4 号开关为 0 选择 11 位模式;5 号开关为 0,选择 RS-232 口设置为数据通信设备(DCE)模式,5 号开关为 1,选择 RS-232 口设置为数据终端设备(DTE)模式。未用调制解调器时 4 号开关和 5 号开关均应设为 0。

表 8-2　开关设置与波特率的关系

开关 1、2、3	传输速率/(b·s^{-1})	转换时间/ms
000	38 400	0.5
001	19 200	1
010	9 600	2
011	4 800	4
100	2 400	7
101	1 200	14
110	600	28

2. PC/PPI 电缆的通信设置

在 STEP 7-Micro/WIN 32 的指令树中单击“通信”图标，或从菜单中选择“检视”→“通信”命令，将出现通信设置对话框，“→”表示菜单的上下层关系。在对话框中双击 PC/PPI 电缆的图标，将出现 PC/PG 接口属性的对话框。单击其中的“属性(Properties)”按钮，出现 PC/PPI 电缆属性对话框。初学者可以使用默认的通信参数，在 PC/PPI 性能设置窗口中按“Default(默认)”按钮可获得默认的参数。

(1) 计算机和可编程控制器在线连接的建立

在 STEP 7-Micro/WIN32 的浏览条中单击“通信”图标，或从菜单中选择“检视”→“通信”命令，将出现通信连接对话框，显示尚未建立通信连接。双击对话框中的刷新图标，编程软件检查可能与计算机连接的所有 S7-200 CPU 模块(站)，在对话框中显示已建立起连接的每个站的 CPU 图标、CPU 型号和站地址。

(2) 可编程控制器通信参数的修改

计算机和可编程控制器建立起在线连接后，就可以核实或修改后者的通信参数。在 STEP 7-Micro/WIN32 的浏览条中单击“系统块”图标，或从主菜单中选择“检视”→“系统块”命令，将出现系统块对话框，单击对话框中的“通信口”标签，可设置可编程控制器通信接口的参数，默认的站地址是 2，波特率为 9 600 b/s。设置好参数后，单击“确认”按钮退出系统块。设置好后需将系统块下载到可编程控制器中，此时设置的参数才会起作用。

(3) 可编程控制器信息的读取

要想了解可编程控制器的型号和版本、工作方式、扫描速率、I/O 模块配置以及 CPU 和 I/O 模块错误，可选择菜单命令“PLC”→“信息”，显示出可编程控制器的 RUN/STOP 状态、以位单位的扫描速率、CPU 的版本、错误的情况和各模块的信息。

“复位扫描速率”按钮用来刷新最大扫描速率、最小扫描速率和最近扫描速率。如果 CPU 配有智能模块，则要查看智能模块信息时，选中要查看的模块，单击“智能模块信息”按钮，将出现一个对话框，以确认模块类型、模块版本、模块错误和其他有关的信息。

8.3.3 网络连接器

利用西门子公司提供的两种网络连接器可以把多个设备很容易地连到网络中。两种连接器都有两组螺钉端子,可以连接网络的输入和输出。通过网络连接器上的选择开关可以对网络进行偏置和终端匹配。两个连接器中的一个连接器仅提供连接到CPU的接口,而另一个连接器增加了一个编程接口(如图8-6所示)。带有编程接口的连接器可以把SIMATIC编程器或操作面板增加到网络中,而不用改动现有的网络连接。编程口连接器把CPU的信号传到编程口(包括电源引线)。这个连接器对于连接从CPU取电源的设备(例如TD200或OP3)很有用。

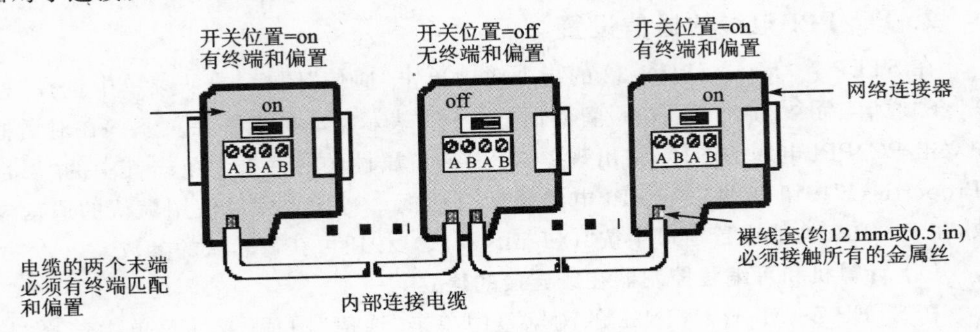

图8-6 网络连接器

进行网络连接时,连接的设备应共享一个共同的参考点。参考点不同时,在连接电缆中会产生电流,这些电流会造成通信故障或损坏设备,也可将通信电缆所连接的设备进行隔离,以防止不必要的电流。

8.3.4 PROFIBUS网络电缆

当通信设备相距较远时,可使用PROFIBUS电缆进行连接,表8-3列出了PROFIBUS网络电缆的性能指标。

PROFIBUS网络的最大长度有赖于波特率和所用电缆的类型,表8-4列出了规范电缆的数据传输速率和网络段的最大长度。

表8-3 PROFIBUS电缆性能指标

通用特性	规　范
类型	屏蔽双绞线
导体截面积	24 A WG(0.22 mm^2)或更粗
电缆容量	<60 pF/m
阻抗	100～200 Ω

表8-4 PROFIBUS网络的最大长度

传输速率	网络段的最大电缆长度/m
9.6～93.75 kb/s	1 200
187.5 kb/s	1 000
500 kb/s	400
1～1.5 Mb/s	200
3～12 Mb/s	100

8.3.5　网络中继器

西门子公司提供连接到 PROFIBUS 网络环的网络中继器，如图 8－7 所示。利用中继器可以延长网络通信距离，允许在网络中加入设备，并且提供了一个隔离不同网络环的方法。在波特率是 9 600 b/s 时，PROFIBUS 允许在一个网络环上最多有 32 个设备，这时通信的最长距离是 1 200 m(3 936 ft)。每个中继器允许加入另外 32 个设备，而且可以把网络再延长 1 200 m(3 936 ft)。在网络中最多可以使用 9 个中继器。每个中继器为网络环提供偏置和终端匹配。

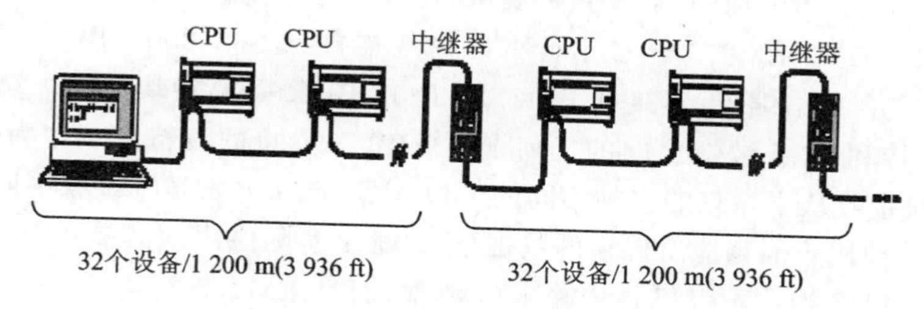

图 8－7　网络中继器

8.3.6　EM277 PROFIBUS－DP 模块

EM277 PROFIBUS－DP 模块是专门用于 PROFIBUS－DP 协议通信的智能扩展模块，它的外形如图 8－8 所示。EM277 机壳上有一个 RS－485 接口，通过接口可

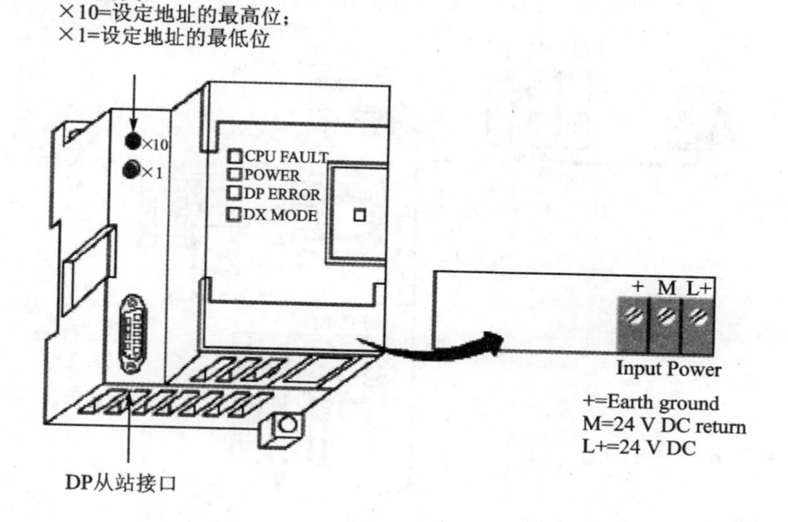

图 8－8　EM227 PROFIBUS－DP 模块

将 S7－200 系列 CPU 连接至网络，它支持 PROFIBUS－DP 和 MPI 从站协议。其上的地址选择开关可进行地址设置，地址范围为 0～99。

PROFIBUS－DP 是由欧洲标准 EN 50170 和国际标准 IEC 61158 定义的一种远程 I/O 通信协议。遵守这种标准的设备，即使是由不同公司制造的，也是兼容的。DP 表示分布式外围设备，即远程 I/O。PROFIBUS 表示过程现场总线。EM277 模块作为 PROFIBUS－DP 协议下的从站，实现通信功能。

除以上介绍的通信模块外，还有其他的通信模块，如用于本地扩展的 CP243－2 通信处理器，利用该模块可增加 S7－200 系列 CPU 的输入、输出点数。

通过 EM277 PROFIBUS－DP 扩展从站模块，可将 S7－200 CPU 连接到 PROFIBUS－DP 网络。EM277 经过串行 I/O 总线连接到 S7－200 CPU。PROFIBUS 网络经过其 DP 通信端口，连接到 EM277 PROFIBUS－DP 模块。这个端口可运行于 9 600 波特和 12M 波特之间的任何 PROFIBUS 支持的波特率。作为 DP 从站，EM277 模块接收从主站来的多种不同的 I/O 配置，向主站发送和接收不同数量的数据，这种特性使用户能修改所传输的数据量，以满足实际应用的需要。与许多 DP 站不同的是 EM277 模块不仅仅是传输 I/O 数据，而且 EM277 能读/写 S7－200 CPU 中定义的变量数据块，这样使用户能与主站交换任何类型的数据。首先，将数据移到 S7－200 CPU 中的变量存储器，就可将输入计数值、定时器值或其他计算值传送到主站。类似地，从主站来的数据存储在 S7－200 CPU 中的变量存储器内，并可移到其他数据区。EM277 PROFIBUS－DP 模块的 DP 端口可连接到网络上的一个 DP 主站上，但仍能作为一个 MPI 从站与同一网络上如 SIMATIC 编程器或 S7－300/S7－400 CPU 等其他主站进行通信。图 8－9 表示有一个 CPU 224 和一个 EM277 PROFIBUS－DP 模拟的 PROFIBUS 网络。在这种场合，CPU 315－2 是 DP 主站，

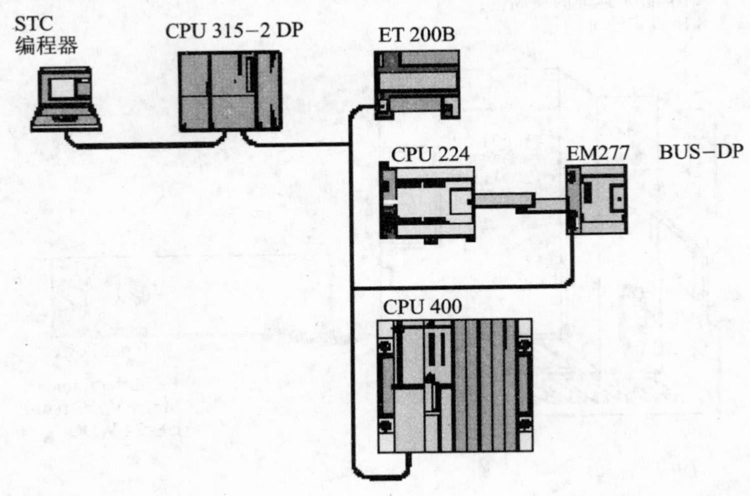

图 8－9　PROFIBUS 网络上的 EM277 PROFIBUS－DP 模块和 CPU 224

并且已通过一个带有 STEP 7 编程软件的 SIMATIC 编程器进行组态。CPU 224 是 CPU 315－2 所拥有的一个 DP 从站，ET200 I/O 模块也是 CPU 315－2 的从站，S7－400 CPU 连接到 PROFIBUS 网络，并且借助于 S7－400 CPU 用户程序中的 XGET 指令，可从 CPU 224 读取数据。

8.4　S7－200 PLC 的通信

本节主要介绍了与 S7－200 联网通信有关的网络协议，包括 PPI、MPI、PROFIBUS、ModBus 等协议，以及相关的程序指令。

8.4.1　概　述

S7－200 的通信功能强，有多种通信方式可供用户选择。在运行 Windows 或 Windows NT 操作系统的个人计算机(PC)上安装了编程软件后，PC 可作为通信中的主站。

1. 单主站方式

单主站与一个或多个从站相连(见图 8－10)，SETP 7－Micro/WIN32 每次和一个 S7－200 CPU 通信，但是它可以访问网络上的所有 CPU。

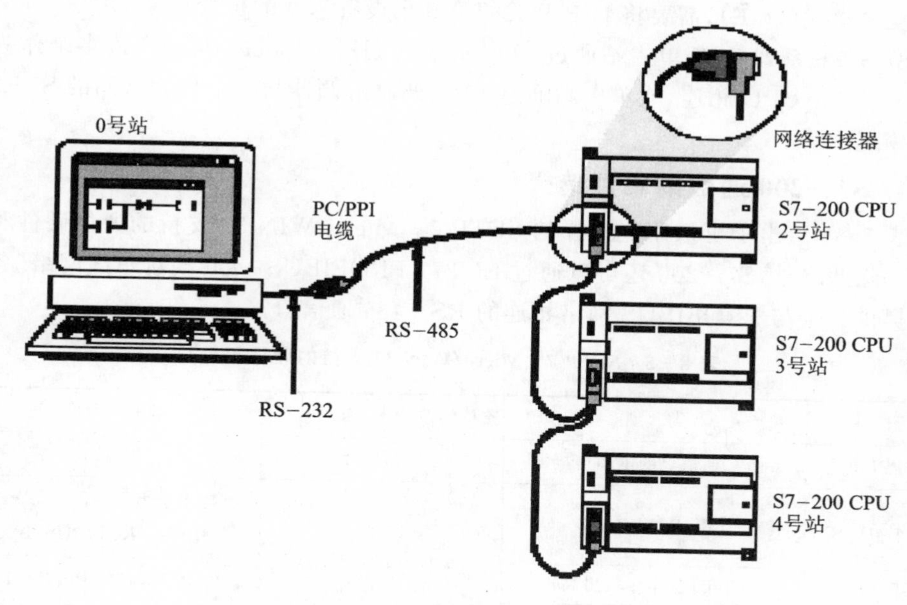

图 8－10　单主站与一个或多个从站相连

2. 多主站方式

通信网络中有多个主站，一个或多个从站。图 8－11 中带 CP 通信卡的计算机和文本显示器 TD200、操作面板 OP15 是主站，S7 - 200 CPU 可以是从站或主站。

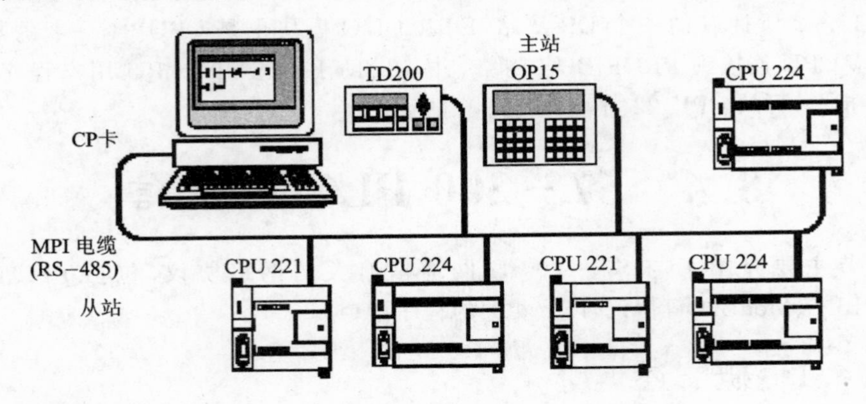

图 8 - 11 通信网络中有多个主站

3. 使用调制解调器的远程通信方式

利用 PC/PPI 电缆与调制解调器连接，可以增加数据传输的距离。在串行数据通信中，串行设备可以是数据终端设备(DTE)，也可以是数据发送设备(DCE)。当数据从 RS - 485 传送到 RS - 232 口时，PC/PPI 电缆是接收模式(DTE)，需要将 DIP 开关的第 5 个设置为 1 的位置，当数据从 RS - 232 传送到 RS - 485 口时，PC/PPI 电缆是发送模式(DCE)，需要将 DIP 开关的第 5 个设置为 0 的位置。

S7 - 200 系列 PLC 单主站通过 11 位调制解调器(Modem)与一个或多个作为从站的 S7 - 200 CPU 相连，或单主站通过 10 位调制解调器与一个作为从站的 S7 - 200 CPU 相连。

4. S7 - 200 通信的硬件选择

表 8 - 5 给出了可供用户选择的 SETP 7 - Micro/WIN 32 支持的通信硬件和波特率。除此之外，S7 - 200 还可以通过 EM277 PROFIBUS - DP 现场总线网络、各通信卡提供一个与 PROFIBUS 网络相连的 RS - 485 通信口。

表 8 - 5 SETP 7 - Micro/WIN 32 支持的硬件配置

支持的硬件	类 型	支持的波特率/($kb\cdot s^{-1}$)	支持的协议
PC/PPI 电缆	到 PC 通信口的电缆连接器	9.6，19.2	PPI 协议
CP5511	II 型，PCMCIA 卡	9.6，19.2，187.5	支持用于笔记本电脑的 PPI、MPI 和 PROFIBUS 协议
CP5611	PCI 卡(版本 3 或更高)		支持用于 PC 的 PPI、MPI 和 PROFIBUS 协议
MPI	集成在编程器中的 PC ISA 卡		

S7 - 200 CPU 可支持多种通信协议，如点到点(Point - to - Point)协议(PPI)、多点协议(MPI)及 PROFIBUS 协议。这些协议的结构模型都是基于开放系统互连参

考模型(OSI)的 7 层通信结构。PPI 协议和 MPI 协议通过令牌环网实现。令牌环网遵守欧洲标准 EN 50170 中的过程现场总线(PROFIBUS)标准。它们都是异步、基于字符的协议,传输的数据带有起始位、8 位数据、奇校验和一个停止位。每组数据都包含特殊的起始和结束标志、源站地址和目的站地址、数据长度、数据完整性检查几部分。只要相互的波特率相同,三个协议可在同一网络上运行而不互相影响。

除上述三种协议外,自由通信口方式是 S7 - 200 PLC 的一个很有特色的功能。它使 S7 - 200 PLC 可以与任何通信协议公开的其他设备控制器进行通信,即 S7 - 200 PLC 可以由用户自己定义通信协议,例 ASCII 协议,波特率最高为 38.4 kb/s 可调整,因此使可通信的范围大大增加,使控制系统配置更加灵活方便。任何具有串行接口的外设,例如打印机或条形码阅读器、变频器、调制解调器 Modem、上位 PC 等均可通过自由通信方式与 S7 - 200 进行通信。S7 - 200 系列微型 PLC 用于两个 CPU 间简单的数据交换,用户可通过编程来编制通信协议进行数据交换,例如具有 RS - 232 接口的设备可用 PC/PPI 电缆连接起来,进行自由通信方式通信。利用 S7 - 200 的自由通信口及有关的网络通信指令,可以将 S7 - 200 CPU 加入 ModBus 网络和以太网络。

8.4.2　利用 PPI 协议进行网络通信

PPI 通信协议是西门子专为 S7 - 200 系列 PLC 开发的一个通信协议,可通过普通的两芯屏蔽双绞电缆进行联网,波特率为 9.6 kb/s、19.2 kb/s 和 187.5 kb/s。S7 - 200系列 CPU 上集成的编程口,同时就是 PPI 通信联网接口,利用 PPI 通信协议进行通信非常简单方便,只用 NETR 和 NETW 两条语句,即可进行数据信号的传递,不需额外再配置模块或软件。PPI 通信网络是一个令牌传递网,在不加中继器的情况下,最多可以由 31 个 S7 - 200 系列 PLC、TD200、OP/TP 面板或上位机插 MPI 卡为站点构成 PPI 网。

下面介绍网络读指令 NETR(Network Read)与网络写指令 NETW(Network Write)。

网络读指令与网络写指令格式如图 8 - 12 所示。

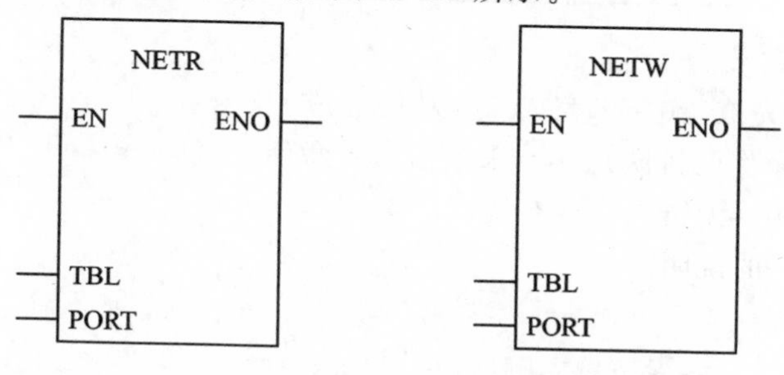

图 8 - 12　网络读指令与网络写指令

TBL:缓冲区首址,操作数为字节。

PROT:操作端口,CPU 226 为 0 或 1,其他只能为 0。

网络读 NETR 指令是通过端口(PROT)接收远程设备的数据并保存在表(TBL)中。可从远方站点最多读取 16 字节的信息。

网络写 NETW 指令是通过端口(PROT)向远程设备写入在表(TBL)中的数据。可向远方站点最多写入 16 字节的信息。

在程序中可以有任意多 NETR/NETW 指令,但在任意时刻最多只能有 8 条 NETR 及 NETW 指令有效。TBL 表的参数定义如表 8-6 所列。表中各参数的意义如下:

- 远程站点的地址:被访问的 PLC 地址。
- 数据区指针(双字):指向远程 PLC 存储区中的数据的间接指针。
- 接收或发送数据区:保存数据的 1~16 个字节,其长度在"数据长度"字节中定义。对于 NETR 指令,此数据区存放执行 NETR 后从远程站点读取的数据区。对于 NETW 指令,此数据区存放执行 NETW 前发送给远程站点的数据存储区。

表 8-6 TBL 表的参数定义

VB100	D	A	E	0	错误码
VB101	远程站点的地址				
VB102	指向远程站点的数据指针				
VB103					
VB104					
VB105					
VB106	数据长度(1~16 字节)				
VB107	数据字节 0				
VB108	数据字节 1				
…	…				
VB122	数据字节 15				

表中字节的意义:

- D:操作已完成。0=未完成,1=功能完成。
- A:激活(操作已排队)。0=未激活,1=激活。
- E:错误。0=无错误,1=有错误。

4 位错误代码的说明:

- 0:无错误。
- 1:超时错误。远程站点无响应。
- 2:接收错误。有奇偶错误等。

➢ 3:离线错误。重复的站地址或无效的硬件引起冲突。
➢ 4:排队溢出错误。多于 8 条 NETR/NETW 指令被激活。
➢ 5:违反通信协议。没有在 SMB30 中允许 PPI,就试图使用 NETR/NETW 指令。
➢ 6:非法参数。
➢ 7:没有资源。远程站点忙(正在进行上载或下载)。
➢ 8:第七层错误。违反应用协议。
➢ 9:信息错误。错误的数据地址或错误的数据长度。

8.4.3　利用 MPI 协议进行网络通信

MPI 协议总是在两个相互通信的设备之间建立逻辑连接。MPI 协议允许主/主和主/从两种通信方式。选择何种方式依赖于设备类型。如果设备是 S7－300 CPU,则由于所有的 S7－300 CPU 都必须是网络主站,所以进行主/主通信方式。如果设备是 S7－200 CPU,那么就进行主/从通信方式,因为 S7－200 CPU 是从站。在图 8－11 中,S7－200 可以通过内置接口,连接到 MPI 网络上,波特率为 19.2/187.5 kb/s。它可与 S7－300 或者是 S7－400 CPU 进行通信。S7－200 CPU 在 MPI 网络中作为从站,它们彼此间不能通信。

8.4.4　利用 PROFIBUS 协议进行网络通信

PROFIBUS 是世界上第一个开放式现场总线标准,目前技术已成熟,其应用领域覆盖了从机械加工、过程控制、电力、交通到楼宇自动化的各个领域。PROFIBUS 于 1995 年成为欧洲工业标准(EN 50170),1999 年成为国际标准(IEC 61158－3)。

在 S7－200 系列 PLC 的 CPU 中,CPU 22X 可以通过增加 EM277 PROFIBUS－DP 扩展模块的方法支持 PROFIBUS－DP 网络协议,最高传输速率可达 12 Mb/s。采用 PROFIBUS 的系统,对于不同厂家所生产的设备不需要对接口进行特别的处理和转换就可以通信。PROFIBUS 连接的系统由主站和从站组成,主站能够控制总线,当主站获得总线控制权后,可以主动发送信息。从站通常为传感器、执行器、驱动器和变送器。它们可以接收信号并给予响应,但没有控制总线的权力。当主站发出请求时,从站回送给主站相应的信息。PRORFIBUS 除了支持主/从模式,还支持多主/多从的模式。对于多主站的模式,在主站之间按令牌传递顺序决定对总线的控制权。取得控制权的主站可以向从站发送,获取信息,实现点对点的通信。

西门子 S7 通过 PROFIBUS 现场总线构成的系统,其基本特点如下:

① PLC、I/O 模板、智能仪表及设备可通过现场总线连接,特别是同厂家的产品提供通用的功能模块管理规范,通用性强,控制效果好。

② I/O 模板安装在现场设备(传感器、执行器等)附近,结构合理。

③ 信号就地处理，在一定范围内可实现互操作。

④ 编程仍采用组态方式，设有统一的设备描述语言。

⑤ 传输速率可在 9.6 kb/s～12 Mb/s 间选择。

⑥ 传输介质可以用金属双绞线或光纤。

1. PROFIBUS 的组成

PROFIBUS 由三个相互兼容的部分组成，即 PROFIBUS－DP、PROFIBUS－PA、PROFIBUS－FMS。

(1) PROFIBUS－DP(Distributed Periphery，分布 I/O 系统)

PROFIBUS－DP 是一种优化模板，是制造业自动化主要应用的协议内容，是满足用户快速通信的最佳方案，每秒可传输 12 兆位。扫描 1 000 个 I/O 点的时间少于 1 ms。它可以用于设备级的高速数据传输，远程 I/O 系统尤为适用。位于这一级的 PLC 或工业控制计算机可以通过 PROFIBUS－DP 同分散的现场设备进行通信。

(2) PROFIBUS－PA(Process Automation，过程自动化)

PA 主要用于过程自动化的信号采集及控制，它是专为过程自动化设计的协议，可用于安全性要求较高的场合及总线集中供电的站点。

(3) PROFIBUS－FMS(Fieldbus Message Specification，现场总线信息规范)

FMS 是为现场的通用通信功能设计的，主要用于非控制信息的传输，传输速度中等，可以用于车间级监控网络。FMS 提供了大量的通信服务，用以完成以中等级传输速度进行的循环和非循环的通信服务。对于 FMS 而言，它考虑的主要是系统功能而不是系统响应时间，应用过程中通常要求的是随机的信息交换，如改变设定参数。FMS 服务向用户提供了广泛的应用范围和更大的灵活性，通常用于大范围、复杂的通信系统。

2. PROFIBUS 协议结构

PROFIBUS 协议以 ISO/OSI 参考模型为基础。第一层为物理层，定义了物理的传输特性；第二层为数据链路层；第三层至第六层 PROFIBUS 未使用；第七层为应用层，定义了应用的功能。PROFIBUS－DP 是高效、快速的通信协议，它使用了第一层、第二层及用户接口，第三层至第七层未使用，这样简化了的结构确保了 DP 的高速的数据传输性能。

3. PROFIBUS 传输技术

PROFIBUS 对于不同的传输技术定义了唯一的介质存取协议。

(1) RS－485

RS－485 是 PROFIBUS 使用得最频繁的传输技术，具体内容请参考前面的有关章节。

(2) IEC 1158－2

根据 IEC 1158－2 标准在过程自动化中使用固定波特率 31.25 kb/s 的同步传

输，它可以满足化学和石油工业对安全的要求，采用双线技术通过总线供电，这样 PROFIBUS 就可以用于危险区域了。

(3) 光　纤

在电磁干扰强度很高的环境和高速、远距离传输数据时，PROFIBUS 可使用光纤传输技术。使用光纤传输的 PROFIBUS 总线段可以设计成星形或环形结构。现在市面上已经有 RS - 485 传输连接与光纤传输连接之间的耦合器，这样就实现了系统内 RS - 485 和光纤传输之间的转换。

(4) PROFIBUS 介质存取协议

PROFIBUS 通信规程采用了统一的介质存取协议，此协议由 OSI 参考模型的第二层来实现。在 PROFIBUS 协议设计时充分考虑了满足介质存取控制的两个要求，即在主站间通信时，必须保证在分配的时间间隔内，每个主站都有足够的时间来完成它的通信任务，在 PLC 与从站（PLC 或其他设备）间通信时，必须快速、简捷地完成循环，进行实时的数据传输。为此，PROFIBUS 提供了两种基本的介质存取控制：令牌传递方式和主/从方式。

令牌传递方式可以保证每个主站在事先规定的时间间隔内都能获得总线的控制权。令牌是一种特殊的报文，它在主站之间传递着总线控制权，每个主站均能按次序获得一次令牌，传递的次序是按地址升序进行的。

主/从方式允许主站在获得总线控制权时，可以与从站通信，发送或获得信息。

主站要发出信息，必须持有令牌。假设有一个由 3 个主站和 7 个从站构成的 PROFIBUS 系统。3 个主站构成了一个令牌传递的逻辑环，在这个环中，令牌按照系统预先确定的地址升序从一个主站传递给下一个主站。当一个主站得到了令牌后，它就能在一定的时间间隔内执行该主站的任务，可以按照主/从关系与所有从站通信，也可以按照主/主关系与所有主站通信。在总线系统建立的初期阶段，主站介质存取控制（MAC）的任务是决定总线上的站点分配并建立令牌逻辑环。在总线的运行期间，损坏的或断开的主站必须从环中撤除，新接入的主站必须加入逻辑环。MAC 的其他任务是检测传输介质和收发器是否损坏，检查站点地址是否出错，以及令牌是否丢失或有多个令牌。

PROFIBUS 的第二层按照国际标准 IEC 870 - 5 - 1 的规定，通过使用特殊的起始位和结束位、无间距字节异步传输及奇偶校验来保证传输数据的安全。PROFIBUS 的第二层按照非连接的模式操作，除了提供点对点通信功能外，还提供多点通信的功能，即广播通信和有选择的广播、组播。所谓广播通信，即主站向所有站点（主站和从站）发送信息，不要求回答。所谓有选择的广播、组播是指主站向一组站点（从站）发送信息。

4. S7 - 200 CPU 接入 PROFIBUS 网络

S7 - 200 CPU 必须通过 PROFIBUS - DP 模块 EM277 连接到网络，不能直接接入 PROFIBUS 网络进行通信。EM277 经过串行 I/O 总线连接到 S7 - 200 CPU。

PROFIBUS 网络经过其 DP 通信端口，连接到 EM277 模块。这个端口支持 9 600 b/s～12 Mb/s 之间的任何传输速率。EM277 模块在 PROFIBUS 网络中只能作为 PROFIBUS从站出现。作为 DP 从站，EM277 模块接收从主站来的多种不同的 I/O 配置，向主站发送和接收不同数量的数据。这种特性使用户能修改所传输的数据量，以满足实际应用的需要。与许多 DP 站不同的是，EM277 模块不仅仅传输 FO 数据，EM277 还能读/写 S7-200 CPU 中定义的变量数据块。这样，使用户能与主站交换任何类型的数据。通信时，首先将数据移到 S7-200 CPU 中的变量存储区，就可将输入、计数值、定时器值或其他计算值传输到主站。类似地，从主站来的数据存储在 S7-200 CPU 中的变量存储区内，进而可移到其他数据区。

EM277 模块的 DP 端口可连接到网络上的一个 DP 主站上，仍能作为一个 MPI 从站与同一网络上如 SIMATIC 编程器或 S7-300/S7-400 CPU 等其他主站进行通信。为了将 EM277 作为一个 DP 从站使用，用户必须设定与主站组态中的地址相匹配的 DP 端口地址。从站地址是使用 EM277 模块上的旋转开关设定的。在变动旋转开关之后，用户必须重新启动 CPU 电源，以便使新的从站地址起作用。主站通过将其输出区的信息发送给从站的输出缓冲区(称为“接收信箱”)，与每个从站交换数据。从站将其输入缓冲区(称为发送信箱)的数据返回给主站的输入区，以响应从主站来的信息。

EM277 可用 DP 主站组态，以接收从主站来的输出数据，并将输入数据返回给主站。输出和输入数据缓冲区驻留在 S7-200 CPU 的变量存储区(V 存储区)内。当用户组态 DP 主站时，应定义 V 存储区内的字节位置。从这个位置开始为输出数据缓冲区，它应作为 EM277 参数赋值信息的一个部分。用户也要定义 FO 配置，它是写入到 S7-200 CPU 的输出数据总量和从 S7-200 CPU 返回的输入数据总量。EM277 从 FO 配置确定输入和输入缓冲区的大小。DP 主站将参数赋值和 I/O 配置信息写入到 EM277 模块 V 存储器地址并且将输入及输出数据长度传输给 S7-200 CPU。

输入和输出缓冲区的地址可配置在 S7-200 CPU 的 V 存储区中的任何位置。输入和输出缓冲区器的默认地址为 VB0。输入和输出缓冲地址是主站写入 S7-200 CPU 赋值参数的一部分。用户必须组态主站以识别所有的从站并且将需要的参数和 I/O 配置写入每一个从站。

一旦 EM277 模块已用一个 DP 主站成功地进行了组态，EM277 和 DP 主站就进入数据交换模式。在数据交换模式中，主站将输出数据写入到 EM277 模块，EM277 模块响应最新的 S7-200 CPU 输入数据。EM277 模块不断地更新从 S7-200 CPU 来的输入，以便向 DP 主站提供最新的输入数据。然后，该模块将输出数据传输给 S7-200 CPU。从主站来的输出数据放在 V 存储区中(输出缓冲区)由某地址开始的区域内，而该地址是在初始化期间，由 DP 主站提供的。传输到主站的输入数据取自 V 存储区存储单元(输入缓冲区)，其地址是紧随输出缓冲区的。

在建立 S7 - 200 CPU 用户程序时，必须知道 V 存储区中的数据缓冲区的开始地址和缓冲区的大小。从主站来的输出数据必须通过 S7 - 200 CPU 中的用户程序，从输出缓冲区转移到其他所用的数据区。类似地，传输到主站的输入数据也必须通过用户程序从各种数据区转移到输入缓冲区，进而发送到 DP 主站。

从 DP 主站来的输出数据，在执行程序扫描后立即放置在 V 存储区内。输入数据(传输到主站)从 V 存储区复制到 EM277 中，以便同时传输到主站。当主站提供新的数据时，从主站来的输出数据才写入到 V 存储区内。在下次与主站交换数据时，将送到主站的输入数据发送到主站。

SMB200～SMB249 提供有关 EM277 从站模块的状态信息(如果它是 I/O 链中的第一个智能模块)。如果 EM277 是 I/O 链中的第二个智能模块，那么，EM277 的状态是从 SMB250～SMB299 获得的。如果 DP 尚未建立与主站的通信，那么，这些 SM 存储单元显示默认值。当主站已将参数和 I/O 组态写入到 EM277 模块后，这些 SM 存储单元显示 DP 主站的组态集。用户应检查 SMB224，并确保在使用 SMB225～SMB229 或 V 存储区中的信息之前，EM277 已处于与主站交换数据的工作模式。

8.4.5　利用 ModBus 协议进行网络通信

STEP 7 - Micro/WIN 指令库包含有专门为 ModBus 通信设计的预先定义的专门的子程序和中断服务程序，从而与 ModBus 主站通信简单易行。使用一个 ModBus 从站指令可以将 S7 - 200 组态为一个 ModBus 从站，与 ModBus 主站通信。当在用户编制的程序中加入 ModBus 从站指令时，相关的子程序和中断程序自动加入到所编写的项目中。

1. ModBus 协议介绍

ModBus 协议是应用于电子控制器上的一种通用语言，具有较广泛的应用。ModBus 协议现在为一通用工业标准。有了它，不同厂商生产的控制设备可以连成工业网络，进行集中监控。通过此协议，控制器相互之间、控制器经由网络(如以太网)和其他设备之间可以通信。该协议定义了一个控制器能认识使用的消息结构，而不管它们是经过何种网络进行通信的。它描述了控制器请求访问其他设备的过程，以及怎样检测错误并进行记录。它确定了消息域格式及内容的公共格式。

当在 ModBus 网络上通信时，每个控制器需要知道它们的设备地址，识别按地址发来的消息，决定要产生何种行动。如果需要回应，则控制器将生成反馈信息并以 ModBus 协议发出。在其他网络上通信时，应将包含了 ModBus 协议的消息转换为在此网络上使用的帧或包结构。这种转换同时也扩展了根据具体的网络解决节地址、路由路径及错误检测的方法。

(1) ModBus 协议网络选择

在 ModBus 网络上转输时，标准的 ModBus 口是使用与 RS - 232C 兼容的串行接口,它定义了连接口的引脚、电缆、信号位、传输波特率、奇偶校验。控制器能直接或经由 Modem 组网。

控制器通信使用主/从技术,即只有一个设备(主设备)能初始化传输(查询),其他设备(从设备)则根据主设备查询提供的数据做出相应反应。典型的主设备有:主机和可编程仪表;典型的从设备有:PLC。

主设备可单独与从设备通信,也能以广播方式和所有从设备通信。如果单独通信,则从设备返回消息作为回应;如果是以广播方式查询的,则不做任何回应。ModBus 协议建立了主设备查询的格式:设备(或广播)地址、功能代码、所有要发送的数据、错误检测域。从设备回应消息也由 ModBus 协议构成,包括确认要行动的域、任何要返回的数据和错误检测域。如果在消息接收过程中发生错误,或从设备不能执行其命令,则从设备将建立错误消息并把它作为回应发送出去。

(2) ModBus 查询—回应周期

① 查询消息包括功能代码、数据段、错误检测等几部分。功能代码告知被选中的从设备要执行何种功能。数据段包含了从设备要执行功能的任何附加信息。例如功能代码 03 是要求从设备读保持寄存器并返回它们的内容。数据段必须包含要告知从设备的信息:从何寄存器开始读和要读的寄存器数量。错误检测域为从设备提供了一种验证消息内容是否正确的方法。

② 回应消息包括功能代码、数据段、错误检测等几部分。如果从设备产生正常的回应,则回应消息中的功能代码是在查询消息中的功能代码的回应。数据段包括了从设备收集的数据:寄存器值或状态。如果有错误发生,则功能代码将被修改以用于指出回应消息是错误的,同时数据段包含了描述此错误信息的代码。错误检测域允许主设备确认消息内容是否可用。

(3) ModBus 数据传输模式

控制器能设置为两种传输模式(ASCII 或 RTU)中的任何一种。在配置每个控制器的时候,一个 ModBus 网络上的所有设备都必须选择相同的传输模式和串口通信参数(波特率、校验方式等)。所选的 ASCII 或 RTU 方式仅适用于标准的 ModBus 网络,它定义了在这些网络上连续传输的消息段的每一位,以及决定怎样将信息打包成消息域和如何解码。在其他网络上(像 MAP 和 ModBus Plus)ModBus 消息被转成与串行传输无关的帧。

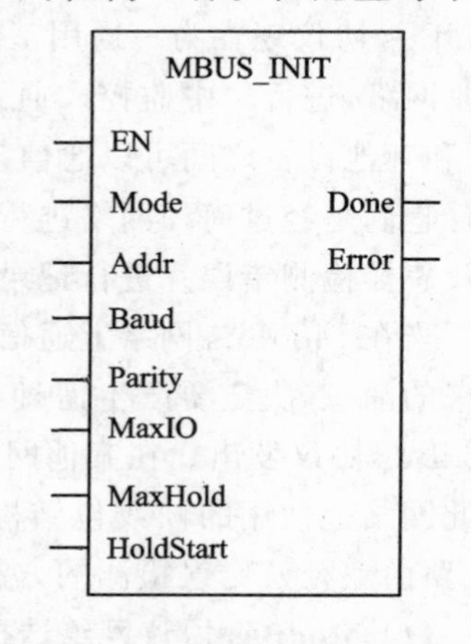

图 8-13 MBUS_INIT 指令

2. S7-200 中 ModBus 从站协议指令

(1) MBUS_INIT 指令

MBUS_INIT 指令用于使能、初始化或禁止 ModBus 通信,如图 8-13 所示。只有当本指令执行无误后,才能执行 MBUS_SLVE 指令。当 EN 位使能时，在每个周期 MBUS_INIT 都被执行。但在使用时，只有当改变通信参数时，MBUS_INIT 指令才重新执行，因此 EN 位的输入端应采用脉冲输入，并且该脉冲应采用边沿检测的方式产生，或者采取措施使 MBUS_INIT 指令只执行一次。

表 8-7 列出了 MBUS_INIT 指令各参数的类型及适用的变量。

表 8-7　MBUS_INIT 指令各参数的类型及适用的变量

参　数	数据类型	适用的变量
Mode，Addr，Parity	BYTE	VB，IB，QB，MB，SB，SMB，LB，AC，Constant，* AC，* VD，* LD
Baud，HoldStart	DWORE	VD，ID，QD，MD，SD，SMD，LD，AC，Constant，* AC，* VD，* LD
Delay，MaxIO，MaxHold	WORD	VW，IW，QW，MW，SW，SMW，LW，AC，Constant，* AC，* VD，* LD
Done	BOOL	I，Q，M，S，SM，T，C，V，L
Error	BYTE	VB，IB，QB，MB，SB，SMB，LB，AC，* AC，* VD，* LD

参数说明如下：

- 参数 Baud 用于设置波特率，可选 1 200、2 400、4 800、9 600、19 200、38 400、57 600、11 520。
- 参数 Addr 用于设置地址，地址范围为 1～247。
- 参数 Parity 用于设置校验方式使之与 ModBus 主站匹配。其值可为 0（无校验）、1（奇校验）、2（偶校验）。
- 参数 MaxIO 用于设置最大可访问的 I/O 点数。

（2）MBUS_SLAVE 指令

MBUS_SLAVE 指令用于响应 ModBus 主站发出的请求。该指令应该在每个扫描周期都被执行，以检查是否有主站的请求，其梯形图指令如图 8-14 所示。只有当指令的 EN 位输入有效时，该指令在每个扫描周期才被执行。当响应 ModBus 主站的请求时，Done 位有效，否则 Done 处于无效状态。位 Error 显示指令执行的结果。Done 有效时 Error 才有效，但 Done 由有效变为无效时，Error 状态并不发生改变。表 8-8 列出了 MBUS_SLAVE 指令各参数的类型及适用的变量。

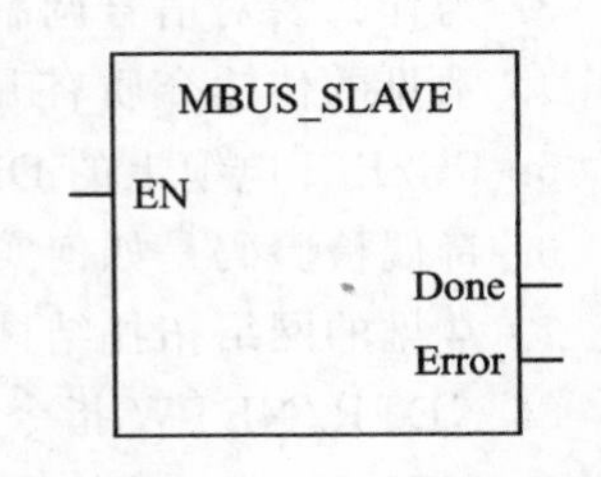

图 8-14　MBUS_SLAVE 指令

表 8-8　MBUS_SLAVE 指令各参数的类型及适用的变量

参　数	数据类型	适用的变量
Done	BOOL	I，Q，M，S，SM，T，C，V，L
Error	BYTE	VB，IB，QB，MB，SB，SMB，LB，AC，* AC，* VD，* LD

本章小结

本章主要介绍了网络通信的基本知识、工业网络的基本结构与工作原理；S7-200 PLC 的通信模块；S7-200 PLC 的基本网络通信方式与编程实现。

大家在学习本章网络通信的基本知识部分时主要应注重基本概念的理解与掌握，特别是通信接口标准的概念理解，工业网络基本结构与工作原理主要掌握几种典型的网络结构的通信实现方法，这是后续理解工业网络的基础。

S7-200 PLC 的通信模块部分大家要把学习的重点放在模块功能的设置与实现上，注意这些模块底层的硬件技术指标，比如功能模块在整个 PLC 系统中地址的编址等，这样大家才能具备实际搭建 S7-200 PLC 网络通信硬件系统的工程应用能力。

S7-200 PLC 的基本网络通信主要要求大家理解与掌握该 PLC 各种协议形式下的网络通信编程方法。要学好本部分内容，大家要把着眼点放在通信协议的理解上，通信协议理解好了，网络通信的软件编程将会是一件非常轻松的事情。

习　题

1. 什么是串行传输？什么是并行传输？
2. 什么是异步传输和同步传输？
3. 为什么要对信号调制和解调？
4. 常见的传输介质有哪些，它们的特点是什么？
5. PC/PPI 电缆上的 DIP 开关如何设定？
6. 奇偶检验码是如何实现奇偶检验的？
7. 常见的网络拓扑结构有哪些？
8. NETR/NETW 指令各操作数的含义是什么？如何应用？
9. MBUS_INIT 指令各操作数的含义是什么？如何应用？
10. MBUS_SLAVE 指令各操作数的含义是什么？如何应用？

第9章　现代PLC控制系统的综合设计

本章要点

➢ PLC控制系统的设计步骤及内容；

➢ PLC与变频器之间的接口；

➢ 双恒压无塔供水控制系统设计。

9.1　PLC控制系统的设计步骤及内容

学习了PLC的硬件系统、指令系统和编程方法以后，在设计一个较大的PLC控制系统时，要全面考虑许多因素，不管所设计的控制系统的大小，一般都要按图9－1所示的设计步骤进行系统设计。

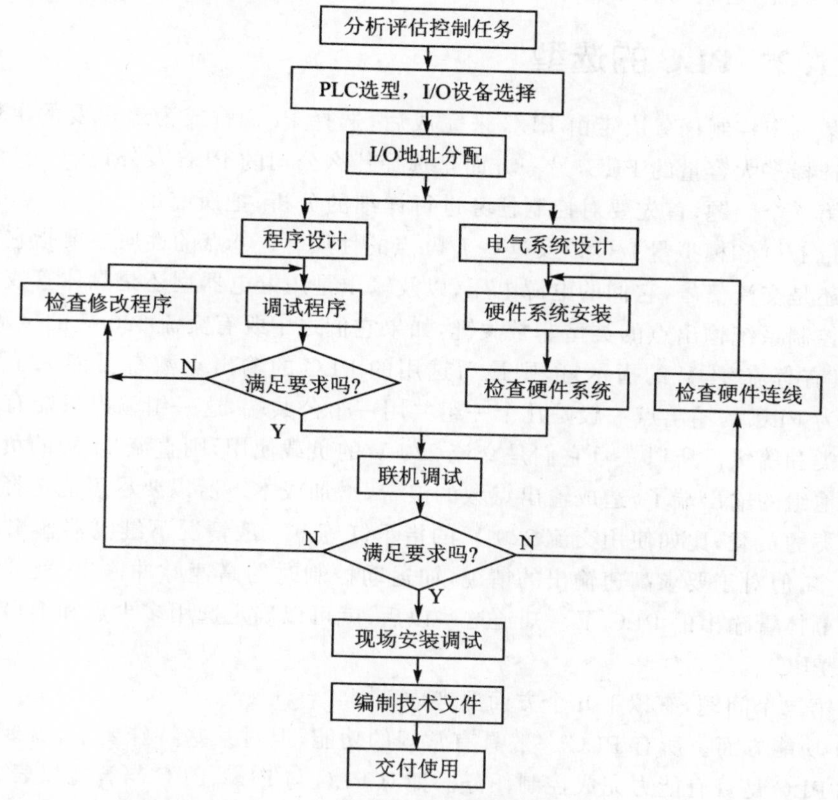

图9－1　PLC控制系统的设计步骤

9.1.1 分析评估及控制任务

随着 PLC 功能的不断提高和完善，PLC 几乎可以完成工业控制领域的所有任务。但 PLC 还是有它最适合的应用场合，所以在接到一个控制任务后，要分析被控对象的控制过程和要求，看看用什么控制装备(PLC、单片机、DCS 或 IPC)来完成该任务最合适。比如仪器及仪表装置、家电的控制器就要用单片机来做；大型的过程控制系统大部分要用 DCS 来完成。而 PLC 最适合的控制对象是：工业环境较差，而对安全性、可靠性要求较高，系统工艺复杂，输入/输出以开关量为主的工业自控系统或装置。其实，现在的可编程控制器不仅可以处理开关量，而且对模拟量的处理能力也很强。所以在很多情况下，还可取代工业控制计算机(IPC)作为主控制器，来完成复杂的工业自动控制任务。

控制对象及控制装置(选定为 PLC)确定后，还要进一步确定 PLC 的控制范围。一般来说，能够反映生产过程的运行情况，能用传感器进行直接测量的参数，控制逻辑复杂的部分都由 PLC 完成。另外，如紧急停车等环节，还要对主要控制对象加上手动控制功能，这就需要在设计电气系统电路图与编程时统一考虑。

9.1.2 PLC 的选型

当某一个控制任务决定由 PLC 来完成后，选择 PLC 就成为最重要的事情。一方面是选择多大容量的 PLC，另一方面是选择什么公司的 PLC 及外设。

对第一个问题，首先要对控制任务进行详细的分析，把所有的 I/O 点找出来，包括开关量 I/O 和模拟量 I/O 以及这些 I/O 点的性质。I/O 点的性质主要指它们是直流信号还是交流信号，它们的电源电压，以及输出是用继电器型还是晶体管或是可控硅型。控制系统输出点的类型非常关键，如果它们之中既有交流 220 V 的接触器、电磁阀，又有直流 24 V 的指示灯，则最后选用的 PLC 的输出点数有可能大于实际点数。因为 PLC 的输出点一般是几个一组共用一个公共端，这一组输出只能有一种电源的种类和等级。所以一旦它们是交流 220 V 的负载使用，则直流 24 V 的负载只能使用其他组的输出端了，造成输出点数的浪费，增加成本。所以要尽可能选择相同等级和种类的负载，比如使用交流 220 V 的指示灯等。一般情况下继电器输出的 PLC 使用最多，但对于要求高速输出的情况，如运动控制时的高速脉冲输出，就要使用无触点的晶体管输出的 PLC 了。知道这些以后，就可以确定选用多少点和 I/O 是什么类型的 PLC 了。

对第二个问题，有以下几个方面要考虑。

① 功能方面。所有 PLC 一般具有常规的功能，但对某些特殊要求，就要知道所选用的 PLC 是否有能力完成控制任务。如对 PLC 与 PLC、PLC 与智能仪表、上位机之间有灵活方便的通信要求，或对 PLC 的计算速度、用户程序容量等有特殊要求，或

对PLC的位置控制有特殊要求等。这就要求用户对市场上流行的PLC品种有一个详细的了解，以便做出正确的选择。

② 价格方面。不同厂家的PLC产品价格相差很大，有些功能类似、质量相当、I/O点数相当的PLC的价格能相差40%以上，在使用PLC较多的情况下，这样的差价是必须考虑的因素。

③ 个人喜好方面。有些工程技术人员对某种品牌的PLC熟悉，所以一般比较喜欢使用这种产品。另外，个人情感有时也会成为选择的理由。

PLC主机选定后，如果控制系统需要，则相应的配套模块也就选定了。如模拟量单元、显示设定单元、位置控制单元或热电偶单元等。

9.1.3　I/O地址分配

输入/输出信号在PLC接线端子上的地址分配是进行控制系统设计的基础。对软件设计来说，I/O地址分配以后才可进行编程；对控制柜及PLC的外围接线来说，只有I/O地址确定以后，才可以绘制电气接线图、装配图，让装配人员根据线路图和安装图安装控制柜。分配输出点地址时，要注意9.1.2小节中所说的负载类型的问题。

在进行I/O地址分配时最好把I/O点的名称、代码和地址以表格的形式列出来。

9.1.4　系统设计

系统设计包括硬件系统设计和软件系统设计。硬件系统设计主要包括PLC及外围线路的设计、电气线路的设计和抗干扰措施的设计等。软件系统设计主要指编制PLC控制程序。

选定PLC及其扩展模块(如需要的话)和分配完I/O地址后，硬件设计的主要内容就是电气控制系统电路图的设计、电气控制元器件的选择和控制柜的设计。电路图包括主电路和控制电路。控制电路中包括PLC的I/O接线、自动部分、手动部分的详细连接等，有时还要在电路图中标识元器件代号或另外配上安装图、端子接线图等，以方便控制柜的安装。电气元器件的选择主要是根据控制要求选择按钮、开关、传感器、保护电器、接触器、指示灯和电磁阀等。

控制系统软件设计的难易程度因控制任务而异，也因人而异。对经验丰富的工程技术人员来说，在长时间的专业工作中，受到过各种各样的磨炼，积累了许多经验，除了一般的编程方法外，更有自己的编程技巧和方法。但不管怎么说，平时多注意积累和总结是很重要的。

在程序设计时，除I/O地址列表外，有时还要把在程序中用到的中间继电器(M)、定时器(T)、计数器(C)和存储单元(V)以及它们的作用或功能列出来，以便编写程序和阅读程序。

在编程语言的选择上,用梯形图编程还是用语句表编程或使用功能图编程,这主要取决于以下几点:

① 有些PLC使用梯形图编程不是很方便(如书写不便),则可用语句表编程,但梯形图比语句表更直观。

② 经验丰富的人员可用语句表直接编程,就像使用汇编语言一样。

③ 如果是清晰的单顺序、选择顺序或并行顺序的控制任务,则最好是用功能图来设计程序。

软件设计和硬件安装可同时进行,这样做可以缩短工期。

9.1.5 系统调试

系统调试分模拟调试和联机调试。

硬件部分的模拟调试可在断开主电路的情况下进行,主要试一试手动控制部分是否正确。软件部分的模拟调试可借助于模拟开关和PIC输出端的输出指示灯进行。需要模拟量信号I/O时,可用电位器和万用表配合进行。调试时,可利用上述外围设备模拟各种现场开关和传感器状态,然后观察PLC的输出逻辑是否正确。如果有错误则修改后反复调试。现在PLC的主流产品都可在PC上编程,并可在计算机上直接进行模拟调试。

联机调试时,可把编制好的程序下载到现场的PLC中,有时PLC也许只有这一台,这时就要把PLC安装到控制柜相应的位置上。调试时一定要先将主电路断电,只对控制电路进行联调即可。通过现场联调信号的接入还常常会发现软硬件中的问题,有时厂家还要对某些控制功能进行改进,在这种情况下,要经过反复测试系统后,才能最后交付使用。

系统完成后一定要及时整理技术材料并存档,不然日后会需要几倍的辛苦来做这件事。这也是工程技术人员良好的习惯之一。

9.2 PLC与变频器之间的接口

9.2.1 变频器和PLC的关系

如今,PLC已是工业自动化应用技术的三大支柱之一,自从它诞生以来得到了广泛的使用。在工业自动化应用技术领域,速度调节和控制是经常用到的环节。而变频器具有高效的驱动性能和良好的控制特性,在提高控制质量、减少维护费用和节能等方面都取得了明显的经济效益。在这些场合,变频器所发挥的作用是其他任何控制设备和装置都不能取代的。

虽然变频器可以单独使用,但大多数情况还是作为一个组成部分在工业自动化控制系统中使用。所以,作为主控制器的PLC和作为执行及检测器件(设备和装置)的变频器之间就必须相互配合,共同完成控制任务。PLC可以控制变频器的频率给定信号,以使变频器输出相应的速度控制曲线,控制工艺指标;变频器上的检测信号和其他智能信号也可以接入PLC,完成系统的报警和速度控制,比如通过变频器控制电机的启动、停止及正、反转,也可以使用一个变频器去控制若干台电动机的运行。

现在的PLC控制电动机已经离不开变频器了,工业生产、科研、石油开采,几乎所有的现代化都需要变频调速机的工作,因此其意义是深远的。

9.2.2　MM440变频器

生产变频器的公司很多,变频器的种类也很多。由于功能不同,不同的变频器虽然在使用上稍有差别,但大部分的使用方法是一样的。下面以西门子公司的MICROMA STER440(简称MM440)为例,简要说明变频器的使用。

1. 型　号

MM440是一种集多种功能于一体的变频器,该系列有多个型号供用户选择,其恒定转矩控制方式的额定功率范围为120 W～200 kW,可变转矩控制方式的额定功率可达250 kW,它适用于电动机需要调速的各种场合。可通过数字操作面板或通过远程操作方式,修改其内置参数,即可满足各种调速场合的要求。

MM440变频器的型号有8种:A～F、FX和GX。各种变频器的额定功能按字母顺序排列越来越大,另外每种型号中都有单相和三相两种输入电压。例如:

(1) A型变频器的两种规格

① 单相交流电压输入/三相交流电压输出,输入电压为200～240 V AC,功率为0.12～0.75 kW。

② 三相交流电压输入/三相交流电压输出,输入电压为200～240 V AC,功率为0.12～0.75 kW。

(2) F型变频器的三种规格

① 单相交流电压输入/三相交流电压输出,输入电压为200～240 V AC,功率为37～45 kW。

② 三相交流电压输入/三相交流电压输出,输入电压为380～480 V AC,功率为45～75 kW。

③ 三相交流电压输入/三相交流电压输出,输入电压为500～600 V AC,功率为45～75 kW。

2. 主要特点

① 内置多种运行控制方式。

② 快速电流限制,实现无跳闸运行。

③ 内置式制动斩波器，实现直流输入制动。

④ 具有 PID 控制功能的闭环控制，控制器参数可自动整定。

⑤ 多组参数设定且可相切换，变频器可用于控制多个交替工作的生产过程。

⑥ 多功能数字、模拟输入/输出口，可任意定义其功能和具有完善的保护功能。

3. 控制方式

变频器运行控制方式，即变频器输出电压与频率控制关系。控制方式的选择，可通过变频器相应的参数设置选择。MM440 系列变频器主要有以下几种控制方式：

① 线性 V/F 控制。变频器输出电压与频率为线性关系，用于恒定转矩负载。

② 带磁通电流控制（FCC）的线性 V/F 控制。在这种模式下，变频器根据电动机特性实时计算所需要的输出电压，以此来保持电动机的磁通处于最佳状态。此方式可提高电动机效率和改善电动机动态响应特性。

③ 平方 V/F 控制。变频器输出电压的平方与频率为线性关系，适用于通风机转矩负载，如风机和泵。

④ 特性曲线可编程的 V/F 控制。变频器输出电压与频率为分段线性关系，此种控制方式可应用于在某一特定频率变化时，控制输出电压，为电动机提供特定的转矩。

⑤ 带能量优化控制（ECO）的线性 V/F 控制。此方式的特点是变频器自动增加或降低电动机电压，搜寻并使电动机运行在损耗最小的工作点。

⑥ 有/无传感器矢量控制。用固有的滑差补偿对电动机的速度进行控制。采用这一控制方式时，可以得到大的转矩，改善瞬态响应特性和具有优良的速度稳定性，而且在低频时可提高电动机的转矩。

⑦ 有/无传感器的矢量转矩控制。变频器可以直接控制电动机的转矩。当负载要求具有恒定的转矩时，变频器通过改变向电动机输出的电流，使转矩维持在设定的数值。

4. 保护功能

MM440 系列变频器所具有的保护功能有：过电压及欠电压保护、变频器过热保护、接地故障保护、短路保护、I2T 电动机过热保护和 PTC/KTY 电动机过载保护等。

9.2.3　MM440 变频器的功能方框图

MM440 的主电路由电源端输入单相或三相的标准正弦交流电压，经整流电路将其转换成恒定的直流电压，供给逆变电路。在微控制器的控制下，逆变电路将恒定的直流电压逆变成电压和频率均可调节的三相交流电供给电动机负载。因为其直流环节是使用电容进行滤波的，所以 MM440 属于电压型的交-直-交变频器。

如图 9-2 所示为 MM440 变频器的内部功能方框图。其控制电路由 CPU、模拟输入/输出、数字输入/输出、操作面板等部分组成。该变频器共有 20 多个控制端子，分为 4 类：输入信号端子、频率模拟设定输入端子、监视信号输入端子和通信端子。

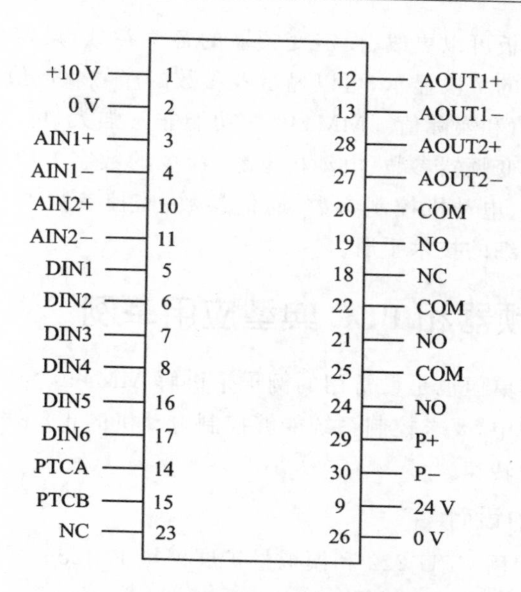

图 9-2　变频器的内部功能方框图

DIN1～DIN6 为数字输入端子，一般用于变频器外部控制，其具体功能由相应功能设置决定，例如出厂时设置 DIN1 为正向运行等，根据需要通过修改参数可改变其相应的功能。使用输入信号端子可以完成对电动机的正反转控制、复位、多级速度设定、自由停车、点动等控制操作。PTC 端子为 PTC 传感器输入端，用于电动机内置 PTC 测温保护。

AIN1、AIN2 为模拟输入端子，分别作为频率给定信号和闭环时反馈信号输入。变频器提供了 3 种频率模拟设定方式：外接电位器设定、0～9 V 电压设定和 4～20 mA电流设定。当用电压或电流设定时，最大的电压或电流对应变频器输出频率设定的最大值。变频器有两路频率设定通道，开环控制时只用 AIN1 通道，闭环控制时使用 AIN2 通道作为反馈输入。端子 1、2 提供了一个高精度的 10 V 直流电源，当使用模拟电压信号输入方式设定频率时，为了提高变频调速的控制精度，最好使用这样高精度的电源。

输出信号的作用是对变频器运行状态的指示，或向上位机提供这些信息。KA1、KA2、KA3 为继电器输出，其功能也是可编程的，如故障报警、状态指示等。

AOUT1、AOUT2 端子为模拟量输出 0～20 mA 信号，其功能也是可编程的，用于输出指示运行频率、电流等。

P＋、N－为通信接口端子，是一个标准的 RS-485 接口。通过此通信接口，可以实现对变频器的远程控制，包括运行/停止及频率设定控制，也可以与端子控制进行组合完成对变频器的控制。

变频器可使用数字操作面板控制，也可使用端子控制，还可使用 RS-485 通信接口对其远程控制。

利用基本操作面板可以更改、设定变频器的各个参数，设定变频器的操作方式。基本面板为 5 位数字的 7 段显示，可以显示各参数的序号和数值、报警信息和故障信息，以及参数的设定值和实际值。MM440 的功能非常强大，可以选择和设定的参数很多，主要的参数是：变频器参数、电动机参数、命令的数字 I/O 参数、设定值通道和斜坡函数发生器参数、电动机控制参数、通信参数、监控参数、PI 控制器参数等。在具体使用时可参考详细的技术手册。

9.2.4 变频器和 PLC 典型应用举例

下面以一个最简单但也是最常用的例子来讲解 MM440 变频器和 S7 - 200 PLC 的配合使用。在该例中，要求控制系统能够控制电动机的正反转和停止，另外还能够平滑地调节电动机的转速。

1. PLC 部分的设计

PLC 控制系统使用 CPU 222 和模拟量扩展模块 EM235。地址分配如下：

- I0.0，电动机正转控制按钮 SF1；
- I0.1，电动机停止控制按钮 SF2；
- I0.2，电动机反转控制按钮 SF3；
- Q0.0，电动机正转控制端（接 MM440 的端口 5）；
- Q0.1，电动机反转控制端（接 MM440 的端口 6）；
- AIW0，EM235 模拟量输入通道 1，接一个精密电位器；
- AQW0，EM235 模拟量输出通道 1，接 MM440 的端口 3 和 4。

整个控制系统的接线原理如图 9 - 3 所示。

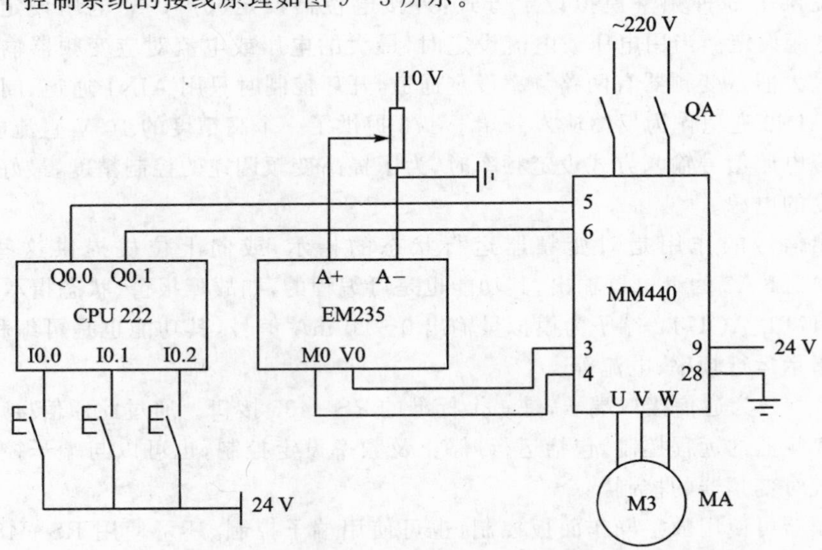

图 9 - 3 PLC 与 MM440 变频器控制系统的接线原理图

2. 变频器参数设定

使用基本操作面板对变频器进行参数设置。首先按下 P 键对变频器进行复位，使变频器的参数值回到出厂时的状态。

假设选择的电动机型号为 JW7114，则使用变频器前必须设置电动机参数，以使电动机与变频器相配。电动机参数如表 9－1 所列。

表 9－1　设置电动机参数

参数号	出厂值	设置值	说　明
P0003	1	1	用户访问级为标准级
P0010	0	1	快速调试
P0100	0	0	功率以 kW 为单位，频率为 50 Hz
P0304	230	380	电动机额定电压(V)
P0305	3.25	1.05	电动机额定电流(A)
P0307	0.75	0.37	电动机额定功率(kW)
P0310	50	50	电动机额定频率(Hz)
P0311	0	1 400	电动机额定转速(r/min)

电动机参数设置完成后，设置 P0010 为 0，使变频器处于准备状态。然后设置变频器控制端口开关操作控制参数，如表 9－2 所列。

表 9－2　控制端口开关操作控制参数

参数号	出厂值	设置值	说　明
P0003	1	1	用户访问级为标准级
P0004	0	7	命令和数字 I/O
P0700	2	2	命令源选择“由端子排输入”
P0003	1	2	用户访问级为扩展级
P0004	0	7	命令和数字 I/O
* p0701	1	1	数字输入端 1 接通正转，断开停止
* p0702	1	2	数字输入端 2 接通反转，断开停止
P0003	1	1	用户访问级为标准级
P0004	0	10	设定值通道和斜坡函数发生器
P1000	2	2	频率设定值选择为“模拟输入”
P1080	0	0	电动机运行的最低频率(Hz)
P1082	50	50	电动机运行的最高频率(Hz)
* p1120	10	5	斜坡上升时间(s)
* p1121	10	5	斜坡下降时间(s)

3. 控制程序

S7－200 PLC 的控制程序如图 9－4 所示。

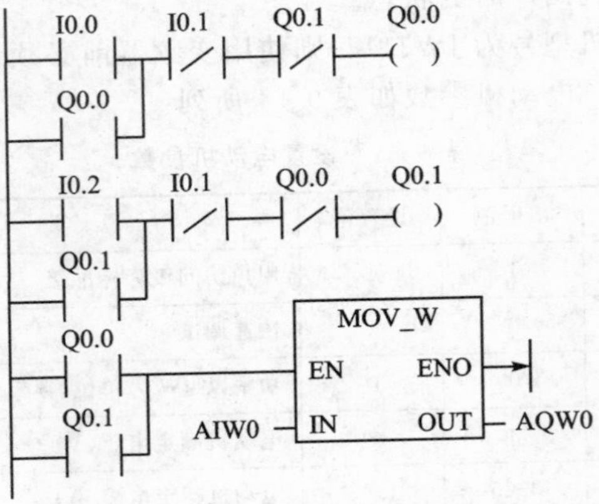

图 9－4 PLC 与变频器 MM440 控制系统梯形图

(1) 电动机单向运行及速度调节

按下正转按钮 SF1，I0.0 为 1，Q0.0 也为 1，变频器端口 5 为 ON，电动机正转，调节电位器 RA，则可改变变频器的频率设定值，从而调节正转速度的高低。按下停车按钮 SF2 后，I0.1 为 1，Q0.0 失电，电动机停止转动。

(2) 电动机反向运行及速度调节

按下反转按钮 SF3，I0.2 为 1，Q0.1 也为 1，变频器端口 6 为 ON，电动机反转，调节电位器 RA，则可改变变频器的频率设定值，从而调节反转速度的高低，按下停车按钮 SF2 后，I0.1 为 1，Q0.1 失电，电动机停止转动。

(3) 互 锁

正转和反转之间在梯形图程序上设计有互锁控制。

9.3 双恒压无塔供水控制系统设计

本例综合了 PLC 在多方面的应用，既有开关量 I/O，又有模拟量 I/O；既有 PLC 调节的典型使用，又有复杂的逻辑控制。另外，本例中还使用了变频器和电机软启动控制。

9.3.1 工艺过程

随着社会的发展和进步，城市高层建筑的供水问题日益突出。一方面要求提高供水质量，不要因为压力的波动造成供水障碍；另一方面要求保证供水的可靠性和安全性，在发生火灾时，能够可靠供水，针对这两方面的要求，新的供水方式和控制系统应运而生，这就是 PLC 控制的恒压无塔供水系统。恒压供水包括生活用水的恒压控制和消防用水的恒压控制——双恒压系统。恒压供水保证了供水的质量，以 PLC 为主机的控制系统，丰富了系统的控制功能，提高了系统的可靠性。

下面以一个三泵生活/消防双恒压无塔供水系统为例来说明其工艺过程如图 9－5 所示，市网来水用高低水位控制器 EQ 来控制注水阀 YV1，它们自动把水注满储水水池，只要水位低于高水位，则自动往水箱中注水。水池的高/低水位信号直接送给 PLC，作为低水位报警用。为了保证供水的连续性，水位上下限传感器高低距离相差不是很大。生活用水和消防用水共用三台泵，平时电磁阀 YV2 处于失电状态，关闭消防管网，三台泵根据生活用水的多少，按一定的控制逻辑运行，使生活供水在恒压状态(生活用水低恒压值)下进行；当有火灾发生时，电磁阀 YV2 得电，关闭生活用水管网，三台泵供消防用水使用，并根据用水量的大小，使消防供水也在恒压状态(消防用水高恒压值)下进行。火灾结束后，三台泵再改为生活供水使用。

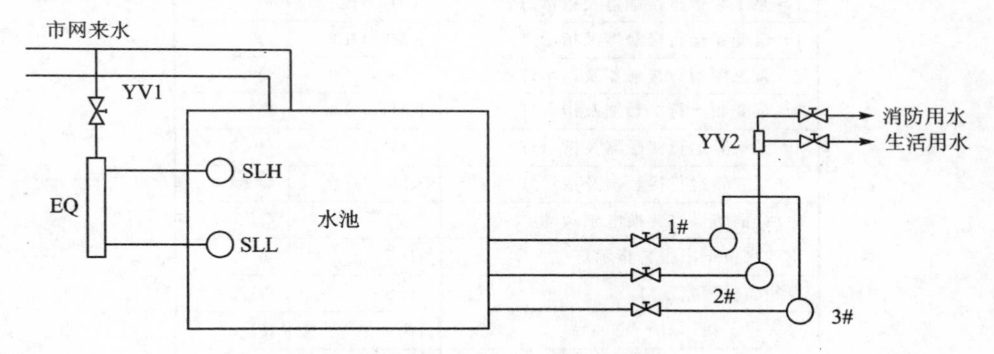

图 9－5　生活/消防双恒压无塔供水系统工艺流程图

9.3.2　系统控制要求

对三泵生活/消防双恒压供水系统的基本要求如下：

① 生活供水时，系统应低恒压值运行；消防供水时，系统应高恒压值运行。

② 三台泵根据恒压的需要，采取“先开先停”的原则接入和退出。

③ 在用水量小的情况下，如果一台泵连续运行时间超过 3 h，则要切换到下一台泵，即系统具有“倒泵功能”，避免某一台泵工作时间过长。

④ 三台泵在启动时要有软启动功能。

⑤ 要有完善的报警功能。

⑥ 对泵的操作要有手动控制功能，手动只在应急或检修时临时使用。

9.3.3　控制系统的 I/O 点及地址分配

控制系统的输入/输出信号的名称、代码及地址编号如表 9－3 所列。水位上下限信号分别为 I0.1 和 I0. 2，它们在水淹没时为 0，露出时为 1。

表 9-3 输入/输出点代码和地址编号

名 称	代 码	地址编号
输入信号		
手动和自动消防信号	SA1	I0.0
水池水位下限信号	SLL	I0.1
水池水位上限信号	SLH	I0.2
变频器报警信号	SU	I0.3
消铃按钮	SB9	I0.4
试灯按钮	SB10	I0.5
远程压力表模拟量电压值	UP	AIW0
输出信号		
1#泵工频运行接触器及指示灯	KM1,HL1	Q0.0
1#泵变频运行接触器及指示灯	KM2,HL2	Q0.1
2#泵工频运行接触器及指示灯	KM3,HL3	Q0.2
2#泵变频运行接触器及指示灯	KM4,HL4	Q0.3
3#泵工频运行接触器及指示灯	KM5,HL5	Q0.4
3#泵变频运行接触器及指示灯	KM6,HL6	Q0.5
生活/消防供水转换电磁阀	YV2	Q1.0
水池水位下限报警指示灯	HL7	Q1.1
变频器报警指示灯	HL8	Q1.2
火灾报警指示灯	HL9	Q1.3
变频器频率复位控制	KA	Q1.5
控制变频器频率电压信号	VF	AQW0
报警电铃	HA	Q1.4

9.3.4 PLC系统选型

从上面分析可知,系统共有开关量输入点6个,开关量输出点12个;模拟量输入点1个,模拟量输出点1个。如果选用CPU 224 PLC,则需要扩展单元;如果选用CPU 226 PLC,则价格较高,浪费较大。参照西门子S7-200产品目录及市场实际价格,选用主机为CPU 222(8入/6继电器输出)一台,加上一台扩展模块EM222(8继电器输出),再扩展一个模拟量模块EM235(4AI/1AO),这样的配置是最经济的。整个PLC系统的配置如图9-6所示。

图 9-6 PLC系统组成

9.3.5　电路图

电气控制系统电路图包括主电路图、控制电路图及 PLC 外围接线图。

1. 主电路图

如图 9－7 所示为电控系统主电路，三台电机分别为 M1、M2、M3。接触器 KM1、KM3、KM5 分别控制 M1、M2、M3 的工频运行，接触器 KM2、KM4、KM6 分别控制 M1、M2、M3 的变频运行，FR1、FR2、FR3 分别为三台水泵电机过载保护用的热继电器，QS1、QS2、QS3、QS4 分别为变频器和三台水泵电机主电路的隔离开关，FU1 为主电路的熔断器，VVVF 为简单的一般变频器。

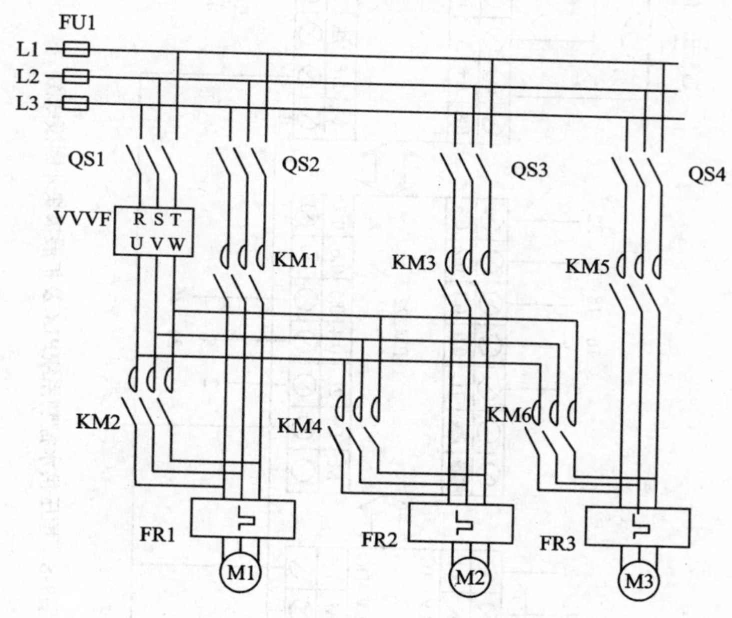

图 9－7　电控系统主电路

2. 控制电路图

电控系统控制电路图为继电器控制电路图。读者可自行设计出控制电路，本处就不作详细设计，可留给读者自己发挥设计空间。

3. PLC 外围接线图

如图 9－8 所示为 PLC 及扩展模块外围接线图。火灾时，火灾信号 SF0 被触动，I0.0 为 1。本例只是一个教学例子，实际使用时还必须考虑许多其他因素。这些因素主要包括：

① 直流电源的容量。

② 电源方面的抗干扰措施。

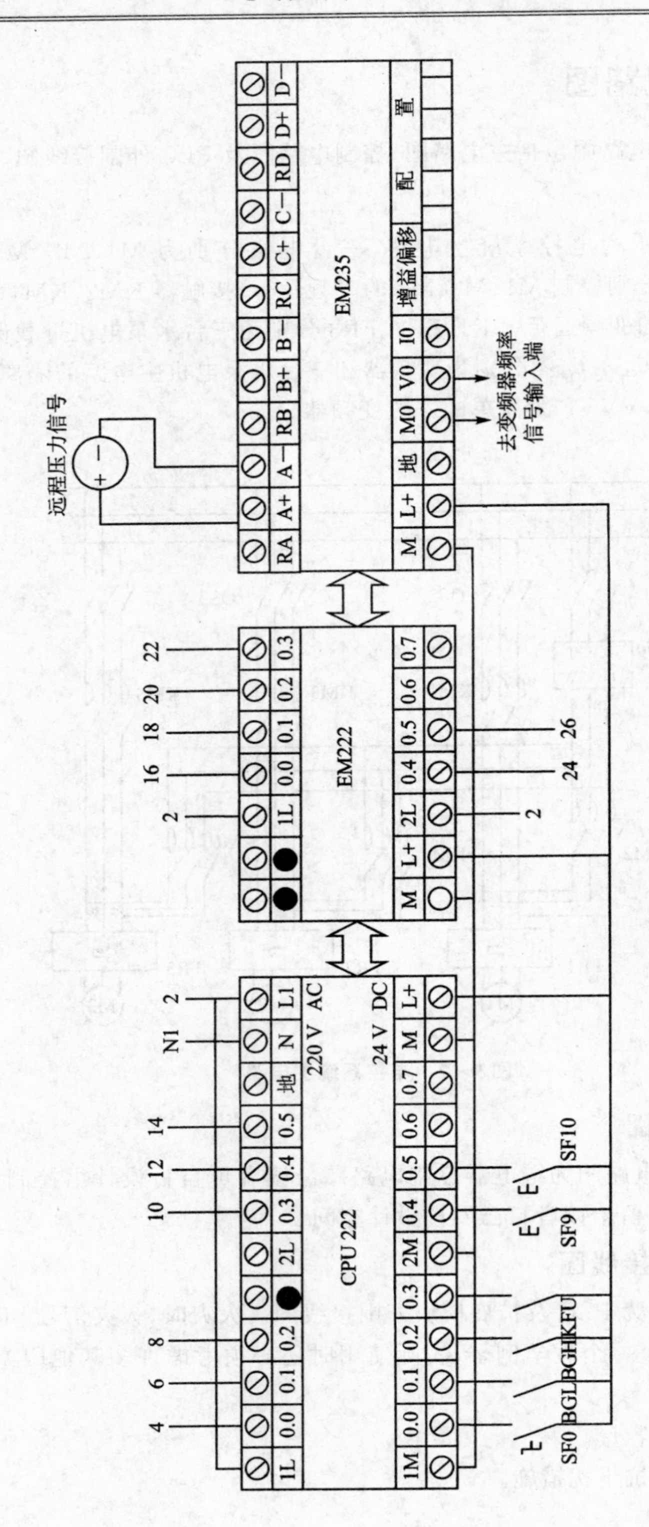

图9-8　恒压供水控制系统PLC及扩展模块外围接线图

③ 输出方向的保护措施。

④ 系统保护措施。

9.3.6 系统程序设计

本程序分为三部分：主程序、子程序和中断程序。

逻辑运算及报警处理等放在主程序。系统初始化的一些工作放在初始化子程序中完成，这样可节省扫描时间。利用定时器中断功能实现 HD 控制的定时采样及输出控制。生活供水时系统设定值为满量程的 70%，消防供水时系统设定值为满量程的 90%。在本系统中，只是用比例(P)和积分(I)控制，其回路增益和时间常数可通过工程计算初步确定，但还需要进一步调整以达到最优控制效果。初步确定的增益和时间常数为(参考本书 PID 指令的使用)

增益 KC=0.25，　采样时间 Ts=0.2，　积分时间 Ti=30 min

程序中使用的 PLC 元器件及功能如表 9-4 所列。

表 9-4　程序中使用的元器件及功能

器件地址	功　能	器件地址	功　能
VD100	过程变量标准化值	T38	工频泵减泵滤波时间控制
VD104	压力给定值	T39	工频/变频转换逻辑控制
VD108	PI 计算值	M0.0	故障结束脉冲信号
VD112	比例系数	M0.1	泵变频启动脉冲
VD116	采样时间	M0.3	倒泵变频启动脉冲
VD120	积分时间	M0.4	复位当前变频运行泵脉冲
VD124	微分时间	M0.5	当前泵工频运行启动脉冲
VD204	变频器运行频率下限值	M0.6	新泵变频启动脉冲
VD208	生活供水变频器运行频率上限值	M2.0	泵工频/变频转换逻辑控制
VD212	消防供水变频器运行频率上限值	M2.1	泵工频/变频转换逻辑控制
VD250	PI 调节结果存储单元	M2.2	泵工频/变频转换逻辑控制
VB300	变频工作泵的泵号	M3.0	故障信号汇总
VB301	工频运行的泵的总台数	M3.1	水池水位下限故障逻辑
VD310	倒泵时间存储器	M3.2	水池水位下限故障消铃逻辑
T33	工频/变频转换逻辑控制	M3.3	变频器故障消铃逻辑
T34	工频/变频转换逻辑控制	M3.4	火灾消铃逻辑
T37	工频泵增泵滤波时间控制		

双恒压供水系统的梯形图程序及程序注释如图 9-9 所示。

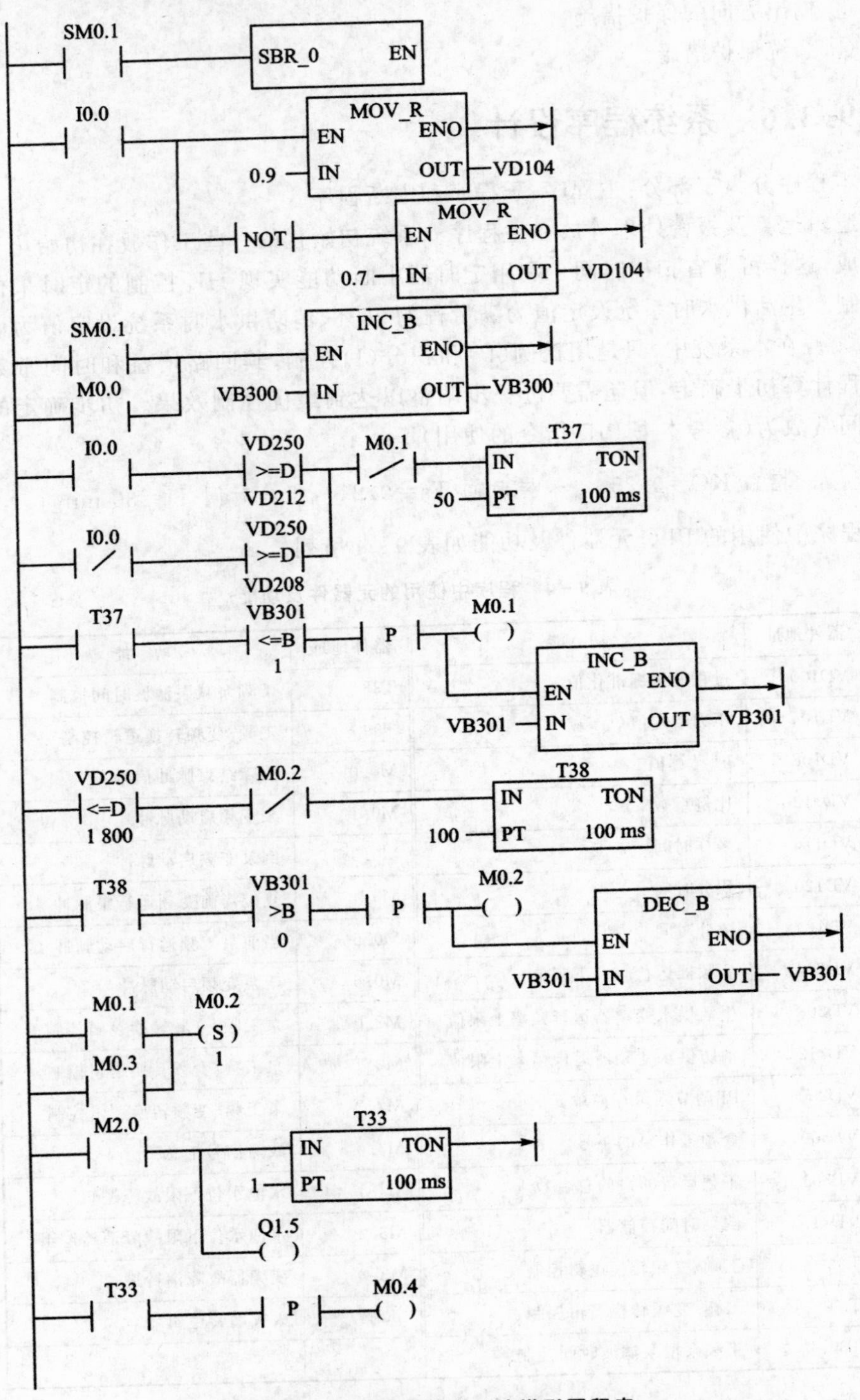

图 9-9 双恒压供水系统梯形图程序

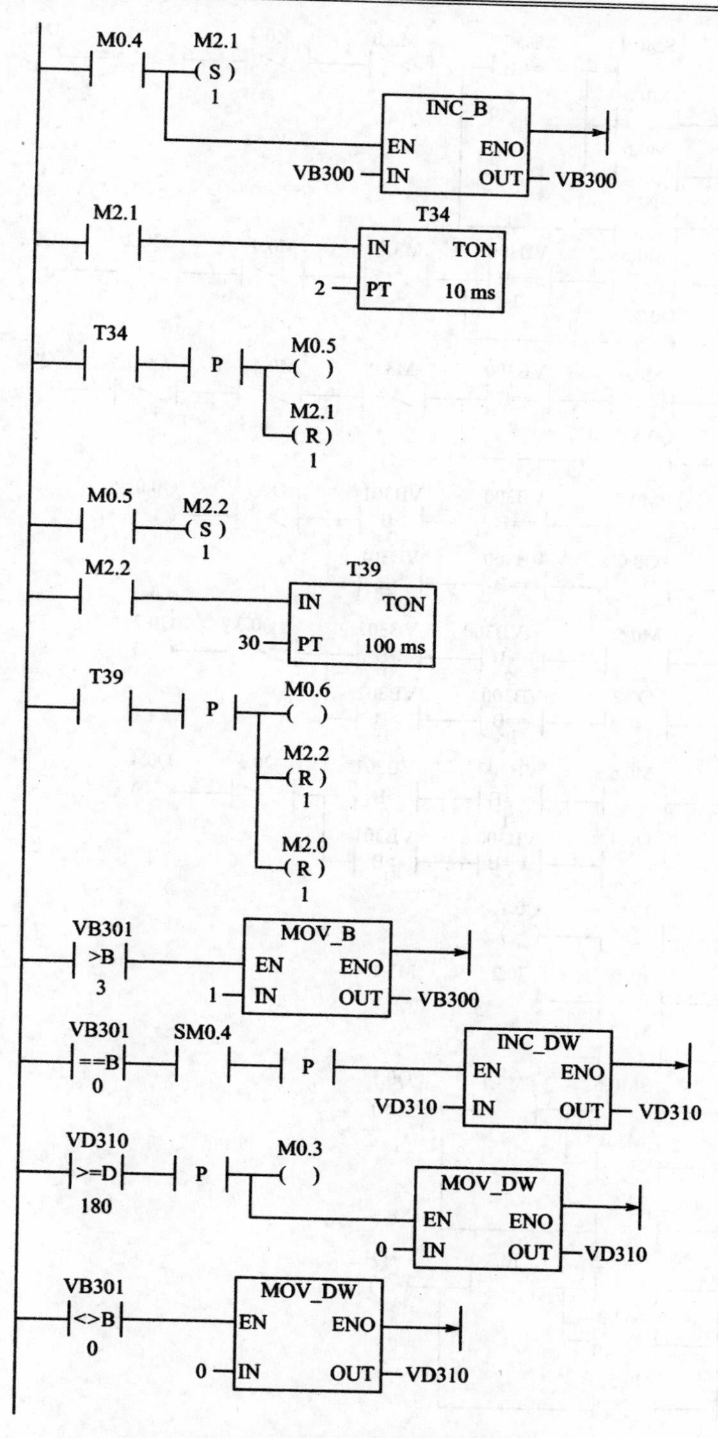

图 9－9　双恒压供水系统梯形图程序(续)

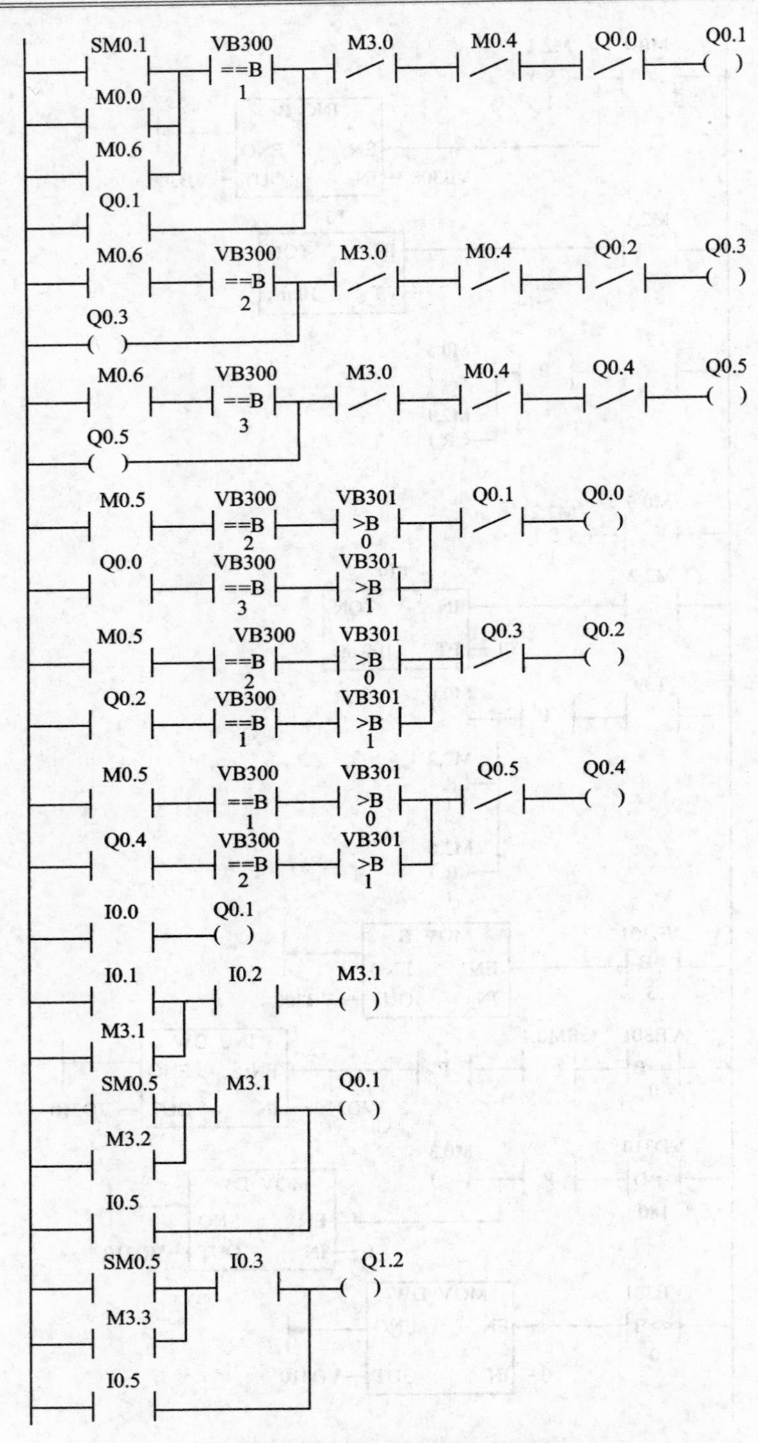

图 9-9 双恒压供水系统梯形图程序(续)

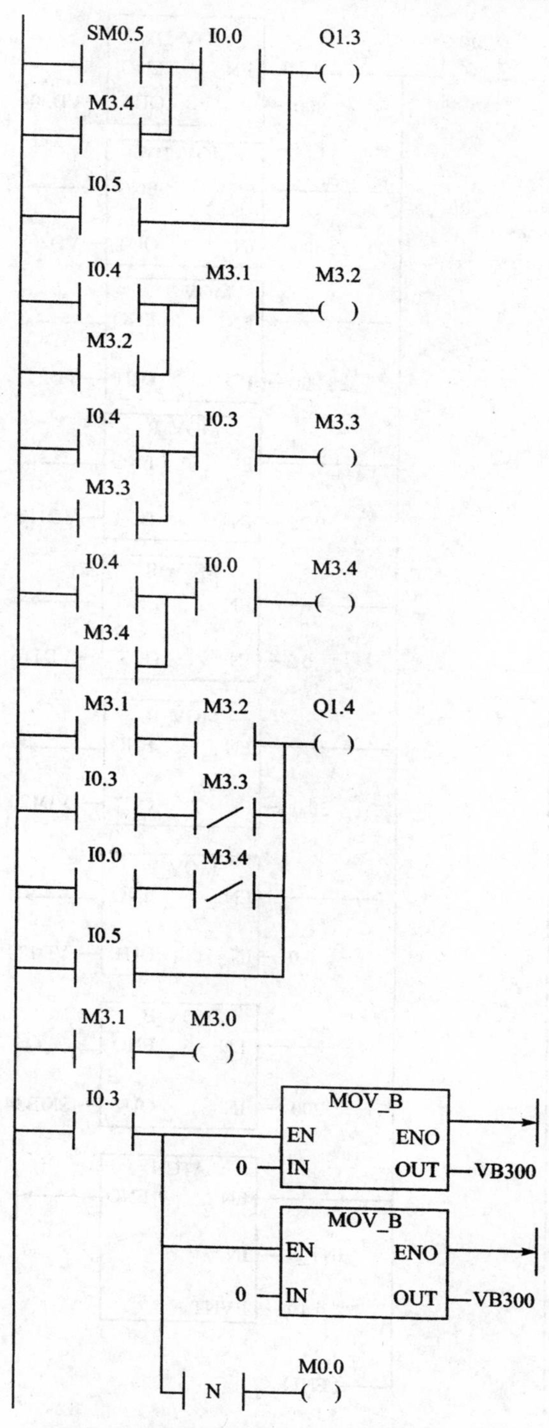

图 9－9　双恒压供水系统梯形图程序(续)

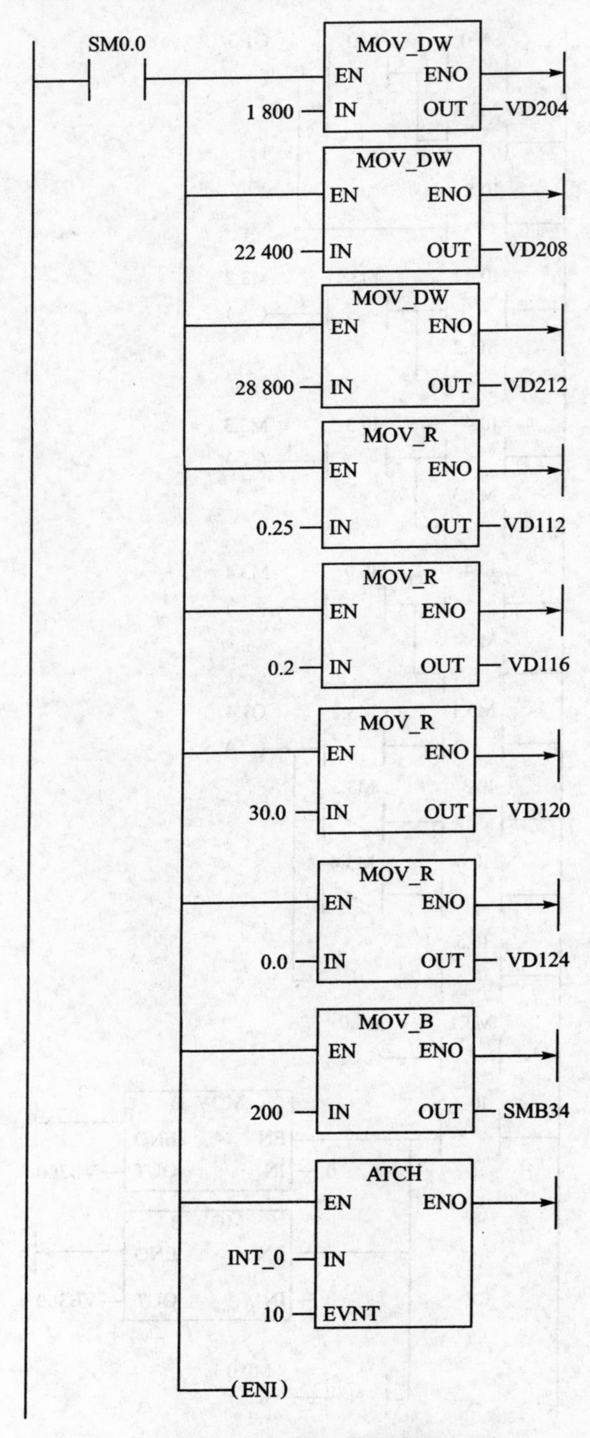

图 9－9　双恒压供水系统梯形图程序(续)

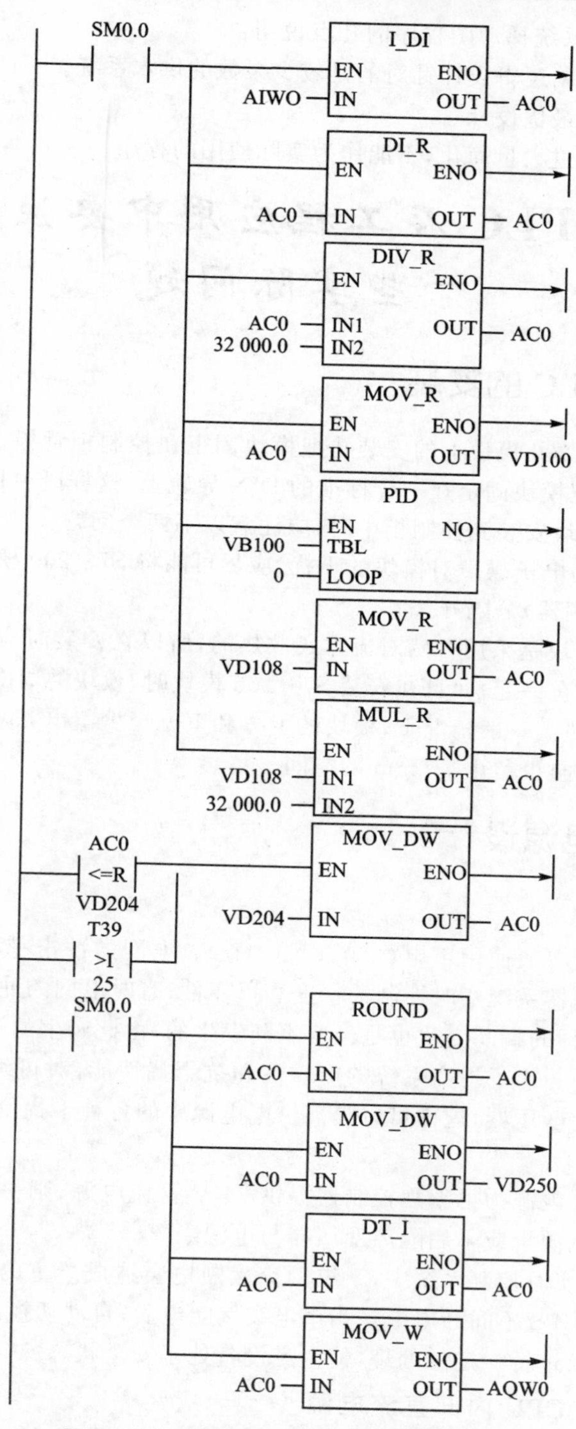

图 9-9　双恒压供水系统梯形图程序(续)

对双恒压供水系统梯形图程序的几点说明：

① 本程序的控制逻辑设计针对的是较少泵数的供水系统。

② 本程序不是最优设计。

③ 本程序已做过大量简化，不能作为实际使用的程序。

9.4 PLC在工程应用中要注意的一些实际问题

9.4.1 PLC的安装

可以利用S7-200模块上的安装孔把模块固定在控制柜背板上，也可以利用模块上的DIN夹子把模块固定在一个标准的DIN导轨上，这样既可以水平安装，也可以垂直安装。但模块安装到控制柜中时，应注意以下两个问题。

① 为了防止高电子噪声对模块的干扰，应尽可能将S7-200模块与产生高电子噪声的设备（如变频器）分隔开。

② S7-200模块是采用自然对流方式散热的，所以在安装时应尽可能不与产生高热量的设备安装在一起；而且在安装S7-200模块时，模块的周围应留出一定的空间，以便于正常散热。一般情况下，模块的上方和下方至少留出25 mm的空间，模块前面板与底板之间至少留出75 mm的空间。

9.4.2 电源设计

1. 供电电源

可编程控制器一般使用市电（220 V，50 Hz）。电网的冲击、频率的波动将直接影响到可编程控制器系统实时控制的精度和可靠性；有时电网的冲击，可给系统带来毁灭性的破坏；电网的瞬间变化也是经常不断发生的，由此产生的干扰也会传播到可编程控制器系统中。为了提高系统的可靠性和抗干扰性能，对可编程控制器的供电系统一般采用隔离变压器，这样可以隔离供电电源中的各种干扰信号，从而提高系统的抗干扰性能。

如果使用开关电源为可编程控制器提供24 V直流电源，则一般情况下，对开关电源供电的交流电源也应采用隔离变压器与电源隔离。

另外，在一些实时控制系统中，系统的突然断电会造成严重的后果，此时可以在供电系统中增加UPS不间断电源。当市电突然断电后，自动切换到UPS电源供电，并且按照工艺要求进行一定的处理，使生产设备处于安全状态。

2. S7-200 CPU内部直流电源

每个S7-200 CPU模块均提供一个24 V直流传感器电源和一个5 V直流

电源。

24 V 直流传感器电源可以作为 CPU 本机和数字量扩展模块的输入、扩展模块(如模拟量模块)的供电电源以及外部传感器电源使用。如果容量不能满足所有需求,则必须增加外部 24 V 直流电源,此时外部电源不能与模块的传感器电源并联使用,以防止两个电源电位的不平衡造成对电源的破坏,但为了加强电子噪声防护,这两个电源的公共端(M)应连接在一起。

当 S7－200 CPU 与扩展模块连接时,CPU 模块为扩展模块提供 5 V 直流电源。如果扩展模块的 5 V 直流电源需求超出 CPU 模块 5 V 直流电源的容量,则必须减少扩展模块的数量。

有关 S7－200 内部直流电源容量的设计与计算请参阅 S7－200 系统手册。

9.4.3　系统接地

在可编程控制器系统中,接地是抑制干扰、使系统可靠工作的主要方法。在设计与施工中,如果把接地与屏蔽正确结合起来,可以解决大部分的干扰问题。接地有两个目的:一是消除各电流流经公共地线阻抗时所产生的噪声电压;二是避免磁场与电位差的影响。正确的接地是一个重要而复杂的问题,理想的情况是一个系统的所有接地点与大地之间的阻抗为零,但这是很难做到的。

在一般的接地过程中要求如下:

① 接地电阻应小于 100 Ω。

② 具有足够的机械强度。

③ 具有耐腐蚀及防腐处理。

④ 可编程控制器系统单独接地。

在可编程控制器系统中常见的地线有:

① 数字地也叫逻辑地,是各种开关量(数字量)信号的零电位。

② 模拟地是各种模拟量信号的零电位。

③ 信号地通常为传感器的地。

④ 交流地是交流供电电源的地线,这种地线是产生噪声的地。

⑤ 直流地是直流供电电源的地。

⑥ 屏蔽地、机壳地,为防止静电感应和磁场感应而设置的地。

不同的地线,处理的方法是不同的,常用的方法有以下几种:

1. 一点接地和多点接地

一般情况下,高频电路应就近多点接地,低频电路应一点接地。在低频电路中,布线和元件间的电感并不是什么大问题,然而接地形成的环路的干扰影响很大,因此常以一点作为接地点。但一点接地不适合高频,因为高频时地线上具有电感,因而增大了地线阻抗,同时各地线之间又产生电感耦合。一般来说,频率在 1 MHz 以下,可用一点接地;高于 10 MHz 时,采用多点接地;在 1～10 MHz 之间可用一点接地,也可采用多点接地。根据这些原则,可编程控制器组成的系统一般采用一点接地。

2. 交流地与信号地不能共用

由于在一段电源地线的两点之间会有数毫伏甚至几伏的电压,因此对低电平信号来说,这是一个非常严重的干扰,必须加以隔离和防止,使设备可靠运行。

3. 浮地与接地

全机浮空,即系统各个部分与大地浮置起来,这种方法简单,但整个系统与大地的绝缘电阻不能小于 50 MΩ。这种方法具有一定的抗干扰能力,但一旦绝缘下降就会带来干扰。

还有一种方法,就是将机壳接地,其余部分浮空。这种方法抗干扰能力强、安全可靠,但实现起来比较复杂。

由此可见,可编程控制器系统还是以接地为好。

4. 模拟地

模拟地的接地方法十分重要,为了提高抗共模干扰的能力,对于模拟信号均采用屏蔽浮地技术。

5. 屏蔽地

在控制系统中为了减少信号中电容耦合噪声,准确进行检测和控制,对信号采用屏蔽措施是十分必要的。根据屏蔽目的不同,屏蔽地的接法也不一样。

9.4.4 电缆设计与铺设

一般来说,工业现场的环境都比较恶劣。例如现场的各种动力线会通过电磁耦合产生干扰;电焊机、火焰切割机和电动机会产生高频火花电流造成干扰;高速电子开关的接通和关断将产生高次谐波,从而形成高频干扰;大功率机械设备的启停、负载的变化将引起电网电压的波动,产生低频干扰。这些干扰都会通过与现场设备相连的电缆引入可编程控制器组成的系统中,影响系统的安全可靠工作。所以合理地设计、选择和铺设电缆在可编程控制器系统中十分重要。

对可编程控制器组成的系统而言,电缆包括供电系统的动力电缆及各种开关量、模拟量、高速脉冲、远程通信等信号电缆。一般情况下,对系统供电系统的动力电缆,距离比较近的开关量信号使用的电缆无特殊要求;当模拟量信号、高速脉冲信号以及开关量比较远时,为防止干扰信号,保证系统的控制精度,通常选用双层屏蔽电缆;对通信用的电缆一般采用厂家提供的专用电缆,也可采用带屏蔽的双绞线电缆。

传输线之间的相互干扰是数字控制系统中较难解决的问题。这些干扰主要来自传输导线间分布电容、电感引起的电磁耦合。防止这种干扰的有效方法,是使信号线远离动力线或电网;将动力线、控制线和信号线严格分开,分别布线。无论是在可编程控制器控制柜中的接线，还是在控制柜与现场设备之间的接线，都必须注意防止动力线、控制线和信号线之间的干扰。

9.4.5　PLC 输出负载的保护

当可编程控制器的输出负载为电感性负载时，为了防止负载关断产生的高电压对可编程控制器输出点的损害，应对输出点增加保护电路。保护电路的主要作用是抑制高电压的产生。当负载为交流感性负载时，可在负载两端并联压敏电阻，或者并联阻容吸收电路。

本章小结

本章主要讲解了 PLC 控制系统的设计方法和实际工程应用。

9.1 节主要讲解了在设计一个 PLC 控制系统时应遵循的步骤。从控制系统选择、选型、软硬件设计到系统调试等诸多方面都进行了详细的说明。大家应掌握其中的精髓，领会 PLC 控制系统设计中实质性的东西。

9.2 节和 9.3 节主要讲解了两个实际项目，通过对它们的详细介绍，大家可以清楚地了解和学习到一个实际课题是如何完成的。在这两个大型例子中，我们从题目分析、PLC 选型到系统软硬件设计都进行了详细的讲解，并给出了部分的硬件电路图和梯形图程序，大家可以对其设计过程和程序的细节进行分析，从而掌握系统设计的深层次的内容。

最后一节介绍了在 PLC 控制系统设计中要注意的很多安装方面的实际问题，安装技术是 PLC 控制系统能否可靠运行的关键，书中给出了解决方案，供大家实际应用时参考。

习　题

1. 一般来说，中小型 PLC 最适合应用在什么类型的控制系统中？
2. 选择 PLC 时，一般要考虑哪两方面的问题？
3. 在恒压供水的例子中，三台泵采取“先开先停”的原则接入和退出，但本例给出的程序设计不适合多泵的情况，请使用移位寄存器的方法设计一个适合多泵（即多控制对象）控制系统的程序，使控制对象满足“先开先停”的原则接入和退出。
4. 任何一个控制系统的接地设计都非常重要，请结合本章的讲解，掌握 PLC 控制系统的接地方法，领会接地在抗干扰和系统保护方面的重要性。
5. 如果是感性负载，那么如何完成对 PLC 输出端的保护？

第10章 西门子S7-200 PLC编程软件与系统开发

本章要点

➢ 编程软件的基本功能；

➢ S7-200 PLC的程序编辑、编译与调试运行。

10.1 S7-200 PLC编程软件STEP 7的安装与设置

STEP 7-Micro/WIN编程软件是基于Windows的应用软件，它是西门子公司专门为S7-200系列PLC而设计开发的，是S7-200系列PLC必不可少的开发工具。这里主要介绍STEP 7-Micro/WIN 4.0版本的使用。

1. 软件安装

将STEP 7-Micro/WIN V4.0的安装光盘插入PC的CD-ROM中，安装向导程序将自动启动并引导用户完成整个安装过程。用户还可以在安装目录中双击setup.exe图标，进入安装向导，按照安装向导完成软件的安装。

选择安装程序界面的语言，系统默认使用英语，按照安装向导提示，接受License条款，单击Next按钮继续，STEP 7-Micro/WIN V4.0 SP3安装完成后单击Finish按钮完成软件的安装。

初次运行STEP 7-Micro/WIN V4.0为英文界面，如果用户想要使用中文界面，就必须进行设置。在主菜单中，选择Tools→Options命令，在弹出的Options对话框中，选择General(常规)，对话框右半部分会显示Language选项，选择Chinese，单击OK按钮，保存退出，重新启动STEP 7-Micro/WIN V4.0后即为中文操作界面。

2. 在线连接

顺利完成硬件连接和软件安装后，就可建立PC与S7-200 CPU的在线联系了，步骤如下：

① 在STEP 7-Micro/WIN V4.0主操作界面下，单击操作栏中的“通信”图标或选择主菜单中的“查看→组件→通信”命令，则会出现一个通信建立结果对话框，显示是否连接了CPU主机。

② 双击“刷新”图标，STEP 7-Micro/WIN V4.0将检查连接的所有S7-200

CPU 站，并为每个站建立一个 CPU 图标。

③ 双击要进行通信的站，在通信建立对话框中可以显示所选站的通信参数。此时，可以建立与 S7 - 200 CPU 的在线联系，如进行主机组态、上传和下载用户程序等操作。

3. 编程软件的基本功能

STEP 7 - Micro/WIN V4.0 SP3 编程软件的主要功能有：

① 在离线(脱机)方式下可以实现对程序的编辑、编译、调试和系统组态。

② 在线方式下可通过联机通信的方式上传和下载用户程序及组态数据，编辑和修改用户程序。

③ 支持 STL、LAD、FBD 三种编程语言，并且可以在三者之间任意切换。

④ 在编辑过程中具有简单的语法检查功能，能够在程序错误行处加上红色曲线进行标注。

⑤ 具有文档管理和密码保护等功能。

⑥ 提供软件工具，能帮助用户调试和监控程序。

⑦ 提供设计复杂程序的向导功能，如指令向导功能、PID 自整定界面、配方向导等。

⑧ 支持 TD 200 和 TD 200C 文本显示界面(TD 200 向导)。

4. 窗口组件及功能

STEP 7 - Micro/WIN V4.0 编程软件采用了标准的 Windows 界面，熟悉 Windows 的用户可以轻松掌握。其主界面如图 10 - 1 所示。

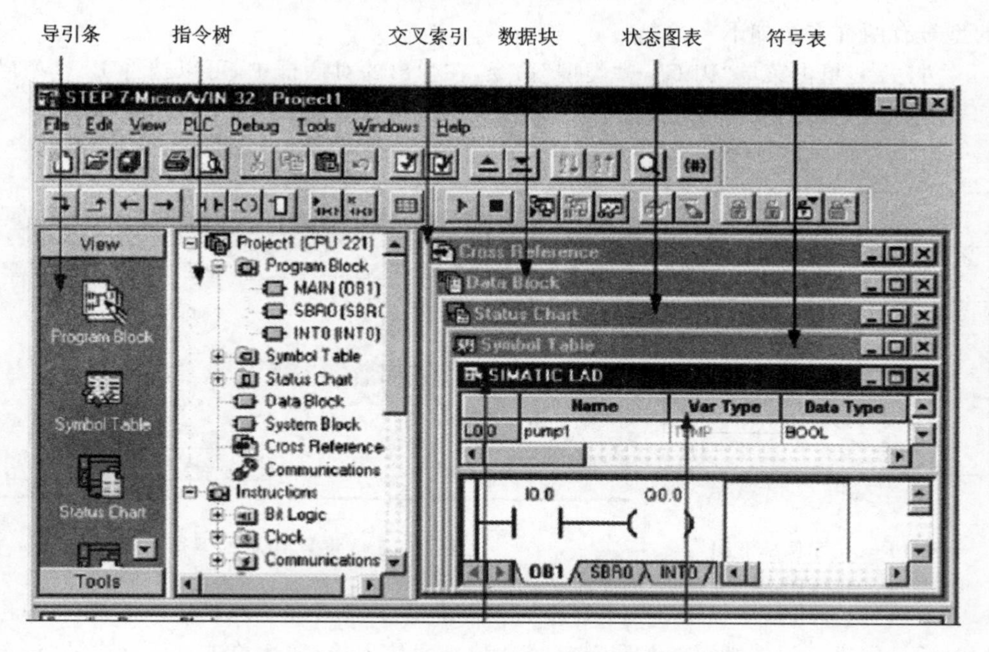

图 10 - 1　STEP 7 - Micro/WIN 编程软件的主界面

主界面一般可分为以下 6 个区域：菜单栏（包含 8 个主菜单项）、工具栏（快捷按钮）、浏览栏（快捷操作窗口）、指令树（快捷操作窗口）、输出窗口和用户窗口（可同时或分别打开图中的 5 个用户窗口）。除菜单栏外，用户可根据需要决定其他窗口的取舍和样式的设置。

10.2 编程软件 STEP 7 的基本软件功能

STEP 7 - Micro/WIN 4.0 编程软件具有编程和程序调试等多种功能，下面通过一个简单的程序示例，介绍编程软件的基本使用。

STEP 7 - Micro/WIN 4.0 编程软件的基本使用示例如图 10 - 2 所示。

1. 编程的准备

(1) 创建一个项目或打开一个已有的项目

在进行控制程序编程之前，首先应创建一个项目。选择菜单“文件”→“新建”命令或单击工具栏的新建按钮，可以生成一个新的项目。选择菜单“文件”→“打开”命令或单击工具栏的的打开按钮，可以打开已有的项目。项目以扩展名为.mwp 的文件格式保存。

(2) 设置与读取 PLC 的型号

在对 PLC 编程之前，应正确设置其型号，以防止发生编辑错误，设置和读取 PLC 的型号有两种方法如下：

方法一：单击菜单“PLC”→“类型”命令，在弹出的对话框中，可以选择 PLC 型号和 CPU 版本如图 10 - 3 所示。

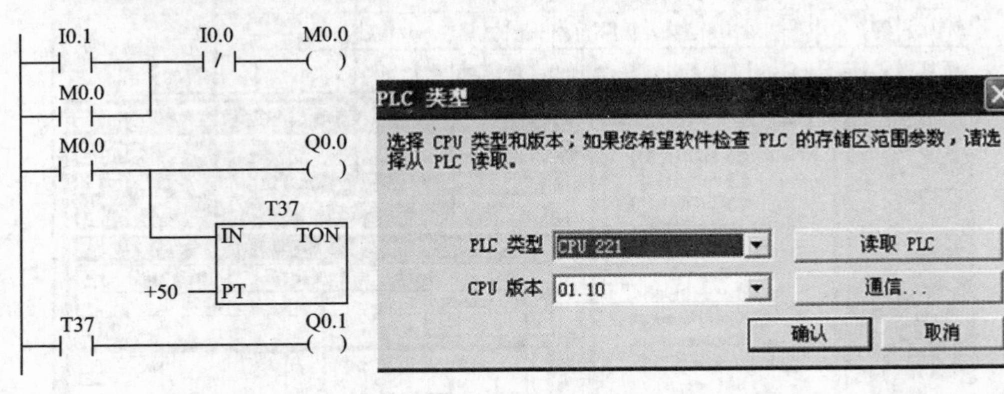

图 10 - 2 示例梯形图

图 10 - 3 设置 PLC 的型号

方法二：双击指令树的“项目 1”，然后双击 PLC 型号和 CPU 版本选项，在弹出的对话框中进行设置即可。如果已经成功建立通信连接，那么单击对话框中的“读取 PLC”按钮，便可以通过通信读出 PLC 的信号与硬件版本号。

(3) 选择编辑语言和指令集

S7－200 系列 PLC 支持的指令集有 SIMATIC 和 IEC 1131－3 两种。SIMATIC 编程模式的选择，可以通过选择菜单“工具”→“选项”→“常规”→SIMATIC 命令来确定。

编程软件可实现 3 种编程语言(编程器)之间的任意切换，选择菜单“查看”→“梯形图”命令或 STL、FBD 选项便可进入相应的编程环境。

(4) 确定程序的结构

简单的数字量控制程序一般只有主程序，而系统较大、功能复杂的程序除了主程序外，还可能有子程序、中断程序。编程时可以单击编辑窗口下方的选项来实现切换以完成不同程序结构的程序编辑。用户程序结构选择编辑窗口如图 10－4 所示。

主程序　SBR_0　INT_0

图 10－4　用户程序结构选择编辑窗口

主程序在每个扫描周期内均被顺序执行一次。子程序的指令放在独立的程序块中，仅在被程序调用时才执行。中断程序的指令也放在独立的程序块中，用来处理预先规定的中断事件，在中断事件发生时操作系统调用程序。

2. 梯形图的编辑

在梯形图的编辑窗口中，梯形图程序被划分为若干个网络，且一个网络中只能有一个独立的电路块。如果一个网络中有两个独立的电路块，那么在编译时输出窗口将显示“1 个错误”，待错误修正后方可继续。当然，也可对网络中的程序或者某个编程元件进行编辑，执行删除、复制或粘贴操作。

① 打开 STEP 7－Micro/WIN 4.0 编程软件，进入主界面，如图 10－5 所示。

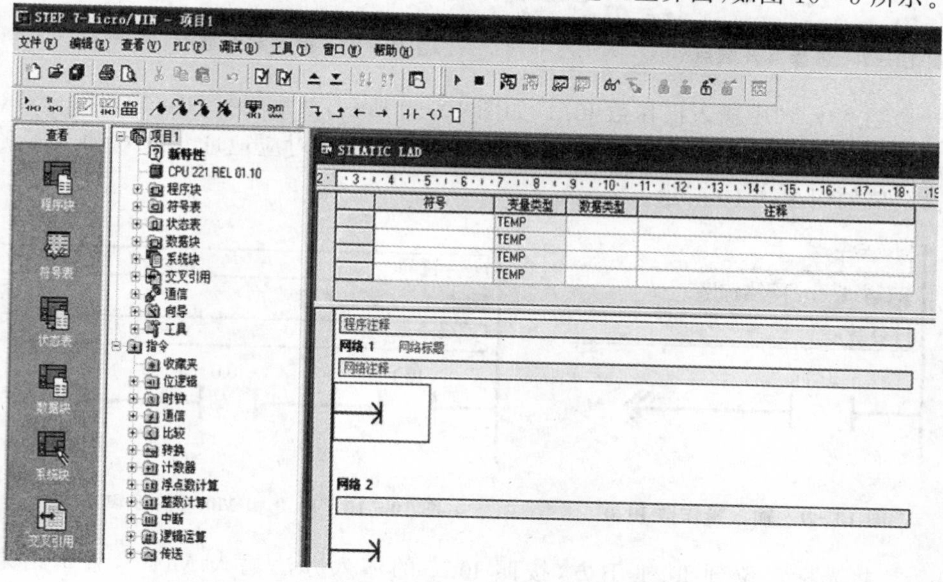

图 10－5　STEP 7－Micro/WIN 4.0 编程软件主界面

② 单击浏览栏的“程序块”按钮，进入梯形图编辑窗口。

③ 在编辑窗口中，把光标定位到将要输入编程元件的地方。

④ 可直接在指令工具栏中单击常开触点按钮，选取触点如图 10－6 所示。在弹出的位逻辑指令中单击-┤├-图标选项，选择常开触点如图 10－7 所示。输入的常开触点符号会自动写入到光标所在位置。输入常开触点如图 10－8 所示。也可以在指令树中双击位逻辑选项，然后双击常开触点输入。

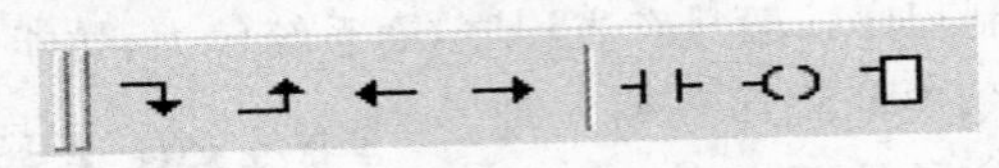

图 10－6　选取触点

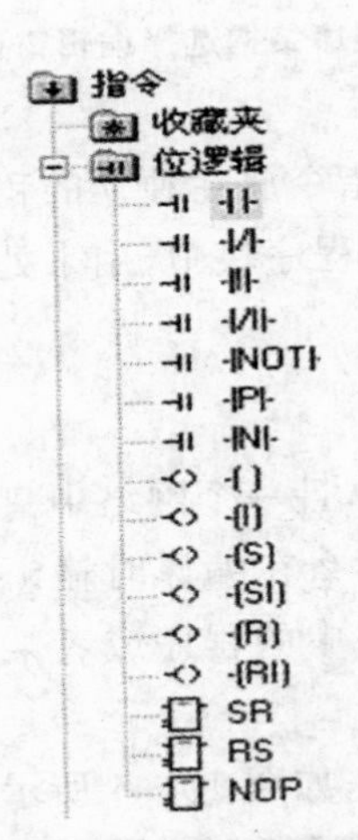

图 10－7　选择常开触点

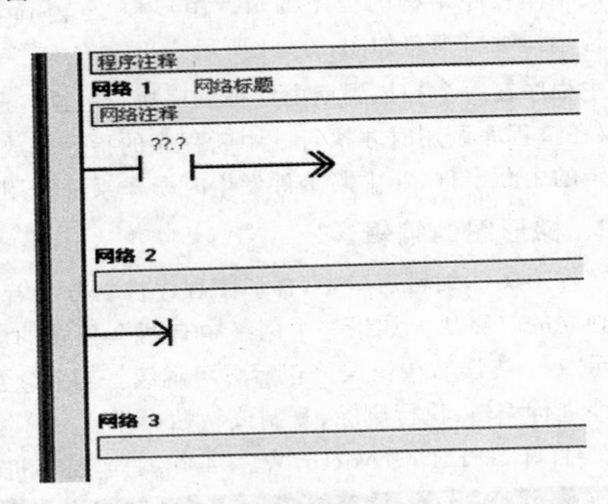

图 10－8　输入常开触点

⑤ 在“??.?”中输入操作数 I0.1，如图 10－9 所示，然后光标自动移到下一列。

⑥ 用同样的方法在光标位置输入-|/|-和-( )，并填写对应地址。I0.0 和 M0.0 的编辑结果如图 10－10 所示。

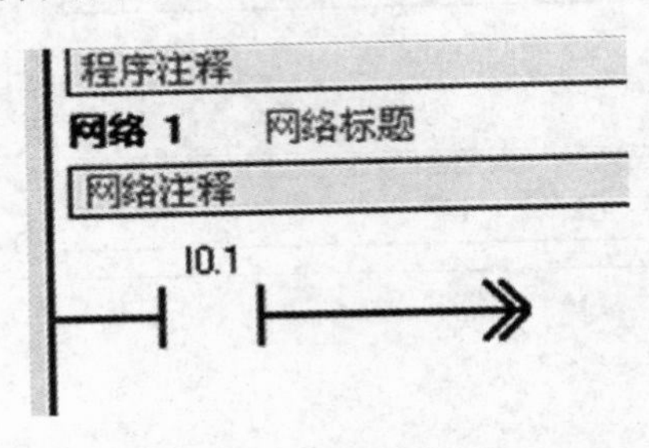

图 10－9　输入操作数 I0.0

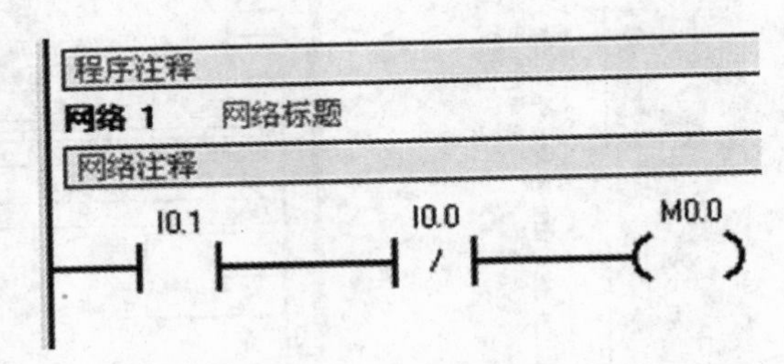

图 10－10　I0.0 和 M0.0 的编辑结果

⑦ 将光标定位到 I0.1 下方，按照 I0.1 的输入办法输入 M0.0，编辑结果如图 10－11 所示。

⑧ 将光标移到要合并的触点处，单击指令工具栏中的向上连线按钮，将 M0.0 和 I0.1 并联，如图 10－12 所示。

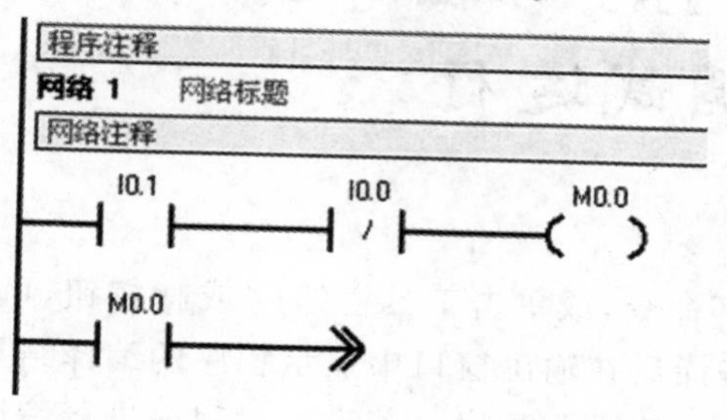

图 10－11　M0.0 的编辑结果

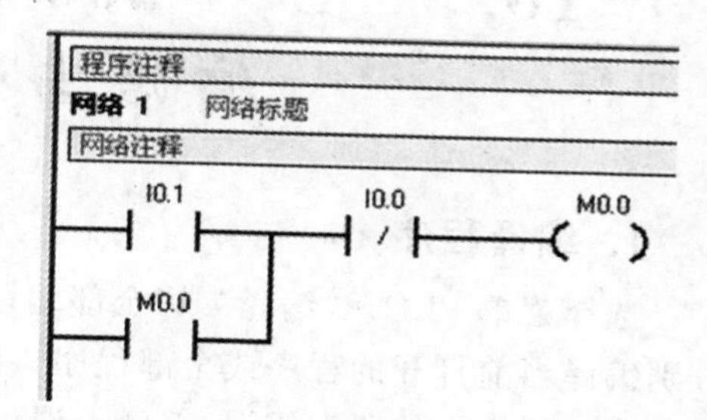

图 10－12　M0.0 和 I0.1 并联

⑨ 将光标定位到网络 2，按照 I0.1 的输入方法编写 M0.0 和 Q0.0，将光标移到要 M0.0 的触点处，单击指令工具栏中的向下连线按钮。

⑩ 将光标定位到定时器输入位置，双击指令树的“定时器”选项，然后在展开的选项中双击接通延时定时器图标（如图 10－13 所示），这时在光标位置即可输入接通延时定时器。

在定时器指令上面的“????”处输入定时器编号 T37，在左侧的“????”处输入定时器的预置值 50，编辑结果如图 10－14 所示。

经过上述操作过程，编程软件使用示例的梯形图就编辑完成了。如果需要进行语句表和功能图编辑，可按下面的方法来实现。

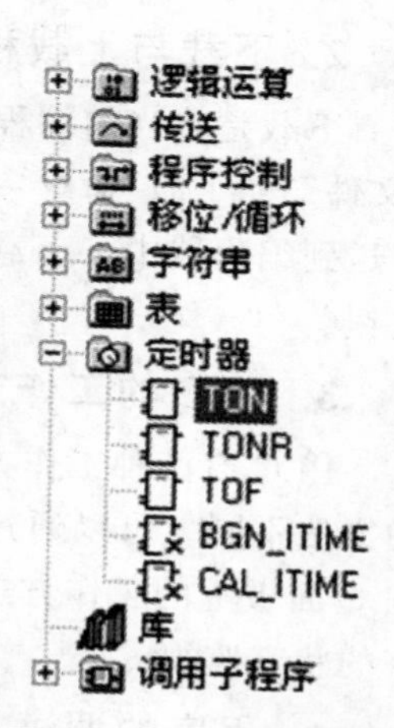

图 10－13　选择定时器

语句表的编辑：选择菜单“查看”→STL 命令，可以直接进行语句表的编辑，如图 10－15 所示。

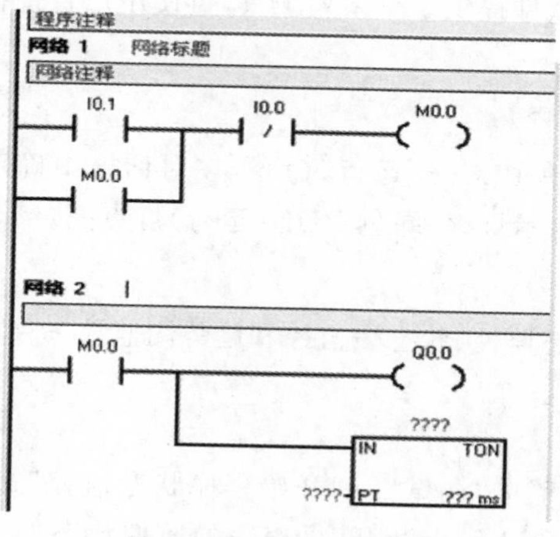

图 10－14　输入定时器

程序注释

网络 1　网络标题

网络注释

```
LD      I0.1
O       M0.0
AN      I0.0
=       M0.0
```

网络 2

```
LD      M0.0
=       Q0.0
TON     T37, 50
```

图 10－15　语句表的编辑

10.3 S7－200 PLC 的程序编辑、编译与调试运行

1. 编译程序

选择菜单 PLC→"编译"或"全部编译"命令，或单击工具栏的☑或☑按钮，可以分别编译当前打开的程序或全部程序。编译后在输出窗口中显示程序的编译结果，必须修正程序中的所有错误，编译无误后，才能下载程序。若没有对程序进行编译，则在下载之前编程软件会自动对程序进行编译。

2. 下载与上载程序

下载是将当前编程器中的程序写入到 PLC 的存储器中。下载操作可选择菜单"文件"→"下载"命令，或单击工具栏的▼按钮。上载是将 PLC 中未加密的程序向上传送到编程器中。上载操作可选择菜单"文件"→"上载"命令，或单击工具栏的▲按钮。

3. PLC 的工作方式

PLC 有两种工作方式，即运行和停止。在不同的工作方式 PLC 进行调试操作的方法不同。可以通过选择菜单 PLC→"运行"或"停止"的命令来选择，也可以用 PLC 面板上的工作方式开关操作来选择。PLC 只有在运行工作方式下才能启动程序的状态监视。

4. 程序的调试与运行

程序的调试及运行监控是程序开发的重要环节，很少有程序一经编制就是完整的，只有经过调试运行甚至现场运行后才能发现程序中不合理的地方，从而进行修改。STEP 7－Micro/WIN 4.0 编程软件提供了一系列工具，可使用户直接在软件环境下调试并监视用户程序的执行。

5. 程序的运行

单击工具栏的▶按钮，或选择菜单 PLC→"运行"命令，在对话框中确定进入运行模式，这时黄色 STOP(停止)状态指示灯灭，绿色 RUN(运行)灯点亮。

6. 程序的调试

在程序调试中，经常采用程序状态监控、状态表监控和趋势图监控三种方式反映程序的运行状态。

方式一：程序状态监控。

单击工具栏中的▣按钮，或选择菜单"调试"→"开始程序状态监控"命令，进入程序状态监控。启动程序监控后，当 I0.1 触点断开时，程序的监控状态如图 10－16

所示。在监控状态下，“能流”通过的单元的元件将显示蓝色，通过改变输入状态，可以模拟程序的实际运行，从而判断程序是否正确。

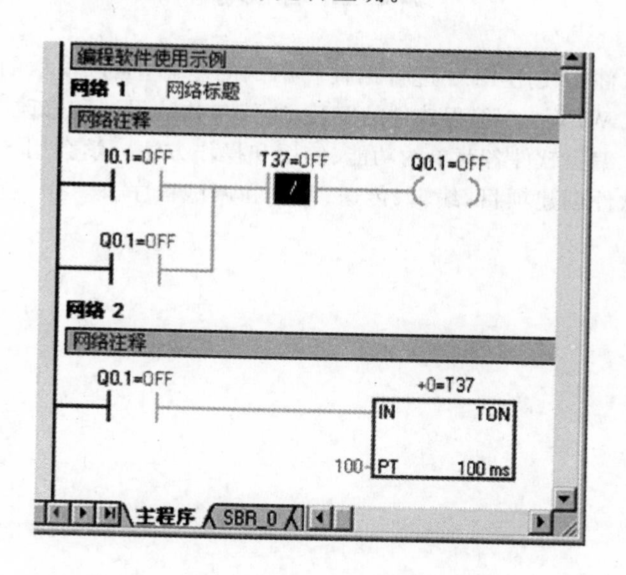

图 10－16　当 I0.1 触点断开时程序的监控状态

方式二：状态表监控。

可以使用状态表来监控用户程序，还可以采用强制表操作修改用户程序的变量。编程软件使用示例的状态表监控如图 10－17 所示，在“当前值”栏目中显示了各元件的状态和数值大小。打开状态表监控有下列三种方法：

① 选择菜单“查看”→“组件”→“状态表”命令。

② 单击浏览栏的“状态表”按钮。

③ 单击装订线，选择程序段，右击，在弹出的快捷菜单中选择“创建状态图”命令，能快速生成一个包含所选程序段内各元件的新表格。

	地址	格式	当前值
1	I0.1	位	2#0
2	Q0.1	位	2#1
3	T37	位	2#0
4	T37	有符号	+51

图 10－17　状态表监控

方式三：趋势图监控。

趋势图监控是采用编程元件的状态和数值大小随时间变化关系的图形监控。可单击工具栏的按钮，将状态表监控切换为趋势图监控。

本章小结

PLC 编程软件是使用 PLC 进行编程和调试的基础，通过本章的学习，应当了解 STEP 7 - Micro/WIN 4.0 编程软件的安装、通信参数的设置和修改。熟悉 STEP 7 - Micro/WIN 4.0 编程软件各菜单的功能、使用和操作方法。学会用 STEP 7 - Micro/WIN 4.0 编程软件创建项目，编辑、传送、监控和调试程序。

附录A　S7-200的特殊存储器(SM)标志位

特殊存储器位提供大量的状态和控制功能,用来在CPU和用户程序之间交换信息。

1. SMB0:状态位

各位的作用如表A-1所列,在每个扫描周期结束时,由CPU更新这些位。

表A-1　特殊存储器字节SMB0

SM位	描　述
SM0.0	此位始终为1
SM0.1	首次扫描时为1,可用于调用初始化程序
SM0.2	如果断电保存的数据丢失,则此位在一个扫描周期中为1,可用作错误存储器位,或用来调用特殊启动顺序功能
SM0.3	开机后进入RUN方式,该位将ON一个扫描周期,可以用于启动操作之前给设备提供预热时间
SM0.4	此位提供高低电平各30 s,周期为1 min的时钟脉冲
SM0.5	此位提供高低电平各0.5 s,周期为1 s的时钟脉冲
SM0.6	此位为扫描时钟,本次扫描时为1,下次扫描时为0,可用作扫描计数器的输入
SM0.7	此位指示工作方式开关的位置,0为TERM位置,1为RUN位置。开关在RUN位置时,该位可以使自由端口通信模式有效,切换至TERM位置时,CPU可以与编程设备正常通信

2. SMB1:状态位

SMB1包含了各种潜在的错误提示,这些位因指令的执行被置位或复位(见表A-2)。

表A-2　特殊存储器字节SMB1

SM位	描　述
SM1.0	零标志,当执行某些指令的结果为0时,该位置1
SM1.1	错误标志,当执行某些指令的结果溢出或检测到非法数值时,该位置1
SM1.2	负数标志,数学运算的结果为负时,该位置1
SM1.3	试图除以0时,该位置1
SM1.4	执行ATT(Add to Table)指令超出表的范围时,该位置1

续表 A-2

SM位	描 述
SM1.5	执行LIFO或FIFO指令试图从空表读取数据时，该位置1
SM1.6	试图将非BCD数值转换成二进制数值时，该位置1
SM1.7	ASCII码不能被转换成有效的十六进制数值时，该位置1

3. SMB2：自由端口接收字符缓冲区

SMB2是自由端口接收字符的缓冲区，在自由端口模式下从端口0或端口1接收的每个字符均被存于SMB2，便于梯形图程序存取。

4. SMB3：自由端口奇偶校验错误

接收到的字符有奇偶校验错误时，SM3.0被置1，根据该位来丢弃错误的信息。

5. SMB4：队列溢出

SMB4包含中断队列溢出位、中断允许标志位和发送空闲位等(见表A-3)。

表 A-3 特殊存储器字节SMB4

SM位	描 述	SM位	描 述
SM4.0	通信中断队列溢出时，该位置1	SM4.4	全局中断允许位，允许中断时该位置1
SM4.1	输入中断队列溢出时，该位置1	SM4.5	端口0发送器空闲时，该位置1
SM4.2	定时中断队列溢出时，该位置1	SM4.6	端口1发送器空闲时，该位置1
SM4.3	在运行中发现编程问题时，该位置1	SM4.7	发生强制时，该位置1

6. SMB5：I/O错误状态

SMB5包含I/O系统里检测到的错误状态位，详见S7-200的系统手册。

7. SMB6：CPU标识(ID)寄存器

SM6.4～SM6.7用于识别CPU的类型，详见S7-200的系统手册。

8. SMB8～SMB21：I/O模块标识与错误寄存器

SMB8～SMB21以字节对的形式用于0～6号扩展模块。偶数字节是模块标识寄存器，用于标记模块的类型、I/O类型、输入和输出的点数。奇数字节是模块错误寄存器，提供该模块I/O的错误信息，详见S7-200的系统手册。

9. SMW22～SMW26：扫描时间

SMW22～SMW26中是以ms为单位的上一次扫描时间、最短扫描时间和最长扫描时间。

10. SMB28和SMB29：模拟电位器

它们中的8位数字分别对应于模拟电位器0和模拟电位器1动触点的位置(只读)。

11. SMB30 和 SMB130：自由端口控制寄存器

SMB30 和 SMB130 分别控制自由端口 0 和自由端口 1 的通信方式，用于设置通信的波特率和奇偶检验等，并提供自由端口模式或系统支持的 PPI 通信协议的选择。

12. SMB31 和 SMB32：EEPROM 写控制

EEPROM 写控制，详见 S7-200 的系统手册。

13. SMB34 和 SMB35：定时中断的时间间隔寄存器

SMB34 和 SMB35 用于设置定时器中断 0 与定时器中断 1 的时间间隔(1～255 ms)。

14. SMB36～SMB65：HSC0、HSC1 和 HSC2 寄存器

SMB36～SMB65 用于监视和控制高速计数器 HSC0～HSC2，详见系统手册。

15. SMB66～SMB85：PTO/PWM 寄存器

SMB66～SMB85 用于控制和监视脉冲输出(PTO)和脉宽调制(PWM)功能，详见系统手册。

16. SMB86～SMB94：端口 0 接收信息控制

详见系统手册。

17. SMW98：扩展总线错误计数器

当扩展总线出现检验错误时加 1，系统得电或用户写入 0 时清零。

18. SMB130：自由端口 1 控制器

见前述 11。

19. SMB136～SMB165：高速计数器寄存器

用于监视和控制高速计数器 HSC3～HSC5 的操作(读/写)，详见系统手册。

20. SMB166～SMB185：PTO0 和 PTO1 包络定义表

详见系统手册。

21. SMB186～SMB194：端口 1 接收信息控制

详见系统手册。

22. SMB200～SMB549：智能模块状态

SMB200～SMB549 预留给智能扩展模块(例如 EM277 PROFIBUS-DP 模块)的状态信息。例如 SMB200～SMB249 预留给系统的第一个扩展模块(离 CPU 最近的模块)；SMB250～SMB299 预留给第二个智能模块。

附录B　S7－200的SIMATIC指令集简表

布尔指令		
LD	N	装载(电路开始的常开触点)
LDI	N	立即装载
LDN	N	取反后装载(电路开始的常闭触点)
LDNI	N	取反后立即装载
A	N	与(串联的常开触点)
AI	N	立即与
AN	N	取反后与(串联的常闭触点)
ANI	N	取反后立即与
O	N	或(并联的常开触点)
OI	N	立即或
ON	N	取反后或(并联的常闭触点)
ONI	N	取反后立即或
LDB$_x$	N1,N2	装载字节比较的结果,N1(x:＜,＜＝,＝,＞＝,＞,＜＞)N2
AB$_x$	N1,N2	与字节比较的结果,N1(x:＜,＜＝,＝,＞＝,＞,＜＞)N2
OB$_x$	N1,N2	或字节比较的结果,N1(x:＜,＜＝,＝,＞＝,＞,＜＞)N2
LDW$_x$	N1,N2	装载字比较的结果,N1(x:＜,＜＝,＝,＞＝,＞,＜＞)N2
AW$_x$	N1,N2	与字比较的结果,N1(x:＜,＜＝,＝,＞＝,＞,＜＞)N2
OW$_x$	N1,N2	或字比较的结果,N1(x:＜,＜＝,＝,＞＝,＞,＜＞)N2
LDD$_x$	N1,N2	装载双字比较的结果,N1(x:＜,＜＝,＝,＞＝,＞,＜＞)N2
AD$_x$	N1,N2	与双字比较的结果,N1(x:＜,＜＝,＝,＞＝,＞,＜＞)N2
OD$_x$	N1,N2	或双字比较的结果,N1(x:＜,＜＝,＝,＞＝,＞,＜＞)N2
LDR$_x$	N1,N2	装载实数比较的结果,N1(x:＜,＜＝,＝,＞＝,＞,＜＞)N2
AR$_x$	N1,N2	与实数比较的结果,N1(x:＜,＜＝,＝,＞＝,＞,＜＞)N2
OR$_x$	N1,N2	或实数比较的结果,N1(x:＜,＜＝,＝,＞＝,＞,＜＞)N2
NOT		栈顶值取反
EU		上升沿检测
ED		下降沿检测
=	bit	赋值(线圈)
=I	bit	立即赋值
S	bit,N	置位一个区域
R	bit,N	复位一个区域

续表

SI	bit,N	立即置位一个区域
RI	bit,N	立即复位一个区域
LDS_X	IN1,IN2	装载字符串比较结果,N1(x:=,<>)N2
AS_X	IN1,IN2	与字符串比较结果,N1(x:=,<>)N2
OS_X	IN1,IN2	或字符串比较结果,N1(x:=,<>)N2
ALD		与装载(电路块串联)
OLD		或装载(电路块并联)
LPS		逻辑入栈
LRD		逻辑读栈
LPP		逻辑出栈
LDS	N	装载堆栈
AENO		对ENO进行与操作
		数学、加1减1指令
+I	IN1,OUT	整数加法,IN1+OUT=OUT
+D	IN1,OUT	双整数加法,IN1+OUT=OUT
+R	IN1,OUT	实数加法,IN1+OUT=OUT
-I	IN1,OUT	整数减法,OUT-IN1=OUT
-D	IN1,OUT	双整数减法,OUT-IN1=OUT
-R	IN1,OUT	实数减法,OUT-IN1=OUT
MUL	IN1,OUT	整数乘以整数得双整数
*I	IN1,OUT	整数乘法,IN1*OUT=OUT
*D	IN1,OUT	双整数乘法,IN1*OUT=OUT
*R	IN1,OUT	实数乘法,IN1*OUT=OUT
DIV	IN1,OUT	整数除以整数得16位余数(高位)和16位商(低位)
/I	IN1,OUT	整数除法,OUT/IN1=OUT
/D	IN1,OUT	双整数除法,OUT/IN1=OUT
/R	IN1,OUT	实数除法,OUT/IN1=OUT
SQRT	IN,OUT	平方根
LN	IN,OUT	自然对数
EXP	IN,OUT	自然指数
SIN	IN,OUT	正弦
COS	IN,OUT	余弦
TAN	IN,OUT	正切
INCB	OUT	字节加1
INCW	OUT	字加1
INCD	OUT	双字加1
DECB	OUT	字节减1
DECW	OUT	字减1

续表

DECD	OUT	双字减1
PID	Table, Loop	PID回路
		定时器和计数器指令
TON TOF TONR BITIM CITIM	Txxx, PT Txxx, PT Txxx, PT OUT IN, OUT	接通延时定时器 断开延时定时器 保持型接通延时定时器 启动间隔定时器 计算间隔定时器
CTU CTD CTUD	Cxxx, PV Cxxx, PV Cxxx, PV	加计数器 减计数器 加/减计数器
		实时时钟指令
TODR TODW TODRX TODWX	T T T T	读实时时钟 写实时时钟 扩展读实时时钟 扩展写实时时钟
		程序控制指令
END		程序的条件结束
STOP		切换到STOP模式
WDR		看门狗复位(300 ms)
JMP LBL	N N	跳到指定的标号 定义一个跳转的标号
CALL CRET	N(N1,…)	调用子程序,可以有16个可选参数 从子程序条件返回
FOR NEXT	INDEX, INIT, FINAL	For/Next循环
LSCR SCRT CSCRE SCRE	N N	顺序控制继电器段的启动 顺序控制继电器段的转换 顺序控制继电器段的条件结束 顺序控制继电器段的结束
DLED	IN	
		传送、移位、循环和填充指令
MOVB MOVW MOVD MOVR	IN, OUT IN, OUT IN, OUT IN, OUT	字节传送 字传送 双字传送 实数传送
BIR BIW	IN, OUT IN, OUT	立即读取物理输入字节 立即写物理输出字节

续表

BMB	IN,OUT,N	字节块传送
BMW	IN,OUT,N	字块传送
BMD	IN,OUT,N	双字块传送
SWAP	IN	交换字节
SHRB	DATA,S-BIT,N	移位寄存器
SRB	OUT,N	字节右移N位
SRW	OUT,N	字右移N位
SRD	OUT,N	双字右移N位
SLB	OUT,N	字节左移N位
SLW	OUT,N	字左移N位
SLD	OUT,N	双字左移N位
RRB	OUT,N	字节循环右移N位
RRW	OUT,N	字循环右移N位
RRD	OUT,N	双字循环右移N位
RLB	OUT,N	字节循环左移N位
RLW	OUT,N	字循环左移N位
RLD	OUT,N	双字循环左移N位
FILL	IN,OUT,N	用指定的元素填充存储器空间
	逻辑操作	
ANDB	IN1,OUT	字节逻辑与
ANDW	IN1,OUT	字逻辑与
ANDD	IN1,OUT	双字逻辑与
ORB	IN1,OUT	字节逻辑或
ORW	IN1,OUT	字逻辑或
ORD	IN1,OUT	双字逻辑或
XORB	IN1,OUT	字节逻辑异或
XORW	IN1,OUT	字逻辑异或
XORD	IN1,OUT	双字逻辑异或
INVB	OUT	字节取反(1的补码)
INVW	OUT	字取反
INVD	OUT	双字取反
	字符串指令	
SLEN	IN,OUT	求字符串长度
SCAT	IN,OUT	连接字符串
SCPY	IN,OUT	复制字符串
SSCPY	IN,INDEX,N,OUT	复制子字符串
CFND	IN1,IN2,OUT	在字符串中查找一个字符
SFND	IN1,IN2,OUT	在字符串中查找一个子字符串

续表

表、查找和转换指令		
ATT	TABLE,DATA	把数据加到表中
LIFO	TABLE,DATA	从表中取数据,后入先出
FIFO	TABLE,DATA	从表中取数据,先入后出
FND =	TBL,PATRN,INDX	在表 TABLE 中查找等于比较条件 PATRN 的数据
FND< >	TBL,PATRN,INDX	在表 TABLE 中查找不等于比较条件 PATRN 的数据
FND <	TBL,PATRN,INDX	在表 TABLE 中查找小于比较条件 PATRN 的数据
FND >	TBL,PATRN,INDX	在表 TABLE 中查找大于比较条件 PATRN 的数据
BCDI	OUT	BCD 码转换成整数
IBCD	OUT	整数转换成 BCD 码
BTI	IN,OUT	字节转换成整数
ITB	IN,OUT	整数转换成字节
ITD	IN,OUT	整数转换成双整数
DTI	IN,OUT	双整数转换成整数
DTR	IN,OUT	双整数转换成实数
ROUND	IN,OUT	实数四舍五入为双整数
TRUNC	IN,OUT	实数截位取整为双整数
ATH	IN,OUT,LEN	ASCII 码→十六进制数
HTA	IN,OUT,LEN	十六进制数→ASCII 码
ITA	IN,OUT,FMT	整数→ASCII 码
DTA	IN,OUT,FMT	双整数→ASCII 码
RTA	IN,OUT,FMT	实数→ASCII 码
DECO	IN,OUT	译码
ENCO	IN,OUT	编码
SEG	IN,OUT	七段译码
ITS	IN,FMT,OUT	整数转换为字符串
DTS	IN,FMT,OUT	双整数转换为字符串
RTS	IN,FMT,OUT	实数转换为字符串
STI	STR,INDX,OUT	子字符串转换为整数
STD	STR,INDX,OUT	子字符串转换为双整数
STR	STR,INDX,OUT	子字符串转换为实数
中断指令		
CRETI		从中断程序有条件返回
ENI		允许中断
DISI		禁止中断
ATCH	INT,EVENT	给中断事件分配中断程序
DTCH	EVENT	解除中断事件

续表

通信指令		
XMT	TABLE,PORT	自由端口发送
RCV	TABLE,PORT	自由端口接收
NETR	TABLE,PORT	网络读
NETW	TABLE,PORT	网络写
GPA	ADDR,PORT	获取端口地址
SPA	ADDR,PORT	设置端口地址
高速计数指令		
HDEF	HSC,MODE	定义高速计数器模式
HSC	N	激活高速计数器
PLS	X	脉冲输出

参考文献

[1] 赵明,许翏.工厂电气控制设备[M]. 2版. 北京:机械工业出版社,1996.
[2] 王永华. 现代电气控制及 PLC 应用技术[M]. 北京:北京航空航天大学出版社,2003.
[3] 郭利霞,李正中,陈龙灿. 电气控制与 PLC 应用技术[M]. 重庆:重庆大学出版社,2015.
[4] 黄永红. 电气控制与 PLC 应用技术[M]. 北京:机械工业出版社,2016.
[5] 孙克军. 电工技能手册[M]. 北京:化学工业出版社,2016.
[6] 刘顺禧. 电气控制技术[M]. 北京:北京理工大学出版社,2000.
[7] 郁汉琪. 电气控制与可编程序控制器应用技术[M]. 2版. 南京:东南大学出版社,2009.
[8] 熊幸明,等. 电气控制与 PLC[M]. 北京:机械工业出版社,2011.
[9] 张振国,方承远. 工厂电气与 PLC 控制技术[M]. 4版. 北京:机械工业出版社,2011.
[10] 任振辉,邵利敏. 现代电气控制技术[M]. 北京:机械工业出版社,2015.
[11] 潘海鹏,张益波. 电气控制系统与 S7-200 系列 PLC[M]. 北京:机械工业出版社,2014.
[12] 赵全利,等. 西门子 S7-200 PLC 应用教程[M]. 北京:机械工业出版社,2014.
[13] 严春平. 西门子 S7-200 PLC 编程及应用[M]. 杭州:浙江大学出版社,2014.
[14] 赵景波,阿伦,李杰臣. 西门子 S7-200 PLC 实践与应用[M]. 北京:机械工业出版社,2012.
[15] 廖常初. PLC 编程及应用[M]. 3版. 北京:机械工业出版社,2010.
[16] 廖常初. PLC 编程及应用[M]. 4版. 北京:机械工业出版社,2013.
[17] SIEMENS AG. S7-200 可编程序控制器系统手册,2008.
[18] SIEMENS AG. S7-200CN 可编程序控制器产品样本,2013.
[19] 廖常初. PLC 应用技术问答[M]. 北京:机械工业出版社,2006.
[20] 陈建明. 电气控制与 PLC 应用[M]. 北京:电子工业出版社,2006.
[21] 王庭有. 可编程控制器原理及应用[M]. 北京:国防工业出版社,2008.
[22] 李明. 电机与电力拖动[M]. 北京:电子工业出版社,2006.
[23] 麦崇裔. 电机学与拖动基础[M]. 广州:华南理工大学出版社,2006.
[24] 廖常初. S7-300/400 PLC 应用技术[M]. 3版. 北京:机械工业出版社,2013.
[25] 蔡红斌. 电气与 PLC 控制技术[M]. 北京:清华大学出版社,2007.
[26] 孙余凯. 学看实用电气线路图[M]. 北京:电子工业出版社,2006.
[27] 杨伟. 电气控制图识读快速入门[M]. 北京:化学工业出版社,2009.